Android 高级图形程序设计

[美] 华莱士·杰克逊　著

周建娟　译

清华大学出版社

北　京

内 容 简 介

本书详细阐述了与 Android 高级图形程序设计相关的解决方案，主要包括 Android 数字图像、Android 数字视频、Android 帧动画、Android 程序动画、Android DIP、Android UI 布局、Android UI 小部件、高级 ImageView 图形设计、高级 ImageButton、使用 9-Patch 技术创建可扩展的图像元件、高级图像混合、高级图像合成、数字图像切换、基于帧的动画、程序动画、高级图形、交互式绘图、使用 VideoView 和 MediaPlayer 类播放视频、从外部媒体服务器流式传输数字视频等内容。此外，本书还提供了丰富的示例及代码，以帮助读者进一步理解相关方案的实现过程。

本书适合作为高等院校计算机及相关专业的教材和教学参考书，也可作为相关开发人员的自学读物和参考手册。

北京市版权局著作权合同登记号 图字：01-2015-0115

Pro Android Graphics 1st Edition/by Wallace Jackson /ISBN: 978-1-4302-5785-1

Copyright © 2013 by Apress.

Original English language edition published by Apress Media.Copyright ©2013 by Apress Media.

Simplified Chinese-Language edition copyright © 2022 by Tsinghua University Press.All rights reserved.

本书中文简体字版由 Apress 出版公司授权清华大学出版社。未经出版者书面许可，不得以任何方式复制或抄袭本书内容。

本书封面贴有清华大学出版社防伪标签，无标签者不得销售。

版权所有，侵权必究。举报：010-62782989，beiqinquan@tup.tsinghua.edu.cn。

图书在版编目（CIP）数据

Android 高级图形程序设计 /（美）华莱士·杰克逊著，周建娟译. —北京：清华大学出版社，2022.2

书名原文：Pro Android Graphics

ISBN 978-7-302-59758-2

Ⅰ.①A⋯　Ⅱ.①华⋯ ②周⋯　Ⅲ.①图形软件—移动终端—应用程序—程序设计　Ⅳ.①TP391.41

中国版本图书馆 CIP 数据核字（2021）第 280959 号

责任编辑：贾小红
封面设计：刘 超
版式设计：文森时代
责任校对：马军令
责任印制：杨 艳

出版发行：清华大学出版社
　　　网　　　址：http://www.tup.com.cn, http://www.wqbook.com
　　　地　　　址：北京清华大学学研大厦 A 座　　　邮　　编：100084
　　　社 总 机：010-62770175　　　邮　　购：010-62786544
　　　投稿与读者服务：010-62776969，c-service@tup.tsinghua.edu.cn
　　　质量反馈：010-62772015，zhiliang@tup.tsinghua.edu.cn
印 装 者：北京同文印刷有限责任公司
经　　销：全国新华书店
开　　本：185mm×230mm　　　印　　张：36.25　　　字　　数：726 千字
版　　次：2022 年 2 月第 1 版　　　印　　次：2022 年 2 月第 1 次印刷
定　　价：149.00 元

产品编号：056973-01

译　者　序

随着电子商务、手机游戏、在线视频、微信小程序和各种移动 App 开发的蓬勃兴起，Android 前端设计的重要性也日益凸显。如何开发出画质精美而文件小巧的图像、动画和视频，并且同时可在包括手机、平板电脑、智能电视甚至智能手表在内的各种设备上进行显示和播放，是一个不小的挑战。本书就是为了帮助 Android 图形开发人员应对该挑战而编写的经验之作。

为了降低入门难度，本书采用了广受欢迎的 Java 和 Eclipse ADT 集成开发环境，然后从 Android 数字图像的格式和优化等知识开始，阐述了 View 图像容器、像素和宽高比、Alpha 通道和混合模式等基础概念；在视频方面，介绍了数字视频格式、分辨率密度目标、编解码器和压缩、视频资产的引用等；在帧动画方面，演示了如何使用 XML 标记在 Android 中创建帧动画；在程序动画方面，阐释了补间动画的概念，实现了程序动画的旋转、缩放和 Alpha 混合等变换，并通过<set>创建了更复杂的程序动画。

本书深入研究了与设备无关的像素图形设计、Android UI 布局、Android UI 小部件设计、高级 ImageView 图形设计、创建自定义多状态 ImageButton、使用 9-Patch 技术创建可扩展的图像元件、使用 Android PorterDuff 类实现高级图像混合、使用 LayerDrawable 类实现高级图像合成、使用 TransitionDrawable 类实现数字图像切换、使用 AnimationDrawable 类创建基于帧的动画、使用 Animation 类创建程序动画、使用 Paint 和 Canvas 类创建用户交互式绘图程序、使用 VideoView 和 MediaPlayer 类播放视频等主题。

总之，对于 Android 图形开发人员，本书是不可多得的兼具知识性、启发性和实用性的技术宝典。

在翻译本书的过程中，为了更好地帮助读者理解和学习，以中英文对照的形式保留了大量的术语，这样的安排不但方便读者理解书中的代码，而且有助于读者通过网络查找和利用相关资源。

本书由周建娟翻译，唐盛、黄进青、陈凯、马宏华、黄刚、郝艳杰、黄永强、熊爱华也参与了本书的部分翻译工作。由于译者水平有限，不足之处在所难免，在此诚挚欢迎读者提出建议和意见。

译　者

关 于 作 者

自二十多年前 *Multimedia Producer Magazine* 杂志问世以来，Wallace Jackson 就一直为这家先锋多媒体出版物撰写有关新媒体内容开发经验的文章，当时他为该杂志撰写的"计算机处理器架构"专题曾被 SIGGRAPH（计算机图形图像特别兴趣小组）分享。

从那时起，Wallace 为许多出版物撰写了有关交互式 3D 和新媒体广告活动设计的内容制作方面的文章，包括 *3D Artist*、*Desktop Publishers Journal*、*CrossMedia Magazine*、*Kiosk Magazine*、*Digital Signage Magazine* 和 *AVvideo Magazine* 等。

Wallace Jackson 早年是 COBOL 和 RPGII 程序员，后来他使用 Java、JavaScript 和 HTML5 编写应用程序代码。在过去的几年中，Wallace 为 Apress（springer）出版社撰写了若干本关于 Java 和 Android 开发的流行应用程序编程图书。

Wallace Jackson 拥有加利福尼亚大学洛杉矶分校（UCLA）的商业经济学学士学位，以及南加州大学（USC）的 MIS 设计和实现的研究生学位。他还从南加州大学获得了营销策略的研究生学位。

关于审稿者

Michael Thomas 在软件开发领域工作了二十多年，曾经担任独立贡献者、团队负责人、项目经理和工程副总裁。Michael 拥有十多年使用移动设备的经验。他目前关注的重点是在医疗领域使用移动设备，以加速患者和医疗服务之间的信息传输。

关于下载彩色图像

由于黑白印刷的缘故，本书部分图片可能难以辨识颜色差异，为此我们提供了一个 PDF 文件，其中包含本书使用的屏幕截图/图表的彩色图像。读者可以通过以下地址下载：

https://pan.baidu.com/s/1GV0vS7VVtt2bH2frMo61rA

提取码: 87nu

鸣　　谢

感谢 Apress 出版社的所有编辑及其支持人员，正是他们长时间的辛勤工作，使得本书最终成为全方位的 Android 图形图像、动画和视频设计专业著作。

作为本书主编，Tom Welsh 在本书的编辑过程中提供了丰富的经验和指导。

作为本书的协调编辑，Katie Sullivan 一直在努力支持我，确保我按时交稿。

Mary Behr 是本书的文字编辑，她对细节的关注极大地提升了本书的文本质量。

Michael Thomas 是本书的技术审阅者，他确保了本书没有任何技术上的错误。

最后，感谢策划编辑 Steve Anglin，正是他策划了本书的写作。

无法访问本书提供的 Android 开发者站点的解决方案

本书引用了若干 Android 开发者站点的链接，由于 Google 网站被屏蔽，因此，这些站点中的部分可能无法访问。对于所有 http://developer.android.com/网址，建议转为访问中文开发者站点，其网址如下：

https://developer.android.google.cn/guide

该网站的初始界面如图 P-1 所示。

图 P-1　Android 开发者中文站点

该站点的内容和本书引用的网址部分是对应的。例如，在本书第 1.2 节 "Android View 和 ViewGroup 类：图像容器" 中，提供了以下网址：

http://developer.android.com/reference/android/widget/package-summary.html

该网址在国内无法正常访问，可以尝试将它替换为：

https://developer.android.google.cn/reference/android/widget/package-summary.html

上述网址现在是可以被访问的，如图 P-2 所示。

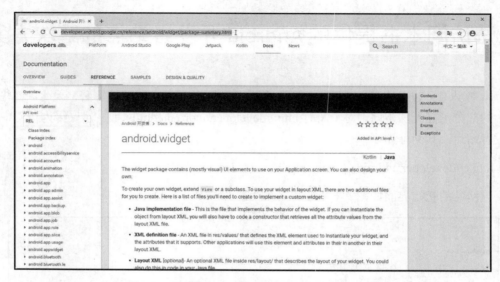

图 P-2　替换域名部分（路径保持不变）可以访问

如果仍有网址访问出错，也可以使用该站点提供的搜索功能。例如，要了解更多和 View 组件相关的信息，可以在右上角的搜索框中输入 View 作为关键字，如图 P-3 所示。

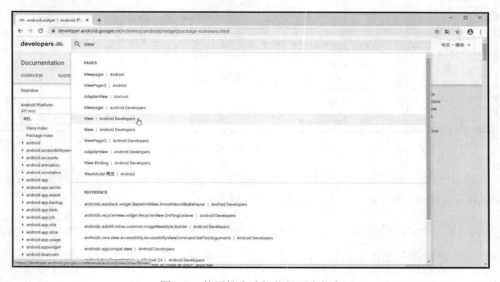

图 P-3　使用搜索功能获得更多信息

选择 View | Android Developers 选项，可以在 Android 开发者网站上看到关于该组件的详细信息，读者可以在左侧导航菜单中选择更多想要了解的项目，如图 P-4 所示。

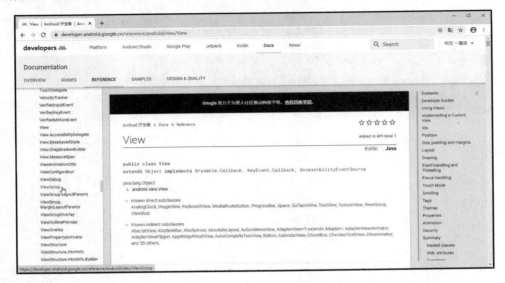

图 P-4　Android 开发者网站

目　录

第 1 章 Android 数字图像：格式、概念和优化

本章将介绍如何在 Android 操作系统中实现数字图像。我们将详细讨论 Android 支持的数字图像格式、允许在屏幕上格式化图像的类，以及需要了解的基本数字图像概念，以方便读者理解本书后面在 Android 图形设计中执行的操作。

我们还将介绍如何为 Android 应用程序优化其数字图像资产。数字图像优化的考虑角度包括单个图像资产数据所占用的空间、Android 设备类型的市场覆盖情况。

众所周知，Android 设备不再只是智能手机，而是涵盖了从智能手表、手机、平板电脑、游戏机到 4K 电视的广泛设备。这对于 Android 应用程序开发的图形设计方面的意义在于，设计师必须以更大的像素范围（从低至 240 像素的分辨率到高至 4096 像素的分辨率）创建数字图像，并且必须对每个数字图像执行此操作。

我们将在应用程序开发工作流以及资产引用可扩展标记语言（eXtensible Markup Language，XML）标记的过程中，探讨 Android 完成此操作的功能。XML 标记与 Java 代码的不同之处在于，XML 使用与超文本标记语言（HyperText Markup Language，HTML）一样的"标记"。XML 与 HTML 非常相似，因为都使用了标记结构，不同之处在于，XML 是可自定义的，这就是 Google 选择它并在 Android OS 中使用的原因。

由于这是一本专业书，因此我们假设读者在 Android 平台的开发方面具有比较丰富的经验。如果读者需要完成 Android 入门学习，建议阅读 Wallace Jackson 于 2013 年在 Apress 出版的 *Learn Android App Development* 一书或类似的初级教程。

现在让我们来看一看 Android 支持的图像格式。

1.1 Android 的数字图像格式：无损与有损

Android 支持几种流行的数字图像格式，其中一些已经存在了数十年，如 Compuserve GIF（Graphic Information Format，图形信息格式）和联合图像专家组（Joint Photographic Expert Group，JPEG）格式；而另一些则是较新的格式，如便携式网络图形（Portable Network Graphic，PNG）和 WebP（由 ON2 开发，并由 Google 收购和开源）格式。

下面将按照它们的时间顺序，从最早的（也是最不受欢迎的）GIF 到最新的（也是最先进的）WebP 格式来进行讨论。Android OS 完全支持 Compuserve GIF，但是我们不

建议使用 GIF。GIF 是一种无损（Lossless）数字图像文件格式，因为它不会丢弃图像数据以获得更好的压缩结果。

这是因为 GIF 压缩算法不如 PNG 强大，并且仅支持索引颜色（Indexed Color）——下文将详细介绍索引颜色。也就是说，如果你已经创建了所有图像资产并且均采用的是 GIF 格式，那么在 Android 应用程序中就可以毫无问题地使用它们，只不过图像质量要差一些。

Android 支持的另一个比较早期的数字图像文件格式是 JPEG，它使用的是真彩色（True Color）颜色深度而不是索引颜色深度。我们将在第 1.4 节详细介绍颜色理论和颜色深度。

JPEG 被认为是有损（Lossy）的数字图像文件格式，因为它会丢弃（损失）图像数据以实现更小的文件大小。需要注意的是，原始图像数据压缩后不可恢复，因此要确保保存原始的未压缩图像文件。

如果在压缩后放大 JPEG 图像，将会看到原始图像中没有出现变色的区域效果。图像数据中的这些降级区域在数字图像行业中被称为压缩伪影（Compression Artifact），并且只会在有损图像压缩中发生。

Android 中最推荐的图像格式是 PNG（Portable Network Graphic，便携式网络图形）文件格式。PNG 既有索引颜色版本（称为 PNG8），又有真彩色版本（称为 PNG24）。PNG8 和 PNG24 扩展表示颜色支持的位深（Bit Depth），下文将对此进行介绍。PNG 在数字图像行业中发音为 ping。

PNG 是 Android 的建议格式，由于它具有不错的压缩率，并且它是无损的，因此具有较高图像质量和合理的压缩效率。

Google 收购 ON2 时，最新的图像格式已被添加到 Android 中，并被称为 WebP 图像格式。在 Android 2.3.7 中，该格式可以支持图像读取或回放；在 Android 4.0 或更高版本中，该格式支持图像写入或文件保存。WebP 是 WebM 视频文件格式的静态（图像）版本，在业界也称为 VP8 编解码器（VP8 Codec）。在第 2.6 节中，你将会了解有关编解码器和压缩的所有信息。

1.2 Android View 和 ViewGroup 类：图像容器

本节内容只是对 Android Java 类概念和构造的简单复习，作为一个中级 Android 程序员，你可能已经了解，Android OS 有一个专门用于显示数字图像和数字视频的类，称为 View 类。

View 类直接从 java.lang.Object 类继承而来，旨在保存图像和视频，并对其进行格式化，以在用户界面中显示。如果你想了解 View 类的功能，请访问以下 URL：

http://developer.android.com/reference/android/view/View.html

大多数开发人员都知道，所有用户界面元素都基于 View 类（子类从中继承），它们被称为小部件（Widget），并且具有自己的名为 android.widget 的包。如果不熟悉 View 和 Widget，建议先阅读前面介绍的 *Learn Android App Development* 一书或类似的入门教材。如果想了解 Android Widget 的功能，请访问以下 URL：

http://developer.android.com/reference/android/widget/package-summary.html

ViewGroup 类也是从 View 类继承的子类。它用于为开发人员提供用户界面元素容器，开发人员可以使用它们来设计屏幕布局和组织用户界面的小部件 View 对象。如果你想了解各种类型的 Android ViewGroup Screen Layout Container（Android ViewGroup，屏幕布局容器）类，请访问以下 URL：

http://developer.android.com/reference/android/view/ViewGroup.html

Android 中的 View、ViewGroup 和窗口小部件通常使用 XML 进行定义。之所以采用这种方式，是因为这样可以让参与应用程序开发的设计人员能够与编码人员更密切地协作，XML 比写 Java 代码要容易得多。

实际上，XML 根本不是真正的编程代码。就像 HTML5 一样，XML 使用标记（Tag）、嵌套标记和标记参数来构建构造，这些构造随后将在 Android 应用程序中使用。

XML 在 Android 中不仅被用来创建用户界面，还可以用来创建菜单结构和字符串常量，定义应用程序版本、组件和 AndroidManifest.xml 文件中的权限等。

开发人员可以将 XML 数据结构转换为与 Java 代码兼容的对象（这样便可以与 Android 应用程序的 Java 组件一起使用），这一过程称为扩展（Inflating）XML 标记，并且 Android 具有许多可实现此功能的扩展器（Inflater）类，通常在组件启动方法中，如 onCreate()方法。在本书的 Java 编码示例中，你将更清晰地看到这一点，因为它可以将 XML 标记和 Java 代码联系在一起。

1.3　数字图像的基础：像素和宽高比

数字图像由像素的二维阵列组成。像素（Pixel）这个单词是图像（Picture，Pix）和元素（element，el）的组合。图像中的像素数由其分辨率（Resolution）表示，该分辨率就是指高度（Height，H）和宽度（Width，W）维度中的像素数。

要查找图像中的像素数，只需将宽度（Width）像素乘以高度（Height）像素即可。例如，HDTV 1920×1080 图像将包含 1920×1080=2073600 像素，或略大于 200 万像素。200 万像素也可以称为 2M 像素。

图像中的像素越多，分辨率就越高。就像数码相机一样（"像素"是数码相机感光器件上的感光最小单位），数据中的像素越多，可以达到的质量水平就越高。Android 支持的像素水平很广，包括低分辨率 320×240 像素显示屏（如 Android 手表和较小的翻盖手机）、中分辨率 854×480 像素显示屏（如迷你平板电脑和智能手机）、高分辨率 1280×720 像素显示屏（如高清智能手机和中级平板电脑），以及超高分辨率 1920×1080 像素显示屏（如大尺寸智能手机、平板电脑和 iTV 机）。

Android 4.3 新增了对 4K 分辨率电视的支持，其分辨率为 4096×2160 像素。

图像分辨率稍微复杂一点的地方是还有一个图像宽高比（Aspect Ratio，也称为纵横比），该概念也适用于显示屏。它是宽度与高度的比例，即 W∶H，这将定义图像或显示屏为正方形或矩形，术语通常称为宽屏（Widescreen）。

1∶1 宽高比的显示屏（或图像）是完美的正方形，当然 2∶2 或 3∶3 宽高比的显示屏（或图像）也不例外。此时不难发现，定义屏幕或图像形状的是两个数字之间的比率，而不是数字本身。具有 1∶1 宽高比的 Android 设备的一个示例是 Android SmartWatch 智能手表。

大多数 Android 屏幕为 HDTV 宽高比，即 16∶9，但有些屏幕的宽度稍小一些，如 16∶10（如果你愿意，也可以认为是 8∶5）。当然也会出现更宽的屏幕，例如 2160×1080 分辨率的 LCD 或 LED 显示屏，这个超宽屏幕的宽高比是 16∶8（或者也可以视为 2∶1）。

宽高比通常表示为在宽高比冒号的任一侧都可以达到的最小数字对。如果你在高中学习最小公分母时比较认真，那么这个宽高比应该很容易计算。

我们的计算方法是不断将每一边一分为二。因此，以相当奇怪的 1280×1024 的 SXGA 分辨率为例，1280×1024 的一半是 640×512，再一半是 320×256，再一半接着依次是 160×128、80×64、40×32、20×16、10×8，最后是 5×4，因此 SXGA 屏幕的宽高比是 5∶4。

原始 PC 屏幕主要提供 4∶3 的宽高比；早期的 CRT 管电视机几乎是方形的，长宽比为 3∶2；当前的市场趋势肯定是朝着更大的屏幕和更高分辨率的显示器发展的。但是，新的 Android 手表可能会将其改回正方形的长宽比。

1.4　数字图像的色彩：颜色理论和颜色深度

在理解了数字图像的像素，以及如何以特定的宽高比（定义矩形的形状）将它们排列为 2D 矩形阵列之后，我们要讨论的下一个主题就是每个像素如何获得其颜色值。

图像像素的颜色值由红色、绿色和蓝色（Red、Green、Blue，RGB）3 种不同颜色的数量定义，在每个像素中包含的每种颜色的数量是不一样的。Android 显示屏使用的是加色法（Additive Color），即将每种 RGB 颜色平面的光的波长加在一起，以创建数百万个不同的颜色值。

在 LCD 或 LED 显示器中使用的加色法与在打印中使用的减色法相反。为了显示它们之间的差异，仅举一例：在减色模式下，将红色与绿色（油墨）混合会产生紫色，而在加色模型中，将红色与绿色（光）混合会产生亮黄色。

对于每个像素来说，每种 RGB 颜色有 256 个级别，或者说，每个红色、绿色和蓝色值都有 8 位的颜色强度变化，从最小的 0（8 位全部为 off，表示为 0，无颜色贡献）到最大的 255（8 位全部为 on，贡献最大颜色）。用于表示数字图像中颜色的位数称为该图像的颜色深度（Color Depth）。

数字图像行业中使用了几种常见的颜色深度及其格式。最低的颜色深度存在于具有 256 个颜色值的 8 位索引颜色图像中，并使用 GIF 和 PNG8 图像格式以包含这种索引颜色类型的数字图像数据。

中等的颜色深度的图像具有 16 位颜色深度，因此包含 $2^{16}=65536$ 种颜色（计算为 256×256）。TARGA（TGA）和标记图像文件格式（Tagged Image File Format，TIFF）数字图像格式即支持该颜色深度。

请注意，Android 不支持任何 16 位颜色深度的数字图像文件格式（TGA 或 TIFF），我们认为这是有意为之，因为对于 16 位颜色深度的支持将极大地增加开发人员优化图像数据占用空间的负担。下文将详细解释这个问题。

高颜色深度图像具有 24 位颜色深度，因此包含超过 1600 万种颜色，计算为 $2^{24}=256\times256\times256=16777216$ 色。支持 24 位彩色的文件格式包括 JPEG（或 JPG）、PNG、TGA、TIFF 和 WebP。

使用 24 位颜色深度将提供最高的质量，这就是 Android 偏爱使用 PNG24 或 JPEG 图像文件格式的原因。由于 PNG24 是无损的，它具有最高质量的压缩率（最低的原始数据丢失率）和最高质量的颜色深度，因此 PNG24 是首选的数字图像格式。

1.5　在 Android 中表示颜色：十六进制表示法

在理解了颜色深度的概念，并且明白在任何给定图像中的颜色都可以表示为 3 种不同的红色、绿色和蓝色通道的组合之后，我们还需要研究如何表示这 3 种 RGB 颜色通道

（Color Channel）的值。

　　值得注意的是，在 Android 中，颜色不仅用于 2D 数字图像——也称为位图图像（Bitmap），而且还可用于 2D 图形——通常称为矢量图形（Vector），以及颜色设置（Color Settings）中，如用户界面屏幕背景色或文本颜色。

　　在 Android 中，使用十六进制表示法（Hexadecimal Notation）表示不同级别的 RGB 颜色强度值。与十进制从 0 到 9 进行计数不同，十六进制从 0 到 F 进行计数，其中的 F 以十进制值表示则为 15。其具体对应关系请参见表 1-1。

表 1-1　十六进制值和相应的十进制值

十六进制值	0	1	2	3	4	5	6	7	8	9	A	B	C	D	E	F
十进制值	0	1	2	3	4	5	6	7	8	9	10	11	12	13	14	15

　　Android 中的十六进制值始终以井号（#）开头，如#FFFFFF，该十六进制数据颜色值表示白色。由于此 24 位十六进制表示形式中的每个槽位（Slot）代表一个十六进制值，要获得每种 RGB 颜色所需的 256 个值，将占用 2 个槽位，因为 16×16=256。因此，对于 24 位图像，在井号后面需要 6 个槽位，这样才能保存 6 个十六进制数据值中的每一个。

　　十六进制数据槽位使用以下格式表示 RGB 值：#RRGGBB。因此，对于白色来说，此十六进制颜色数据值表示形式中的所有红色、绿色和蓝色通道均处于最大亮度（Luminosity）。

　　如果将所有颜色加在一起，就会得到白光。如前文所述，黄色表示形式为红色和绿色通道处于打开（on）状态，而蓝色通道处于关闭（off）状态，因此十六进制表示为#FFFF00，其中红色和绿色通道均完全打开（FF 或 255 值），蓝色通道则完全关闭（00 或 0 值）。

　　值得一提的是，还有一个 32 位的图像颜色深度，其数据值使用 ARGB 颜色通道模型表示，其中 A 表示 Alpha，它是透明通道（Alpha Channel）的缩写。第 1.6 节将详细讨论 Alpha 和 Alpha 通道以及像素混合的概念。

　　ARGB 值的十六进制数据槽按这种格式保存数据：#AARRGGBB。因此，对于白色来说，该十六进制颜色数据值表示形式中的所有 Alpha、红色、绿色和蓝色通道均具有最大的亮度（或不透明度），而 Alpha 通道则完全不透明（使用 FF 值表示），其十六进制值为#FFFFFFFF。

　　可以通过将 Alpha 槽位设置为 0 来表示 100%透明的 Alpha 通道。因此，完全透明的图像像素可以是 #00FFFFFF 或 #00000000。如果 Alpha 通道是透明的，那么颜色值是什么就无关紧要了。

1.6　图像合成：Alpha 通道和混合模式

本节将研究合成（Composite）数字图像。这是将多于一层的数字图像混合（Blend）在一起以获得结果图像的过程，目的是使图像看起来像我们在显示器上看到的最终图像，但实际上它是一个以上的层（Layer）的集合，无缝合成结果图像。

为实现这一目标，我们需要有一个 Alpha 通道（透明度）值，然后利用该值精确地控制某个像素与其上方和下方的其他层上（在同一位置）像素的混合。

与其他 RGB 通道一样，Alpha 通道也具有 256 级透明度。在 ARGB 数据值的十六进制表示形式中，它有 8 个槽位（32 位）数据，而不是 24 位图像中使用的 6 个槽位（可以将 24 位图像视为没有 Alpha 通道数据的 32 位图像）。

确实，如果没有 Alpha 通道数据，为什么还要浪费 8 位数据存储空间呢？即使它充满了 F（也就是完全不透明的像素值，基本上等于未使用的 Alpha 透明度值）也是如此。因此，一个 24 位的图像没有 Alpha 通道，也不会用于合成。反过来，一个 32 位的图像则可以用作合成层的最上层，因为它具有（通过透明度值）显示合成图像中某些像素位置的能力。

你可能想知道如何使用 Alpha 通道并在 Android 图形设计中使用图像合成因子。合成的主要优点是能够将看起来像单幅图像的图像拆分到多个组成的层中。这样做的原因是能够将 Java 编程逻辑应用于单独的图层元素，以便控制图像的某些部分；否则，如果仅一幅 24 位图像，就无法进行这种控制。

图像合成的另一部分称为混合模式（Blending Mode），它在很大程度上影响了专业图像合成功能。任何熟悉 Adobe Photoshop 或 GNU 图像处理程序（GNU Image Manipulation Program，GIMP）的设计师都知道，可以将每个图层设置为使用不同的混合模式，这些模式指定如何将该图层的像素（以数学方式）与先前的图层（在该图层的下方）混合。将这种数学像素混合添加到 256 级透明度控件中，即可实现你可以想象的任何合成效果。

混合模式在 Android 中是使用 PorterDuff 类实现的，它为 Android 开发人员提供了与 Adobe Photoshop 或 GIMP 提供给数字图像设计师的合成功能相同的大多数合成模式。这使得 Android 成为像 Adobe Photoshop 一样功能强大的图像合成引擎，当然开发人员不是像在 Adobe Photoshop 中那样进行直观的设计，而是只能使用自定义 Java 代码在一定程度上进行控制。Android 的 PorterDuff 混合模式包括 ADD、SCREEN、OVERLAY、DARKEN、XOR、LIGHTEN 和 MULTIPLY。

1.7　数字图像蒙版：Alpha 通道的流行用法

Alpha 通道的主要应用之一是遮盖图像的部分区域以进行合成。所谓蒙版（Mask），就是将所需要的主题素材从图像中裁剪出来，然后使用 Alpha 通道将其放置在其自己的图层上的过程。

这使我们可以将图像元素或主题素材用于其他图像，甚至动画中，或用于特殊效果应用程序中。诸如 Adobe Photoshop 和 GIMP 之类的数字图像软件包具有许多专门用于蒙版进而进行图像合成的工具和功能。如果不先创建蒙版，就无法真正完成有效的图像合成，因此这是图形设计师需要掌握的重要技能。

蒙版技术已经存在了很长时间。例如，天气预报员就使用了蒙版技术，他们实际上是站在蓝屏或绿屏背景的前面，然后装作站在天气图前进行气象播报（绿屏或蓝屏中的动态天气图像实际上是后期通过蒙版技术置入的）。由此可见，蒙版技术不仅可用于数字图像，还常用于数字视频和电影制作。

之所以使用蓝屏或绿屏背景，是为了后期制作蒙版方便，或者由计算机软件自动创建蒙版。软件可以自动提取这些确切的颜色值以创建蒙版和 Alpha 通道（透明度），也可以使用选择（Selection）工具选择区域，或使用锐化（Sharpening）和模糊（Blur）算法手动创建数字蒙版。

在本书中，我们将使用流行的开源软件包（如 GIMP 2 和 EditShare Lightworks 11）介绍很多有关此工作过程的信息。GIMP 2.8 是数字图像合成软件工具，而 Lightworks 11 则是数字视频编辑软件工具。我们还将介绍其他类型的工具，如视频压缩软件，以帮助读者了解需要集成到 Android 图形设计工作流程中的 Android 外部的广泛软件工具。

数字图像合成是一个非常复杂的过程，因此我们将通过多个章节来进行介绍。蒙版过程中最重要的考虑因素是使蒙版对象周围的边缘变得平滑、锋利，这样，当把它放到新的背景图像上时，看起来好像就是在那儿拍摄的一样，实现与新背景的完美融合。这样做的关键在于选择过程要非常仔细，以正确的方式（处理过程）和正确的应用场景使用数字图像软件的选择工具（至少有 6 种）。

例如，如果要蒙版的对象周围有均匀的颜色区域（可能是在蓝屏或绿屏上拍摄的），则可以使用魔棒工具（Magic Wand Tool）和适当的阈值（Threshold）设置来选择除对象之外的所有内容，然后反选以获得包含该对象的选择集。有时候，正确处理某件事的方法是逆向的，这在本书后面的技巧中将会看到。

其他选择工具还包含复杂的算法，可以查看像素之间的颜色变化，这在边缘检测（Edge Detection）中非常有用。你可以在其他类型的选择工具中使用边缘检测，如 GIMP 2.8.6 中的 Scissor Tool（剪刀工具），当工具的算法检测到精确像素时，该工具允许你沿着要建立蒙版的对象的边缘拖动光标，以选择完美边缘，以后还可以使用控制点进行编辑。

1.8　使蒙版边缘更平滑：抗锯齿的概念

抗锯齿（Anti-Aliasing）是一种技术，它可以将图像中两种颜色之间的边缘上的两种相邻颜色恰好在边缘上混合，以便在缩小图像时使边缘看起来更平滑。这样做是为了诱使眼睛看到更平滑的边缘并摆脱通常所说的"锯齿"。抗锯齿可以通过使用沿任何需要变得更平滑的边缘的几个像素的平均颜色值来提供令人印象深刻的结果图像。

我们创建了该技术的一个简单示例，以直观地展示抗锯齿的概念。在图 1-1 中将可以看到，我们在明亮的黄色背景上创建了一个看似平滑的红色圆圈。然后，放大该圆圈的边缘并抓取屏幕截图，现在即可清晰地看到，在圆圈的边缘彼此相邻的红色和黄色之间（或由其组成）的颜色的抗锯齿（橙色）值。

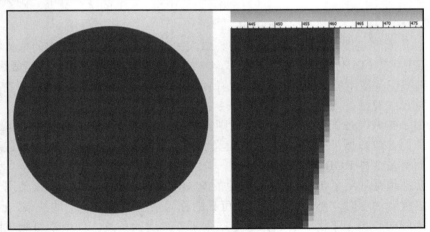

图 1-1　黄色背景上的红色圆圈（左）和放大的视图（右）显示的抗锯齿

本书将会详细介绍抗锯齿功能。但是，在进入具体的操作之前，我们想将所有关键的图像概念都做一个集中阐释，并且通过上下文使它们有机联系在一起，以便更好地为读者提供基础知识。希望读者在开始编码之前不介意阅读这个仅谈理论的第 1 章节。

1.9　优化数字图像：压缩和抖动

　　有许多因素会影响图像压缩（Image Compression），有些技术可用于以较小的数据占用空间（Data Footprint）获得更好的质量结果。优化数字图像的目标是，以最小的数据占用空间获得最高质量的视觉效果。

　　我们将从影响数据占用空间最大的因素开始，并研究它们各自如何有助于任何给定数字图像的数据占用空间优化。有趣的是，这些影响压缩的因素类似于本章到目前为止所讨论的数字图像概念的顺序。

　　决定文件大小或数据占用空间最重要的因素是数字图像的像素数或分辨率。这也是顺理成章的事情，因为每个像素需要与每个通道的颜色值一起存储。因此，获得的图像分辨率越小（同时仍保持清晰的外观），则其生成的文件将越小。这就是所谓的"不费吹灰之力"的压缩方式。

　　对于 24 位 RGB 图像来说，原始（未压缩）图像大小由宽×高×3 来计算，而 32 位 ARGB 图像则按宽×高×4 来计算。因此，未压缩的真彩色 24 位 VGA 图像将具有 640×480×3=921600 字节的原始未压缩数据。将 921600 除以 1024（KB 的字节数），则会得到原始 VGA 图像中的 KB 数，刚好就是 900KB。

　　图像颜色深度是图像数据占用空间的第二大关键因素，因为图像中的像素数需要乘以 1（8 位）、2（16 位）、3（24 位）或 4（32 位）颜色数据通道。这是索引颜色（8 位）图像仍被广泛使用的原因之一，尤其是使用 PNG8 图像格式时，该格式具有优于 GIF 格式的无损压缩算法。

　　如果用于构成图像的颜色变化不大，则索引颜色图像可以模拟真彩色图像。索引颜色图像仅使用 8 位数据（256 种颜色）来定义图像像素颜色，它使用 256 种最佳选择颜色的调色板而不是 3 种 RGB 颜色通道。

　　如果源图像是使用了 16777216 种颜色的真彩色图像，那么，当我们仅使用 256 种颜色来模拟这种源图像时，会产生肉眼明显可见的称为条纹（Banding）的效果，也就是说，相邻颜色之间的转换不平滑，看起来像是产生了一道道的条纹。使用索引颜色图像时，通过抖动（Dithering）技术可以有效缓解这个问题。

　　所谓"抖动"，就是沿着图像中两种相邻颜色的边缘创建点图案的过程，目的是让我们的眼睛误认为存在第 3 种颜色。这给我们提供了 65536 色（256×256）的最大可感知颜色量，但前提是这 256 种颜色中的每一种都与其他 256 种颜色中的每一种毗邻。尽管如此，你仍然可以看到创建其他颜色的可能性，并且对于索引颜色图像在某些情况下（对于某些图像）可以实现的结果，你会感到惊讶。

让我们来看一个真彩色图像示例，如图 1-2 所示，然后将其保存为 PNG8 索引颜色图像，以显示抖动的效果。我们将在这辆汽车的 3D 图像上看到驾驶员侧后挡泥板的抖动效果，因为它包含灰色渐变。

图 1-2　使用 1680 万种颜色的 Truecolor 图像源，我们将对其进行优化以生成 PNG8 格式

我们将 PNG8 图像（见图 1-3）设置为使用 5 位颜色（32 种颜色），以便可以清楚地看到抖动效果。如你所见，在相邻颜色之间创建了点图案以获得其他颜色。

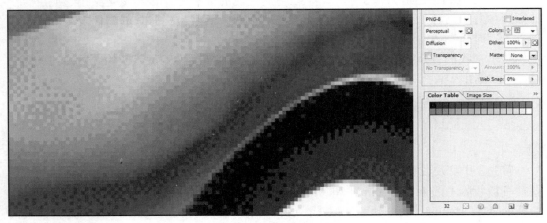

图 1-3　通过 32 色（5 位）的索引颜色图像压缩设置显示抖动的效果

　　有趣的是，在 8 位索引颜色图像中只能使用不到 256 种颜色。这样做是为了减少数据占用空间。例如，在上面的示例中，我们仅使用了 32 色，它实际上是 5 位图像，从技术上讲是 PNG5，即使该格式称为 PNG8。

　　另外还要注意的是，你可以设置使用的抖动百分比。笔者通常选择 0%或 100%，但是你可以在这两个极限值之间的任意位置微调抖动效果。抖动算法的类型也是可选的。在本示例中，我们使用的是扩散抖动（Diffusion Dithering），因为它会沿不规则形状的渐变（如挡泥板上的渐变）产生平滑效果。

　　不难想象，抖动会添加更难压缩的数据（模式），因此它会将数据占用空间增加几个百分点。你可以检查应用抖动效果前后生成的文件大小，并通过观察图像品质来判断是否值得使用抖动功能改进视觉效果。

　　还有一个因素也可以增加图像数据占用空间，那就是 Alpha 通道，因为添加 Alpha 会为要压缩的图像添加另一个 8 位颜色通道（透明度）。

　　但是，如果你需要一个 Alpha 通道来定义透明度以支持该图像将来的合成需求，则除了包含 Alpha 通道数据外，没有太多选择。当然，如果你使用的是 32 位图像格式，但是实际上 Alpha 通道却是空的（全零，完全透明，不包含 Alpha 值数据），那么这毫无必要，可直接使用 24 位图像格式。

　　最后，许多用于图像中蒙版对象的 Alpha 通道能够被很好地压缩，因为它们主要是白色（不透明）和黑色（透明）区域，并且沿两种颜色之间的边缘具有一些灰度值以消除蒙版的锯齿。结果就是，它们在对象和对象背后的图像之间提供了视觉上平滑的边缘过渡。

　　由于在 Alpha 通道图像蒙版中，从白色到黑色的 8 位透明度渐变定义了透明度，因此蒙版中每个对象边缘上的灰度值实质上是对该对象及其目标背景的颜色求平均，从而提供了实时抗锯齿功能以及任何目标背景。

　　接下来我们将介绍如何在工作站上安装 Android，然后你就可以开始开发面向图形的 Android 应用程序了！

1.10　下载 Android 开发环境：Java 和 ADT

　　首先，开发人员需要确保自己的工作站上具有当前的 Android 开发环境，这意味着需要拥有最新版本的 Java、Eclipse 和 Android Developer Tools（ADT）。你可能已经安装了最新的 ADT Bundle（捆绑包），但是在这里我们只是为了确保从正确的起跑线开始，然后进行本书中将要介绍的复杂开发。如果你每天都更新 ADT，则可以跳过此部分。

由于 Java 被用作 ADT 的基础，因此需要首先了解它。从 Android 4.3 开始，Android IDE 仍使用 Java 6，而不是 Java 7，因此请确保获取正确版本的 Java SDK。其网址如下：

http://www.oracle.com/technetwork/java/javasebusiness/downloads/java-archive-downloads-javase6-419409.html

向下滚动至页面底部，然后找到 Java SE Development Kit 6u45 下载链接。屏幕的 Java SE 6 下载部分如图 1-4 所示。

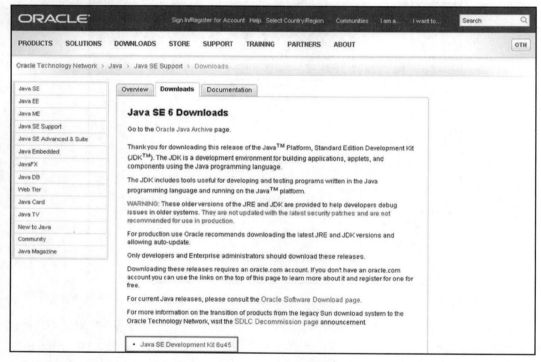

图 1-4　Oracle TechNetwork 网站 Java SE 存档页面的 Java SE 6 下载部分

单击 Java SE 6 下载页面底部的 Java SE Development Kit 6u45 下载链接。在如图 1-5 所示的下载屏幕顶部的灰色区域中，选中 Accept License Agreement（接受许可协议）单选按钮。一旦执行了此操作，就会注意到右侧的链接将变为粗体，表示可以针对当前操作系统单击下载。

如果读者使用的是 64 位操作系统（如 Windows 8 64 位或 Windows 10 64 位），则请选择要下载的 EXE 安装程序文件的 Windows x64 版本。从图 1-5 中可以看到，Windows x64

版本 Java SE Development Kit 6u45 的文件大小为 59.96MB。

如果读者使用的是 32 位操作系统（如 Windows 7 32 位），则请选择 Windows x86 版本的 EXE 安装程序文件进行下载。确保将软件的位级别与正在运行的操作系统的位级别相匹配。从图 1-5 中可以看到，Windows x86 版本 Java SE Development Kit 6u45 的文件大小为 69.85MB。

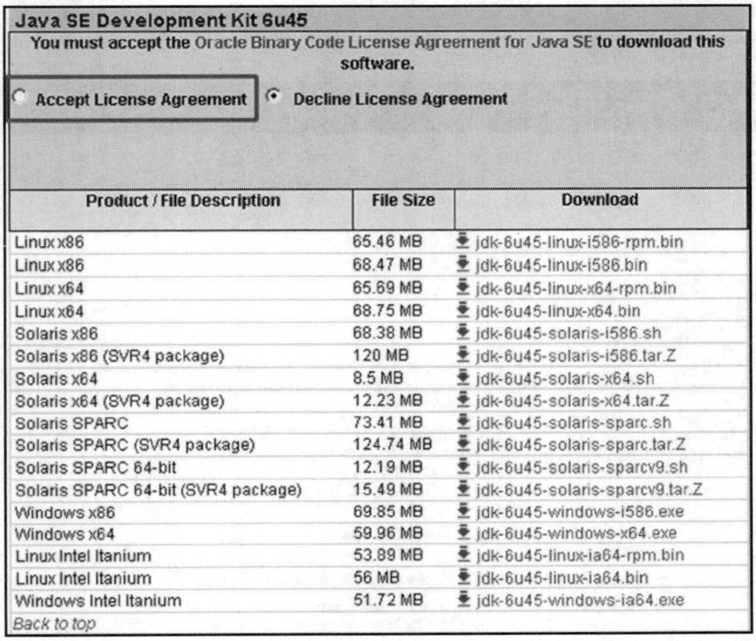

Java SE Development Kit 6u45		
You must accept the Oracle Binary Code License Agreement for Java SE to download this software.		
⦿ Accept License Agreement ○ Decline License Agreement		
Product / File Description	**File Size**	**Download**
Linux x86	65.46 MB	⬇ jdk-6u45-linux-i586-rpm.bin
Linux x86	68.47 MB	⬇ jdk-6u45-linux-i586.bin
Linux x64	65.69 MB	⬇ jdk-6u45-linux-x64-rpm.bin
Linux x64	68.75 MB	⬇ jdk-6u45-linux-x64.bin
Solaris x86	68.38 MB	⬇ jdk-6u45-solaris-i586.sh
Solaris x86 (SVR4 package)	120 MB	⬇ jdk-6u45-solaris-i586.tar.Z
Solaris x64	8.5 MB	⬇ jdk-6u45-solaris-x64.sh
Solaris x64 (SVR4 package)	12.23 MB	⬇ jdk-6u45-solaris-x64.tar.Z
Solaris SPARC	73.41 MB	⬇ jdk-6u45-solaris-sparc.sh
Solaris SPARC (SVR4 package)	124.74 MB	⬇ jdk-6u45-solaris-sparc.tar.Z
Solaris SPARC 64-bit	12.19 MB	⬇ jdk-6u45-solaris-sparcv9.sh
Solaris SPARC 64-bit (SVR4 package)	15.49 MB	⬇ jdk-6u45-solaris-sparcv9.tar.Z
Windows x86	69.85 MB	⬇ jdk-6u45-windows-i586.exe
Windows x64	59.96 MB	⬇ jdk-6u45-windows-x64.exe
Linux Intel Itanium	53.89 MB	⬇ jdk-6u45-linux-ia64-rpm.bin
Linux Intel Itanium	56 MB	⬇ jdk-6u45-linux-ia64.bin
Windows Intel Itanium	51.72 MB	⬇ jdk-6u45-windows-ia64.exe
Back to top		

图 1-5　适用于 Linux、Solaris 和 Windows 的 Java SE 6 下载链接（需要接受软件协议）

EXE 文件下载完成后，通过使用 Windows 控制面板的"添加/删除程序"对话框，确保已卸载 Java 6 SDK 的所有先前版本，然后找到并启动刚刚下载的当前版本的 Java 6 SDK 安装程序（Windows x64 版本的文件名为 jdk-6u45-windows-x64.exe），安装最新版本的 Java 6，以便可以安装 Android Developer Tools（ADT）Bundle。

Android Developer Tools（ADT）Bundle 包括用于 Java 的 Eclipse Kepler 4.3 IDE（集成开发环境）和已安装在 Eclipse IDE 中的 Android Developer Tools 插件。以前这是单独完成的，大约需要 50 个步骤，而现在只需要下载和安装一个预制的捆绑包，工作量大大减少。

接下来，需要从 Android Developer 网站下载 Android ADT 捆绑包。过去，开发人员不得不手动组装 Eclipse 和 ADT 插件。从 Android 4.2 开始，Jelly Bean+Google 自动执行

了此操作，从而使安装 Android ADT IDE 的工作比以前轻松了一个数量级。以下是用于下载 ADT Bundle 的 URL：

　　http://developer.android.com/sdk/index.html

　　图 1-6 显示了 Android SDK 的下载页面。只需单击 Download the SDK（下载 SDK）按钮即可开始下载过程。

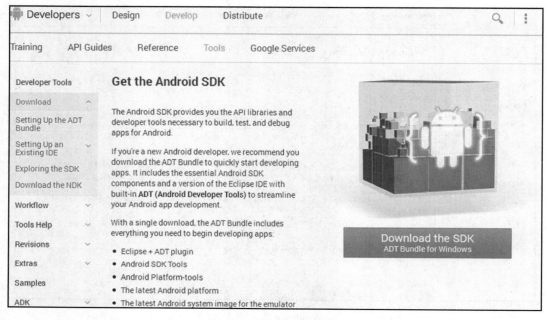

图 1-6　下载 ADT Bundle

　　单击 Download the SDK（下载 SDK）按钮后，将转到 Licensing Terms and Conditions Agreement（许可条款和条件协议）页面，读者可以在其中阅读使用 Android 开发环境的条款和条件，最后选中 I have read and agree with the above terms and conditions（我已阅读并同意上述条款和条件）复选框。

　　一旦执行了上述操作，操作系统的 32-bit 或 64-bit 单选按钮将被激活，以便可以选择 Android ADT 环境的 32 位或 64 位版本。随后，Download the SDK ADT Bundle for Windows（下载 Windows 系统 SDK ADT Bundle）按钮将被激活，可以单击该按钮以启动安装文件下载过程。图 1-7 显示了当前的屏幕状态。

　　单击 Download the SDK ADT Bundle for Windows 按钮，并保存压缩文件至当前系统的 Downloads（下载）文件夹中。在下载完成后，即可开始安装过程，第 1.11 节将详细介绍该过程。

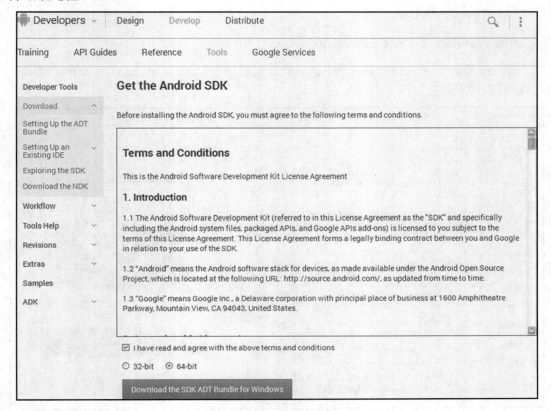

图 1-7　下载 Windows 系统 SDK ADT Bundle

至此，解压缩和安装 ADT 的工作已经准备就绪，并于随后从 Eclipse Java ADT IDE 内部将其更新到最新版本（当然，是在第一次安装并启动它之后）。

1.11　安装和更新 Android Developer ADT

打开 Windows 文件资源管理器，找到 Downloads（下载）文件夹，单击该文件夹，以蓝色高亮显示它，然后在文件资源管理器右侧找到刚刚下载的 adt-bundle-windows-x86_64 压缩文件，如图 1-8 所示。

右击 adt-bundle-windows-x86_64 压缩文件，在弹出的快捷菜单中选择 Extract All（全部提取）命令，如图 1-9 所示。

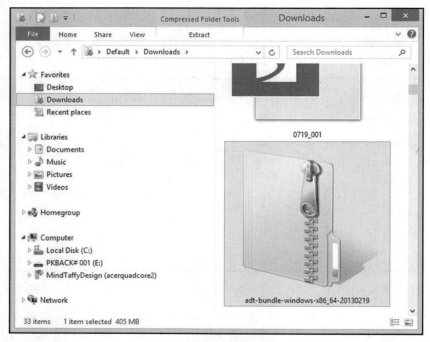

图 1-8　在 Downloads（下载）文件夹中找到 adt-bundle-windows-x86_64 压缩文件

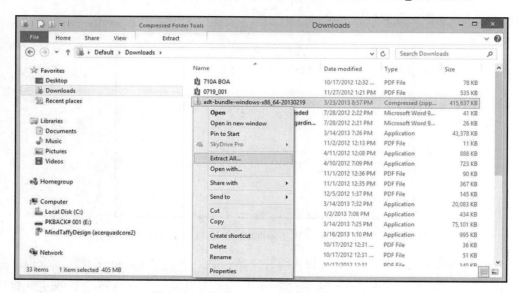

图 1-9　选择 Extract All（全部提取）命令

　　当出现 Extract Compressed (Zipped) Folders（提取压缩的文件夹）对话框时，将要安装的默认文件夹替换为你自己创建的文件夹。笔者在 C 盘根目录下创建了一个 Android 文件夹（即 C:\Android），以便将 ADT IDE 保存在其中，如图 1-10 所示。

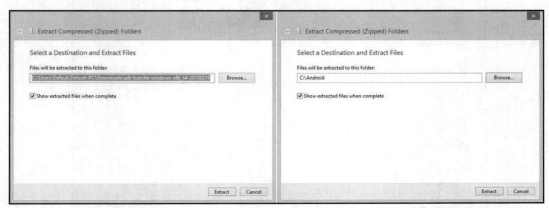

图 1-10　　将目标安装文件夹从当前的 Downloads（下载）文件夹修改为所创建的 C:\Android 文件夹

　　单击 Extract（解压缩）按钮（见图 1-10）后，将看到一个进度窗口，它显示安装过程。单击左下角的 More Details（更多详细信息）选项，即可查看正在安装的文件以及剩余时间和剩余项目计数器，如图 1-11 所示。600MB 文件的安装需要 15～60 分钟，具体取决于硬盘驱动器的数据传输速度。

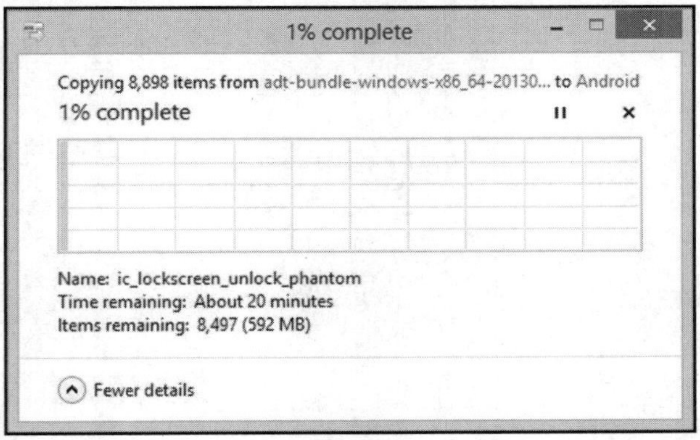

图 1-11　　展开 More Details（更多详细信息）选项，显示正在安装的文件

　　安装完成后，返回 Windows 文件资源管理器，然后在 C:\Android 文件夹（或指定路径）中可以看到 adt-bundle-windows-x86_64 文件夹，打开它，可以看到一个 eclipse 和一个 sdk 子文件夹。同时打开这些子文件夹，以查看其子文件夹，以便了解其中的内容，

如图 1-12 所示。

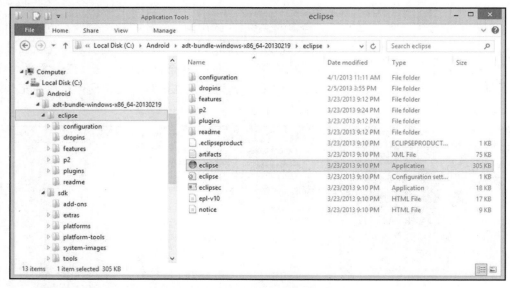

图 1-12　在刚刚安装的 ADT Bundle 文件夹层次结构中查找 eclipse 可执行文件

接下来，单击文件资源管理器左侧的 eclipse 文件夹，以在资源管理器右侧显示文件夹中的内容。找到 eclipse 应用程序可执行文件，该文件有自己的自定义图标，它是一个蓝色的球体。

单击并将 Eclipse 图标拖曳到桌面底部并将其悬停在任务栏上，此时将看到 Pin to Taskbar（固定到任务栏）或 Pin to eclipse（固定为 eclipse）提示消息，如图 1-13 上部所示。

一旦看到 Pin to eclipse（固定为 eclipse）提示消息，即可释放鼠标，将 eclipse 紫色球形图标放到"任务栏"区域，它将变成永久性的应用程序启动图标，如图 1-13 底部所示。

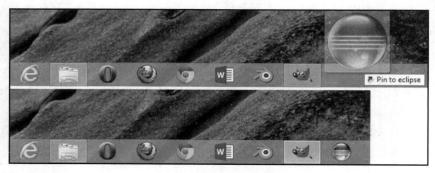

图 1-13　将 eclipse 应用程序拖曳到 Windows 任务栏上以固定它

现在，当我们说"立即启动 Eclipse ADT"时，你要做的就是在这个 Eclipse 图标上单击一次，它将立即启动。

现在就来尝试一下。单击任务栏中的 Eclipse 软件图标一次，这将首次启动该软件。随后可以看到 ADT Android Developer Tools 启动屏幕，如图 1-14 左侧所示。一旦软件加载到系统内存中，就可以看到如图 1-14 右侧所示的 Workspace Launcher（工作区启动器）对话框，其中包含 Select a workspace（选择工作区）工作流程，这将使你可以在工作站硬盘驱动器上设置默认的 Android 开发工作区位置。

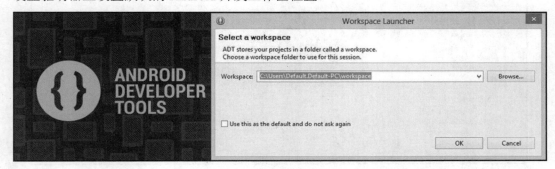

图 1-14　Android Developer Tools 的启动屏幕和显示默认工作区的
Workspace Launcher（工作区启动器）对话框

这里按默认的工作区位置即可，该位置将在主硬盘驱动器号（可能是 C:\）的 Users（用户）文件夹中，然后在该子目录下使用 PC 的分配名称命名，Android 开发工作区文件夹将位于其中。

当在 Android ADT 中创建项目时，它们将显示为该工作区文件夹层次结构下的子文件夹，因此你可以使用 Windows 文件资源管理器以及 Eclipse Package Explorer 项目导航窗格来查找所有文件。本书将大量使用这两个工具，以了解 Android 如何实现 Graphics。

一旦设置了工作空间位置并单击了 OK（确定）按钮，Eclipse Java ADT 就会启动并显示 Welcome!（欢迎）屏幕。这时，你要做的第一件事是确保你的软件是最新的，可单击屏幕上方的 Help（帮助）菜单，然后选择 Check for Updates（检查更新）命令，如图 1-15 所示。

选择 Check for Updates（检查更新）命令后，将打开 Contacting Software Sites（联系软件站点）对话框，如图 1-16 左侧所示。其中，显示一个 Checking for updates（检查更新）进度条，它会检查各种 Google Android 软件存储库站点，查看是否有 Eclipse ADT 的任何更新版本。

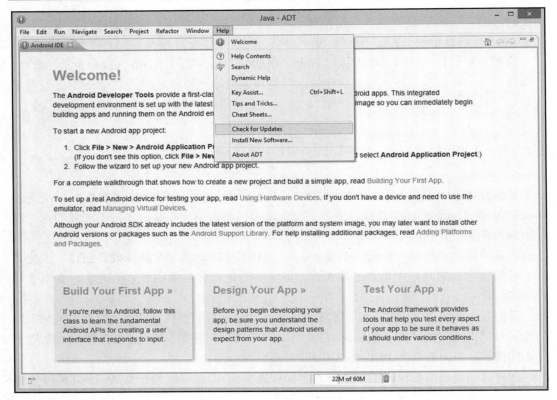

图 1-15　Eclipse Java ADT 欢迎屏幕和检查更新命令

图 1-16　Contacting Software Sites（联系软件站点）对话框（左）
检查 Eclipse ADT 的更新；显示未找到更新（右）

　　请注意，必须连接到 Internet 才能进行这种类型的实时软件包更新。由于我们刚刚下载了 ADT 开发环境，因此没有发现新的更新。

　　如果由于某种原因对 Eclipse ADT 环境进行了更新，则不必再进行更新，只需按照说明更新 ADT 中需要更新的所有组件即可。这样，你将始终拥有最新的软件开发工具包（Software Development Kit，SDK）版本。

值得一提的是，你可以随时运行 Help（帮助）| Check for Updates（检查更新）命令。一些开发人员每周甚至每天都要这样做，以确保他们始终拥有最新的 Android 开发环境（无错误且功能丰富）。

1.12　小　　结

本章介绍了一些图形设计和数字图像的基本原理，并引导读者安装和更新了最新的 Java SDK 和 Android ADT SDK，为本书其余部分的学习奠定了基础。接下来我们就可以开始编写图形设计代码了。

本章中的大多数概念也适用于数字视频、2D 和 3D 动画以及特殊效果创建。因此，你不必在接下来的几章中重复这些知识，但重要的是，你必须通过本章的学习真正掌握这些知识。

我们首先介绍了 Android 操作系统当前支持的各种数字图像文件格式。其中包括虽然已经过时但仍受支持的 Compuserve GIF 格式（常用于矢量图形）和 JPEG 格式（常用于位图图像），以及首选的 PNG 格式和新的 WebP 格式。

你应该知道数字图像压缩算法分为有损和无损两种，并了解为什么 Android 偏爱使用后者以获得更高质量的视觉效果。

我们还简要介绍了 Android View 和 ViewGroup 类，这些类用于保存与显示数字图像和数字视频。我们还提到了 android.widget 软件包，其中包含许多在本书中将经常使用的用户界面类。

我们讨论了数字图像和视频的基本组成部分，即像素以及分辨率和宽高比的基本概念。我们解释了如何计算图像中的像素数，以找到其原始数据占用空间大小。我们还介绍了有关宽高比以及如何使用宽高比定义图像形状的知识。

我们解释了一些颜色理论和术语，以及数字图像中颜色的处理方式。你应该理解颜色深度和加色的概念，并了解如何使用图像中的多个颜色通道创建颜色。

我们介绍了十六进制表示法，以及如何按照每个颜色通道两个十六进制值槽位的方式来表示颜色。你应该知道，24 位 RGB 图像使用 6 个槽位，而 32 位 ARGB 图像则使用 8 个槽位。十六进制颜色值前面需使用井号来表示。

我们解释了数字图像合成以及 Alpha 通道和像素混合模式的概念。我们介绍了使用 Alpha 通道在透明的数字透明层上保存不同图像元素的功能，并提到了 Android 的 Porter-

Duff 类中有数十种不同混合模式。

我们解释了使用 Alpha 通道功能创建图像蒙版的概念。蒙版允许开发人员从图像中提取主题材料，以便可以使用 Java 代码单独对其进行操作，或者在合成层中使用它来创建更复杂的图像效果。

我们研究了抗锯齿的概念，以及它如何使开发人员能够通过在两个不同对象之间，或对象与其背景之间的边缘处混合像素颜色值来获得平滑、专业的合成结果。我们介绍了如何在 Alpha 通道蒙版中使用抗锯齿使开发人员能够在该对象和背景图像之间获得平滑的合成。

我们讨论了影响图像压缩效果的主要因素。你应该了解如何为这些数字图像资产实现紧凑的数据占用。我们还演示了抖动功能，以及如何通过抖动使用 8 位索引颜色图像实现良好的视觉效果并显著减小文件大小。

最后，我们下载并安装了最新的 Java 和 Android ADT SDK 软件，启动和进行了简单的配置，为本书其余各章的学习做好了准备。

在第 2 章中，我们将学习数字视频格式、概念和优化。它与本章非常相似，你将需要掌握有关数字视频的所有基本概念，并为 Android 应用程序创建框架。

第 2 章　Android 数字视频：格式、概念和优化

本章将仔细研究如何在 Android 操作系统中实现数字视频。我们将以第 1 章中介绍过的概念为基础，因为所有数字图像的特性都同样适用于数字视频。

数字视频实际上只是一系列运动的数字图像。数字视频的运动性这一方面引入了高度的复杂性，因为它将第四维（时间）添加到了数学方程式中，这使得处理数字视频比处理数字图像要复杂一个数量级，尤其是对于编解码器而言更是如此。

在视频压缩方面同样如此。因此，本章将着重介绍视频编解码器，以及使用新媒体数据文件格式获得最小数据占用空间的正确方法。反观传统的视频文件，它们往往占用数 GB 大小磁盘容量。

我们将介绍 Android 当前支持的数字视频文件格式以及 MediaPlayer 类，该类允许在屏幕上播放视频。读者将了解到有关 VideoView 用户界面小部件的所有信息。Android 创建该视频小部件是为了实现 MediaPlayer 播放功能，以便开发人员可以在预先构建的用户界面（UI）容器中轻松使用。

本章还将阐释一些基本的数字视频概念，理解这些概念对于学习数字视频处理是有益的。我们将从数字视频资产数据占用空间的角度（应用程序大小）以及市场覆盖率的角度（Android 设备类型）来看数字视频优化。本章将创建一个名为 pro.android.graphics 的 Java 程序包和一个 GraphicsDesign Android 应用程序。

2.1　Android 数字视频格式：
MPEG-4 H.264 和 WebM（VP8）

Android 支持两种开源数字视频格式，即 MPEG-4（Motion Picture Experts Group，运动图像专家组）H.264 和 ON2 VP8 格式，后者是 Google 从 ON2 Technologies 收购的，并更名为 WebM。WebM 随后以开源数字视频文件格式发布，现已在 Android OS 和所有浏览器中使用。HTML5 提供对这两种视频格式的原生支持。

从内容制作的角度来看，这非常方便，因为开发人员制作和优化的视频内容可用于 HTML5 引擎（如浏览器和基于 HTML5 的操作系统）以及 Android 应用程序中。

这种开放源代码的数字视频格式跨平台支持方案将为内容开发人员提供"一次生产，

随处交付"的内容生产优势。只要专业视频图形开发人员充分利用这种规模经济的好处，就能减少内容开发成本并增加开发人员的收入。

　　和第 1 章一样，我们将按时间先后顺序介绍 MPEG 和 WebM 视频文件格式。Android 支持的最古老的格式是 MPEG H.263，该格式只能用于较低的分辨率，因为它使用的是最古老的技术，因此压缩质量效果最差。

　　由于当今大多数 Android 设备的屏幕使用的是中（854×480）到高（1280×720）分辨率，因此如果要使用 MPEG 文件格式，则应使用 MPEG-4 H.264 格式，这是当前广泛使用的数字视频文件格式。

　　商用广播公司、HTML5 Web 浏览器软件、移动 HTML5 应用程序和 Android 操作系统均支持使用 MPEG-4 H.264 格式。至少可以说，所有这些加在一起就已经接近多数市场份额。

　　MPEG-4 H.264 AVC（Advanced Video Coding，高级视频编码）数字视频文件格式在所有用于播放视频的 Android OS 版本中均受支持，在用于视频录制的 Android 3.0 及更高版本中也受支持。仅当 Android 设备具有相机硬件功能时才支持录制视频。

　　还有一种 MPEG4 SP（Simple Profile，简单配置文件）视频格式，它支持商业视频文件播放。此格式适用于所有 Android OS 版本，用于广播类型的内容播放（如电影、电视节目、迷你剧集、电视连续剧、健身视频和类似产品）。

　　但是，如果你是一个独立的 Android 内容制作者，则会发现 MPEG-4 H.264 AVC 格式具有更好的压缩效果，尤其是在使用诸如 Sorenson Squeeze Pro 9 等更高级（更好）的编码套件的情况下更是如此。下文将详细介绍该软件。

　　如果你决定在 Android 应用程序中使用 MPEG-4 数字视频格式，而不是 Google 的 WebM（VP8）视频格式，那么 MPEG-4 H.264 AVC 将是用于 Android 视频内容制作的最合适的格式。支持 MPEG4 SP 的原因很可能是因为许多商业视频和电影最初都是使用这种较旧的视频格式压缩的，并且也没有互动内容。

　　MPEG-4 视频文件支持的文件扩展名包括.3GP（SP）和.MP4（AVC）。我们更喜欢使用后者（.MP4 AVC），因为这是在 HTML5 应用程序中使用的格式。虽然更常见的是高级 AVC 格式，但是以上任何一种文件（扩展名）在 Android OS 中都可以正常工作。

　　Android 现在支持的更现代（高级）的数字视频格式称为 WebM 或 VP8 数字视频格式，该格式可提供更高质量的结果和更小的数据占用空间。这可能是 Google 收购开发 VP8 编解码器的公司 ON2 的原因。下文将介绍有关编解码器的知识。

　　在 Android 2.2.3 和更高版本中，均原生支持 WebM 视频的播放，因此大多数 Android 设备（包括 Amazon Kindle Fire HD 和原始的 Kindle Fire）都应该能够支持此更高质量的数字视频文件格式。这是因为它本身就是智能手机或平板电脑上安装的操作系统的一部分。

　　WebM 还支持视频流（Video Streaming），这在本章后面将有详细介绍。如果用户具有 Android OS 4.0（或更高版本），则支持 WebM 视频格式的流播放功能。

　　总之，我们建议使用 MPEG-4 H.264 AVC 本地模式（非流式传输）视频资产，如果要流式传输视频，则可以使用 WebM。

　　本书第 19 章将介绍高级视频概念，如流媒体等。

2.2　Android VideoView 和 MediaPlayer 类：视频播放器

　　Android 中有两个主要类处理数字视频格式的回放，它们都直接从 java.lang.Object 超类子类化。它们是 android.widget 包中的 VideoView 小部件类，以及 android.media 包中的 MediaPlayer 媒体类。

　　大部分基本的数字视频播放都是通过使用<VideoView> XML 标记及其参数来完成的，并直接在用户界面设计中进行设计，下文将执行该操作。

　　Android 的 VideoView 类是 Android SurfaceView 类的直接子类，后者是一个显示类，它提供嵌入专用的 Android View 层次结构内的专用绘图表面（Drawing Surface），该层次结构用于实现高级的、直接到屏幕的绘图图形管线。

　　SurfaceView 是按 Z 序排列的，因此它位于保存 SurfaceView 的 View 窗口的后面，而 SurfaceView 会通过其 View 窗口剪切此视口（Viewport），以允许向用户显示内容。

　　Z 序（Z-order）是使用分层合成时的一个概念，下文将会详细介绍。简而言之，Z 序就是给定图像或视频源的层叠顺序。

　　至少在概念上，层是从顶层到底层这样逐层排列的。当包含 x 和 y 的 2D 图像数据的图层沿着 3D 的 z 轴堆叠时，该分层结构中的图像（或视频）资产的排列顺序就称为 Z 序。

　　如你所知，2D 图像和视频仅使用 x 和 y 轴定位它们的数据，因此需要从 3D 的角度来看 Z 序和合成，因为合成中的图层需要第 3 个轴——z 轴。

　　SurfaceView 类是 View 类的子类，而 View 类又是 Java Object 主类的子类。VideoView 子类是 SurfaceView 子类的专门化身，为 SurfaceView 类的方法添加了更多方法，因此在 View 类层次结构中作用更大。以下 URL 提供了有关于此 Android VideoView 及其方法和构造函数的更多详细信息：

http://developer.android.com/reference/android/widget/VideoView.html

　　Android 的 VideoView 类在 android.widget 包中实现了一个 Java 接口，名为

MediaController.MediaPlayerControl。这样，使用 VideoView 小部件的开发人员将可以访问与 MediaPlayerControl 相关的 Android MediaController 类方法，以进行数字视频播放。

如果要编写数字视频播放引擎的代码，则应直接访问 Android MediaPlayer 类本身。在这种情况下，实际上编写的是自定义视频播放引擎（MediaPlayer 子类），以便将 VideoView 小部件的使用替换为自己的（更高级的）数字视频播放功能。

在以下开发者网站 URL 上，有关于此 Android MediaPlayer 类工作原理的更多信息以及状态引擎图：

http://developer.android.com/reference/android/media/MediaPlayer.html

关于如何使用 Android MediaPlayer 类对视频播放引擎进行编码，完全可以写出一本高级编程专著。本书是专门介绍 Android 图形设计以及图像、动画、数字视频、合成、混合等内容及其它们之间相互关系的中级教材，因此它超出了本书的讨论范围，我们只要使用 VideoView 类即可。事实上，这也是 Android 提供此类的原因，它更愿意用户使用 VideoView 类而不是自己编码。

2.3　数字视频的基础：运动、帧和 FPS

数字视频是数字成像向第四维度（时间）的扩展。数字视频实际上是随着时间的流逝而迅速显示的数字图像的集合，就像在电影出现以前人们制作的翻书动画一样，你可以通过快速翻动书页看见在页面上绘制的人物或场景都"活"了过来。数字视频序列中的每个图像都称为帧（Frame）。此术语可能来自早期电影时代，当时的胶片帧以每秒 24 帧的速度通过电影放映机，由于人眼有视觉暂留的现象，因此产生了运动的错觉。

由于数字视频的每一帧实际上都包含数字图像，因此第 1 章中介绍的所有概念也可以应用于视频。相关概念包括像素、分辨率、长宽比、颜色深度、Alpha 通道、像素混合、图像合成，甚至数据占用空间优化。所有这些都可以很容易地应用于数字视频内容开发中，并可以在图形设计中实现。

由于数字视频是由一组数字图像帧组成的，因此数字视频帧速率的概念对于数字视频数据占用空间的优化过程而言也非常重要。帧速率（Frame Rate）以每秒帧数（Frames Per Second，FPS）表示。

数字视频中帧的优化概念与图像像素（数字图像的分辨率）的优化概念非常相似，因为视频帧会将数据占用空间与所使用的每个帧相乘。在数字视频中，不仅帧（图像）的分辨率会极大地影响文件大小，而且每秒帧数或帧速率也会有影响。

在第 1 章中已经介绍过，如果将图像中的像素数乘以颜色通道数，就可以得出该图像的原始数据占用空间（Raw Data Footprint）。对于数字视频来说，现在必须再次将该数字乘以数字视频的每秒帧数（FPS）以及数字视频中的总秒数。

仍以第 1 章中的 VGA 为例，我们已经知道，一个 24 位 VGA 原始图像恰好是 900KB。数字视频传统上以 30FPS 的速度运行，因此标准清晰度（Standard Definition，SD）或 VGA 原始未压缩数字视频的一秒为 30 个图像帧，每个图像帧为 900KB，则其一秒的数据占用空间为 900KB×30=27000KB。

要计算出这是多少兆字节（MB），需要将 27000 除以 1024，这样就可以得出，一秒的原始数字视频可以得到 26.3671875MB 的数据。将其乘以 60 秒，即可获得 24 位 VGA 数字视频每分钟的原始数据为 1582.03125MB。再将其除以 1024，即可得到每分钟的千兆字节（GB）数量，约为 1.54495GB。

VGA 分辨率的视频每分钟包含的原始数据超过 1.5GB，你认为这很多是吗？高清（High Definition，HD）视频的分辨率为 1920×1080，乘以 3 个 RGB 通道，再乘以 30 帧，然后乘以 60 秒，即每分钟产生的原始数据约为 10.43GB！

现在你应该明白了，为什么拥有可压缩数字视频格式非常重要，因为视频文件的原始数据占用空间实在太大，这就是 Google 收购 ON2 以获得其 VP8 视频编解码器的原因。VP8 可以在保持高水平视频图像质量的同时，将文件大小减小一个数量级甚至更多。如果你想知道具体数字，那么我可以告诉你，一个数量级等于 10 倍。

一旦你确切地知道如何通过使用正确的比特率、帧速率和帧分辨率来优化数字视频压缩工作流程，你就会对使用 MPEG 视频文件格式所能实现的压缩率感到惊讶（下文将有介绍）。我们将开辟一整章来专门介绍高级数字视频数据占用空间的优化技术和工作流程，在第 18 章中将进一步讨论 WebM 视频优化。

2.4　数字视频约定：比特率、流、标清和高清

由于我们在第 2.3 节中讨论了分辨率，因此这里不妨专门来介绍一下商业视频中使用的主要分辨率。在高清（HD）分辨率出现之前，视频一般采用的是标准清晰度（Standard Definition，SD），并使用 480 像素的标准像素高度（垂直分辨率）。

商业或广播视频通常采用以下两种宽高比之一：较旧的晶体管电视使用的是 4∶3，较新的高清电视（HDTV）使用的是 16∶9。让我们使用在第 1 章中学习过的数学方法来计算 4∶3 标清广播视频的像素分辨率。

480 除以 3 是 160，而 160 乘以 4 是 640，因此标清 4∶3 视频是 VGA 分辨率，这就

是为什么在第 1 章中使用这个特定分辨率作为示例的原因。另外，还有一种 16：9 的宽 SD 分辨率，它已成为 Android 触摸屏智能手机以及称为迷你平板电脑的较小尺寸平板电脑中的入门级屏幕分辨率。

我们可以按上面的方法再来计算宽 SD 的分辨率。480 除以 9 约为 53.4（小数进位），而 53.4 乘以 16 等于 854，因此新的宽 SD 智能手机和平板电脑的分辨率是 854×480。这个分辨率设计在很大程度上是为了使现在主流的高清内容可以直接从 16：9 的 1920×1080 下采样到 1280×720 或 854×480。

高清视频具有两种分辨率，即 1280×720（也可以称为"伪高清"）和 1920×1080（业界称为 True HD）。两者均为 16：9 的宽高比，现在不仅用于电视和 iTV，而且还用于智能手机（Razor HD 为 1280×720）和平板电脑（Kindle Fire HD 为 1920×1200，这是宽度较小或更高的 16：10 宽高比）。

还有 16：10 的伪高清分辨率，其分辨率为 1280×800 像素。实际上，这是笔记本电脑、上网本和中型平板电脑的常见分辨率。一般来说，大多数开发人员会尝试将其视频内容分辨率与将在其上观看视频的每个 Android 设备的分辨率相匹配。

无论用于数字视频内容的分辨率如何，应用程序都可以通过不同的方式访问视频。因为笔者是数据优化方面的专家，所以可以采用本地（Captive）方式。也就是说，视频文件已经在 Android 应用程序 APK 文件本身内，在原始数据资源文件夹中。

在 Android 应用中访问视频的另一种方法是使用远程视频数据服务器。在这种情况下，视频将实时播放，从 Internet 上的远程服务器直接流传输到用户的 Android 设备上。希望你的服务器不会崩溃！

视频流传输（Streaming）比播放本地（Captive）视频数据文件更为复杂，因为 Android 设备正在与远程数据服务器实时通信并在视频播放的同时接收视频数据包。在 Android 4.0 及更高版本的设备上，可以通过 WebM 使用 WebM 格式支持视频流传输。在本书第 19 章之前，我们将不会使用流传输视频，因为它需要远程视频服务器。我们将使用本地视频数据来测试应用。

本节需要讨论的最后一个概念是比特率（Bit Rate）。比特率是视频压缩过程中使用的关键设置，因为比特率表示目标带宽（Target Bandwidth）数据管道大小，该大小是能够容纳的每秒流经它的比特数量。

目前的 Internet 2.0（移动设备电信网络）IP 基础设施中的数据管道速度很慢，为 768kb/s 或 768kbps，因此如果要将视频文件压缩为适合该"较窄"的数据管道，则该视频文件只能具有较低的质量水平，并且可能还需要具有较低的分辨率以进一步减少其总数据占用空间。较早的 3G 网络采用的就是这些较慢类型的视频数据传输速度。

需要特别注意的是，随着越来越多的用户尝试在高峰使用期通过该数据管道访问数据，过饱和（拥挤）的数据管道会将快速数据管道变成中等速度甚至是慢速数据管道。

当今 Internet 2.0 IP 基础设施中的中型数据管道速度为 1536kb/s（约 1.5Mbps）。请注意，这里我们使用的是比特，而不是字节，因此要计算该速度代表的是每秒多少字节，还需要除以 8（一个字节有 8 比特）。因此，每秒 1 兆比特等于每秒传输 128KB 的数据，而每秒 1.5 兆比特则等于每秒 192KB。

较早的 3G 网络的传输速度在 600kb/s 和 1.5Mb/s 之间，因此，平均而言，它们将为 1.5Mb/s，并被分类为中等速率数据管道。

更快的数据管道至少为 2048kb/s 或 2Mb/s（2Mbps），以这样的较高比特率压缩的视频可显示出较高的视觉质量。更现代的 4G 网络速度介于 3Mb/s 和 6Mb/s 之间。我们会将视频优化到 2Mbits/s，只是为了确保视频资产在某些情况下（即在流传输的情况下）仍能非常流畅地播放。

请注意，家庭网络通常具有更快的 Mbps 性能，通常在 6～24Mbps。而移动网络的速度为 4Gbps，尚未达到此带宽，因此你需要在 Android 图形应用程序开发中针对更狭窄的数据管道进行优化。

比特率还必须考虑任何给定 Android 手机中的 CPU 处理能力，这也使得视频数据优化更具挑战性。这是因为一旦"比特"通过数据管道传输，它们也需要进行处理，然后显示在设备显示屏上。实际上，Android 应用程序.APK 文件中包含的任何本地视频资产（Captive Video Assets）仅需要优化处理能力即可。出现这种情况的原因是，如果你使用本地数字视频资产，则没有数据管道可供视频资产通过，也不会传输任何数据。你的视频资产就在 APK 文件中，本身就可以播放。

这意味着，你不仅需要针对带宽优化数字视频资产的比特率（如果使用的是本地数字视频资产，则应该优化的是 APK 文件的大小），还需要预估 CPU 处理能力的差异。某些单核低功耗嵌入式 CPU 可能无法在不丢帧的情况下解码高分辨率、高比特率的数字视频资产，因此对于给定 CPU 而言，使用低分辨率、低比特率的数字视频资产（并且数据量还要少一个数量级）显然是一个好主意。

2.5　Android 的数字视频文件：分辨率密度目标

要准备将数字视频资产用于当前市场上的各种 Android OS 设备中，则必须设置几个不同的分辨率目标，这些目标将覆盖市场上大多数的屏幕密度。

在第 3 章中，读者将会了解有关 Android 中默认屏幕密度的更多信息，因为它们与图形有关。为什么 Android 不能简单地仅采用一个高分辨率资产，然后使用双三次插值（Bicubic Interpolation），或至少是双线性插值（Bilinear Interpolation）将其缩小？原因是当前 Android 的弱项恰好是按比例缩放事物，主要是图像和视频。

众所周知，Android 设备的屏幕尺寸涵盖了很大的范围，从较小的翻盖手机和 Android 手表，到较大的平板电脑和 iTV 电视机，不一而足。智能手机、电子书阅读器、微型平板电脑和中型平板电脑都属于这一范围，因此开发人员至少需要 4 个（甚至是 5 个）不同的目标 DPI（Dot Per Inch，每英寸点数；或 Density Pixel Imagery，图像像素密度）分辨率。对于数字视频来说，这还包括不同的目标比特率，因此你可以尝试适应所有不同的设备屏幕密度以及单核到四核 CPU 产品的不同处理能力。

就数字视频支持而言，实际上更多的是采用 3 个或 4 个比特率目标（Bit Rate Target），而不是一个像素一个像素地匹配显示屏，因为 VideoView 类可以任意放大（或缩小）视频。下文将会介绍该操作。

提供均匀间隔的比特率很重要，因为较小的 Android 设备往往具有较差的处理能力，无法顺利解码大量（高）比特率的视频，因此你需要 Android 应用程序具有各种比特率，可以适应所有潜在类型的 Android 设备的处理能力。

例如，Android 手表或翻盖手机可能只有单核或双核 CPU，iTV 可能至少具有四核，而华为 P40 智能手机则具有高达八核处理器。

因此，你应该拥有可以在任何处理器上平滑解码的比特率，范围可以是从低分辨率 512kbps 到高分辨率 2Mbps。分辨率密度越高，即意味着像素越小，无论压缩量如何，视频的外观都会更好。

这是因为在任何给定的 Android 设备的屏幕上，像素间距越小（或像素密度越高），则编码伪像将更难以看清（本质上是被隐藏了）。在大多数 Android 设备硬件上都可以找到这种精细的像素间距（Pixel Pitch），一旦你知道自己使用视频编辑或压缩实用程序（如开源 EditShare Lightworks 11 或 Sorenson Squeeze Pro）所做的工作，就可以将高质量的视频转换为数据占用空间相对较小的版本。

2.6　优化数字视频：编解码器和压缩

开发人员可以使用一种称为编解码器（Codec）的软件对数字视频进行压缩，Codec 代表的是 Code-Decode，也就是编码和解码。视频编解码器有两个功能：一个是对视频数据流进行编码，而另一个是对视频数据流进行解码。在操作系统或浏览器中都有内置的用于视频播放的解码器。

解码器通常针对速度进行优化，因为回放的流畅性是其主要问题，而编码器的优化任务则是要减少其生成的数字视频资产的数据占用空间。因此，编码过程可能需要很长时间，具体取决于工作站包含多少个处理器核心。目前的台式机 CPU 普遍都有 8 个核心，一些高端产品甚至拥有 64 个核心。

编解码器（编码器端）就像插件一样，可以将它们安装到不同的数字视频编辑软件包中，以使它们能够编码不同类型的数字视频文件格式。

由于 Android 支持视频的 MPEG-4 H.263 和 H.264 格式，以及 WebM（ON2）VP8 格式，因此，开发人员需要确保使用一种将视频数据编码为这些数字视频文件格式的视频编解码器。如果正确执行此操作，则 Android 操作系统将能够解码数字视频数据流，因为这 3 个编解码器的解码器端直接内置在 Android 操作系统中，这就是开发人员需要了解这 3 种格式的原因。

目前有多家软件开发商都可以提供 MPEG 编码软件，因此就文件大小而言，不同的 MPEG 编解码器（编码器软件）将产生不同的结果（有些编码器的效果很好，有些则比较糟糕）。

如果你想要专业制作视频，那么强烈建议你使用安全的专业解决方案，也就是 Sorenson Squeeze，其当前版本为 11。Squeeze 有一个专业版本，本书使用的就是该版本，读者可以自行搜索 Sorenson Squeeze 关键字下载和购买。

还有一种名为 EditShare Lightworks 的解决方案（免费试用 7 天），该解决方案以前不能原生支持 WebM VP8 编解码器的输出，所以本书不使用它。有兴趣的开发人员可以访问 editshare.com 或 lwks.com 网站注册并下载该软件，因为它是 Blender 3D、GIMP2 和 Audacity 最为强大的软件包之一。

在优化（进行压缩设置）数字视频数据文件大小时，存在大量直接影响视频数据占用空间的变量。接下来我们将按照影响视频文件大小的顺序（从影响最大到影响最小）进行介绍，以便你能轻松地知道要调整哪些参数以获得所需的结果。

与数字图像压缩一样，视频每一帧的分辨率或像素数是开始优化过程的最佳起点。如果你的目标用户使用的是 854×480 或 1280×720 的智能手机和平板电脑，则无须使用 True HD 1920×1080 分辨率的视频即可为数字视频资产获得良好的视觉效果。在显示超细密度（点距）的设备上，可以将 1280 视频放大 33%（这个比例的计算方式是 $1-(1280/1920) \approx 0.33$），它看起来效果仍然不错。例外情况是，如果你要向 GoogleTV 用户交付 iTV 应用，则可能需要使用 1920×1080 分辨率。

优化的下一个层次是用于视频每一秒的帧数（假设视频本身的实际秒数不能缩短）。你可以修改帧速率（Frame Rate），而不是使用视频标准的 30FPS。例如，可以考虑使用

24FPS（这是胶片电影标准帧速率）或 20FPS（这是多媒体标准帧速率），根据视频的内容，甚至可以使用 10FPS 的帧速率以最大化压缩视频数据。

请注意，如果将帧速率设置为 15FPS，那么最终获得的视频数据只有 30FPS 的一半（即进入编解码器的数据减少 100%），并且某些视频内容播放的效果（看起来）与 30FPS 是一样的。找出比较合适的帧速率的唯一方法是在内容优化（编码）过程中尝试这些设置。

获得较小数据占用空间的另一个有效设置是为编解码器设置比特率。比特率等于应用的压缩量（Amount of Compression），因此它其实就等于视频数据的质量水平（Quality Level）参数。值得注意的是，你可以使用 30FPS、1920×1080 分辨率的高清视频，然后指定一个非常低的比特率上限；但是，如果你先尝试使用较低帧速率和分辨率，同时使用较高（质量）的比特率设置，则结果将不尽如人意。

由于每个视频数据流都完全不同，因此对于任何给定的编解码器来说，找出对视频数据最合适的处理参数的唯一方法是通过编解码器发送它并查看最终结果。如果你可以使用这些参数实现紧凑的数据占用空间，则可以尝试将 512kbps 或 768kbps 用于低分辨率终端，将 1.5～2.0Mbps 用于中等分辨率终端，将 2.5～3.5Mbps 用于高分辨率终端。这些也是 WebM 或 MPEG-4 AVC 将提供的设置。

要获得较小的数据占用空间，下一个有效设置是编解码器用来采样数字视频的关键帧（Keyframe）数。通过查看一个帧，然后仅对接下来的几个帧中的更改或偏移量（Offset）进行编码，视频就可以进行压缩，从而不必在视频数据流中对每个帧进行编码。如果有一部视频，它的主要内容就是某人在发表演讲，背景几乎是一成不变的，而另一部视频则是激烈的战斗场面，几乎每一帧上的每个像素都在不停变化，那么显然前者的编码压缩效果要比后者好很多。

关键帧也是编解码器中的一项设置，可强制该编解码器每隔一段时间就对视频数据资产进行一次全新采样。一般来说，关键帧会有一个自动（Auto）设置，允许编解码器确定要采样的关键帧，还有一个手动（Manual）设置，允许开发人员指定关键帧的采样频率，通常是指定每秒采样次数或基于某个视频持续时间设置一定的次数（总帧数）。例如，对于后面将要介绍的 480×800 数字视频资产，我们设置的是隔 400 帧采样 10 个关键帧，或者 40 帧采样一次。

大多数编解码器通常具有质量（Quality）或清晰度（Sharpness）设置项或滑块，用于控制压缩前应用于视频的模糊量。如果你不知道此技巧，则一般不会对图像或视频应用非常轻微的模糊效果（设置为 0.2），其实它可以实现更好的压缩，因为图像中清晰的过渡（边缘）会比软过渡更难以编码（需要更多数据来重现）。也就是说，我们可以将质量或清晰度滑块保持为 80%～100%，然后尝试使用前面讨论的其他变量来减少数据占用空间。

　　总而言之，你需要微调许多不同的变量，以便针对任何给定的视频数据资产实现最佳的数据占用空间优化，并且每个视频（从数学意义上来说）在不同的编解码器上的调节都是不一样的。因此，并没有一个可以达到给定结果的标准设置。也就是说，随着你压缩的视频越多，对编解码工具的各个选项设置的效果就越熟悉，最终你将会有一种感觉，知道你需要改变哪些设置才能得到自己想要的结果。

2.7　在 Eclipse ADT 中创建 Pro Android Graphics 应用程序

　　现在让我们从第 1 章中结束的地方开始，然后在当前首次打开的 Eclipse ADT 环境中创建新的 Pro Android Graphics 应用程序项目。如果你已经关闭了 Eclipse，则可以单击快速启动图标将其打开，并接受默认的工作空间，然后打开空白的 Eclipse 环境。

　　单击 Eclipse 左上角的 File（文件）菜单，然后选择 New（新建）子菜单，在出现的弹出菜单中选择 Android Application Project（Android 应用程序项目）命令，如图 2-1 所示。

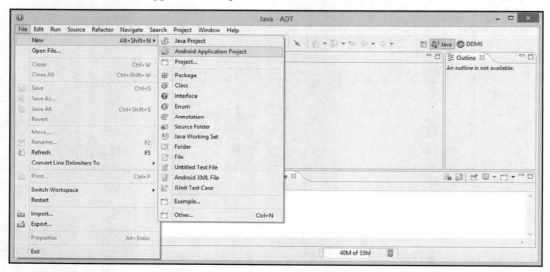

图 2-1　　使用 File（文件）| New（新建）| Android Application Project
（Android 应用程序项目）命令创建 Pro Android Graphics 应用程序

　　选择此命令后，你将看到一系列（5 个）New Android Application（新建 Android 应用程序）对话框中的第 1 个。这些对话框将指导你完成创建新 Android 应用程序的过程，它将包含你的所有资产（Asset）、类（Class）、方法（Method）以及 XML 文件等。

这些对话框将询问你一系列问题，或者更准确地说，是允许你从一系列选项中进行选择，并使用数据字段指定信息，以便 Eclipse ADT（本质上是 Android OS）可以在 Windows 中创建应用程序引导代码（以最佳优化方式），并使用 Android 希望的标准约定。在本书中你将看到，Android 非常希望开发人员按照其标准约定构建或编码其应用程序。

第 1 个对话框允许开发人员设置 Application Name（应用程序名称）、Project Name（项目名称）和 Package Name（项目包名称），如图 2-2 所示。

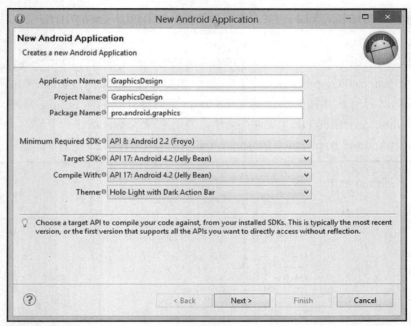

图 2-2　设置 Application Name（应用程序名称）、Project Name（项目名称）和
Package Name（项目包名称），并选择最低 SDK 和目标 SDK

在第 1 个对话框的前 3 个字段中，我们可以将该应用程序名称和项目名称均命名为 GraphicsDesign，并将项目包名称命名为 pro.android.graphics。在整本书中，我们都将开发此应用程序项目，并实现惊人的图形处理管线。

接下来的 4 个下拉列表允许选择将要开发的项目的 API Level（API 级别）和 OS Theme（操作系统主题）。在 Minimum Required SDK（最低要求 SDK）中，可以接受默认（或建议）的 API 8: Android 2.2 (Froyo)，在 Target SDK（目标 SDK）中选择 API 17: Android 4.2 (Jelly Bean)，在 Compile With（编译）中同样选择 API 17: Android 4.2 (Jelly Bean)，在 Theme

（主题）中则选择 Holo Light with Dark Action Bar。

完成所有这些非常重要的应用程序规范的指定后，单击 Next（下一步）按钮以转到 New Android Application（新建 Android 应用程序）对话框系列中的下一个对话框。

该系列的第 2 个对话框是 Configure Project（配置项目）对话框，如图 2-3 所示。该对话框将允许你选择有关 Android ADT 如何在 Eclipse 中创建项目文件（目录结构）系统、引导 Java 代码和应用程序图标的选项。

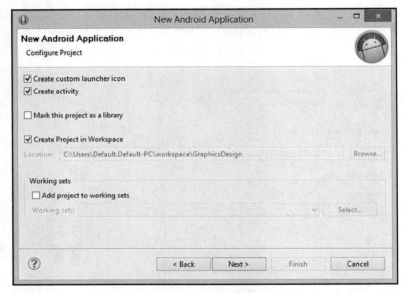

图 2-3　使用 Configure Project（配置项目）对话框创建图标、活动和项目工作区

尽管我们将在本书后面的章节中设计自己的应用程序图标（毕竟，这是一本有关图形设计的书），但现在我们可以先选择 Android 选项来为应用程序启动器图标创建一个占位符，因此这里可以选中 Create custom launcher icon（创建自定义启动器图标）复选框。

Create activity（创建活动）复选框将指示 Android ADT 为我们编写一些初始的 Java Activity 子类代码，因此为了省事起见，我们选中该复选框，以准确了解 Eclipse ADT 将会为我们做什么。

最后，选中 Create Project in Workspace（在工作区中创建项目）复选框，该复选框默认被选中，直接跳过即可。

该项目不是很大，不需要将其标记为较大应用程序中的一个库（大项目会有多个代码库），也不需要使用工作集，因此不要选中 Mark this project as a library（将此项目标记为库）和 Add project to working sets（将项目添加到工作集）复选框。

　　完成第 2 个对话框的设置后，单击 Next（下一步）按钮，进入 Configure Launcher Icon
（配置启动器图标）对话框，如图 2-4 所示。该对话框将允许你从 Android 提供的资产中
进行选择，现在可使用该资产来定义应用程序启动图标，该图标将临时用于 Pro Graphics
应用程序。

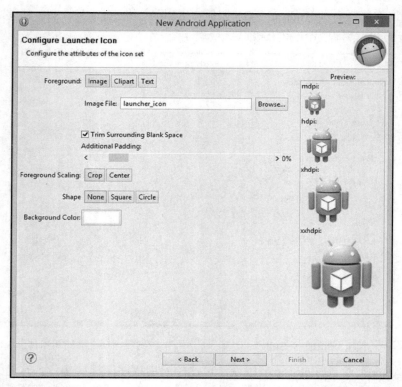

图 2-4　使用 Configure Launcher Icon（配置启动器图标）对话框配置占位符图标

　　专业应用程序始终应该具有自定义图标，而不是默认的 Android 图标，因此这里只要
按默认设置即可。这些图片仅用作应用程序的占位符图标（Placeholder Icon），很快我们
就会创建和替换为自定义图标。

　　如果你已有用于应用程序图标的图像，则可以单击图 2-4 顶部的 Image（图像）按钮，
然后单击 Image File（图像文件）右侧的 Browse（浏览）按钮选择图标资产。

　　此外，还可以选中 Trim Surrounding Blank Space（修剪周围的空白空间）复选框，添
加 Additional Padding（额外填充），选择 Foreground Scaling（前景缩放）中的 Crop（裁剪）
或 Center（居中），选择 Shape（形状）中的 None、Square 或 Circle，设置 Background Color

（背景颜色）。设置这些选项后，可以在图 2-4 右侧示例图标中看到直接的效果。

　　由于这是一本图形设计书，因此你可以将这些图像编辑操作应用于图像编辑软件包中的应用程序图标，在编辑软件中可以进行更多的控制和选择。

　　完成对 Configure Launcher Icon（配置启动器图标）对话框的设置后，单击 Next（下一步）按钮，进入 Create Activity（创建活动）对话框，如图 2-5 所示。

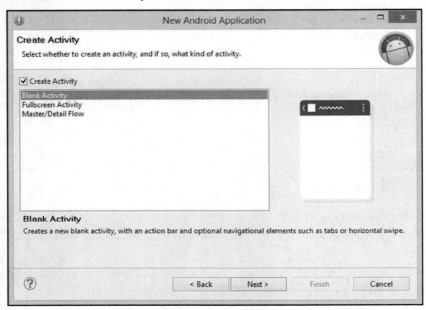

图 2-5　使用 Create Activity（创建活动）对话框为应用程序创建新的空白活动

　　Create Activity（创建活动）对话框允许我们选择 Android Activity 子类 Java 代码的类型，Eclipse ADT 环境将为我们编写这些代码。让我们来看一下 ADT 编写的最低引导活动代码。首先选择 Blank Activity（空白活动）选项。

　　由于我们将要从头开始创建 Pro Android Graphics 应用程序，因此可以学习如何在 Android 内部自定义图形资源，Blank Activity（空白活动）就是我们真正想要的。

　　选择 Blank Activity（空白活动）选项后，单击 Next（下一步）按钮，进入 Blank Activity（空白活动）对话框，如图 2-6 所示。该对话框允许配置在 Create Activity（创建活动）对话框中选择的空白活动，即通过为其指定 Activity Name（活动名称）和 Navigation Type（导航类型）。由于我们是从头开始编写 Pro Android Graphics 应用程序的，因此可选择 None（无）导航类型。这样你就可以在本书学习期间设计自己的应用程序导航。

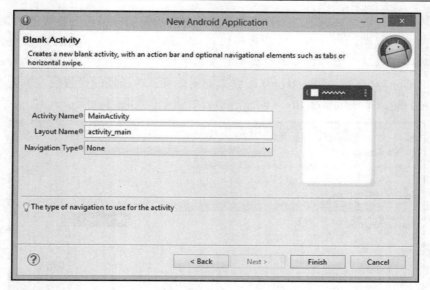

图 2-6　使用 Blank Activity（空白活动）对话框命名 Java Activity 子类和 XML 布局

对于 Activity Name（活动名称）和 Layout Name（布局名称）参数，可以使用 Android ADT 建议的 MainActivity.java（Java 代码）和 activity_main.xml（XML 标记文件）命名约定。

在本书中，我们应尽量遵循上述命名约定，因为它可以很容易地看出哪些 Java Activity 类及其相关的 Activity Layout 用户界面设计是相互配对的。

查看完此对话框（不执行任何操作）之后，单击 Finish（完成）按钮。

现在，让我们仔细看一看 Android Eclipse ADT 使用这 5 个对话框系列为你创建的新 Android 应用程序项目引导的基础结构。

单击 Finish（完成）按钮后，将返回 Eclipse ADT 集成开发环境（IDE），你将看到新项目以图形格式显示在 Eclipse 的图形布局编辑器（Graphical Layout Editor，GLE）中，如图 2-7 所示。

在这个集成开发环境的左侧可以看到 Package Explorer（包浏览器）窗格，其中显示了由刚刚完成的 New Android Application（新建 Android 应用程序）系列对话框创建的项目层次结构（Project Hierarchy）和文件夹结构。

顶部是 GraphicsDesign 文件夹，在它的下方是 src（Source Code，源代码）、assets（Assets，项目资产）和 res（Resource，资源），而在底部的则是 AndroidManifest.xml 文件，该文件将配置并启动 Android 应用程序。

图 2-7　创建新应用后，新的 activity_main.xml 编辑选项卡显示在 Eclipse 的中央编辑区域中

在 res（资源）文件夹中有多个子文件夹，包括所有数字图像 DPI 资产的子文件夹（文件夹名称中带 drawable）、menu（菜单）、应用程序的常量（values 文件夹）和用户界面设计（layout 文件夹）。

在 layout 文件夹中，请注意 activity_main.xml 文件名已突出显示。这是 XML 标记，它将显示在中央编辑窗格中，当前使用的是图形布局编辑器（Graphical Layout Editor，GLE）模式或视图，在最右边可以看到 Outline（大纲）视图或窗格。

Outline（大纲）视图显示，ADT 为 MainActivity 用户界面设计选择了一个 RelativeLayout UI 布局容器，并在其中添加了一个带有"Hello World!"消息的 TextView UI 元素。这意味着 Android ADT 已经为你编写了一个"Hello World!"应用程序，而你甚至不必编写任何代码。

接下来，单击 Eclipse 中央编辑窗格底部的 activity_main.xml 选项卡，即可以代码格式查看用户界面 XML 标记。完成此操作后，就可以看到 XML 标记，它将在图形布局编辑器（GLE）的用户界面屏幕视图中显示。

ADT 为 Blank Activity（空白活动）用户界面屏幕布局定义编写的默认 XML 标记，如图 2-8 所示。该 UI 布局包括一个 RelativeLayout（这是 Android 默认或推荐的布局类型），以及在此布局容器内的简单 TextView UI 元素或小部件。

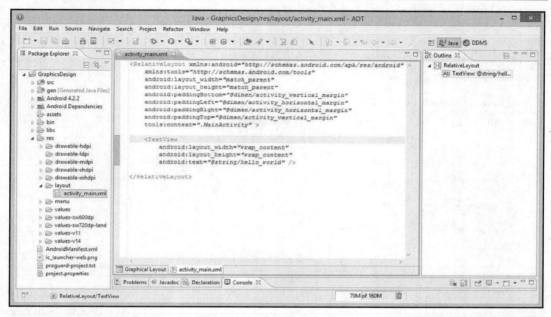

图 2-8　单击中央编辑窗格底部的 activity_main.xml 选项卡即可显示 XML 标记

你需要更改此引导 XML 标记以支持 VideoView 用户界面元素，因为你希望当新的 MainActivity.java 启动屏幕，使其在启动之后显示非常酷的内容。

在更改此 XML 标记之前，不妨先来快速浏览一下 Eclipse ADT 在 MainActivity 类的 UI 布局容器的 RelativeLayout 父标记（Parent Tag）内编写的内容。

父标记中的第一个参数称为 xmlns:android 参数，此参数设置的是扩展标记语言命名模式（eXtended Markup Language Naming Schema，XMLNS）的 URL。这样做是为了可以验证此文件中使用的其他标记和参数是否正确，即是否符合 RelativeLayout 容器的 XML 模式。如果该 URL 不存在，则 Eclipse 将在无法验证的每个标记参数下添加一个红色波浪下画线。

还有一个 xmlns:tools URL 引用，其用途是验证以 tools:开头的参数（如 tools:context），这和 xmlns:android 参数用于验证以 android:开头的参数是一样的。在<RelativeLayout>容器父标记的最后就可以看到 tools:context 参数。

还有 android:layout_width 和 android:layout_height 参数，这里将其设置为 match_parent。这可以确保布局容器缩放以适合显示屏幕，显示屏幕是此布局容器的父级。

还有默认的 android:padding 参数，可以看到，它引用了 values 文件夹中的 dimen.xml 文件以及 tools:context 参数，该参数声明此上下文为 MainActivity.java 代码。

TextView 标记是一个子标签（Child Tag），因为它嵌套在 RelativeLayout 容器中。

此标记具有 android:layout_width 和 android:layout_height 参数，它们都被设置为 wrap_content，表示将完整显示其内部的文本和图像。布局元素将根据内容更改大小。

请注意，wrap_content 本质上与 match_parent 参数完全相反，后者将强制性地使视图扩展至父元素大小，而不是收缩其内部内容。

最后，TextView 标记内还有一个 android:text 参数，它引用了 values 文件夹中的 strings.xml 文件，使用了@ string/路径，<string>标签名称为 hello_world，值为 Hello World。

2.8　创建视频启动屏幕的用户界面设计

当在 activity_main.xml 用户界面布局容器中时，让我们将 RelativeLayout 父标记更改为 FrameLayout 父标签，并将 TextView UI 元素更改为 VideoView UI 元素或小部件，如图 2-9 所示。

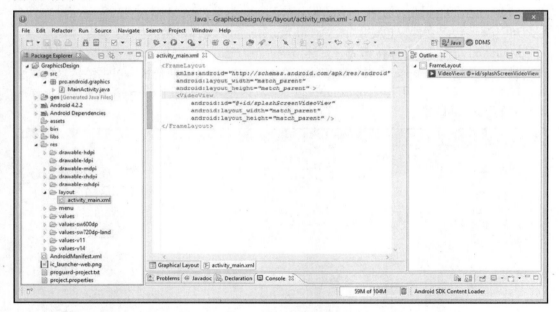

图 2-9　将 RelativeLayout 容器标签更改为 FrameLayout，
并将 TextView UI 元素更改为 VideoView UI 元素

为什么要为 VideoView 使用 FrameLayout 用户界面设计容器而不是直接使用原来的 RelativeLayout 呢？原因很简单，FrameLayout 中的 VideoView 在被 Android 缩放时会保持其宽高比。下文我们将向你展示如何缩放视频以适合不同宽高比的屏幕。如果不按原有的宽高比缩放，那么内容很可能会出现明显的失真（当视频的内容是某人在发表演讲时，这种失真会非常明显）。

将 RelativeLayout 的开始和结束标记均更改为 FrameLayout，并保留 xmlns:android 和 android:layout 参数，这是现在所需要的。然后，将 TextView 子标记更改为 VideoView，并将其 android:id 更改为@+id/splashScreenVideoView。删除 android:text 参数和引用，因为它们在 VideoView UI 小部件中将不会被使用。

接下来，我们就来看一看如何通过 Java 代码实现 UI。

2.9　认识 MainActivity.java Activity 子类

由于我们正在研究的是 New Android Application（新建 Android 应用程序）系列对话框所创建的内容，因此这里也不妨来看一看 Java 代码。右击 Package Explorer（包浏览器）中/src/pro.android.graphics 文件夹下的 MainActivity.java 文件，然后选择 Open（打开）命令即可打开该代码文件，也可以单击 MainActivity.java 文件，然后按 F3 键。

MainActivity.java 文件在集成开发环境的左侧（图 2-10 的 Package Explorer 窗格中）突出显示，并且在 Eclipse 中央代码编辑窗格中被显示已处于打开状态以供编辑。可以看到，其中已经声明了应用程序 package（包）名称，并且还使用 import 语句和包名称导入了必需的 Android 类。

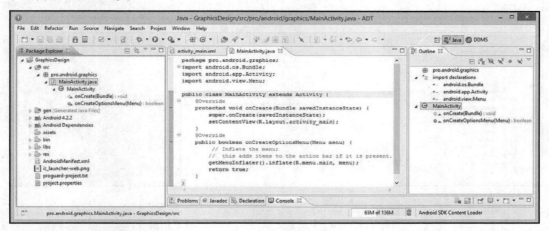

图 2-10　查看 New Android Application（新建 Android 应用程序）窗口生成的 Java Activity 子类代码

可以看到，MainActivity 扩展（extend）了 Android Activity 类，使其成为 Activity 子类，并且已经编写了一个 onCreate()方法，该方法使用以下代码调用 Activity 超类的

.onCreate()方法：

```
super.onCreate(savedInstanceState);
```

上述代码将创建一个 Activity，并传递一个 Bundle 对象，该对象包含 Activity 的系统设置，它在逻辑上被命名为 savedInstanceState。

使用此 Bundle 对象之后，如果该 Activity 需要由操作系统终止（以恢复内存资源），则以后可以根据需要在它被终止的位置重启，最终用户将毫无察觉。

onCreate()方法中的第二行代码将应用程序 ContentView 设置为 activity_main.xml 定义。这是通过 setContentView()方法调用完成的，该方法引用了项目/res/layout 文件夹中的 XML 定义资源（R 代表资源），文件名为 activity_main.xml。

2.10　创建视频资产：使用 Terragen 3 3D 软件

本节将介绍专业软件的主要秘密之一——Terragen 3，所有主要的工作室都使用它来执行 3D 场景工作。Terragen 3 于 2013 年夏天发布。由于笔者正在使用该软件编写一本 3D 概念的图书，因此获得了第一个稳定的版本，如图 2-11 所示。Terragen 号称"自然环境渲染大师"，可以说，使用该软件可以得到栩栩如生的图像。

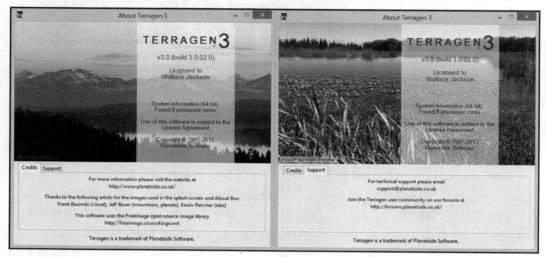

图 2-11　Terragen 3 的启动屏幕显示了 Credits 面板（左）和 Support 面板（右）

转到 Planetside Software 网站，下载 Terragen 3 的免费版本或购买专业版本。然后，你将能够使用 39KB 的源文件来渲染自己的穿越飞行动画，该源文件将和本书中使用的其他应用程序数据文件放在一起。

　　如果你想知道小于 40KB 的文件如何包含整个世界的定义（使用它渲染 340MB 的动画），那么我可以告诉你，这就是它神奇的地方。像 Java 代码一样，3D 本质上就是数学，因此它是文本，而且压缩得非常好。

　　下载并安装 Terragen 3 后，可以在系统启动任务栏上为其创建快捷方式图标。完成此操作后，启动软件，然后打开 loopingOrbit_v03.tgd 文件，如图 2-12 所示。TGD 扩展名代表的是 TerraGen Data，即该软件的数据文件。

图 2-12　Terragen 3 的 Rendering（渲染）面板和 Render Settings（渲染设置）
区域以及右侧的 Render View（渲染视图）窗口

　　单击软件右上方的 Renderers（渲染器）选项卡，如图 2-12 中蓝色所示。然后单击软件左上方的 Render01 对象，以打开图 2-12 下方显示的渲染设置控制区域。将 Image width（图像宽度）设置为 480，将 Image height（图像高度）设置为 800。

　　保留 Rendering（渲染）面板上部的其他设置不变，在该面板的下部，单击右侧的 Sequence/Output（序列/输出）选项卡并设置 Output image filename（输出图像文件名），然后单击其右侧的保存图标。随后，在打开的对话框中选择 Terragen3 文件夹层次结构下的 Anim 文件夹（即 Terragen3/Project_Files/ProAndroidGraphics/Anim 文件夹）。

　　将文件命名为 Anim\480temp.%04d.bmp，这是一种文件名格式，它将使用类似 480temp.0000.bmp 的格式生成编号文件。我们将在后面的图中会看到（读者可先参见图 2-16 以帮助理解）。

　　在上述示例中，文件名的%04d 部分表示希望文件名中的小数点后有 4 位数字，第一个文件名包含的是 4 个 0。设置完成后，可以将 Sequence first（序列头）和 Sequence last（序列尾）数据字段值分别设置为 1 和 300。确保所有其他字段均为空白，然后将 Sequence step（序列步长）数据字段值设置为 1。

如果未选中 Extra output images（额外输出图像）复选框，则可以选中或取消选中 Create subfolders（创建子文件夹）复选框。由于该复选框将不起作用，除非 Extra output images（额外输出图像）复选框被激活，因此可以将 Create subfolders 复选框保留为选中状态。

你可能会想知道，额外输出图像对于生成用于 Terragen 3 输出的高级合成的高级辅助图像是否很有用，这很复杂。这包括类似 Z 缓冲区（Z-Buffer）或 G 缓冲区（G-Buffer）的事物，它们为 Terragen 3 序列中的每个帧定义了合成层或对象顺序（Z 缓冲区）和景深（G 缓冲区；模糊）。

一切设置完成后，单击 Render Sequence（渲染序列）按钮（在图 2-12 中已经以蓝色突出显示），然后就可以看到工作站的渲染结果。

2.11　创建未压缩的视频：使用 VirtualDub 软件

在 Terragen 3 中，完成 400 帧 3D 动画的渲染需要的时间为 8 小时～8 天，具体取决于你拥有多少个处理器内核以及每个处理器内核运行的速度（我们的系统有 8 个内核，每个内核以 3.4GHz 运行，渲染时间大约为 12 小时）。在此期间，你可以下载并安装 VirtualDub 1.9 开源软件，它可以使用 Terragen 3 生成的 400 个序列文件制作成未压缩的 AVI 视频文件。

你可以在线搜索 VirtualDub Video 关键字或访问 VirtualDub.com 网站下载该软件。注意，该软件有 32 位（x86）版本和 64 位（x64）版本的区别。

下载完成后，将其解压缩到硬盘驱动器上（最好在系统 Program_Files 文件夹的 VirtualDub 子文件夹下），然后在任务栏上为其主执行程序（VirtualDub.exe）创建一个快速启动图标。

一旦启动了软件，就会看到两个关键对话框和一个窗口：第一个对话框提供了 GNU 开源许可，可以通过单击 OK（确定）按钮接受它；第二个对话框提供了 View Help File（查看帮助文件）选项，在使用任何高级图形软件包之前，这始终是一个好主意；单击 View Help File 按钮后，将打开一个 VirtualDub help（VirtualDub 帮助）窗口。

图 2-13 显示了在启动 VirtualDub 软件时可以看到的 3 个对话框。

单击 Start VirtualDub（启动 VirtualDub）按钮启动该软件，此时你将看到一个巨大的空白窗口，顶部有 9 个菜单项，这个界面可谓非常简洁。接下来，可以使用 Video（视频）菜单及其子菜单选项来配置工作环境。

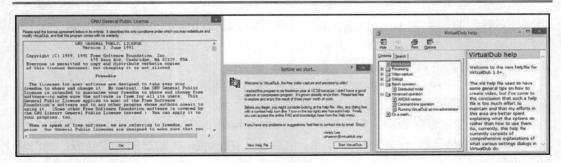

图 2-13　VirtualDub 1.9.11 启动时的对话框

　　我们将配置视频压缩、帧速率、颜色深度和范围。选择 Video（视频）| Compression
（压缩）命令将打开 Select video compression（选择视频压缩）对话框，如图 2-14 所示。
保留默认的 Uncompressed RGB/YCbCr（未压缩 RGB/YCbCr）设置，然后单击 OK（确定）
按钮。

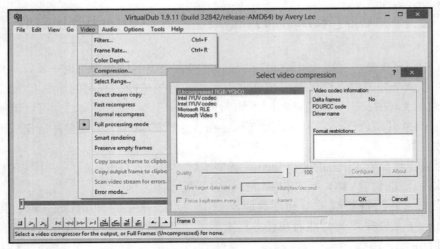

图 2-14　VirtualDub 处于启动时的窗口（未打开任何项目）和选择

Video（视频）| Compression（压缩）命令后打开的对话框

　　接下来，分别设置 Frame Rate（帧速率）、Color Depth（颜色深度）和 Select Range
（选择范围）选项。在图 2-14 中可以看到，这 3 个选项也都显示在 Video（视频）菜单
中，选择它们后打开的对话框如图 2-15 所示。

　　❑　在 Video frame rate control（视频帧速率控制）对话框中，接受默认的 10FPS 设置。
　　　　Frame rate conversion（帧速率转换）为 Process all frames（处理所有帧）。

　　❑　在 Video Color Depth（视频颜色深度）对话框的两侧均选择 24 bit RGB(888)设

置。其中，左侧是 Decompression format（解压缩格式），右侧是 Output format to compressor/display（压缩程序/显示的输出格式）。

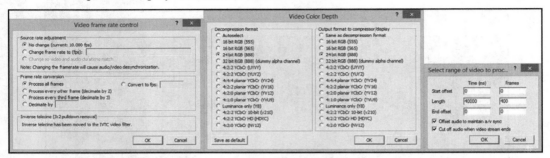

图 2-15　VirtualDub "视频帧速率控制" "视频颜色深度" "选择要处理的视频范围" 对话框

❑　在 Select range of video to process（选择要处理的视频范围）对话框中保留自动检测到的 0～400 帧范围。下面的两个和 audio（音频）相关的选项可以忽略，因为我们的示例用不到音频。

接下来要做的是利用 File（文件）| Open video file（打开视频文件）命令，在 Anim 文件夹中找到已经编号的 BMP Terragen 3 3D 动画文件，选择 480temp.0001～480temp.0400 BMP 文件的编号文件系列中的第一个文件名，即 480temp.0001，如图 2-16 所示。

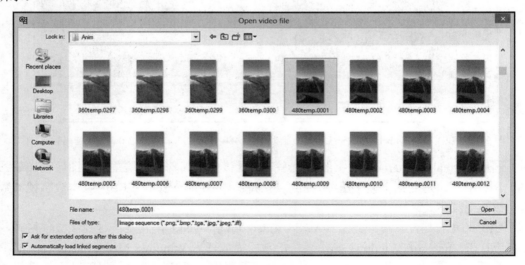

图 2-16　使用 VirtualDub 1.9 Open video file（打开视频文件）

对话框在 Terragen Anim 文件夹中找到编号的 BMP 文件

　　单击 Open（打开）按钮后，图像序列将被加载到 VirtualDub 软件中，并且第一帧将显示在该软件的主窗口中，如图 2-17 所示。

图 2-17　在 VirtualDub 1.9.11 内打开的渲染效果为 480×800 的 Terragen 3.0 3D 穿越飞行动画

　　一旦 VirtualDub 加载了数字图像帧序列，就该使用其功能将这些静态图像帧加载到 AVI 容器中。这是支持全帧未压缩（Full Frames Uncompressed，FFU）版本数字视频数据的数字视频格式之一。

　　AVI 代表的是音频视频交错（Audio-Video Interleaved），它是一种视频文件格式，最初流行于 Microsoft Windows 操作系统，常用播放器为 Windows Media Player。

　　这里，我们将全帧未压缩数字视频输入压缩过程的原因很简单，仅仅是因为希望通过算法一次就可以完成所有压缩作业，所以在此之前无须压缩素材。相反，先压缩素材可能会导致最终视频的数据占用空间增加。

之所以使用 VirtualDub 来执行此中间步骤，是因为 Sorenson Squeeze Pro 9 不支持加载图像序列数据。EditShare Lightworks 支持此类导入编号图像文件的功能，因此也可以考虑将 Lightworks 用于直接从 Terragen 获得图像序列，然后执行数字视频优化工作流程。

现在 VirtualDub 已加载了 Terragen 数据，可以创建 AVI 了。

要另存为 AVI 格式的视频，可以选择 File（文件）| Save as AVI（另存为 AVI）命令，如图 2-18 所示。

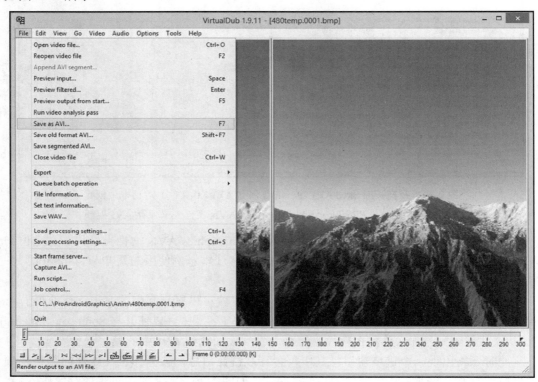

图 2-18　使用 File（文件）| Save as AVI（另存为 AVI）命令
将 Terragen 3 生成的穿越飞行图片序列制作为 AVI 视频

提示：
也可以直接按 F7 键另存为 AVI 格式的视频。

在打开 Save AVI 2.0 File（保存 AVI 2.0 文件）对话框（见图 2-19）之后，可以在与 Anim 文件夹相同的级别上创建一个名为 AVIs 的文件夹，以便将 AVI 文件与编号的 BMP

文件分开保存。这样做是为了方便组织文件。

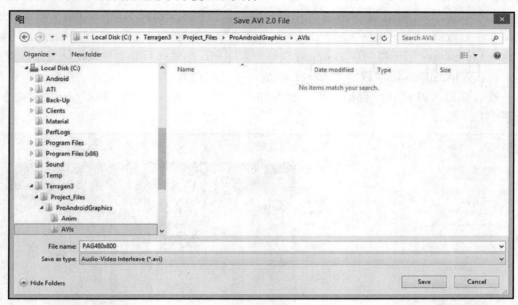

图 2-19　在打开的 Save AVI 2.0 File（保存 AVI 2.0 文件）对话框中创建
Terragen3/Project_Files/ProAndroidGraphics/AVIs 文件夹来保存 AVI 视频

　　我们使用了 Terragen3/Project_Files/ProAndroidGraphics/AVIs 文件夹结构。在定位到 AVIs 文件夹之后，输入要用于 AVI 文件的文件名（本示例使用的是 PAG480×800），VirtualDub 软件将会自动添加.avi 文件扩展名。

　　设置完所有内容后，单击 Save（保存）按钮，就可以看到漂亮的穿越飞行动画了。

　　一旦开始将静态图像帧加载到全帧未压缩的 AVI 容器中（以使其与 Sorenson Squeeze Pro 9 软件兼容），那么你将在软件主屏幕上看到被加载到 AVI 中的帧。

　　此时还将出现一个进度窗口，其中包含许多统计信息，告诉你正在处理的数字视频的当前帧以及到目前为止已处理的视频数据量。如图 2-20 所示，当前处理的是第 136 帧，现有数据量已经达到 149.4MB。

　　进度窗口还将估计最终渲染的 AVI 文件的大小。在本示例中，可以看到 Projected file size（预估文件大小）为 329.59MB。该窗口还显示了 Video rendering rate（视频渲染速率），这实际上是系统处理器运行速度的晴雨表。我们的系统是 14.25FPS，因此实际上看起来就像是相机在这个使用 Terragen 3 创建的 3D 世界中飞行。最后，该窗口还显示了 Time elapsed（已用时间）和 Total time(estimated)（预估总需时），对于那些视频系统处理速度较慢的人来说，可以善用这个时间的提示。

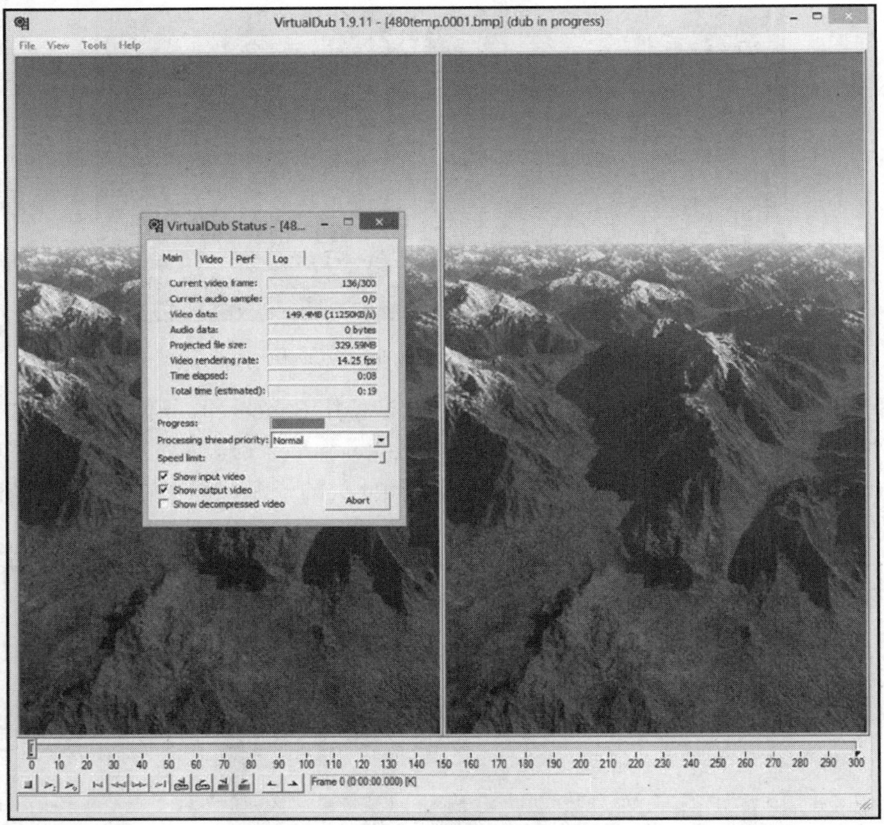

图 2-20　在 VirtualDub 中渲染总共 300 帧的 Terragen 3 项目

现在，我们已将数据转换为 Squeeze Pro 可以容纳的 AVI 数字视频文件格式，你可以使用专业的数字视频数据优化软件包，着手进行数据占用空间优化工作。

如果你在 Android 应用程序中使用的是本地数字视频资产方式而不是流传输模式，那么这是至关重要的一步，因为这将是影响整个应用程序.APK（Android 程序包）数据占用空间（文件大小）的主要因素。

2.12　压缩视频资产：使用 Sorenson Squeeze

Sorenson Squeeze 9 Pro 的启动屏幕如图 2-21 所示，其中提示软件加载的阶段，如

Initializing the UI（正在初始化用户界面）。

图 2-21　Squeeze Pro 9 启动屏幕

　　接下来将看到的是 Welcome to Squeeze（欢迎使用 Squeeze）屏幕，如图 2-22 所示，其中包含 Video Tutorials（视频教程）和 Squeeze Resources（压缩资源）。正如前面我们介绍 VirtualDub 时提到的，建议你充分利用诸如此类的资源，以便在工作之前充分熟悉该软件包。

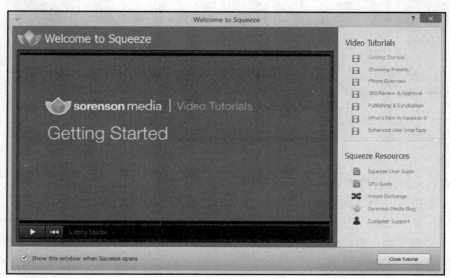

图 2-22　Welcome to Squeeze（欢迎使用 Squeeze）屏幕，
其中提供了 7 个视频教程和 5 个 Squeeze 资源

　　单击右下角的 Close Tutorial（关闭教程）按钮关闭教程窗口，将打开如图 2-23 所示的主 Squeeze 用户界面窗口。它具有输入选项和视频编辑区域。

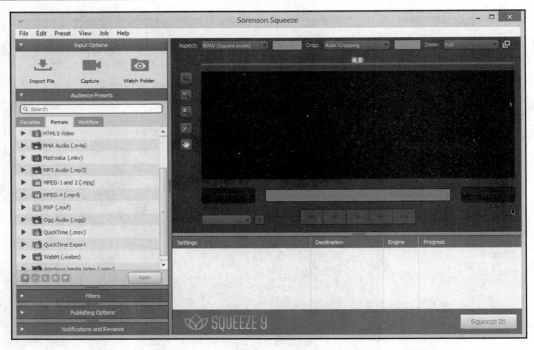

图 2-23　Sorenson Squeeze 应用程序在左侧显示了视频编解码器格式，
在左上方显示了 Import File（导入文件）按钮

　　单击左上角的 Import File（导入文件）按钮打开如图 2-24 所示的对话框，导航到 AVIs 文件夹并打开文件。

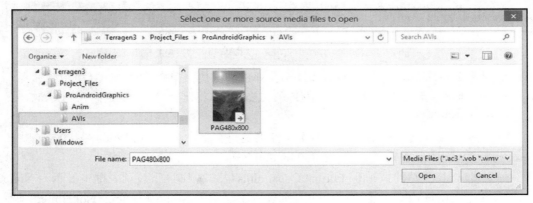

图 2-24　Squeeze 9 Professional 的 Import File（导入文件）对话框，
显示 Terragen3 路径和 PAG480×800 文件名

　　选中 PAG480×800.avi 文件并单击 Open（打开）按钮（也可以直接双击文件），将在右侧的 Squeeze 9 的视频编辑区域打开 AVI，如图 2-25 所示。可以看到，在软件底部的 Settings（设置）区域中已经指定了 Source（源），并且在软件的 Audience Presets（观众预设）部分的 Formats（格式）选项卡中已经打开了 MPEG-4 编解码器预设。

图 2-25　Squeeze 显示了导入的 PAG480×800.avi 文件

　　右击要压缩的 480p 视频的当前预设，在弹出的快捷菜单中选择 Edit（编辑）命令，编辑预设（压缩参数）以在 Android 中使用。这意味着将比特率从 1200 调整为 1024，然后进行其他一些调整。

　　在 Presets（预设）对话框中做的第一件事是将文件命名为 Android480×800p，并在 Desc（描述）文本框中输入 Android 480 by 800 Portrait，如图 2-26 所示。

　　在创建自定义视频时，确保 Format Constraints（格式限制）下拉列表框中显示为 None（无），并且 Stream Type（流类型）下拉列表框中显示为 Non-Streaming (Not Hinted)（不使用流传输，无须提示）。

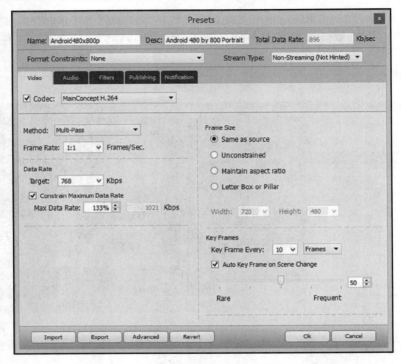

图 2-26　Squeeze 9 视频压缩 Presets（预设）对话框设置

确保已选中 Codec（编解码器）复选框，并将其设置为 MainConcept H.264，因为该编解码器具有最佳的尺寸质量性能。Frame Rate（帧速率）选项可以按默认的 1∶1 设置，指示编解码器压缩 Terragen 3 动画序列 AVI 中的每一帧。

压缩 Method（方法）应设置为 Multi-Pass（多遍），这将花费最多的数据处理周期（最长的压缩时间），但也会产生最佳的效果。

将 Data Rate（数据速率）目标更改为 768kbps，然后选中 Constrain Maximum Data Rate（约束最大数据速率）复选框，在此将 Max Data Rate（最大数据速率）向上调整为 133%。这意味着将提供 1024kbps 的数据量。

在对话框的右侧，选中 Frame Size（帧大小）下的 Same as source（与源相同）单选按钮，这样像素就不会以任何方式缩放，然后在 Key Frames（关键帧）中设置 Key Frame Every 10 Frames（每 10 帧添加一个关键帧）。由于我们当前的帧频率是 10FPS，所以该设置实际上就是每秒添加一个关键帧。对于当前动画来说，10FPS 具有缓慢但稳定的飞行穿越效果。

最后，保持选中 Auto Key Frame on Scene Change（场景变换时自动添加关键帧）复选框，并将 Rare（稀疏）和 Frequent（频繁）之间的滑块设置为中间值 50，然后单击 Ok（确定）按钮。将设置保存到新的 Android480×800p 预设中，该预设显示在 Squeeze 软件的左侧窗格中，如图 2-27 所示。

图 2-27　Squeeze 显示了新创建的 Android480×800p 视频
编解码器设置，它将应用于 PAG480×800.avi

处理过程的下一步是将此新预设应用于已导入的 AVI 文件。单击位于 Formats（格式）选项卡右下角的 Apply（应用）按钮可以完成此操作。

在单击 Apply（应用）按钮之前，请确保已选择 Android480×800p 预设，以便将其应用到 AVI 数字视频资产的全帧未压缩源数据中。

单击 Apply（应用）按钮后，将在 Settings（设置）窗格中看到 Source AVI 下面的格式预设，如图 2-27 所示。在单击 Squeeze It（压缩）按钮之前，请确保已看到此信息。注意，Squeeze It（压缩）按钮位于软件右下角（见图 2-25）。该按钮被单击之后变成了 Stop It（停止压缩）按钮。

一旦单击了 Squeeze It（压缩）按钮，就会出现一个蓝色的进度条。压缩过程完成后，将看到一个视频资产图标，上面带有一个 Play（播放）按钮，如图 2-28 所示。单击该按钮即可预览压缩的 MP4 文件。

图 2-28　压缩完成的 MP4 文件

在 Windows 资源管理器中，比较原始视频大小和压缩后的大小，可以看出差距非常大，如图 2-29 所示。

图 2-29　使用 Windows 资源管理器比较文件大小

让我们来做一下简单的数学运算，看看使用这些设置所获得的压缩率。将两个数字相除，无论是大数除以小数，还是小数除以大数都可以。大数除以小数，可以获得接近120∶1 的压缩率；小数除以大数，则可以计算出压缩文件仅占原始数据量的 0.8367%，也就是说，有多达(1−0.8367%)=99.16%的数据被压缩了。由此可见，该编解码器的压缩能力是多么惊人。

2.13　在 Android 中安装视频资产：使用 raw 文件夹

要在 GraphicsDesign 应用程序中使用此数字视频资产，必须将此 MP4 文件安装到Android 项目文件夹层次结构的/res 资源文件夹中（参考图 2-7）。数字视频和其他已经由开发人员压缩处理过的资产无须 Android 进一步压缩，因此可保存在/res/raw 文件夹中。该文件夹目前并不存在，需要先创建。方法是右击/res 文件夹，在弹出的快捷菜单中选择New（新建）| Folder（文件夹）命令，如图 2-30 所示。

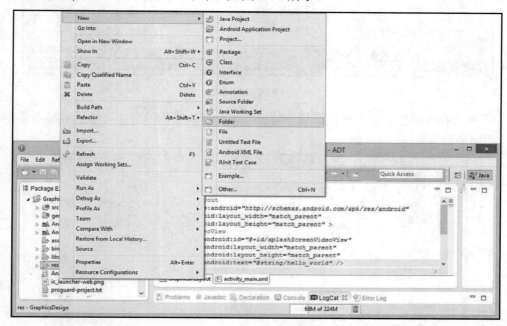

图 2-30　选择 New（新建）| Folder（文件夹）命令以创建/res/raw 文件夹

在弹出的 New Folder（新建文件夹）窗口中，设置 Folder name（文件夹名称）为 raw，如图 2-31 所示。

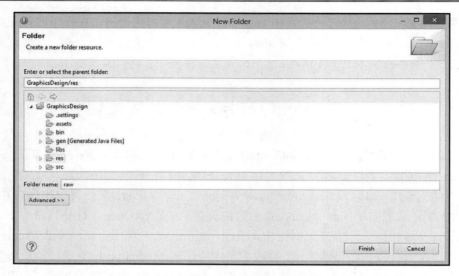

图 2-31　在 New Folder（新建文件夹）窗口中设置 raw 文件夹名称

在 Windows 资源管理器中找到在 Squeeze 中创建的 PAG480×800_Android480×800p.MP4 文件，按 Ctrl+C 快捷键复制，如图 2-32 所示。

图 2-32　找到使用 Squeeze 生成的 MP4 文件并复制

在 Windows 资源管理器中转到/res/raw 文件夹，按 Ctrl+V 快捷键粘贴 PAG480×800_Android480×800p.MP4 文件，并将其命名为 pag480portrait.MP4，如图 2-33 所示。

图 2-33　将文件粘贴到/workspace/GraphicsDesign/res/raw 文件夹中并重命名为 pag480portrait.MP4

最后，回到 Eclipse ADT 中，右击 GraphicsDesign 项目文件夹，在弹出的快捷菜单中选择 Refresh（刷新）命令来更新在 Eclipse 集成开发环境外部安装的资产，这样就可以显示它。现在，数字视频 MPEG4 资产位于/res/raw 文件夹中，可以编写引用它的 Java 代码。

2.14　在 Android 应用程序中引用视频资产

现在到了在本章前面介绍的 onCreate()方法中编写代码的时候了。单击 Eclipse 顶部的 MainActivity.java 标记，然后创建一些 Java 对象并将它们连接在一起，以使它们能够做一些很酷的事情。如果 MainActivity.java 当前未打开，请在/src 文件夹中找到它并选中，然后按 F3 键，或者右击/src，然后在弹出的快捷菜单中选择 Open（打开）命令。

我们需要做的第一件事是实例化在 Activity_main.xml 文件中定义的 VideoView 对象，该对象将保存数字视频，以便使用在第 2.2 节中介绍的 MediaPlayer 类进行播放。具体方法是：声明一个 VideoView，然后将其命名为 splashScreen，最后使用 findViewById()方法来引用 splashScreenVideoView <VideoView> XML(对象 ID)定义或配置。

使用下面的单行 Java 代码即可完成此操作，如图 2-34 所示。

```
VideoView splashScreen = (VideoView)findViewById
(R.id.splashScreenVideoView);
```

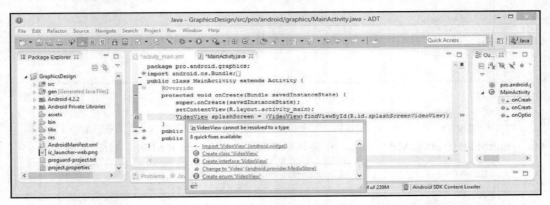

图 2-34　实例化名为 splashScreen 的 VideoView 对象，并将光标悬停在 Import VideoView 选项上

接下来，使用 Android Uri 类创建一个 URI 对象，并将其命名为 splashScreenUri，然后载入数字视频资产的路径。这和 VideoView 的处理方式是一样的。使用以下代码即可完成此操作，如图 2-35 所示。

```
Uri splashScreenUri = Uri.parse("android.resource://"+getPackageName()+
"/"+R.raw.pag480portrait);
```

图 2-35　实例化一个名为 splashScreenUri 的 Uri 对象，并使用 Uri.parse()方法调用来指定路径

URI 类似于通过 HTTP Internet 协议使用的 URL，并且在 Android 操作系统中常以类似的方式引用资源的数据路径。如图 2-35 所示，刚编写的最后两行代码在对象名称下都突出显示了黄色波浪状警告，这是因为到目前为止尚未使用任何一个对象定义。要解决这个问题，可以使用.setVideoURI()方法调用，将这两个对象"连接"在一起。

如图 2-36 所示，从 splashScreen VideoView 对象调用.setVideoURI()方法，然后将 splashScreenUri Uri 对象作为方法调用的参数传递给它，这样就可以消除上面提到的警告。其 Java 代码如下：

```
splashScreen.setVideoURI(splashScreenUri);
```

图 2-36　使用.setVideoURI()方法来配置 splashScreen VideoView 以引用 splashScreenUri

现在，我们已经创建了 VideoView 并"连接"（其实是引用）了视频资产，但是仍然无法播放，因为必须利用 MediaPlayer 来完成该任务。所以接下来我们还需要设置一个 MediaController 对象。

实例化 MediaController 的方式如下：首先声明一个 MediaController 对象，将其命名为 splashScreenMediaController，然后使用 Java 的 new 关键字，并使用当前应用 context（作为参数传递）以 Java 关键字 this 的形式调用 MediaController()构造方法。

本书稍后将详细介绍 Android Context 类。可以使用以下 Java 代码来实例化 MediaController 对象：

```
MediaController splashScreenMediaController = new MediaController(this);
```

如图 2-37 所示，将鼠标悬停在 MediaController 类参考下突出显示的波浪红色错误上，并让 Eclipse 使用错误纠正帮助程序对话框中的 Import MediaController (android.widget)选项导入类。

图 2-37　通过 Java new 关键字实例化一个名为 splashScreenMediaController 的 MediaController 对象

现在，我们已经创建了可用于播放视频资产的 MediaController 对象，还需要使用 .setAnchorView()方法将其连接到 VideoView 中，以建立将锚定（Anchor）MediaController UI 控件的 View 对象。MediaController UI 控件在本章后面测试代码时将看到。使用以下 Java 代码即可将 MediaController 对象锚定到 VideoView 对象：

```
splashScreenMediaController.setAnchorView(splashScreen);
```

如图 2-38 所示，现在代码已经没有错误。既然已经将 MediaView 告诉了 MediaController 对象，则可以继续将 MediaController 告诉 VideoView 对象，从而交叉连接它们。

图 2-38　使用.setAnchorView()将 splashScreen VideoView 连接到 splashScreenMediaController

可以通过从 splashScreen VideoView 对象调用 .setMediaController() 方法并传递 splashScreenMediaController 对象作为参数，将要使用的 MediaController 告知 VideoView。使用下面的 Java 代码即可完成此操作，如图 2-39 所示。

```java
splashScreen.setMediaController(splashScreenMediaController);
```

图 2-39　使用 .setMediaController() 方法将 splashScreen VideoView 连接到 splashScreenMediaController

要开始播放数字视频，还需要做最后一件事，那就是使用先前实例化和配置的 splashScreen VideoView 对象调用 Android VideoView 类的 .start() 方法。使用以下 Java 语句可完成此操作，如图 2-40 所示。

```java
splashScreen.start();
```

图 2-40　通过从 splashScreen 对象调用 .start() 方法来启动 splashScreen VideoView 的播放

我们只需使用 7 行适当放置的 Java 代码，即可在 MainActivity 类的 onCreate() 方法中实现数字视频播放。如图 2-40 所示，该 Java 代码没有错误，现在可以使用 Nexus One 仿真器 AVD 测试新的 Android 应用程序了。

右击 GraphicsDesign 项目文件夹，然后在弹出的快捷菜单中选择 Run as（运行方式）| Android Application（Android 应用程序）命令，以启动 Nexus One 仿真器，如图 2-41 所示。可以看到，视频播放非常完美。

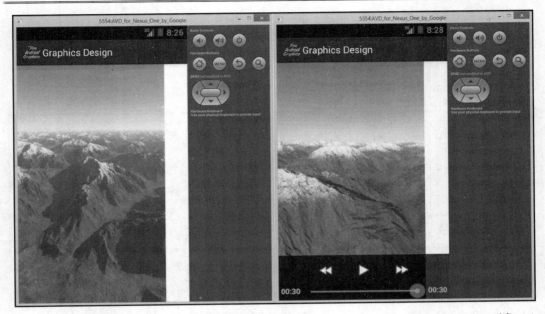

图 2-41　使用 pag480portrait.MP4 视频数据测试 MainActivity VideoView 和 MediaPlayer 对象

　　请注意，如果在停止播放时单击数字视频，则可以调出 **MediaController UI** 并使用 rewind（回退至第一帧）、play（播放）、end（结束）等常规视频控件来控制视频。也可以使用进度条上的滚轮直接跳到某个位置。

　　还要注意的是，正如我们之前在学习<FrameLayout>标记时提到的那样，这里保持了视频的宽高比，使得在视频右侧显示了白色的背景。本书后面的章节将介绍如何使用不同类型的布局容器来缩放视频资产以适合屏幕尺寸和形状。

2.15　小　　结

　　本章详细介绍了数字视频的概念、格式、术语、设置和优化。我们还创建了一个基础 Android 应用程序的基础结构示例，其中包含 pro.android.graphics 包和 GraphicsDesign 应用程序。

　　本章讨论了 Android 和 HTML5 中使用的两种主要视频格式，即 MPEG-4 H.264 AVC 和 Google 的 WebM（VP8）格式。所有版本的 Android 均支持 MPEG-4 格式视频的播放，而 WebM 的支持则需要 Android 2.3.3 及更高版本。另外，在 Android 4.0 及更高版本中还支持流传输视频。H.263 主要用于视频会议。

　　我们简要介绍了 Android VideoView 和 MediaPlayer 类。这些类用于在应用程序中通过 XML 标记和 Java 代码播放数字视频。也可以在 MainActivity 用户界面设计中实现 VideoView 用户界面元素，以保存视频数据。

　　我们阐释了数字视频的一些基础知识，包括帧和帧速率（以每秒帧数 FPS 表示）。我们研究了如何计算不同分辨率和帧速率下对原始数据占用空间的影响，在此基础上，我们就知道如何衡量压缩工作流程中要使用的数据，这也使我们可以大致估算出减少的数据占用空间。

　　我们介绍了传统视频的行业标清（SD）和高清（HD）分辨率，流传输（Streaming）与本地（Captive）视频的对比，以及比特率的概念。比特率不仅有助于通过给定的网络带宽容量（数据管道大小）拟合数据，而且还考虑了移动（嵌入式）设备中的处理能力。这是因为对于用户而言，重要的是要能够流畅地解码每秒的数据量（比特率），以便拥有良好的用户体验。

　　我们讨论了 Android 中的视频缩放，以及为视频提供一些分辨率密度目标（Resolution Density Target）的需要，这样 Android 就不必将视频缩放到任何夸张的地步。目前，Android 没有双三次插值算法（它确实有双线性过滤器）。

　　我们还研究了编解码器的功能以及用于数字视频优化的压缩设置类型。我们讨论了数字视频特性和编解码器设置，以及它们对数据占用空间的影响。事实上，目前在数字视频优化方面并没有能够"包打天下"的通用标准或参数，因为每个数据流都是唯一的（至少就编解码器而言是如此），并且优化数字视频的数据占用空间与播放质量之间的衡量是一个迭代过程，需要时间和经验的积累。

　　本章引导读者创建了 Pro Android Graphics 应用程序，介绍了新建 Android 应用程序的一系列窗口，为应用程序创建了外壳，并配置了 XML 用户界面设计，以便在新 pro.android.graphics 软件包 GraphicsDesign 应用程序的 MainActivity.java Activity 子类中的初始屏幕上播放视频。

　　本章介绍了一个完整的视频处理流程实例。首先，安装和使用 Terragen 3 3D 动画软件，通过它生成 300 帧虚拟世界的穿越飞行动画，并输出图片序列；然后，安装 VirtualDub 1.9 软件，使用 AVI 数字视频格式容器加载这些图片序列；随后，将生成的 AVI 视频导入 Sorenson Squeeze Pro 9 软件中，并将其压缩到原始大小的不到 1%，以便可以将其包含在应用的 APK 中（本地）。

　　最后，编写 Java 代码通过 onCreate()方法播放此视频，在此过程中我们还介绍了 VideoView、URI 和 MediaController 类。

　　在第 3 章中，我们将介绍帧动画的概念、格式、术语、技巧和优化，并且将使用 AnimationDrawable 类在 GraphicsDesign 应用程序中实现帧动画和位图动画。

第 3 章 Android 帧动画：XML、概念和优化

本章将仔细研究如何在 Android 操作系统中利用数字图像来创建基于帧的动画。我们将以前两章中介绍过的关键概念为基础，因为在第 1 章中介绍的所有数字图像特性都同样适用于基于帧的动画。

与数字视频一样，基于帧的动画是一系列编号的数字图像。因此，第 2 章中的许多关键概念也适用于基于帧的动画。所以，我们实际上是以最符合事物内在逻辑的顺序讨论了这些图形设计的初始主题。

当我们考虑基于帧的动画压缩时，需要结合第 1 章和第 2 章的知识，因此本章将再次关注数字图像压缩编解码器，以及获得最小数据占用空间的正确方法。我们将使用优化的新媒体数据文件格式和帧率以获得最佳结果。

我们将详细介绍如何使用 XML 和<animation-list> XML 标记父容器在 Android 操作系统中设置基于帧的动画。<animation-list>标记允许将各个动画帧添加到基于 XML 的 2D 帧动画多媒体资产中。

我们还将研究如何将这些 XML 帧动画数据定义连接到应用程序代码中的 Java 编程逻辑。为了演示该操作，我们将仅使用 9 个 3D 徽标的图像帧为 GraphicsDesign 项目创建启动屏幕帧动画资产示例。

3.1 帧动画的概念：帧、帧速率和分辨率

基于帧的动画也被称为基于 Cels 的动画（Cels-based Animation），这是由于迪士尼在创建最早的 2D 动画时，会把动画师的草图摹写或影印到透明醋酸纤维胶板（Acetate）上，这被称作 Cels，它代表了卡通动画中的每个单独的帧。

后来，随着胶片的出现，帧（Frame）一词在很大程度上取代了 Cels。这是因为模拟电影放映机每秒显示 24 帧电影，这些电影帧是通过大卷的连续胶片播放的，电影放映机将连续的胶片投影显示在观众前方的幕布上。

基于数字帧的动画的技术术语是栅格动画（Raster Animation），因为帧或 Cels 是由像素的集合组成的，所以它也被称为栅格图像（Raster Image）。栅格图像通常也称为位图（Bitmap），实际上，Microsoft Windows 中有一种位图（BMP）文件格式，而 Android 操作系统当前则不支持这种数字图像文件格式。

因此，在多媒体制作行业中，栅格动画通常也称为位图动画（Bitmap Animation）。本书将会反复使用这些术语，以便你习惯于使用所有这些不同（但准确）的术语来指代基于帧的 2D 动画，也就是使用数字图像生成的 2D 动画。

Android 在基于帧的动画资产中支持开源数字图像数据文件格式，这与在应用程序中使用 2D 图像是一样的。如果你仔细思考一下，这其实是合乎逻辑的，因为 2D 动画正是通过使用这些单独的数字图像作为基础来定义的。

这样做的意义在于，我们可以使用索引颜色图像，以使用 PNG8 或 GIF 格式创建 8 位帧动画。我们还可以使用真彩色图像，通过使用 PNG24、PNG32 或 JPEG 数字图像数据文件格式来创建 24 位或 32 位帧动画。

与数字图像数据文件格式一样，Android 在基于帧的动画中更愿意使用 PNG 数据格式而不是 GIF 或 JPEG 格式。这是由于其无损的图像质量和相当不错的图像压缩效果，如果开发人员善加利用，它将产生高质量的用户体验。

在此还需要注意的是，Android 目前并不支持 GIF 动画（也称为 animGIF 或 aGIF）作为其动画文件格式。

虽然目前也有一些在线讨论，希望能提供一些变通方法，使得 Android 能够支持 GIF 格式，但是考虑到 PNG8 可以提供更好的压缩效果，并且通过 XML 可以定义帧，通过 Java 可以控制动画，因此本书将不考虑 GIF 动画的问题，而是重点介绍当前受支持的 Android 解决方案和方法。

所以，在 Android 添加 GIF 动画支持之前，最好的选择是使用数字视频或基于帧的动画，这就是为什么我们要在本书的开头部分非常详细地讨论这两个主题，因为本书常常会以多种不同的方式应用到它们。

Android 允许开发人员自由地选择若干种主流数字图像文件格式，以优化帧动画数据占用空间。由于对 PNG32 的支持，它还使我们能够利用 Alpha 通道的透明性来实现强大的图像合成工作流程。

在 Pro Android 2D 图形设计工作流程中，图像合成和数据占用空间优化将成为真正的基石。本书将利用编解码器、Alpha 和混合功能等来解决这些问题。

3.2　优化帧动画：颜色深度和帧速率

在帧动画中，有 3 种主要方法可以优化并减少数据占用空间：降低分辨率、降低颜色深度和降低帧速率。从 Android 4.3 开始，由于我们必须提供 4 个不同的分辨率密度目标，因此我们将重点关注其他两个方法（降低颜色深度和降低帧速率）。

　　由于可以在无损 PNG32、带完整 8 位 Alpha 通道的真彩色 PNG 和具有 1 位（on-off）Alpha 的索引颜色 PNG8 之间进行选择，因此我们可以将无损 PNG8 用于不需要合成的动画元素（使用 8 位 Alpha 通道）。

　　如果不需要将动画合成到其他图形上，那么也可以考虑使用有损 JPEG 格式，通过丢弃一些图像数据来获得较小的每帧数据占用空间。但是，需要注意的是，这种方法会增加动画的每一帧中的图像伪影。如果在对伪像进行动画处理时碰巧施加了过多的压缩，则会导致称为像素爬行（Pixel Crawl）的现象。使用 JPEG 动画，不仅会拥有伪像，而且由于它有动画效果，并且伪像在每一帧都位于不同的像素上，因此它们就像在挥舞着双手并大喊：“我在这里！看，我是重要的伪像！”，这显然会带来不好的用户体验。

　　正如可以使用索引（8 位）颜色深度来优化 2D 动画一样，我们也可以使用帧速率（FPS）来优化 2D 动画，因为位图动画和数字视频都具有相同的概念：更少的帧意味着需要存储的数据更少，从而使应用程序更小。

　　因此，可用于实现逼真运动的帧速率越低，则 XML 标记中必须定义的帧就越少。更重要的是，更少的帧意味着只需要花费更少的处理能力来播放基于帧的动画，并且在将这些帧输出到显示屏幕之前，用于容纳这些帧的内存资源也将更少。实际上，在本章中，我们仅使用 9 帧动画就获得了看起来很专业的结果。

　　随着应用程序中包含的动画帧增多，数据占用空间的优化也变得越来越重要。诸如游戏和电子书之类的新媒体应用程序倾向于在应用程序的 Activity 屏幕中运行多个帧动画。因此，你需要考虑到，用户的处理器能力和系统内存是比较稀缺的，应将它们视为最宝贵的资源。一旦我们的应用程序完全运行，就需要仔细优化 Android 应用程序，以免耗尽用户的 Android 设备硬件资源。

　　最后，每一帧中的像素数或基于帧的动画的帧分辨率（Frame Resolution）对于优化帧动画资产的数据占用空间也是至关重要的。在第 1 章中我们已经介绍过原始图像数据的数学，可以将这些算法应用于动画中的每个帧，以便计算出保留基于帧的动画所需的确切存储空间（占用量）。

　　就像处理静态数字图像一样，我们还需要提供至少 4 个密度匹配的栅格动画图像的目标分辨率，以便应用程序能够跨越各种流行的 Android 设备屏幕密度。因此，如果我们可以使动画在每个维度上都缩小几十个像素而不会影响其视觉质量，那么这最终将节省不小的内存开支。

　　修剪动画中所有未使用的像素也很重要，这样可以使动画元素尽可能接近图像容器的边缘（相距一个像素）。在本章中使用的所有动画帧图像资源都完成了此操作，因此你将能够确切地理解我们的意思。

　　假设我们将 SVGA 800×600 像素 3D 渲染的动画帧修剪为 640×500 像素，则不妨来计算一下可以节约的内存。800×600 是每帧 480000 像素，接近 500 万。640×500 为每帧 320000 像素，因此每帧差（节省）了 160000 像素，简而言之，也就是少了 33%的数据。让我们计算一下内存节省量。

160000×4（ARGB）颜色通道将产生每帧 640000 像素数据的内存需求。将其乘以 9，就节省了 576 万像素的数据（内存）。最后，将其除以 1024，这意味着我们通过修剪掉未使用的像素节省了 5.625MB 的内存。被我们修剪掉的像素仅用于表示 Alpha 通道或透明度值，因为它们只是围绕动画对象的空间。

与第 1 章中的静态数字图像类似，Android 将自动决定要为运行操作系统的设备屏幕实现哪一种 2D 帧动画像素密度。最大的 640×500 帧动画资产可用于 XHDPI（iTV 为 1920×1080，高清平板电脑为 1920×1200）的分辨率密度。请注意，我们还创建了 3 个较低分辨率的动画资产，最低可达到适用于手表和翻盖手机的 80 像素版本。

只要支持帧动画帧中的所有主要像素密度分辨率级别，就可以在当前电子市场上各种类型的 Android 设备上获得出色的 2D 位图动画资产的视觉效果。

3.3　使用 XML 标记在 Android 中创建帧动画

在 Android 中，可以通过包含 XML 标记的 XML 文件定义基于帧的动画。该 XML 文件将存储在/res/drawable 文件夹中，我们将在本章稍后的实战示例中使用 Eclipse 创建此 XML 标记。

你可能会奇怪，为什么将此 XML 文件保存在/res/drawable 文件夹中，而不是保存在/res/anim 文件夹中。那是因为 Android 中有两种动画类型。帧动画（Frame Animation）使用 drawable 资源文件夹，而程序动画（Procedural Animation）则使用/res/anim 文件夹。

帧动画 XML 文件将使用与帧动画相关的特殊 XML 标记，在基于帧的动画定义（实际上，这指的是 2D AnimationDrawable 对象构造函数）中指定那些单独的帧。

此 XML 结构向应用程序 Java 代码指定如何将动画的帧加载到 Android AnimationDrawable 对象中。如果你想获得有关 Android 操作系统的 AnimationDrawable 类的更多详细信息，则可以访问以下 URL：

```
developer.android.com/reference/android/graphics/drawable/
AnimationDrawable.html
```

AnimationDrawable 类是 Android 帧动画类，允许实例化 AnimationDrawable 对象。该对象将保存帧动画数据，在实例化应用程序 Java 代码中的 AnimationDrawable 对象后，这些数据随后将在运行时加载到系统内存中。

实例化该对象之后，可以从应用程序 Java 代码中使用.start()方法对其进行调用。如果动画是交互式触发的，则可以从事件处理程序内部进行调用；如果动画只打算在 Activity 的启动屏幕之类的地方运行，则可以从 onCreate()方法内部进行调用。

Android 中的某些类型的帧动画也可以仅通过使用 XML 标记自动启动（Auto-Start），而不必通过使用.start()方法在 Java 代码中专门启动。本书将详细讨论这两种方式，以创建基于帧的动画。

帧动画 XML 构造实际上创建了一系列编号的数字图像文件,这些数字图像文件表示动画中的帧。每个帧都有一个参数，用于指定帧在屏幕上显示的持续时间。此持续时间值需要以毫秒为单位指定，使用整数值来表示千分之一秒的增量。例如，1000 表示 1 秒。

3.4　Android <animation-list>标记：父帧容器

大多数基于帧的 2D 动画资产将通过使用<animation-list> XML 父标记（Parent Tag）及其参数来创建。使用的主要参数是 android:one-shot，可控制动画是连续循环播放还是仅播放一次。

可以使用不带扩展名的名字（即文件名前面的部分）来引用包含此<animation-list>父标记及其子标记的 XML 文件。我们将创建一个帧动画 XML 定义，该定义使用 anim_intro.xml 文件名,但在 Android XML 标记和 Java 代码中将该文件引用为 anim_intro（这就是不带扩展名的名字）。一旦在 XML 中定义了<animation-list>，即可在任何 UI 或 UX 设计中引用已定义的基于帧的动画。

最后，如果要在 Java 代码中引用<animation-list>标记，则可以使用 android:id 参数，也就是说，如果要使用.start()方法调用来控制动画，则可以使用 android:id 参数。另外，还有一种方法，可以通过 XML 自动启动动画而不必使用 id 参数，而这种方法一般是为 Java 代码提供一种方式，以引用 XML 标记的结构。

3.5　Android 的<item>标记：指定动画帧

<animation-list>标记始终是一个父标记，因为它被设计为包含<item>标记，该标记始终是子标记。<item>标记用于在<animation-list>标记中定义帧，每个动画帧文件名和帧显示持续时间都将使用一个<item>标记。

Android AnimationDrawable 对象的帧动画 XML 定义中的每个帧都将具有自己对应的<item>子标记，该子标记引用该帧的可绘制图像文件资产，以及帧显示的持续时间值

（该值指定它停留在屏幕上的时长）。

这些<item>标记将按照它们的显示顺序存在于父<animation-list>容器中，就像将动画帧加载到一个数据数组中一样，本质上就是如此。

重要的是要注意区别，AnimationDrawable 对象或类使用的是可绘制的（位图图像）资产，而 Animation 对象（或类）则不是。

但是，如果发现需要将程序变换或 Alpha 混合应用于帧动画以实现更复杂的效果，则 AnimationAnimable 对象可以引用 AnimationDrawable。第 4 章将介绍如何创建程序动画的 Animation 类。

3.6　为 GraphicsDesign App 创建帧动画

言归正传，现在让我们开始创建一个帧动画，该动画将在启动屏幕的顶部播放数字视频。这样一来，我们就可以立即进行数字视频和 2D 动画资产的高级合成。

为获得完美的合成效果，可以对动画帧使用 PNG32。PNG32 具有一个 8 位的 Alpha通道，其中包含动画 3D 文本（Pro Android Graphics）的边缘抗锯齿数据（Edge Anti-Aliasing Data）。

在以这种方式进行设置之后，我们就可以在后期更改数字视频，或者允许用户从多个数字视频背景选项中进行选择，而合成的 2D 动画结果仍将显示为就好像它是数字视频数据的一部分。只有 Android 开发人员知道这实际上是两个单独的内容资产，而在学习第 4 章的内容后，我们甚至可以使用两个以上的内容资产进行合成。

具体的操作过程是：首先，将 9 个动画帧复制到每个正确的项目 drawable 资源文件夹中。接下来，创建一个 XML 文件来保存帧动画定义。在完成此操作之后，使用 ImageView小部件更改现有 activity_main.xml 用户界面设计的 XML 标记，以引用新的帧动画。

在放置好资产并编写所有的 XML 标记后，即可添加 Java 代码以将 XML 数据加载到AnimationDrawable 对象中，并在启动应用程序时启动它。为此，可以在 Eclipse 中编辑MainActivity.java 类，并通过编辑 onCreate()方法来创建 AnimationDrawable 对象，然后加载并启动它。

3.7　复制分辨率密度目标帧

如前所述，第一件事是将 4 组、9 个 PNG 动画帧复制到适当的文件夹中。从 Android 4.3

开始，是指/res/drawable-xhpdi、/res/drawable-hdpi、/res/drawable-mdpi 和/res/drawable-ldpi
文件夹。

现在开始操作，以便为 XML 标记提供可引用的内容。打开 Windows 资源管理器，
按住 Ctrl 键，选择 9 个以_640px 结尾的 PNG 动画文件并复制到 XHDPI 分辨率密度目标
文件夹，如图 3-1 所示。

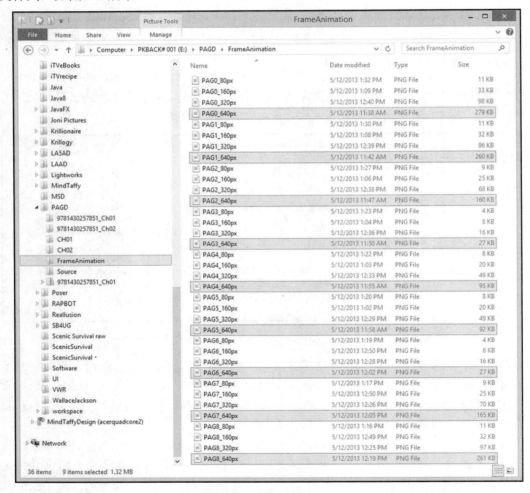

图 3-1　在 Windows 资源管理器中按住 Ctrl 键选择 9 个动画文件

提示：

按住 Shift 键，可以选择一系列连续文件。

　　一旦选择了这 9 个文件，则可以右击其中的一个，然后在弹出的快捷菜单中选择"复制"命令，或者直接按 Ctrl+C 快捷键。现在文件已在操作系统的剪贴板中，你可以导航到/Users 文件夹（注意，这里的 Users 是登录 Windows 系统的用户名。如果登录 Windows 系统时未使用用户名和密码，则默认名称为 Administrator），并找到 Eclipse 设置的/workspace 文件夹。在/workspace 文件夹下，找到 Android 应用程序项目文件夹/GraphicsDesign，在该文件夹下有一个/res 资源文件夹。最后，找到/drawable-xxhdpi 文件夹并右击，然后在弹出的快捷菜单中选择"粘贴"命令或直接按 Ctrl+V 快捷键，将这 9 个文件复制到此目标位置。

　　将文件复制到适当的文件夹后，需要将其重命名为更简短的名称，并符合 Android 的资产文件命名约定。Android 中的文件名只能使用小写字母、数字和下画线字符（可选）。因此，可以将它们重命名为 pag0.png～pag8.png，如图 3-2 所示。

图 3-2　将/drawable-xxhdpi 中 PAG0_640px.png 系列文件重命名为 pag0.png～pag8.png

　　接下来，需要处理其他分辨率密度目标帧。例如，对以_320px 结尾的系列文件执行完全相同的操作过程，将它们放入/res/drawable-hdpi 文件夹。然后，将以_160px 结尾的系列文件复制到/res/drawable-mdpi 文件夹。最后，将以_80px 结尾的系列文件复制到/res/drawable-ldpi 文件夹。

　　在这里还需要特别注意的一点是，你也可以不将以_80px 结尾的系列文件复制到/res/drawable-ldpi 文件夹中，在省略这个步骤之后，Android 会使用 MDPI 资产（即以_160px 结尾的系列文件）并将其缩小。MDPI 资产旨在与 160DPI 显示器一起使用，而 LDPI 资产则是与 120DPI Android 设备一起使用的。由于高密度像素间距屏幕已经越来越广泛，120DPI 设备在某种程度上已经变得很少见了，当然，随着智能手表的出现，也许这种设备会再次流行。

　　HDPI 资产用于 240DPI 屏幕，XHDPI 资产用于 320DPI 屏幕。XXHDPI 文件夹和规范是 Android 4.2 中的新增功能，适用于 480DPI 屏幕，而 XXXHDPI 文件夹和规范是 Android 4.3 中的新增功能，适用于 640DPI 屏幕。但是，需要注意的是，目前，从 Android Jelly Bean 开始，XXHDPI 仅用于保存 144×144 像素应用程序启动图标资产，这样就解释了为什么我们不使用此 drawable 资产文件夹。

3.8　使用 XML 创建帧动画定义

　　让我们从第 2 章结束的地方开始，创建一个新 XML 文件来保存帧动画 XML。启动 Eclipse ADT，然后右击位于集成开发环境（IDE）左侧的 Package Explorer（包资源管理器）窗格中的顶级 GraphicsDesign 文件夹，在弹出的快捷菜单中选择 New（新建）| Android XML File（Android XML 文件），如图 3-3 所示。

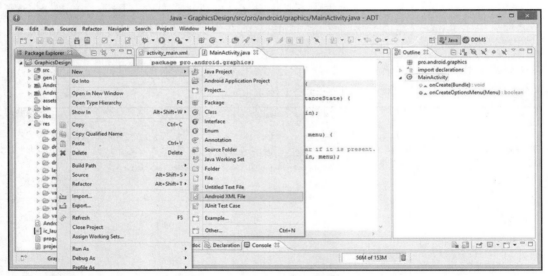

图 3-3　选择 New（新建）| Android XML File（Android XML 文件）命令

　　打开 New Android XML File（新建 Android XML 文件）窗口后，从顶部的 Resource Type（资源类型）下拉列表框中选择 Drawable（可绘制）。接下来，将 File（文件）命名为 anim_intro，并从 Root Element（根元素）列表框中选择 animation-list 标记。Project（项目）名称按自动设置的 GraphicsDesign 即可，如图 3-4 所示。一切完成后，单击 Finish（完成）按钮。

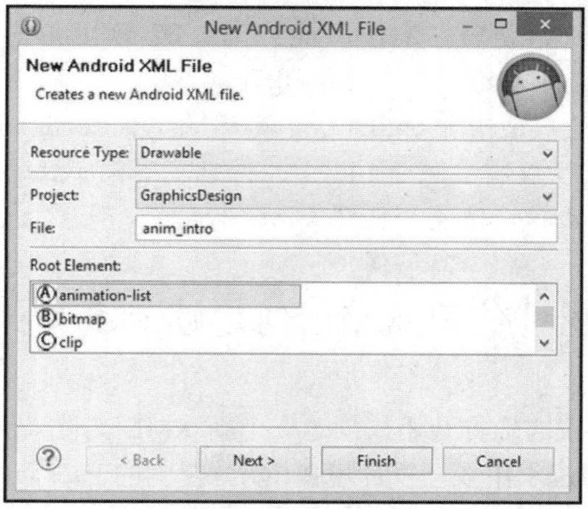

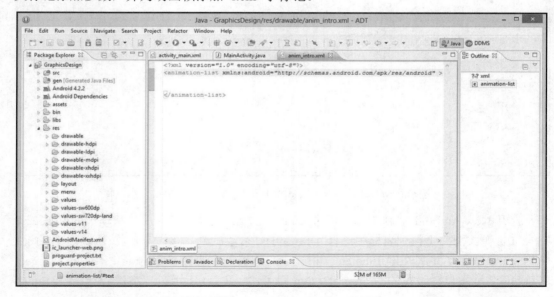

图 3-4　设置新 XML 文件 anim_intro.xml 的参数

请注意，在 File（文件）文本框中不必指定.xml 文件的扩展名，因为 Eclipse 将会自动添加。单击 Finish（完成）按钮之后，Eclipse 将在中央编辑窗格中打开 anim_intro.xml 文件（文件名显示在窗口标题栏上）。在图 3-5 中可以看到，此时已经自动添加 XML 文件类型声明和 XML 命名模式（xmlns）URL。接下来，我们要做的就是向<animation-list>父标记添加参数，并为动画帧添加<item>子标记。

图 3-5　在 Eclipse 中已经打开了新的 anim_intro.xml 文件，并具有<animation-list>父标记容器

将光标放在 android:xmlns 参数声明的末尾，最后的引号之后，然后按 Enter 键。Eclipse 将换行并自动缩进。

输入 android 一词作为下一个参数的开始，然后输入冒号，此时会弹出一个辅助代码输入器（Helper）对话框，其中包含<animation-list>标记的所有潜在参数选项，这对于开发人员来说是一个很有用的功能。

找到 android:oneshot 参数（应该是列表中的最后一个），在其上双击，将其作为参数添加到<animation-list>标记中，如图 3-6 所示。

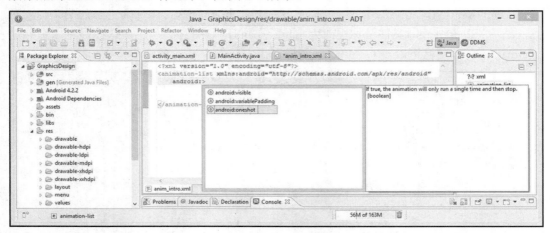

图 3-6　输入 android:将弹出一个包含<animation-list>标记参数选项的 Eclipse 辅助代码输入器对话框

可以看到，此时仍然需要输入此参数必需的布尔值，因为辅助代码输入器将提供引号，但其中没有任何值。如果希望动画只播放一次，则输入 true；如果希望动画连续循环，则输入 false。

接下来，需要使用<item>子标记指定帧。

将光标放在<animation-list>标记的末尾，>字符之后，按 Enter 键，Eclipse 将换行并自动缩进，以方便开发人员创建第一个<item>标记。输入以下 XML 标记行，以使用 android:drawable 源文件引用参数和 android:duration 帧持续时间值指定动画的第一帧：

```
<item android:drawable="@drawable/pag0" android:duration="112" />
```

可以看到，我们在文件名引用中省略了.png 文件扩展名，并在前面加上了@drawable/路径，该路径告诉 Android 操作系统在/res/drawable 文件夹中查找资产。请注意，这里不要引用特定分辨率密度的文件夹（如/res/drawable-hdpi），因为 Android 在运行时会根据用户使用的设备自动选择。

你可能想知道 android:duration 参数这个 112ms 的值是从哪里来的。很简单，由于我们希望该动画在 1s 的时间内平稳播放，因此使用 1000ms 除以 9（一共 9 帧），即可得到平均值 111。由于 111×9=999，因此第一帧使用了 112，剩下的都是 111，这样就可以获得总共 1000ms 或 1s 的动画总持续时间。

接下来，需要使用相同的缩进将第一个<item>标记复制并粘贴到其下方，并将 android:duration 的值更改为 111，将 android:drawable 的引用值更改为@drawable/pag1，这样它将引用该文件作为动画序列的第二帧。

完成此操作后，将第二个<item>标记复制到其下方 7 次，确保缩进与前两个标记对齐，然后将@drawable/文件名称更改为 pag2~pag8，如图 3-7 所示。该图显示了最终的<animation-list>父标记以及 9 个<item>子标记，它们指定了动画帧及其持续时间。

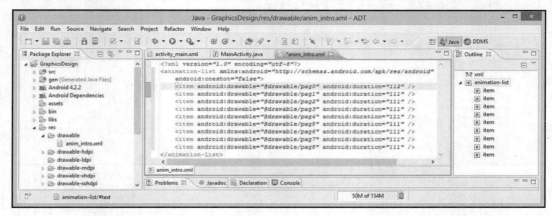

图 3-7　在<animation-list>父标记容器内添加<item>子标记以向动画添加帧

现在，我们已经以 XML 文件定义的形式创建了帧动画资产，是时候从现有的 activity_main.xml 用户界面 XML 定义中引用该新资产了。接下来，我们将使用 Android ImageView 小部件进行操作，以获取有关 ImageView 的经验。

3.9　在 ImageView 中引用帧动画定义

现在可以将一个 ImageView 小部件添加到 activity_main.xml 用户界面定义中。单击 Eclipse 中央编辑窗格顶部的 activity_main.xml 选项卡，并临时删除 VideoView 标记中的 android:src 参数。这样做可以更清楚地看到帧动画的操作。稍后可以替换对数字视频源文件的引用。在 XML 文件中定义内容是非常方便的。它使你可以在开发过程中"调整"

UI 的相关信息，使开发更加轻松，并可以在开发过程中而不是测试过程中尝试不同的设置，后者可能更加耗时。

将光标放在<VideoView>的封闭>字符的后面，然后按 Enter 键，使 Eclipse 可以自动换行并缩进，方便编辑下一个标记。

然后，输入<字符，这将打开<FrameLayout>标记辅助代码输入器对话框，该对话框将准确告诉你哪些标记可在此 Framelayout UI 容器父标记中使用。

在<FrameLayout>标记辅助代码输入器对话框中找到 ImageView 标记，然后双击将其选中。这会将 ImageView 小部件标记插入 FrameLayout 用户界面容器中。此过程如图 3-8 和图 3-9 所示。

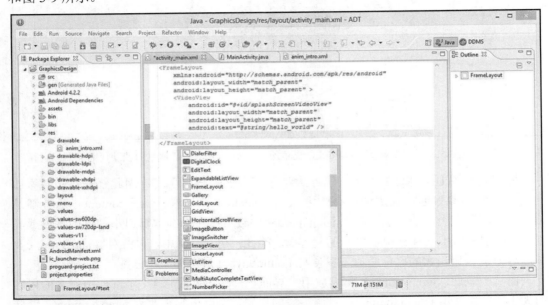

图 3-8　输入<字符以打开 Eclipse 中<FrameLayout>父容器标记的帮助程序对话框

现在，ImageView 小部件标记已就绪。输入 android 关键字和冒号，可以调用 ImageView 标记辅助代码输入器对话框，该对话框将准确告诉你哪些参数选项可用于 ImageView 小部件。可以看到，真的有很多。

要估算任何给定标记或参数辅助代码输入器对话框中的条目数，一个技巧是统计对话框中显示的标记或参数数量，然后将其乘以对话框可见部分所占分数的分母。此分数由对话框右侧滚动条的大小确定。在图 3-9 中可以看到，滚动条手柄大约占滚动条总面积的 1/5，因此，要对 ImageView 小部件具有的参数数量进行近似估算，可以先统计对话框中显示的标记或参数（结果是 17 个），然后乘以 1/5 的分母（5），即可以估算出大约有

85 个参数。

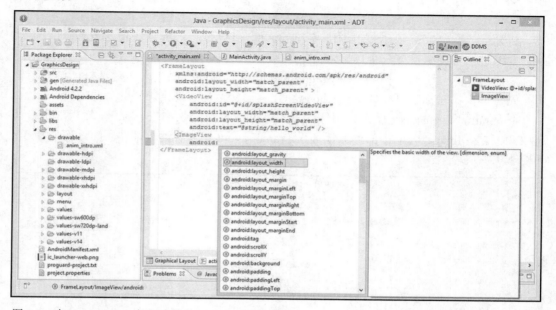

图 3-9　在 <ImageView> 标记内输入 android: 以显示所有 ImageView 标记参数的辅助代码输入器对话框

任何用户界面小部件的两个必需参数是布局宽度和布局高度，因此首先双击并添加它们。这两个参数通常使用的两个主要值为 match_parent 和 wrap_content。两者都是 Android 常量，但意义是相反的。match_parent 参数将按比例缩放窗口小部件的宽度或高度，以匹配窗口小部件标记所嵌套的父容器。因此，在本示例中，它将对 ImageView（及其内容）进行相当大的比例缩放，以便与 FrameLayout 屏幕的大小匹配。

而另一方面，wrap_content 将缩放用户界面小部件以匹配该 UI 小部件中包含的内容的大小。首先使用 match_parent 展示该参数的作用，然后将其更改为 wrap_content，这样就可以看到这些参数的作用并体会它们之间的区别。

接下来，添加一个 android:src 参数，android: 辅助代码输入器对话框的工作过程如图 3-10 所示，它允许引用 XML 源文件，也就是在第 3.8 节中创建的帧动画定义 XML。

将此参数设置为 @drawable/anim_intro 值，这样就可以引用先前创建的 anim_intro.xml 文件，该文件位于 /res/drawable 文件夹中。该参数如图 3-11 所示。

图 3-11 中还显示了 Eclipse 的警告对话框。在 ImageView 标记底部出现的黄色波浪线，以及代码编辑窗格左边缘的三角形黄色警告图标，均表示警告信息。要阅读该警告信息，可将光标悬停在黄色波浪线或警告图标上，就会出现显示警告信息的对话框。

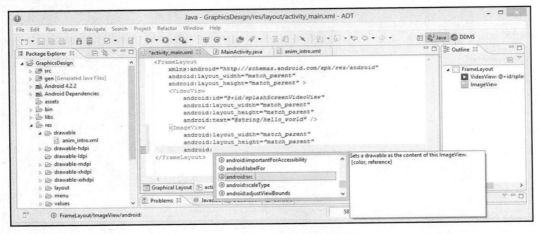

图 3-10　添加 android:src 源参数以引用之前创建的 anim_intro.xml 文件

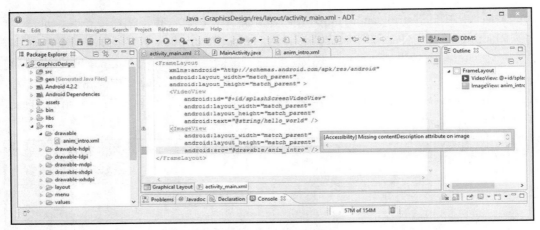

图 3-11　将光标悬停在 ImageView 标记的黄色波浪线上可以查看警告对话框

如图 3-11 所示，本示例中的警告信息是一个可访问性（Accessibility）方面的问题。Android 希望提供一个 android:contentDescription 参数，该参数将告诉视力障碍人士此 ImageView 用户界面元素所包含的内容。可以添加此参数，以获得无警告的 XML 标记。

将光标放在标记的 android:src 参数行的末尾，"/>"结束标记之前，按 Enter 键。

在新添加的行上输入 android: 以打开参数选择器对话框，然后找到并双击 contentDescription 参数以将其插入标记参数列表中，如图 3-12 所示。完成此操作后，可以使用以下标记在引号内插入对字符串常量的引用：

```
android:contentDescription="@string/anim_intro_desc"
```

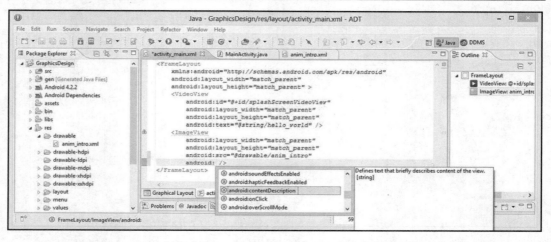

图 3-12　在 ImageView 标记中添加 android:contentDescription 参数以删除 Eclipse 中的警告

　　上面代码中的@string/anim_intro_desc 尚未定义，因此，接下来需要在/res/values 文件夹的 strings.xml 文件中使用<string>标记为 contentDescription 参数创建字符串常量。方法是单击/values 文件夹旁边的箭头图标，然后右击 strings.xml 文件，在弹出的快捷菜单中选择 Open（打开）命令，或者选中文件后按 F3 键。这将在 Eclipse 中央编辑窗格中打开 strings.xml 文件，以便进行编辑。可以在其中为 anim_intro_desc 字符串常量添加<string>标记，如图 3-13 所示。

图 3-13　将 anim_intro_desc <string>标记添加到/res/values 文件夹中的 strings.xml 字符串资源文件中

<string>标记仅需要一个名称来引用它，因此使用 strings.xml 文件中的 XML 标记，可以按如下方式定义字符串常量：

```
<string name="anim_intro_desc">Splash Screen Animation</string>
```

添加此字符串常量并按 Ctrl+S 快捷键或选择 File（文件）| Save（保存）命令之后，即完成了一个无错误的项目。可以右击项目文件夹，然后在弹出的快捷菜单中选择 Run As（运行方式）| Android Application（Android 应用程序）命令，即可看到 match_parent 布局参数如何使帧动画的第一帧充满显示屏幕，如图 3-14 中的左图所示。

图 3-14　在 Android Nexus One 模拟器中运行 XML 标记以查看参数的外观

接下来，将 android:layout_width 和 android:layout_height 参数从 match_parent 更改为 wrap_content，这样就可以看到这些非常重要的参数值之间的差异。需要在早期就对此有一个很好的了解，因为它会影响 ImageView 用户界面元素缩放其内容的方式。确保可以控制资产缩放比例是专业图形设计的基石之一。

如图 3-14 的右图所示，ImageView 的内容现在是逐像素而不是按比例缩放的，并位于显示器的左上角，像素位置为 0,0(X,Y)。可以在图 3-15 中看到 XML 标记。

这个动画出现在显示屏的左上角看起来会比较滑稽，所以让我们使用 android:进行处理，将 android:layout_gravity 参数添加到 ImageView 标记的底部，并将其值设置为 center，如图 3-16 所示。这将使 ImageView 用户界面元素居中。

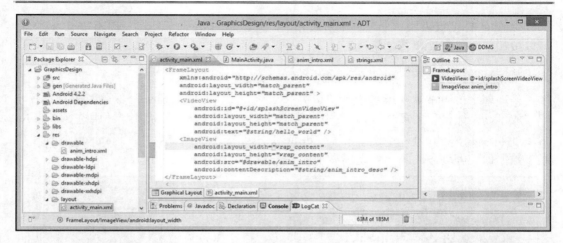

图 3-15　将 android:layout_width 和 android:layout_height 参数从 match_parent 更改为 wrap_content 值

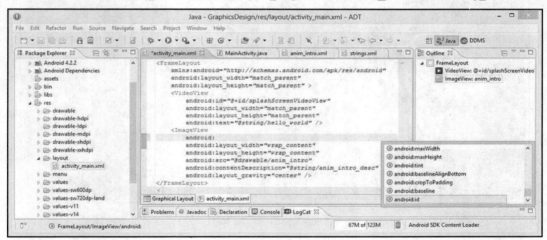

图 3-16　使用 android:查找 ImageView 标记的 android:id 参数

　　布局 gravity 可用于定位用户界面元素，而无须指定任何像素或 DPI 值。它通常用于使 UI 元素居中，也可用于将元素对齐到显示器或父容器的左侧或右侧、顶部或底部。

　　接下来，我们还需要添加 android:id 参数，以便可以在 MainActivity Java 代码中引用 ImageView 用户界面元素小部件。将光标放在开始标记中的 ImageView 单词之后，然后按 Enter 键，以便在标记容器的开头添加新的参数行，如图 3-16 所示。

　　输入 android:以打开参数选择器辅助代码输入器对话框。滚动到底部，找到 android:id 参数，然后双击进行添加。相信现在你已经习惯了此工作流程，它使编写 XML 标记变得非常容易。

现在要做的是给 ImageView 赋予一个在逻辑上比较有意义的名称，这里将其命名为 pagImageView。这样就可以使用 MainActivity.java 代码中的 AnimationDrawable 类和对象对帧进行动画处理了。

在刚生成的空 android:id 参数的引号内输入@+id/pagImageView 引用名称值，如图 3-17 所示。Android 始终使用@ + id 前缀以引用 XML 标记 android:id 参数值，请牢记它，因为在 Android 应用程序开发过程中经常使用它。

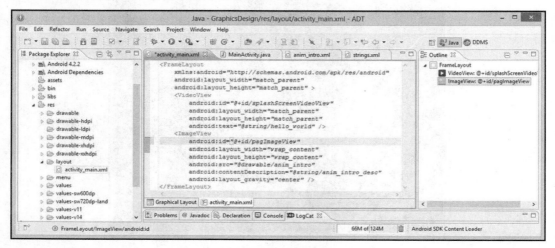

图 3-17　引用 anim_intro 帧动画的 ImageView 用户界面元素的最终 XML 标记

接下来，使用 Run As（运行方式）| Android Application（Android 应用程序）命令来查看新添加的 ImageView 用户界面元素 XML 标记的最终结果。如图 3-18 所示，现在得到了专业的最终结果。

不要忘记删除 VideoView 用户界面元素的 XML 标记中的 android:src 参数，这样你便可以更清楚地了解自己在做什么。由于 PNG32 动画帧将在任何背景上提供完美的合成结果，因此你现在可以使用黑色背景。

为了显示本章的内容，可以使用纯黑色或白色背景，但是黑色背景将最清楚地显示此特定帧动画序列。

在本章以及第 4 章有关程序动画的开发过程中，将利用这种临时的背景替换（仅在开发动画资产时）技术，证明 XML 在图形应用程序开发方式上获得的灵活性和创新性。也就是说，如果需要打开或关闭某些合成层甚至是应用程序用户界面元素或功能，那么使用 XML 进行操作是非常容易的。

图 3-18　最终显示结果

　　这样做是为了准确地隔离 XML 代码所执行的操作，以便看得更加清楚。完成后，可以将 android:src 参数重新添加到 XML 标记中。这将用于重新打开背景视频，以便看到最终的视觉效果。

　　接下来，从编写 XML 标记转换为编写 Java 代码，以便可以使用 onCreate()方法在现有 MainActivity.java 文件的 Java 程序逻辑中实现使用 XML 标记构建的所有内容。

3.10　使用 Java 实例化帧动画定义

　　打开 Eclipse 并单击中央编辑窗格顶部的 MainActivity.java 选项卡。在用于设置 ContentView 的 Java 代码后直接按 Enter 键添加一行，并实例化 ImageView 用户界面元素，该元素将引用之前创建的 XML 定义。这是通过以下单行代码完成的：

```
ImageView pag = (ImageView)findViewById(R.id.pagImageView);
```

　　如图 3-19 所示，需要处理一些红色的波浪线错误标志，并且在左侧还可以看到一个红色的 X 错误图标。

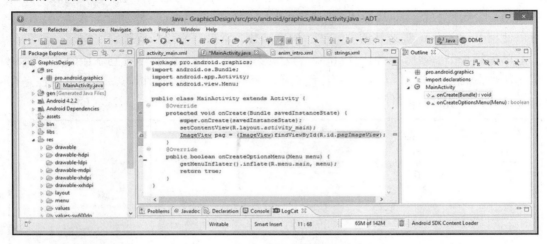

图 3-19　创建一个名为 pag 的 ImageView 对象，并引用 pagImageView ID 的 XML 结构

　　现在熟悉了 Eclipse 中的工作流程，并了解为什么会出现错误和警告。因此，这里可以将光标悬停在 X 错误图标或红色波浪线上，来看一看 Eclipse 为什么认为此时的应用程序内部存在问题。

　　如图 3-20 所示，Eclipse 提示的是无法解析（Resolved）ImageView 对象的类型，因为用于创建（实例化）该对象类型的类不可用（导入）。

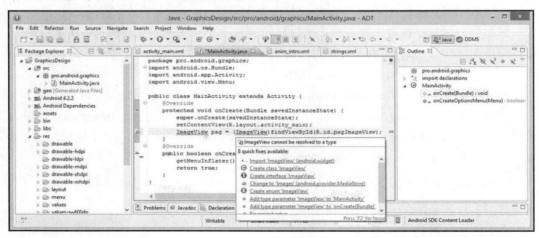

图 3-20　将光标悬停在 Eclipse 红色波浪线上以显示错误消息和快速修复对话框

幸运的是，它按概率顺序提供了可单击的解决方案列表（即最有可能提供正确解决方案的列表被首先列出）。在本示例中，Eclipse 已经找到问题的原因，因此可以单击提供的第一个解决方案，即从 android.widget 包中导入 ImageView。添加此导入语句后，便可以使用 ImageView 类及其所有方法、构造函数、常量、字段和属性。

单击第一个解决方案并让 Eclipse 自动编写导入代码后，即可看到添加的新 import 语句，如图 3-21 所示。但是，此行代码中仍然有一个黄色警告标志，只不过现在是在 ImageView 对象的 pag 名称下。

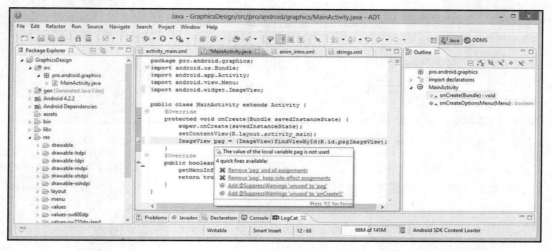

图 3-21　将光标悬停在黄色警告标志上以显示警告消息和快速修复对话框

再次将光标悬停在黄色警告标志上以显示警告消息和快速修复对话框。在本示例中，提示的是本地变量 pag 的值未被使用。由于接下来将要使用该对象，因此可以放心地忽略此警告，然后继续编写下一行 Java 代码。

接下来需要实例化 AnimationDrawable 对象，该对象将完成生成帧动画的所有繁重工作。将该对象命名为 pagAnim，然后使用.getDrawable()方法（从 pag ImageView 对象中调用）将帧动画的 drawable 资源加载到这个新 AnimationDrawable 对象中。这可以通过使用以下一行 Java 代码来完成，如图 3-22 所示。

```
AnimationDrawable pagAnim = (AnimationDrawable) pag.getDrawable();
```

如图 3-22 所示，这行代码中再次出现了错误标志，怀疑这与添加使用 AnimationDrawable 类所必需的 import 语句有关。

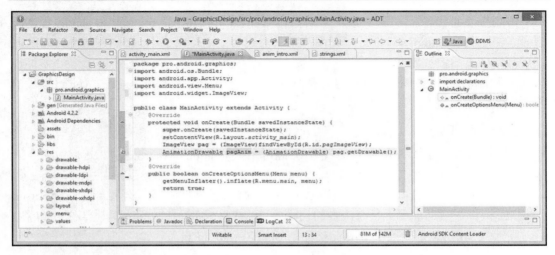

图 3-22　创建一个名为 pagAnim 的 AnimationDrawable 对象，
然后通过.getDrawable()将其连接到 pag 对象

将光标悬停在错误标志上，即可看到错误消息和快速修复对话框，单击解决方案链接即可自动编写 Java import 语句。听说过敏捷开发（Agile Development）吗？这是朝向懒人开发模式的发展，这样的方式很好。如果有兴趣，可以在图 3-23 中看到 Eclipse 再次为我们编写的导入代码。

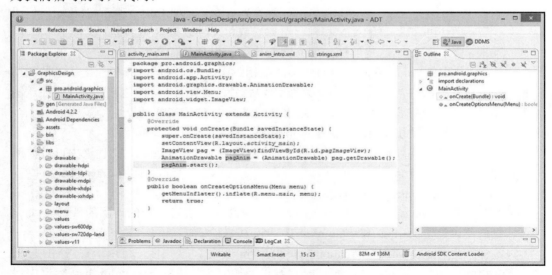

图 3-23　将.start()方法调用添加到新创建的 pagAnim AnimationDrawable 对象中

得到正确的代码后，即可添加下一行代码。既然已经将 pag ImageView UI 容器连接到 pagAnim AnimationDrawable 帧动画引擎（对象），则可以使用.start()方法进行调用，以启动帧动画的播放周期。

这是通过使用以下简短但功能强大的 Java 代码（见图 3-23）调用 pagAnim 对象的.start()方法来完成的。

```
pagAnim.start();
```

现在可以使用 Run As（运行方式）| Android Application（Android 应用程序）命令来测试帧动画以查看其是否能正常运行。

在 Nexus One 模拟器中运行该应用程序。启动应用程序后，会看到 Pro Android Graphics 徽标在启动屏幕上呈现流畅的动画效果。恭喜，你已在 Android 中实现了全屏启动动画，仅使用 2MB 即可覆盖所有分辨率密度的 Android 设备。

3.11　小　　结

本章详细阐释了有关基于帧的动画的概念、格式、XML 设置和优化的全部知识，并为 GraphicsDesign Android 应用程序的 pro.android.graphics 程序包启动初始屏幕创建了 4 个分辨率密度优化的动画。

我们首先介绍了一些与基于帧的动画有关的基本概念，如 Cels 或帧，以及如何使用帧速率（表示为 FPS 或每秒帧数）和帧分辨率（或每一帧以像素为单位的大小）。

接下来，我们研究了这些属性如何共同起作用，以使我们能够优化基于帧的动画的新媒体资产，从而使 Android 应用具有较小的数据占用空间。我们讨论了优化基于帧的动画的不同方法，如调整帧分辨率、使用较低的索引颜色深度（8 位颜色），并且要注意图像伪影和像素爬行的问题。我们提出了用于合成动画的 PNG32 的概念。

本章演示了如何使用 XML 标记在 Android 中实现帧动画。

我们介绍了如何将帧动画资产保存在它们各自的/res/drawable-dpi 文件夹中以及如何将 XML 文件保存在/res/drawable 文件夹中。需要注意的是，帧动画使用 drawable 文件夹，而程序动画则使用/res/anim 文件夹（第 4 章将会详细介绍）。

我们介绍了 AnimationDrawable 类，该类包含用于实现基于帧的动画的预构建 Java 代码。我们还讨论了.start()方法、duration 变量及其毫秒值。

本章详细介绍了 XML <animation-list>和<item>标记，这些标记可用于在 XML 标记中实现帧动画结构。你应该理解 oneshot 参数以及如何在父级的<animation-list>容器中保存子级<item>标记对象。

在实战环节中，我们在 Eclipse 中为 Graphics Design 项目创建了基于帧的动画。

首先，将动画中的 9 帧复制到了分辨率密度文件夹中，并将其重命名为更简短的名称，并且符合 Android 文件名仅包含小写字母和数字的命名规则。

然后，创建了一个新的 Drawable XML 文件，名为 anim_info.xml，添加了<animation-list>根元素（也是父标记容器），然后添加了 android:oneshot 参数。我们使用嵌套的子<item>标记进行了填充，每一帧的持续时间配置为 1/9 秒，每个子<item>标记引用了一个动画帧，名称从 pag0.png 到 pag8.png。

完成此操作后，我们将一个 ImageView 用户界面元素添加到了 activity_main.xml UI 屏幕布局 XML 定义文件内的 FrameLayout UI 容器中。然后，使用 android:src 参数在此 ImageView 中引用了 anim_intro.xml 文件，并添加了其他参数，以使 ImageView 的屏幕布局看起来很专业，并且可以被 Java 代码引用。

最后，我们在 MainActivity.java 文件中编写了 Java 代码，实例化了 ImageView 对象以及 AnimationDrawable 对象，然后使用 Java 代码将它们"连接"在一起，这样就可以使用.start()方法开始循环播放帧动画对象。

第 4 章将学习 Android 程序动画及其概念、变换、技术和优化。将详细介绍如何将程序动画和基于帧的动画提供的变换能力结合起来，这将使我们能够创造更复杂的动画，将动态图形效果提升到一个崭新的水平。

第 4 章　Android 程序动画：XML、概念和优化

本章将仔细研究如何使用 XML 标记在 Android 操作系统中创建程序动画（Procedural Animation）。

程序动画比栅格动画复杂得多，栅格动画只是在显示器上显示一系列图像，通过人眼的"视觉暂留"现象产生图像在运动的错觉。在指定要用于动画的帧之后，帧动画仅允许控制所显示的每个帧的单独时序。如本章所述，程序动画可以将这种复杂性提升到一个崭新的高度。

程序动画实际上是使用代码（在大多数情况下是通过 XML 标记）来定义 2D 空间中的变换（Transformation），以实际更改 Android 资源。这里的"代码"听起来很复杂，但实际上并非如此，因为 Android 中已经定义了程序动画参数，并且我们为它们提供了各种值，这些值随后会使所有程序动画参数协同工作，以实现最终的结果动画。

可以按程序方式进行动画处理的 Android 资产包括用户界面小部件（下文将详细介绍）、图像、数字视频（通过 VideoView 小部件），甚至是基于帧的动画。因此，如果正确设置了帧动画，则可以在 Android 中对其进行程序形式的变换，这也是本章将要演示的内容。重要的是要注意，尽管可以通过简单得多的工作流程使用 XML 设置程序动画，但是这也可以使用 Java 代码来完成。可以在运行时通过 Java 更改程序动画参数，以使动画更具交互性或对其他输入、触发器做出响应。

4.1　程序动画概念：补间动画和插值器

程序动画的基础是补间（Tween）的概念，Tween 这个单词是 In-Between 的简称。回到早期 Cels 动画的时代，高级动画师往往只负责绘制主 Cels 或关键 Cels（也可以称之为关键帧），然后由初级动画师绘制主 Cels 之间的帧，以便在高级动画师创建的 Cels 之间提供平滑的运动效果。

这种在 Cels 之间创建 In-Between 帧的过程被称为补间。因此，必须注意的是，程序动画有时也被称为补间动画（Tween Animation）。由于帧动画使用的是栅格技术，而程序动画使用的是矢量技术，因此程序动画也常使用矢量动画（Vector Animation）的术语。

当补间成为一种数字现象时，该过程就变成了我们在数学课上学到的插值法

（Interpolation）。由于现在所有的操作都是以数字方式完成的，因此我们为关键帧提供了数值，而 Android 操作系统则通过 Animation 类代码使用插值器（Interpolator）自动对补间（过渡帧）进行插值，为我们完成其余的工作。

插值的数学运算非常简单：确定范围（如从起始值 1 到终止值 8），将其除以补间帧的分辨率，然后每个帧就变成该范围的一部分。要在 1 到 8 之间生成 8 个内插值，需要在每个整数处计算一个新值；要在 1 到 8 之间插入 16 帧，则需要计算的新值为 1、1.5、2、2.5、3，依此类推。

计算出的插值越多，分辨率越高，则此插值提供的动画运动就越平滑。另一方面，用于这些计算的处理能力越强，则其他功能剩下的处理能力就越弱。幸运的是，Android 会自动对此进行优化，因此我们所要做的就是指定开始值和结束值。

但是，Android 中的插值还有更复杂的一面。Android 中的 13 种插值器类型将允许开发人员进一步微调在所提供的数字数据范围内插值的方式。

Android 中的插值类型在操作系统的 Resource（资源）或 R 区域中作为预定义的插值器常量（Interpolator Constant）提供。要获得插值器类型的详细信息，可访问以下 URL：

http://developer.android.com/reference/android/R.interpolator.html

目前，Android 中存在 13 种不同类型的插值器，希望随着时间的推移增加更多内容，以便为程序动画提供更多不同类型的运动选项。这 13 个插值器常数实际上是数学方程式，以实现它们的 Android Java 类的形式出现。这些值按照范围以不同的方式插值或补间，从而在该范围内提供不同类型的移动。

可以访问以下 URL 查看实际的 Android 插值器类，这些类基于 android.animation 包的 TimeInterpolator 类，下文将详细介绍。

http://developer.android.com/reference/android/animation/TimeInterpolator.html

之前介绍的插值类型（或插值器）在 Android 中称为线性插值器（Linear Interpolator），这是因为它们以线性（偶数）方式在所有指定的数据范围内均匀分布值。但是，还有另外 12 个插值器会更改插值数据值之间的均匀间隔，以创建不同类型的运动，如反弹（Bouncing）、助跑（Anticipation）或加速（Acceleration）效果。

Android AccelerateInterpolator 类是前 3 个插值器常量的基础，这些常量是 accelerate_cubic、accelerate_quad 和 accelerate_quint，它们提供了缓动（Ease Out）运动功能，即运动在起始时比较缓慢，随着时间的流逝而逐渐加速，最后超出指定的数据值范围。

Android DecelerateInterpolator 类本质上是 AccelerateInterpolator 类的对应物，同样也具有 3 个插值器常量：decelerate_cubic、decelerate_quad 和 decelerate_quint。它们提供了

缓停（Ease In）运动功能，可以使运动到达终点线时缓慢下来，随着时间的流逝越来越慢，直到指定值范围的终点。

缓动（Ease Out）中的 Out 可以理解为火车的出站，缓停（Ease In）中的 In 可以理解为火车的入站。它们其实都是模拟了物理现象，使得运动看起来更自然。

Cubic（三次）、Quadratic（二次）和 Quintic（五次）规范定义了这些加速或减速曲线的数学形状。在使用这些插值器时，需要对其进行实验，以便确定它们在任何给定的程序动画场景中将要执行的操作。

还有一个 AccelerateDecelerateInterpolator 类，它提供运动范围开始处的加速度曲线和运动范围结束处的减速曲线。因此，该运动类型将在到达最终目的地（范围 To 值的结束）之前缓慢地加速前进，并以相似的速度减速。

Android 的 AnticipateInterpolator 类提供了一种运动类型，其作用类似于助跑，也就是说，它将在运动范围的开始处略向后退（想象一下，跳远、拳击、铅球等运动的运动员都会有一个后退的动作，以调整身体姿态，获得一定的压力），然后在剩余的数据范围内猛然向前直冲（就像炮弹出膛一样）。

就像 AccelerateInterpolator 具有称为 AccelerateDecelerateInterpolator 类的对应物一样，AnticipateInterpolator 也具有一个称为 AnticipateOvershootInterpolator 类的对应物。该类会在范围的末尾添加一个 Overshoot 运动，在该运动中，运动会越过（Overshoot）其目标，然后漂移回（Drift Back）最终范围值以纠正该越过现象。如果想使用 Overshoot 运动特征，但是又不想要范围开头的 Anticipation 部分，则可以使用一个 OvershootInterpolator 来完成此运动效果。

请记住，所有这些不同类型的插值器都可以被视为运动曲线（Motion Curve），它们只是在尝试通过使用基本数学方法按照三次方或二次方数据值曲线应用补间帧插值来模仿现实场景中的运动现象。

插值器在控制运动方面做得非常出色。你只需要练习使用它们即可查看在任何给定的程序动画情况下应使用哪些特定的插值器常量。

还有一个 BounceInterpolator 类，该类可模拟弹跳对象（如沙滩球），并且当你需要其他东西弹跳时，应特别使用此插值器。最后，还有一个 CycleInterpolator 类，该类可通过使用由开发人员指定循环值的正弦数学模式来模拟循环运动。

接下来，我们将仔细研究如何指定值的范围，以及如何使用中心点（Pivot Point）规范进一步控制（倾斜）值的范围。一旦完全理解和掌握了这些高级程序动画参数（控件），就几乎可以使用 Android 中的程序动画执行任何可以想象的变换。

4.2　程序动画数据值：范围和中心点

为了能够插值，我们需要指定多个数值，因为插值或补间涉及在起始值和结束值之间创建新的中间值。因此，第 4.1 节中的信息（插值）将应用于本节中的信息（范围），然后第 4.3 节将介绍这些微调控件都可以应用的变换类型。

要制作任何程序动画，都需要指定一个范围，从起始值（也称为 From 值）到结束值（也称为 To 值）。这样的设计似乎是合乎逻辑的，因为我们需要让某些东西随着时间的流逝动起来。

除范围外，许多程序动画变换都涉及一个中心点（Pivot Point）。中心点告诉 Android 操作系统如何变换到给定的方向。第 4.3 节将介绍 3 种不同类型的变换及其功能，这些变换都离不开中心点。

与值范围一样，中心点也需要建立两个值。不同的是，值范围使用的是 From 和 To 值，而中心点使用的则是 X 和 Y 坐标，也就是在 2D 图像上使用的二维位置。

中心点还广泛应用于 3D 动画中。在 3D 动画中，中心点需要 3 个（X、Y 和 Z）数据坐标才能准确指定。目前，Android 在其 Animation 类中使用的是 2D 程序动画，而 3D 动画则是通过不同的 android.opengl 包来完成的，讨论该包是 Android 3D 图书的任务，本书主要讨论的是 2D 图形设计。

当我们讨论各种类型的变换时，将看到此中心点如何获得更精细的结果。这为开发人员提供了实现程序动画变换效果的更多功能。

4.3　程序动画变换：旋转、缩放、平移

在 2D 和 3D 动画中使用 3 种主要的变换类型。

其中之一涉及移动（Movement），它的动画技术术语是平移（Translation）；另外一个涉及大小（Size），它的动画技术术语是缩放（Scale）；最后一个涉及方向（Orientation），指某物所面向的方向，它的动画技术术语是旋转（Rotation）。

下面将分别介绍各种变换类型，以便你在单独执行以下所有操作和共同执行这些变换之前，可以清楚地了解它们各自的功能。

让我们从最常见的变换形式开始，也就是从屏幕上的一个位置移动或变换到另一个位置。要在直线或矢量（Vector）的两个点之间创建运动，则需要使用一个 X、Y 坐标对

作为起点，使用另外一个 X、Y 坐标对作为终点。由于我们沿着矢量（有时也称为射线）移动，它是有向矢量（Directional Vector），所以有时也将程序动画称为矢量动画。

变换的下一个最常见形式是通过缩放因子（Scaling Vector）按比例放大或缩小对象。缩放可以沿 X 轴和 Y 轴进行，因此要均匀缩放对象，则需要确保 X 和 Y 缩放值的范围完全相同。

要沿对象的 X 轴（从左到右）缩放对象，需要 X 轴缩放的起始（fromXScale）值，如 1.0 或 100%，以及结束（toXScale）值，如 0.5 或 50%。类似地，沿对象的 Y 轴缩放（从上到下）需要 Y 轴缩放的起始（fromYScale）值，如 1.0 或 100%，以及结束（toYScale）值，如 0.5 或 50%。

因此，为了将对象均匀缩放到其原始大小的一半，则需要使用 X 轴和 Y 轴的 Scale From 和 Scale To 来设置值。

变换的另一个常见形式是将对象旋转指定的度数（Degree），范围为 0°～360°（即一个完整的圆）。这可以通过指定一个 fromDegrees 值（如 0）和一个 toDegrees 值（如 360）来完成，这将使对象完整旋转一周。

如果要围绕对象的中心点旋转对象，则可以将 pivotX 和 pivotY 值都设置为 50%，这会将中心点放在要旋转的对象的中心。

4.4　程序动画合成：Alpha 混合

还有一个属性可以在 Android 中按程序进行动画处理，但它不是一种变换，更类似于一种合成功能。变换对象会以某种方式对其进行物理更改，将其移动到其他位置，更改其大小或方向（旋转）。

使用对象 Alpha 值的变化通常称为淡入（Fade In）或淡出（Fade Out），通过淡入或淡出使得对象及其背景发生变化则称为 Alpha 混合（Alpha Blending），这是一种合成功能。但是，在 Android 中，它包含在程序动画工具集中，因为 Alpha 值是要进行动画处理的逻辑属性，尤其是在创建幻影故事或传送光束特效的情况下。

开发人员可以控制要按程序方式进行动画处理的对象的 Alpha 属性，从而可以将 Alpha（透明度）混合与平移、缩放和旋转变换结合在一起使用，即通过 XML 或 Java 代码指定 Animation 类的数据值。

与大多数其他程序动画属性一样，除了轴心（使用百分比表示，如 50%）和度数（使用 0～360 的整数表示）之外，Alpha 混合量使用 0.0（透明）和 1.0（可见）之间的实数来设置。

重要的是要注意，允许使用多个小数位。因此，如果要使对象的透明度为 1/3，则可以使用值 0.333；如果要使对象的透明度为 3/4，则可以指定 0.75 作为对象的 Alpha 值的开始或结束值。

通过使用 fromAlpha 和 toAlpha 参数设置 Alpha 起始值和结束值。因此，要淡出对象，则可以将 fromAlpha 设置为 1.0，将 toAlpha 设置为 0.0。

将多种不同类型的程序动画参数组合在一起，可创建一组动画变换参数。使用程序动画集能够以逻辑和有组织的方式对变换和合成进行分组。这将允许创建更复杂的程序动画。本章稍后将详细介绍如何创建程序动画集。

4.5　程序动画计时：使用持续时间和偏移量

你可能想知道如何设置这些不同范围数据值之间使用的计时。设置范围的计时值还将在某种程度上定义在该范围内创建多少个插值数据值。重要的是要注意，Android 操作系统会根据设备的处理能力来决定该值，并且将提供最佳的视觉结果与处理能力使用之比（Visual-Result-To-Processing-Power-Use Ratio）或折中方案。

使用 duration（持续时间）参数可以设置任何给定的程序动画范围值的持续时间，该参数采用整数值，以毫秒（ms）为单位，1000ms=1s。大多数编程语言（包括 Java）对其所有计时功能和操作都使用毫秒值。

因此，如果希望淡出的持续时间为 4s，则 XML 参数将为 android:duration ="4000"，因为 4000ms=4s。如果希望淡出时间为 4.352s，则可以使用 4352ms，这样一来，精度就可以达到千分之一秒。

开发人员所定义的每个变换（或 Alpha 混合）范围都有其自己的单独的持续时间设置，这使得在要实现的效果的 XML 标记定义中可以做到非常精确。

还有另一个重要的计时相关参数，允许延迟指定范围开始播放的时间。这称为偏移量（Offset），由 startOffset 参数的数据值控制。

例如，假设想要将 4s 的淡出时间延迟 4s，则所要做的就是将 android:startOffset="4000"添加到<alpha>父标记，这样就可以实现此定时延迟控制。

当我们将 startOffset 参数与循环动画行为结合使用时，该参数特别有用，因为在动画循环场景中使用 startOffset 参数时，可以在每个动画元素的循环周期中定义一个暂停。接下来，看一下循环以及可用于控制循环动画元素的参数。

4.6　程序动画循环：RepeatCount 和 RepeatMode

像帧动画一样，程序动画可以播放一次然后停止，也可以循环播放。有两个参数控制循环：一个参数控制动画是否循环，另一个参数控制动画循环的方式。

控制动画或该动画集的一个组件（一部分）循环播放次数的程序动画参数为repeatCount 参数。该参数需要一个整数值。

如果在程序动画定义中未指定 repeatCount 参数，则动画将播放一次，然后停止，这意味着此参数的默认设置为 android:repeatCount = "0"。

此参数的整数值有一个例外项，即 infinite 常数。因此，如果想让动画一直循环，则可以使用 android:repeatCount = "infinite"设置。预定义常量 infinite 所定义的数值为-1，因此使用 android:repeatCount = "-1"的效果也是一样的。

定义使用哪种循环类型的参数是 repeatMode 参数。可以将此参数设置为两个预定义常量之一，其中最常见的是 restart（重新开始），这将导致程序动画无缝循环（除非定义了startOffset 参数）。预定义常量 restart 所定义的数值为 1，因此使用 android:repeatMode = "1"的效果是一样的。

动画循环的另一种类型或模式是 reverse（反向）模式，也称为乒乓动画（Pong Animation），因为它会使动画在其范围的结尾处反向，然后向后运行，直到再次到达起点为止，然后再次向前运行，就像乒乓球一样来来回回。预定义常量 reverse 所定义的数值为 2，因此使用 android:repeatMode = "2"的效果是一样的。

所有这些参数本身似乎都相当简单，但是使用动画集则可以将它们组合成复杂的结构，这也是接下来我们将要讨论的内容。它们可以变得非常复杂，并产生一些非常细致的动画结果。因此，当聪明的开发人员灵活地将这些参数组合在一起时，请不要低估它们的威力。很快，你将成为那个聪明的开发人员，让我们来看一下集合！

4.7　<set>标记：使用 XML 对程序动画进行分组

动画集（Animation Set）定义了一组程序动画，需要将它们作为一个集合一起播放。集合是使用程序动画 XML 文件定义的。实际上，它们为我们的核心变换标记提供了分组结构。这是通过使用<set>父标记来完成的，该父标记包含我们要在程序动画的整体设计中以逻辑方式组合在一起的所有变换。

动画集可以嵌套以创建更精确和复杂的结构。我们要做的就是确保正确嵌套<set>标记及其包含的变换标记。如果在编写代码时使用适当的代码缩进，则嵌套应该非常容易可视化和跟踪。当编写 XML 标记以便在 GraphicsDesign 应用程序中创建一些很酷的程序动画目标时，将可以看到这一点。

Android 操作系统具有专门的动画类，仅用于创建动画集。和想的一样，该类被称为 AnimationSet 类。

AnimationSet 类与保存 Animation 类的包相同。这个包称为 android.view.animation 包，因为动画是在 View 中播放的。第 5 章将深入研究 View 类。

每个 AnimationSet 中包含的程序动画变换由 AnimationSet 类作为统一变换（Unified Transform）一起执行。

如果 AnimationSet 类观察到任何包含 AnimationSet 的参数集也是其子变换的集合，即这些变换标记包含在<set>标记中，则为父 AnimationSet <set>标记设置的参数将覆盖子转换的值。

因此，你将通过遵循一些简单的规则来学习如何避免冗余，以及如何将相同的参数放在多个位置，这些规则将最大限度地减少出错的机会，从而最大限度地增加获得所需动画效果的机会。

重要的是，要理解 AnimationSet 从 Animation 变换继承参数的方式，反过来也一样。通过包含在<set>标记中，AnimationSet 中设置的某些参数或属性将会影响整个 AnimationSet 本身。但是，其中只有一部分会被"叠加"并应用于子变换中，而另外一些则会被忽略。有鉴于此，当使用动画集时，我们需要了解该在哪里应用哪些参数，这样才能在开始之前就确切地了解 Android 的需求。

duration、repeatMode、fillBefore 和 fillAfter 参数（也称为属性）在 AnimationSet 对象上设置时将被叠加到所有子变换。也就是说，它们可以在父<set>标记内部指定。还有一种解决方案是始终在变换标记内以本地方式设置这些参数，而永远不要在父<set>标记中设置这些参数。如果执行此操作，则 Android 将无须叠加，这样也就不会有哪些参数将被叠加、哪些参数将被忽略的困惑。

和上面的参数不同，repeatCount 和 fillEnabled 参数将被 AnimationSet 完全忽略，因此，如果你要使用这些参数，则应该始终在每个变换标记内以本地方式进行设置。

另一方面，startOffset 和 shareInterpolator 参数可以应用于 AnimationSet 本身。需要注意的是，也可以在变换标记内以本地方式应用 startOffset 参数，以便在循环周期中或开始动画时引入延迟来微调动画的计时。

一个良好的经验法则是：以本地方式应用变换参数，而不是在组或 AnimationSet <set>

级别上应用，除非它是 shareInterpolator 参数（这显然是供组级别操作使用的），因为这是在程序动画中"共享"参数的唯一方法。因此，请记住：始终以本地方式设置变换参数。

我们强烈建议遵循此经验法则的另一个原因是，在 Android 4.0 之前，所有位于<set>标记内的参数都将被忽略，但可以在运行时使用 Java 代码来应用。

因此，如果要交付到 Android 4.0 之前的操作系统，则必须在 AnimationSet 对象上调用 setStartOffset(80)方法，以获得与在<set>标记中声明 android:startOffset = "80"参数相同的效果。

4.8　程序动画与帧动画：权衡

在详细讨论在 GraphicsDesign 应用程序中实现程序动画所必需的 XML 标记和 Java 编码之前，我们想阐释一些用于区分帧动画和程序动画的高级理论、原理、概念和权衡方法。

帧动画趋向于占用大量内存，而不是处理密集型任务，因为要放置在屏幕上的帧已经加载到内存中，以便后来可以在应用程序中使用。将内存中的图像显示到视图上非常简单，并且不需要任何复杂的计算，因此所有处理都仅涉及将每一帧的图像资源从内存移到显示屏上。

帧动画为我们提供了 Android 以外的更多控制权，因为我们可以使用制作软件（包括3D、数字成像、数字视频、特殊效果、粒子系统、流体动力学等）将所有像素操纵为想达到的完全一样的动画效果。由于 Android 尚不具备所有这些高级工具和预制作功能，因此使用帧动画将使我们能够在 Android 之外使用功能强大的制作工具，然后将结果带入Android 应用程序。

程序动画则与此不同。由于存在插值问题，并且需要将插值器运动曲线应用于最终的中间数据值，因此程序动画往往需要更多的处理工作。另外，如果利用集合和子集合来创建复杂的动画，则可能涉及更多的处理，以及保持执行处理所需的大量数据需要的存储空间。

程序动画使我们可以在 Android 内部进行更多控制，并且由于我们使用了代码和数据来完成所有工作，因此它可以是交互式的。反观帧动画（至少其本身）却不能作为交互元素。帧动画本身是一种更线性的媒介，就像视频一样。

由于程序动画几乎可以应用于 Android 中的任何 View 对象，包括文本、UI 窗口小部件、图像、视频和帧动画等，因此，如果开发人员能够恰如其分地设置内容（如使用图像合成技术以达到最佳效果），则可以将帧动画与程序动画结合使用，从而实现某些令人印象深刻的交互功能。

如果要将帧动画和程序动画结合在一起，那么这会在处理器和内存资源上产生一定的负担，因此，开发人员必须尝试进行一些优化，以免浪费过多的系统资源，这就是为什么我们要在第 3 章中介绍数据占用空间优化的原因。

4.9　在 GraphicsDesign 应用中创建程序动画的构思

接下来在 GraphicsDesign 应用程序中实现程序动画，以增强初始屏幕上帧动画的外观效果。预想的设计是让帧动画看起来像是从遥远的地方旋转进入屏幕的。要做到这一点，大约需要 100 帧，而不是像无缝旋转运动那样只需要 9 帧。我们将利用<scale>变换标记来创建这种错觉。

在本章的后面，将实现一个动画<set>标记，以便将该<scale>变换标记与另一个变换标记<alpha>（透明度或 Alpha 混合）分组，该标记将随着时间的推移，对传入的旋转（帧动画）缩放（过程）动画实现淡入效果，以创建更逼真的远距离旋转淡入特效。

最后，我们还将使用<rotate>程序标记，通过让徽标在接近其最终静止位置时围绕 Z 轴旋转来使此动画具有更多的变换效果。这将允许我们通过创建 3 种不同变换类型的<set>来演示复杂的动画集。

我们需要做的第一件事是使用 Eclipse 创建一个新的 XML 文件来定义程序动画。第 4.10 节将开始具体的操作。

4.10　使用 XML 创建程序动画定义

右击 GraphicsDesign 项目文件夹，在弹出的快捷菜单中选择 New（新建）| Android XML File（Android XML 文件），这是在第 3 章中已使用过的工作过程（参见图 3-3）。

在 New Android XML File（新建 Android XML 文件）窗口中，设置 Resource Type（资源类型）为 Tween Animation（补间动画），然后将此文件命名为 pag_anim，以便可以在 Java 代码中引用该文件名，这将需要编写一点代码以设置 Animation 对象，并将其连接到现有的 ImageView 对象中。

请注意，由于该 XML 文件将放置在/res/anim 文件夹中，而不是在/res/drawable 文件夹中，因此也可以将其命名为 anim_intro.xml，因为这两个文件实际上被视为不同的资产，它们被保存在 Android 不同的文件夹中。但是，我们不想让任何读者感到困惑，因此这里将为程序动画 XML 使用与帧动画不同的名称。

接下来，需要选择 Root Element（根元素）。在本示例中，这就是我们要开始的程序动画变换的类型。由于从远处引入徽标的最大视觉效果将是<scale>变换，因此需要选择 scale 标记选项作为根元素。具体设置如图 4-1 所示。

图 4-1　为<scale>变换创建补间动画 XML 文件

完成选项的设置后，单击 Finish（完成）按钮以创建 pag_anim.xml 文件并在 Eclipse 中将其打开。

在 Eclipse 中打开 pag_anim.xml 选项卡，可看到缩放变换父容器的开始标记<scale>和结束标记</scale>。

由于 scale 变换将具有很多参数，但没有子标记，因此可以更改此<scale>标记的编写方式，以更好地满足我们的要求。为此，可以删除</scale>结束标记，并将<scale>开始标记更改为开始和结束标记。

最简单的方法是将光标置于单词 scale 末尾的 e 与>字符之间，然后按 Enter 键。在将开始标记分成两行之后，在>之前插入一个/字符，使其成为/>或简写的结束标记。

这会将<scale>更改为<scale 和/>，并允许你输入缩放变换属性的参数。完成后，窗口如图 4-2 所示。在该图中还显示了将要执行的后续步骤。

接下来，将光标置于打开的<scale 标记之后，然后按 Enter 键进入另一行，Eclipse 会自动缩进。输入 android:以打开缩放标记的参数辅助代码输入器对话框，如图 4-2 所示，此时可以看到所有 17 个参数，这些参数定义了缩放变换将要执行的操作。

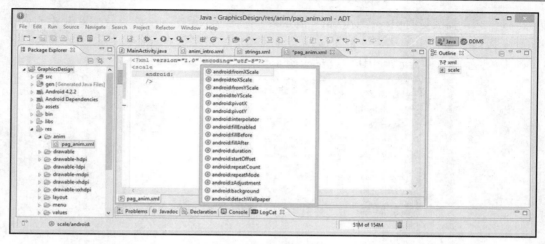

图 4-2　使用 android:调出<scale>变换标记的选项，然后选择 fromXScale

双击第一个参数 android:fromXScale，将其添加到<scale>标记。请注意，在图 4-3 中，Eclipse 还自动添加了另一个需要的参数，即 xmlns:android XML Naming Scheme（XML 命名模式）声明及其 URL，这在 Android 中使用的每个（XML 文件）开始标记中都是必需的。将 fromXScale 参数的值设置为 0.0，然后将 xmlns:android 参数剪切并粘贴到<scale 标记旁边，注意确保在 scale 后面至少包含一个空格。

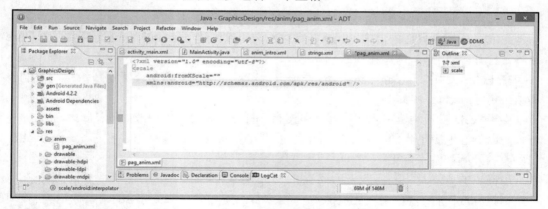

图 4-3　添加 android:fromXScale 参数，并自动生成 xmlns:android URL 引用

完成后，XML 标记如图 4-4 所示。现在可以添加其余的 X 和 Y 缩放范围参数：fromYScale、toXScale 和 toYScale。

利用相同的 android:工作流程添加缩放范围定义参数，并将 X 和 Y 的 from 参数都设置为 0.0（意味着在远距离处不可见），并将 X 和 Y 的 to 参数都设置为 1.0（意味着完全可见）。

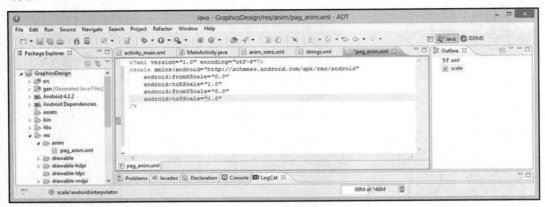

图 4-4　添加 X 和 Y 的 from 和 to 缩放比例参数，将 PAG 徽标从零放大到全尺寸

接下来，添加中心点（Pivot Point）和插值器（Interpolator）参数，以确定缩放从何处发出以及从远距离移动的方式。使用 android:工作流程，并添加 pivotX 和 pivotY 参数以及 android:interpolator 参数（参见图 4-5）。由于我们希望旋转徽标从屏幕中心均匀缩放，因此 X 和 Y 轴的中心点参数都将使用 50%的值。如果使用 0%设置，则旋转的徽标似乎是从显示屏的左上角出来的，并且看起来不如居中缩放那样自然。

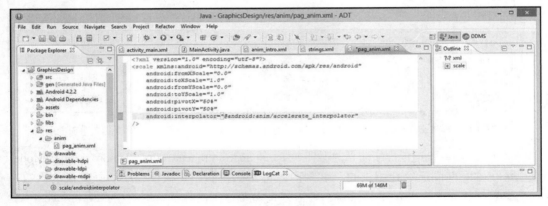

图 4-5　添加 pivotX 和 pivotY 参数以及 accelerator_interpolation 插值器常量

设置 android:interpolator 参数的值可能会有些棘手，因为它需要在操作系统中指定正确的常量引用路径（Constant Reference Path）。在本示例中，可以使用@android:来指定 Android 操作系统的资源区域，然后使用 anim/来指定动画资源（在这种情况下就是插值器常量，然后是 accelerate_interpolator 名称）。

这里之所以使用加速度插值器是因为希望旋转的 Pro Android Graphics 徽标可以平滑、自然地放大到屏幕的中心，并且该 accelerator_interpolator 常量将引用运动控制曲线算法以实现运动。

接下来，可以使用在本章前面已经介绍过的 android:duration 和 android:startOffset 参数为动画指定计时值。本示例将 duration 参数设置为 9000（即 9s），这是因为我们希望旋转的动画在远距离处缓慢且平滑地显示。

请记住，持续时间和插值器参数是并行工作的，在本示例中，当旋转徽标从远处飞来时，它们可以为旋转徽标提供平滑、逼真的飞行路径。

在这种情况下，需要指定 startOffset 参数为 3000（即 3s），原因是，这是一个初始屏幕动画，我们不希望动画在屏幕加载的那一刻开始。因此，在开始将旋转的 Pro Android Graphics 动画放大到视图之前，将给最终用户几秒钟的时间来意识到该应用已启动并查看显示屏。

在图 4-6 中显示了到目前为止缩放变换指定的 9 个参数。

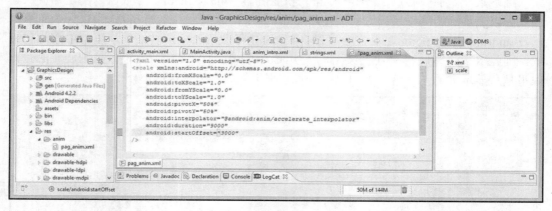

图 4-6　添加 android:duration 参数并设置为 9000，android:startOffset 参数设置为 3000

接下来，还需要指定程序动画的循环参数，即 android:repeatCount 和 android:repeatMode，这也是在本章前面已经介绍过的。这些参数将允许我们控制执行程序动画变换的次数，对于本示例这种介绍性的动画来说，它恰好是需要控制次数的，这对用户体验非常重要。<scale>标记的最终设置如图 4-7 所示。

由于我们希望徽标从远处飞来，在缩放到全尺寸后停止并在屏幕中心旋转，因此需要设置 repeatCount 为 0 以防止重复此缩放操作，否则旋转中的徽标帧动画将在到达屏幕中心后再次消失（然后又从远处飞来）——当然，重复播放实际上是在到达屏幕中心 3s 之后消失，因为我们已将 startOffset 值指定为 3000（即 3s）。

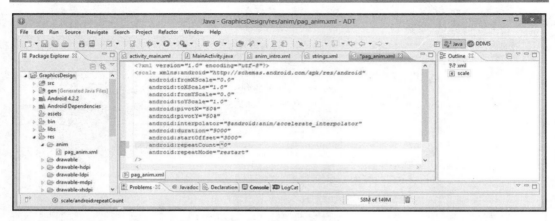

图 4-7　添加 android:repeatCount 参数并设置为 0，指定 repeatMode 为 restart

由于计算机从 0 开始计数，因此仅播放一次时正确的设置是 android:repeatCount = "0"，而不是 android:repeatCount="1"。

接下来，需要设置的是 repeatMode 参数，使用 restart 值常量可以指定无缝循环动画。

如前文所述，reverse 值常量可提供乒乓动画结果，因此，如果你希望将旋转的徽标吸回地平线，则使用该值常量的效果可能很酷（在这种情况下，可以将 repeatCount 指定为 1，而将 repeatMode 指定为 reverse）。

由于我们使用了 android:repeatCount = "0" 设置动画仅播放一次，因此这里其实根本不需要设置 repeatMode 参数，我们设置它仅仅为了让你能够熟悉这个重要参数，因为在实践中将要设置的大多数变换动画都需要同时指定 repeatCount 值和 repeatMode 参数及其两个常数值之一。

现在我们已经设置好了程序动画，接下来要做的就是进入项目 MainActivity.java Activity 的 Java 代码，实例化 Animation 对象，并将其连接到 pag ImageView 对象，然后就可以使用一些很酷的程序动画强化帧动画。

4.11　在 MainActivity.java 中实例化 Animation 对象

如图 4-8 所示，单击 Eclipse 中央编辑区域中的 MainActivity.java 选项卡（在该图中还可以看到所有 XML 文件的选项卡），并添加一行代码以实例化 Android Animation 对象，将其命名为 pagAni，并使用刚刚在 pag_anim.xml 文件中定义的 XML <scale> Animation 载入。Java 代码如下：

```
Animation pagAni = AnimationUtils.loadAnimation(this, R.anim.pag_anim);
```

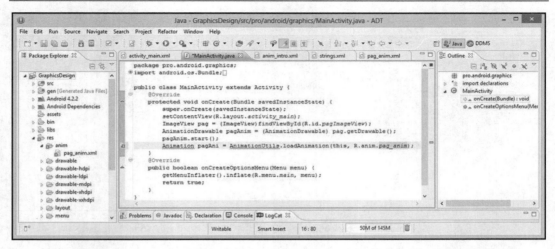

图 4-8　实例化一个名为 pagAni 的 Animation 对象，并引用 pag_anim.xml 中的 XML 定义

此行代码的作用是构造一个 Animation 对象，并在等号的左侧将其命名为 pagAni，然后使用等号将此 pagAni Animation 对象与方法调用的结果一起加载到 loadAnimation (context, reference)方法由于该方法包含在 AnimationUtils 类中，因此使用点表示法从 AnimationUtils 类中调用该方法。使用 this 常量设置当前上下文，并使用 R（代表 Resource）、anim 文件夹和 pag_anim.xml 设置对<scale>程序动画 XML 定义的引用，它们使用句点字符连接在一起，如 R.anim.pag_anim。

如图 4-8 所示，Eclipse ADT（Android）在没有首先导入 Animation 和 AnimationUtil 类的情况下会存在问题（显示了红色波浪线），因此可以将光标悬停在两个类引用上，然后选择 import 选项，以便让 Eclipse 自动编写 Java 导入代码。

在导入两个类之后，代码又将变得整洁无错误。现在可以输入第二行代码，将新创建的 pagAni Animation 对象连接到现有的 pag ImageView 对象。

这是使用下面的 Java 代码行完成的，该代码从 pag ImageView 对象中调用 .startAnimation()方法，并将其传递给 pagAni Animation 对象，从而从本质上将结构连接在一起：

```
pag.startAnimation(pagAni);
```

仅使用两行代码即可完成 Animation 对象的实现，如图 4-9 所示。

可以使用 Run As（运行方式）| Android Application（Android 应用程序）命令测试修改之后的启动屏幕动画。如你所见，现在的效果更加专业，动画从远处飞入，然后在屏幕中间旋转。这里没有截图，因为纸质图书无法很好地展现这个动画效果。如果你想看静态截图，可以参考图 3-14。

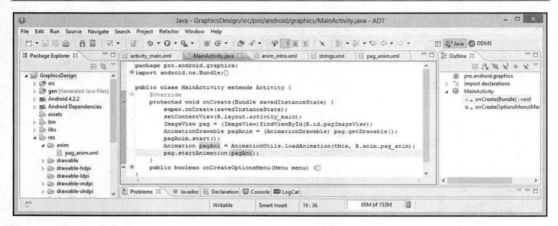

图 4-9　使用.startAnimation()方法将 pagAni 动画对象连接到 pag ImageView 对象中

接下来，可以对该 Pro Android Graphics 徽标动画的特殊效果进行更多改进，以使其更加专业。我们将向动画中添加 Alpha 混合，以使动画更加逼真。执行此操作将使旋转的徽标从远处进入时越来越可见，因此，越靠近显示屏，它的显示就会越凝实。

可以通过将<set>父标签结构放置在当前<scale>标签之外，然后将<alpha>子标签添加到新的<set>组中来实现。这样，这两个程序变换都将作为单个统一的程序动画处理操作来执行。

现在就来开始这一操作。由于我们已经有一个程序动画 XML 定义文件，因此请单击 Eclipse 中央编辑区域中的 pag_anim.xml 选项卡，然后找到并修改该标签，使其从<scale>变换动画定义变成组动画<set>定义（包含<scale>变换等定义）。

4.12　使用<set>创建更复杂的程序动画

单击 pag_anim.xml 选项卡回到 XML 编辑模式，并将光标置于该文件中第一个标签的末尾，也就是在<?xml version="1.0" encoding="utf-8"/>的后面，然后按 Enter 键，在开放的<scale 标签之前添加一个新行。

输入<set>标签，然后将<scale>标签第一行中的 xmlns:android 参数剪切并粘贴到父<set>标签中，如图 4-10 所示。这样我们就不需要在 XML 文件中多次使用该参数，它只要进入第一个（通常是父级）标签容器即可。

完成此操作后，将光标置于<scale>标签 XML 的末尾，然后按 Enter 键添加新的一行，然后输入<字符，如图 4-10 所示。此时将出现<set>标签参数辅助代码输入器对话框。双击 alpha 标签选项将其添加到新行。

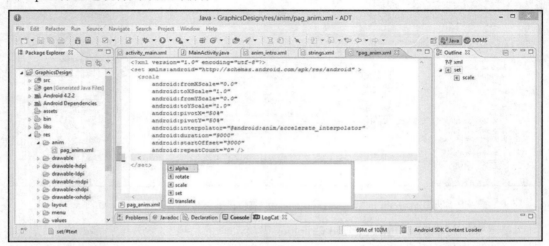

图 4-10　在 pag_anim.xml 文件中添加<set>父标签以包含<scale>和<alpha>参数

接下来，确保该标签在屏幕上以<alpha 和/>结束标签定界符的形式表示，然后将光标置于<alpha 后面，按 Enter 键以添加缩进的代码行。输入 android:以打开<alpha>标签的参数辅助代码输入器对话框，此时将看到可用于此标记的 13 个参数。

双击列出的第一个参数 android:fromAlpha，将其添加到<alpha>标签中。在双击fromAlpha 参数将其添加到 alpha 混合参数列表之前，屏幕如图 4-11 所示。

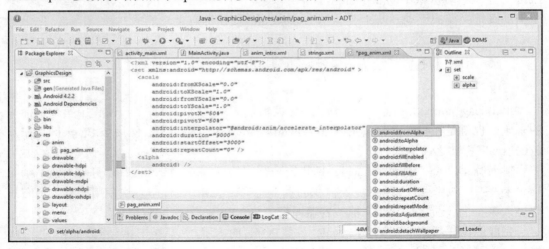

图 4-11　使用 android:调出<alpha>标签参数辅助代码输入器对话框

由于徽标动画在远处应该是不可见的，因此此时需要将 fromAlpha 值设置为 0.0，这意味着可见性被设置为 0%。由于需要指定 Alpha 值范围，因此接下来还必须添加 toAlpha 参数并将其值设置为 1.0 或 100%。

接下来，还可以添加一个插值器来控制动画运动，在本示例中就是控制淡入淡出的时间。为了使淡入效果平稳开始并最终慢下来，可尝试使用减速（Deceleration）插值器常数。

可使用以下标记指定 interpolator 参数：

```
android:interpolator="@android:anim/decelerate_interpolator"
```

现在，只要再添加一个计时和循环参数，操作就完成了。添加 android:duration 参数，并将其设置为与我们在<scale>标签中使用的值 9000 相同，也就是 9s。这样，在运行变换时看起来将会很自然。

对 android:startOffset 参数执行相同的操作，其值也和<scale>标签中的值一样，设置为 3000，这样所有变换都将保持同步。

由于 repeatCount 的值为 0，因此我们已将 android:repeatMode 参数从<scale>变换标记中删除，你可能在图 4-10 和图 4-11 中已经注意到了。

在<alpha>标签容器中添加 android:repeatCount 参数，并将其值设置为 0，以便 Pro Android Graphics 徽标到达屏幕前不会再次淡入淡出。

在图 4-12 中可以看到我们设置的 6 个<alpha>标签参数，它们的值要么与<scale>标签同步，要么正好相反（如插值器常数值）。

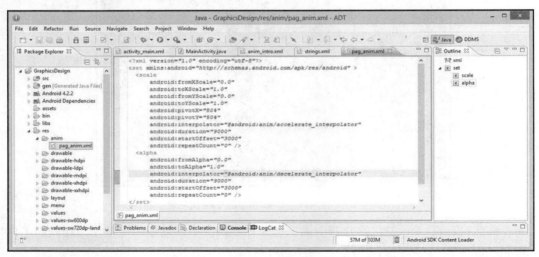

图 4-12　输入 6 个<alpha>标记参数实现徽标动画的特殊效果

现在可以通过 Run As（运行方式）| Android Application（Android 应用程序）命令来查看 Nexus One 模拟器中的结果，并查看这种额外的 Alpha 混合如何为动画提供更加逼真的视觉效果。

右击 Eclipse Package Explorer（包资源管理器）中的 GraphicsDesign 项目文件夹，在弹出的快捷菜单中选择 Run As（运行方式）| Android Application（Android 应用程序）命令启动模拟器。观看 Android 操作系统模拟加载时，应用程序会自动启动并运行启动屏幕。

如图 4-13 所示，现在动画徽标会同时缩放和淡入视图。到目前为止，我们仅使用了 16 个参数，两个变换容器和一个组（set）容器即完成了此操作。

图 4-13　　在 Nexus One 模拟器中测试动画

我们还可以在<set>父标签容器中添加另一种变换类型，以证明可以使用相同的工作流程和基本 XML 标签来构建复杂的程序动画结构。

旋转变换可以绕 X 和 Y 图像空间中的中心点在二维中旋转。它的主要数据范围输入是中心点的 X 和 Y 位置以及旋转角度的 from 和 to 范围。

举例来说，假设要为倒茶的杯子设置动画效果，则应该将中心点放置在茶杯杯体和把手的中间，因为中心点在此位置时，茶杯的倾斜/旋转最为自然。要通过旋转模拟倒茶，可以将 fromDegrees 设置为 0（垂直的杯体），然后将 toDegrees 设置为 90。

在本示例中，我们可以添加<rotate>变换，并同时围绕两个不同的轴旋转徽标。在帧动画中，可以设置围绕 X 轴在 3D 空间中旋转，而在程序动画中，又可以使徽标围绕 Z 轴旋转（而与此同时帧动画仍在围绕 X 轴旋转）。

你可能会说，进行这么多设置会不会太麻烦了？诚然，画蛇添足，过犹不及，但我们的目的是展示本章中的几个主要变换，让你充分理解它们的用法和它们之间的区别，并创建一个相对复杂的动画集。

4.13　旋转变换：复杂的动画集

现在可以将光标置于<alpha>标签的末尾并按 Enter 键，这将添加<rotate>标签所需的空间行。接下来，如图 4-14 所示，输入<字符，即可打开<set>子标签参数辅助代码输入器对话框。最后，双击添加<rotate>标签。

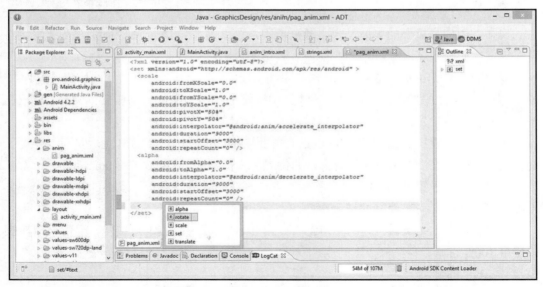

图 4-14　将<rotate>程序动画变换标签添加到动画<set>父容器组中

接下来，输入 android:，打开<rotate>标签参数辅助代码输入器对话框，并查看其 15 个参数，如图 4-15 所示。

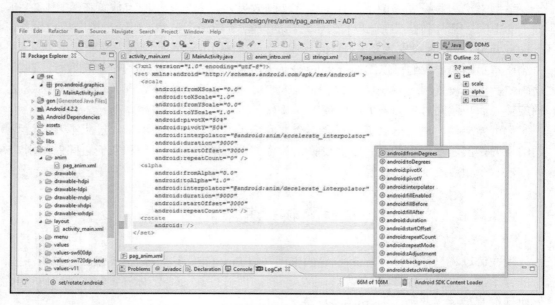

图 4-15　使用 android:打开<rotate>标签辅助代码输入器对话框，其中显示了 15 个潜在参数

现在要做的最重要的事情是定义数据范围，这就是 fromDegrees 和 toDegrees 属性出现在辅助代码输入器对话框中并在前两名列出的原因（见图 4-15）。

双击 android:fromDegrees 参数，然后添加该标签，并将其旋转参数的初始值设置为 0。0° 是徽标帧动画的默认方向位置。要在其中旋转一整圈，则可以添加 android:toDegrees 参数，并将其值设置为等于完整的旋转圆，即 360°，如图 4-16 所示。

接下来，设置中心点 X 和 Y，这是旋转变换中的下一个重要的属性，因为它定义了旋转变换的中心在 2D 图像或帧动画中的位置。添加 android:pivotX 和 android:pivotY 参数，并将它们都设置为 50%。这会将中心点设置在图像或帧动画（或小部件、形状、文本等正在旋转的任何东西）的精确中心。

如果要从左上角旋转，则两个值都将使用 0%，如果要绕右下角旋转，则两个值都应该使用 100%。

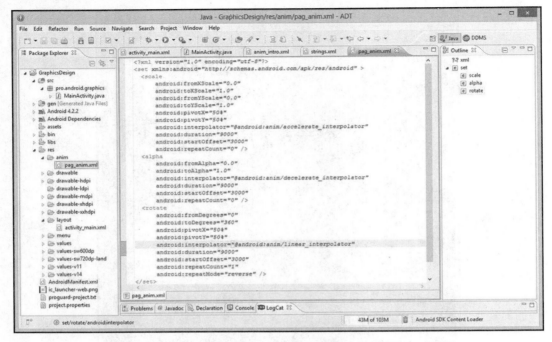

图 4-16　在程序动画<set>父标记的<rotate>变换标记中添加 9 个参数

下一个重要的参数是运动插值器，在本示例中，我们将使用线性内插常量来平滑且均匀地旋转徽标。此标签的编写如下：

```
android:interpolator="@android:anim/linear_interpolator"
```

接下来，只需设置持续时间和循环参数，即可在 Nexus One 模拟器中测试双轴旋转徽标动画。

添加 android:duration 参数并将其设置为 9000（即 9s），以与其他两个变换参数匹配。现在，将 android:startOffset 参数设置为 3000（即 3s），以便计时完全同步。

最后，添加 android:repeatCount 参数，并将其设置为 1，以便可以看到 repeatMode 参数的作用并反转旋转变换。添加 android:repeatMode 参数并将常量值设置为 reverse，然后保存该 XML 文件并使用 Run As（运行方式）| Android Application（Android 应用程序）命令在 Nexus One 模拟器中测试内部的旋转，如图 4-17 所示。可以看到，帧动画围绕其 Z 轴旋转到视图中。

接下来，我们可以更改<rotate>变换参数，以便从远处开始在两个方向上都进行旋转。当然，这里只是为了说明，使用 XML 标记初始化动画之后，细化调整是非常轻松的。

图 4-17　在 Nexus One 模拟器中查看旋转变换

4.14　调整变换值：轻松调整 XML

回到<set>标记中，将 android:duration 值更改为 4400 并将 android:startOffset 值更改为 200。请注意，4400+4400+200=9000，因此，该设置实际上是同步两个旋转的定时以及它们之间的暂停时间，以便与其他两个变换的 9s 持续时间相匹配。

再次使用 Run As（运行方式）| Android Application（Android 应用程序）命令在 Nexus One 模拟器中测试运行该应用程序，可以看到，在帧动画的最终静止位置，现在两个方向都发生了旋转。如果你无法同时看到它们，则还可以将<scale>和<alpha>变换的 startOffset 值由 3000 调整为 0，这样就不会延迟启动这些动画，并且所有动画此时的数据值均 100% 同步（见图 4-18）。你还可以尝试进行更多参数值的调整，直到对结果满意为止。

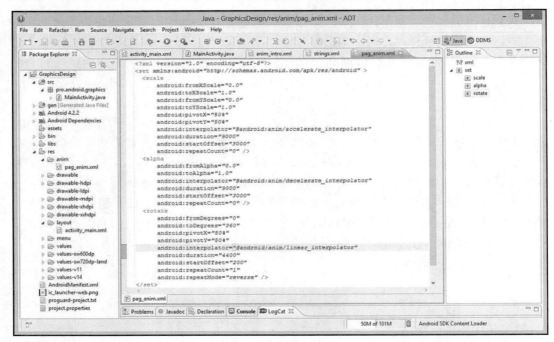

图 4-18　调整<rotate>变换标签参数以实现不同的动画特效

4.15　小　　结

本章阐述了程序动画的概念，并且介绍了可以按程序动画方式进行处理的 Android 应用程序资产、XML 标记、如何使用 XML 参数设置复杂的程序动画以及其他相关的程序动画设计和优化技术。

本章还演示了上述知识和技巧的实战应用，为 GraphicsDesign Android 应用程序中的 pro.android.graphics 包启动屏幕创建了程序动画。使用了若干种 Android 的变换类型。

我们首先解释了与程序动画相关的一些基本概念，如补间和插值，以及它们如何划分动画参数指定的数据范围，以便动画可以随时间推移平滑而流畅地播放。

我们介绍了 Android 中的运动曲线及其 Interpolator 类，它们已经为开发人员实现了数学算法，使开发人员能够轻松地将 Interpolator 常量应用于程序动画数据范围以生成实际运动，大大降低了程序动画的实现难度。

本章研究了如何使用数据值来确定要发生变换的动画参数的范围。例如，如何使用中心点来告诉变换从哪里开始（缩放），或者应该从哪个点开始执行变换（旋转）。

我们介绍了程序动画在 Android 中支持的变换类型，包括移动（术语称为平移）、大小（术语称为缩放）以及方向（术语称为旋转）。我们还研究了如何通过程序动画以及其他类型的 2D 空间变换来控制 Alpha 通道混合（Alpha 透明度）。

我们讨论了如何使用 duration 和 startOffset 参数控制程序动画的计时。可以使用毫秒数据值来指定程序动画的时间，以及如何在秒和毫秒之间来回转换。

我们还介绍了如何设置动画的播放类型，包括仅播放一次、循环播放等。在循环播放设置中，又包括使用 restart 设置的无缝循环动画和使用 reverse 设置的乒乓动画。

最后，本章提供了 GraphicsDesign 应用程序的实际开发示例，编写了一些 XML 标签以及 Java 代码，以结合在第 3 章中创建的帧动画资产来实现程序动画。

在第 5 章中，我们将更详细地研究如何在不同分辨率的屏幕上设计图形元素以及分辨率密度目标。Android 将通过/res/drawable 子文件夹（包括 LDPI、MDPI、HDPI、XHDPI、XXHDPI 和 TVDPI）以及/res/layout 子文件夹定义和实现这些目标。它们都可以具有用于自定义布局的自定义名称。

第5章 Android DIP：与设备无关的像素图形设计

本章将仔细研究如何设计图形资产，使其能够适应当前市场上各种 Android 设备屏幕尺寸。由于 Android 设备小到手表大到 iTV，有各种不同的显示尺寸，因此，开发人员也有必要提供一系列基于像素的物料，这样才能更好地适配市场上的所有屏幕，并且获得最佳显示效果，这无疑是创建专业 Android 图形的主要挑战之一。

对于这个问题，最简单的解决方式是仅使用可缩放的矢量图形（形状）以适合任何尺寸的屏幕，对于用户界面小部件则使用 XML 参数（如 android:gravity）自动计算屏幕布局。这个解决思路的基础是：矢量图形在缩放时不会产生失真和变形的现象。但是，并非所有图像都适合采用矢量图形格式（如真彩色人像照片），很多情况下需要采用位图图像格式。如果你打算在应用程序中使用基于像素的资产，那么作为一名 Pro Android Graphics 设计者，本章包含的信息应该会引起你的极大兴趣。

你在完成本章的学习之后会发现，为数千种不同的 Android 设备（产品）屏幕进行设计时，需要权衡和取舍。本章中的信息将使你可以决定要支持的像素密度成像分辨率，以及是否值得进行额外的资产创建工作。你可以相对于屏幕上视觉质量由于缩放而产生的损失和估计的市场份额（占最终用户总数的百分比）来考虑该问题。

我们将详细讨论当前定义的 7 个像素密度级别，它们是 Android 操作系统和 API 的一部分。我们还将研究与调整大小和缩放像素有关的各种密度和缩放概念与技术、常见的显示分辨率以及如何有效地定位它们。

5.1 Android 支持设备显示的方式：UI 设计和用户体验

众所周知，Android 操作系统支持各种流行的消费电子设备。它们中的绝大多数都会提供不同的屏幕尺寸、屏幕形状、屏幕纵横比和屏幕像素密度。本章将仔细研究这些屏幕差异的各个方面。

对于应用程序开发来说，Android 操作系统将尝试跨越每个受支持的硬件设备提供一致的用户体验开发环境。为了实现这一点，操作系统会试图调整应用程序的用户界面，使其适合所显示的每种屏幕类型。

此外，操作系统还提供了自定义 API，使开发人员可以针对特定的屏幕尺寸和密度自定义应用程序 UI。这样做是为了允许开发人员针对不同的屏幕配置优化 UI 设计。例如，开发人员可能想专门为平板电脑 UI 开发应用程序，而这可能与智能手机 UI、智能手表 UI 或 iTV UI 有很大的不同。

即使 Android 将负责缩放和调整 UI 设计大小，但为了使你的应用程序像手套一样适合每个不同的屏幕，你仍需要努力针对不同的屏幕尺寸和像素密度优化应用程序。这样一来，Android 操作系统就不必大幅度地缩放任何给定的图像资源，这也意味着，即使进行了任何像素调整，用户也可能根本不会注意到。事实上，开发人员应该尽量避免 UI 缩放和调整，本章将介绍与此相关的优化技术。Android 开发始终离不开"优化"二字。

通过在 .APK 文件中为 Android 操作系统提供合理范围的、高度优化的、基于像素的图像资源，开发人员可以减轻 Android 操作系统的负担，使其不必耗费资源进行界面缩放等处理，从而有更多资源执行其他操作，优化 Android 硬件设备的用户体验。

如果正确执行了基于像素的物料优化过程，那么你的所有最终用户都将确信他们正在使用的应用程序就是专门为其设备设计的，而不是按比例缩放、拉伸甚至旋转才能适合其设备屏幕的物理分辨率、宽高比和方向（多见于人像或风景图片）。这个过程涉及很多内容，本章将介绍所有相关因素。

5.2　设备显示概念：尺寸、密度、方向、DIP

Android 设备屏幕尺寸是对设备显示屏对角线进行测量得到的实际物理尺寸（以英寸为单位）。屏幕尺寸通常在产品规格中给出，并且通常包含在产品名称中。例如，Nexus 7 和 Nexus 10 平板电脑的显示屏对角线尺寸分别为 7 英寸和 10 英寸。

Android 操作系统将常见的屏幕尺寸分为 4 个广义的尺寸常量，包括 Small（小）、Normal（正常）、Large（大）和 Extra Large（特大）。从 Android 4.2.2 开始，还有一个 XXHDPI 可绘制资源文件夹，因此将来还要添加一个 Extra Extra Large（超大）尺寸常量。Android 4.3 最近还添加了 XXXHDPI 常量，以支持当前市场上出现的新 4K iTV。

Android 设备的屏幕密度定义为给定设备的显示屏的一英寸区域中包含的物理像素数。物理像素是生成一个像素的实际硬件屏幕元素。因此，在 LCD 屏幕上这将是一个单元（Cell），在 OLED 屏幕上这将是一个有机 LED（Organic LED）。低密度屏幕每英寸只有 120 个像素，而高密度屏幕拥有的像素数是其两倍，即每英寸 240 个像素。

图形行业中的屏幕密度长期以来被称为 DPI，表示每英寸点数（Dots Per Inch）。你可能已经很熟悉这个术语，因为它与打印机的规格有关，并且现在显示屏的分辨率也接近于打印机，因此该术语在这里也适用。本章将详细讨论屏幕密度。

　　Android 操作系统将常见的屏幕密度分为 6 个基本密度常量（Density Constant），包括 Low（低）或 LDPI、Medium（中）或 MDPI、TV（电视）或 TVDPI、High（高）或 HDPI、Extra High（特高）或 XHDPI，另外还有一个 Extra Extra High（超高）屏幕密度常量。在上述 6 个常量之外，最新还有一个 Extra Extra Extra High（巨高）XXXHDPI 常量，用于 4K iTV。

　　Android 设备屏幕方向（Screen Orientation）定义为用户握住 Android 设备的方式，即从用户当前 Android 设备使用情况的角度来看屏幕的方向。用户只需将屏幕旋转 90°，即可随时更改方向。随着时间的推移，也出现了可针对任一方向定义的行业术语，被称为横向（Landscape，指宽屏视图）或纵向（Portrait，指竖直或上下视图）。

　　就纵横比（Aspect Ratio）而言，这意味着屏幕纵横比可以是宽的也可以是高的，这取决于用户如何握住设备。这使用户界面和内容开发变得更加困难。

　　重要的是要注意，不同的 Android 设备在用户开机时默认情况下会以不同的方向运行。同样，用户只需旋转设备即可在运行时更改屏幕方向。Android 操作系统中有一些 API 可以检测到何时发生这种情况，因此开发人员可以根据需要按照设备屏幕的方向更改内容和用户界面。由此可见，为 Android 开发图形会变得很复杂，这也是本书试图帮助你解决的问题。

　　Android 设备的屏幕分辨率（Screen Resolution）是使用物理像素（Physical Pixels）定义的，通常分别使用沿 X 轴和 Y 轴的像素总数来指定。如果用户的屏幕方向发生变化，则 X 轴变为 Y 轴，而 Y 轴变为 X 轴，因此分辨率规格也会改变。

　　通常使用横向（也就是宽屏方向）参数指定屏幕分辨率，因此 800×480 WVGA 屏幕以横向放置，而 480×800 WVGA 屏幕则是以纵向使用（查看）。

　　希望在应用程序中包含多设备屏幕支持的开发人员务必注意，Android 应用程序无法直接通过屏幕分辨率运行。目前开发方法是使 Android 应用程序仅关注屏幕尺寸和密度，而这是由操作系统中提供的尺寸和密度常量指定的。

　　Android 开发人员完成此操作的方法是使用密度独立像素（Density-Independent Pixel，DIP）单位，该单位在代码和标记中也可以表示为 DIP 或 dip。DIP 可以被认为是某种“虚拟”像素表示，在定义用户界面（UI）布局时应该习惯于使用它。下文可以看到，我们将使用 DIP 单位来表示布局尺寸和用户界面元素的位置，从而提供了一种与密度无关的跨设备创建 UI 布局的方法。

　　根据 Android Developer 网站，密度独立像素等效于中等尺寸（也就是 MDPI 常量）160DPI 屏幕上的物理像素。Android 操作系统将其用作基准屏幕密度，将其假定为 Medium（中）密度或 Normal（正常）设备屏幕。它的工作原理是，在运行时，Android

操作系统在查看用于运行应用程序的设备屏幕的当前密度之后，透明地处理 DIP 中定义的单位的所有缩放。

开发人员可以通过以下方式将 DIP 单位转换为物理屏幕像素：

物理像素=DIP*(DPI/160)

例如，假设使用的是 XHDPI（320DPI）特高密度像素屏幕，则 1DIP 等于 2 个物理像素。而在 XXHDPI（480DPI）超高密度像素图像屏幕上，1DIP 等于 3 个物理像素。

总之，如果 Android 开发人员希望确保在具有不同像素密度（不同点距或像素）的 Android 硬件设备显示屏上正确显示其用户界面设计，则在定义应用程序用户界面时需要使用 DIP（或 DP）单位。

要针对许多不同的屏幕尺寸和像素密度优化应用程序用户界面和内容，需要为每一种常用的尺寸和密度提供备用资源。

此外，开发人员还可以创建替代的用户界面布局，以适应某些不同的屏幕纵横比。另外，也可以创建替代数字图像，以用于不同屏幕密度。因此，这就是需要综合权衡的地方。

我们能告诉你的诀窍是：根据你所针对的设备选择应用程序需要支持的级别。开发人员不必为屏幕尺寸和密度的每个单独组合提供替代资产，否则将会产生巨大的数据量。如果你使用允许调整其大小的技术创建了 UI，则 Android 提供的兼容性功能可以处理在任何屏幕上显示应用程序的工作。

5.3　与密度无关：创建相似的用户体验

当 Android 应用程序在具有不同像素密度或不同 DPI（每英寸点数）、PPI（每英寸像素数）的显示屏上显示时，如果能够保留用户界面元素的物理外观（从最终用户的角度来看），则可以实现密度独立性（Density Independence），也就是做到与密度无关（或与设备无关）。

你可能会奇怪，为什么设备独立性如此重要？那是因为没有它，所有 UI 元素在低密度显示器上看起来会更大，而在高密度显示器上看起来则会小得多。你很快就会发现，与密度相关的用户界面元素大小更改会在应用程序的布局中引起视觉问题，这会产生极其糟糕的用户体验（User eXperience，UX），并且可能会严重影响应用程序的可用性。

Android 操作系统将以几种不同的方式帮助应用程序实现密度独立性。首先，Android 将按其认为适合当前屏幕密度的比例放大或缩小 DIP 单位。其次，如果有必要，Android 会根据当前屏幕密度将可绘制资源缩放为适当的大小。理想情况下，这是没有必要的，这就是为什么在本章中，我们将详细介绍如何尝试创建 3 个或 4 个不同版本的基于像素的素材，以便 Android 拥有多个分辨率密度目标可供选择。在这种情况下，即使 Android 需要进行缩放，也可以接近完美的视觉效果。

为什么不能只提供一项高分辨率素材，然后让 Android 缩小到适合的比例呢？简短的答案是，Android 不能很好地执行缩放，没有像 Photoshop 和 GIMP 那样的双三次插值算法，因此开发人员目前仍必须使用 Photoshop 或 GIMP 之类的软件创建缩放素材目标供 Android 使用。

这就是为什么我们会在 Android 书籍中介绍如何利用这些外部新媒体内容制作工具，因为要真正产生 Android 的优化结果，则必须使用 Android 开发环境之外的其他软件来执行一种或多种类型的媒体优化。Android 开发涉及许多软件的应用。

在许多情况下，开发人员只需使用 DIP 或 DP 单位指定所有 UI 布局尺寸值，即可在应用程序中获得密度独立性。正如你在本书前面的章节中已经了解到的那样，使用 match_parent 和 wrap_content 常量也可以匹配或缩放 UI 区域。但是如果有像素（图片）资源，那就不那么容易了。

诚然，Android 将相对于当前屏幕密度的最佳缩放因子，缩放 PNG、GIF 或 JPEG 位图可绘制对象以及任何视频资源，以最佳像素分辨率显示它们。但要注意的是，由于当前的缩放算法还不够先进，像素缩放常常会导致模糊或像素化结果。

为了避免产生缩放伪影（Scaling Artifacts），我们鼓励开发人员为 3 种或 4 种不同的密度提供几种替代的位图资源级别。当然，具体提供多少，完全取决于你的需要，你可以通过计算做出权衡。

例如，在某些应用场景下，你至少应为大型设备（iTV）和高密度屏幕（HD 智能手机）提供高分辨率的位图资源。Android 将智能地使用这些高分辨率资源，而不是放大用于中等密度 Normal（正常）屏幕的基于像素的资源。

你还应该至少拥有另一组针对正常尺寸主流设备屏幕的资产，这些设备具有 MDPI（中等像素密度）。

如果你的应用程序目标用户还包括佩戴智能手表者，那么你可能需要考虑拥有经过优化的 LDPI（低密度像素图像）素材。SmartWatch 目前正在向 Android 市场扩展，很多主要制造商都发布了此类产品。

160DPI MDPI 屏幕密度资产恰好是 320DPI XHDPI 屏幕密度资产的 2 倍下采样，也是 480DPI XXHDPI 屏幕密度资产的 3 倍下采样。

表 5-1 总结了 Android 密度名称、屏幕尺寸、像素密度、像素乘数（相对于默认的正常 MDPI），以及 Android 为 DIP 中指定的每个级别定义的最小屏幕尺寸，最后是应用程序系统图标类型，以物理像素指定。

表 5-1　Android 设备 DPI 图表显示了 Android 特别支持的 7 级像素密度屏幕

Android 设备 DPI 图表	屏幕尺寸	像素密度	像素乘数	最小 DPI 屏幕尺寸	启动器图标像素尺寸	操作栏图标尺寸	通知图标尺寸
LDPI（低密度像素）	Small（小）	120	0.75	426×320	36×36	24×24	18×18
MDPI（中）（默认）	Normal（正常）	160	1.0	470×320	48×48	32×32	24×24
TVDPI（HDTV 1280×720）	HDTV（高清电视）	213	1.33	640×360	64×64	48×48	32×32
HDPI（高密度）	Large（大）	240	1.5	640×480	72×72	48×48	36×36
XHDPI（特高密度）	xlarge（特大）	320	2.0	960×720	96×96	64×64	48×48
XXHDPI（超高密度）	xxlarge（超大）	480	3.0	1280×960	144×144	96×96	72×72
XXXHDPI（巨高密度）	xxxlarge（巨大）	640	4.0	1920×1440	192×192	128×128	96×96

在确定要开发素材的这 7 个目标数字图像素材密度级别中的哪一个时，还有必要考虑将新媒体素材交付到 Android 以外的平台（如 HTML5 应用程序甚至数字标牌）的因素。

重要的是要记住以下事实：当前在 Photoshop 或 GIMP 中对图像素材进行下采样（最好是 2 倍或 4 倍）肯定会产生比 Android 操作系统提供的重采样更好的结果。因此，最终的考虑是应用程序数据总量，以及应用程序需要多少个不同的图像、帧动画、图标或 UI 元素图像资产。我们建议至少提供用于 MDPI、HDPI 和 XHDPI 的素材，或者至少提供用于 MDPI（160）和 XHDPI（320）的素材。

5.4　通过<supports-screens>标签支持 Android 多屏

如前文所述，Android 将通过缩放布局以适合屏幕尺寸和密度，处理设备屏幕的匹配问题，正确呈现应用程序，改善用户体验。如果需要，Android 还将缩放任何给定屏幕密度的图像、视频和帧动画可绘制对象。

开发人员还有其他一些方式可以优化其 XML 标记和 Java 代码，使得 Android 操作系统可以进一步跨越许多不同屏幕配置类型优化视觉效果。

Android 开发人员可以在其应用程序 AndroidManifest XML 文件中明确声明该应用程序支持的不同屏幕尺寸。Eclipse 项目文件夹根目录底部有一个 AndroidManifest.xml 文件，其中 Manifest 是"清单"的意思，该清单文件实质上是用于配置并启动 Android 应用程序，就像 index.html 文件对网站的意义一样。

在声明应用程序所支持的确切屏幕尺寸之后，可确保只有拥有应用程序可以支持的屏幕的设备所有者才可以购买和下载该应用程序。这样做的明显缺点是，它可能会严重限制潜在的市场规模，即应用程序的购买群体。

专门声明屏幕尺寸支持的另一件事是，它将影响 Android 操作系统在更大的屏幕上呈现应用程序的方式。具体声明屏幕尺寸将决定应用程序是否以 Android 的屏幕兼容模式（Screen Compatibility Mode）运行。屏幕兼容模式是针对 Android 应用程序的"创可贴"解决方案，该应用程序无法有效地扩展到大型显示屏，如平板电脑和 iTV 中的显示屏。

从 Android 1.6 开始，Android 添加了对各种屏幕尺寸的支持，并执行了调整应用程序布局大小的大部分工作，以使它们正确地适合任何屏幕。但是，如果应用程序未遵循支持多个显示屏的准则，则 Android 在一些较大的显示屏上可能会偶然遇到一些显示问题。

对于遇到此特定问题的应用程序设计，屏幕兼容模式可能会使该应用程序在较大的屏幕上更具可用性，但也可能无法使用，因此请确保对应用程序进行良好的测试。

要声明应用支持的显示屏尺寸，需要在 AndroidManifest XML 文件中包含<supports-screens> XML 元素。此标签是<manifest>父标签的子标签，它允许开发人员指定应用程序支持的所有屏幕尺寸，并为大于应用程序当前可支持素材的屏幕启用屏幕兼容模式。

重要的是，开发人员必须利用 Android 应用程序清单 XML 文件中的该元素来指定应用程序支持的每种屏幕尺寸。如果应用程序具有正确调整内容和 UI 大小以填满整个屏幕区域所需的全部资产，则可以说它"支持"给定的屏幕尺寸常量，这意味着它至少拥有 MDPI、HDPI 和 XHDPI 图像资产。

因此，如果要包括这 3 个"建议"（必需）的 normal、largeScreen 和 xlargeScreen 分辨率密度素材，请确保在 AndroidManifest.xml 文件中还包括以下<supports-screens>标签（和参数）配置，在<manifest>标签之后作为子标签：

```
<supports-screens android:largeScreens="true" android:xlargeScreens="true" />
```

请注意，不必指定 android:normalScreens = "true"，因为这是默认的<supports-screens>大小规范，因此是固有指定的，只需通过此标记添加 largeScreen 和 xlargeScreen 支持即可。在下文编辑 AndroidManifest.xml 文件时，将添加此标签。

Android 应用的重采样对于大多数应用程序来说通常都可以很好地工作，并且不必做任何额外的工作即可使应用程序在大于高清智能手机或平板电脑的屏幕上运行。

但是，重要的是，开发人员可以通过提供备选布局资源（Alternative Layout Resource），针对不同的屏幕尺寸优化应用程序的 UI 设计。例如，在智能手机上运行的 Activity 的布局与该 Activity 在平板电脑上的布局应该是不一样的。在第 5.5 节中将更仔细地研究替代布局。

如果应用程序在调整大小以适合不同的屏幕尺寸时不能很好地运行，则可以使用

<supports-screens>标记的参数来控制是应该将应用程序分发到较小的屏幕，还是将其 UI 放大以适合较大的 Android 屏幕（使用系统的屏幕兼容模式）。可以通过以下 URL 访问 Android Developer 网站来查看所有标签参数：

http://developer.android.com/guide/topics/manifest/supports-screens-element.html

如果你尚未将应用程序素材、布局和用户界面设计为支持更大的屏幕尺寸，并且正常的 Android 缩放比例无法达到可接受的结果，则可以调用 Android 屏幕兼容模式，以便将应用程序扩展至适合较大的屏幕尺寸。Android 通过模拟 normal（正常）大小的屏幕（中等密度 MDPI）来做到这一点。该模拟是通过缩放 MDPI 密度（正常大小）资产和 UI 设计来实现的，以便它们填充整个 HDPI 或 XHDPI 屏幕。

请务必注意，这种放大会不可避免地导致内容和用户界面设计的像素化和模糊化。这就是 Android 强烈建议你至少在 MDPI、HDPI 和 XHDPI 上为应用程序提供优化的内容和用户界面布局的原因，这样你才能拥有优化的图像资源，以用于较大的显示屏。

5.5　提供针对设备优化的用户界面布局设计

Android 会调整应用程序的用户界面布局大小，以适合用户的任何设备屏幕。在许多情况下，这应该可以正常工作。但是，在某些情况下，你的 UI 设计可能看起来并不像你想的那样专业。在这些情况下，你可能需要进一步调整设计，才能使其正确适应不同的屏幕方向或纵横比。

例如，在较大的设备屏幕上，或者在纵横比截然不同的屏幕（宽屏与正方形）上，你可能希望调整某些用户界面元素的位置和大小，以便利用新的屏幕形状或额外的屏幕空间。相反，在较小的设备屏幕上，你可能需要调整用户界面元素和字体大小，以使所有内容都适合放在较小的显示屏上。

Android 提供的特定大小的布局资源的配置限定符（Qualifier）常量包括 small、normal、large、xlarge、xxlarge 和 xxxlarge。

例如，超大设备屏幕的用户界面屏幕布局 XML 定义可以放入/res/layout-xlarge 项目文件夹。从 Android 3.2（Honeycomb 或 API 13）开始，上述大小分组已被弃用（Deprecated），而应使用较新的 ScreenWidth-Number-DIP 命名模式。

弃用表示不建议使用但仍受支持。如果你不了解"弃用"术语的含义，则建议你在 Android 弃用某些功能之后，重新编码应用程序以使用新的处理方式。例如，在本示例中，建议你使用新的文件夹名称标准命名布局资源文件夹，如 ScreenWidth-Number-

DIP(sw-#-dp)。此文件夹名称配置限定符方法（Qualifier Method）使用密度独立像素（Density-Independent Pixels）定义布局资源所需的最小宽度（Smallest Width）。例如，如果给定的平板电脑布局至少需要 480DP 的屏幕宽度，则可以将其放在/res/layout-sw480dp文件夹中。

与 Android 3.2 Honeycomb API Level 13 之前支持的已被弃用的屏幕尺寸组（small、normal、large 和 xlarge）相比，新的 DIP 大小专用限定符为 Android 开发人员提供了对应用程序可以支持的特定屏幕大小的更多控制。

重要的是要注意，使用这些新的限定符指定的 DIP 尺寸不是物理屏幕尺寸规格。限定符的使用与活动（Activity）相关，也就是说，以 DIP 为单位指定的宽度或高度可用于Java 活动窗口，即物理显示屏的面积（部分）。

这样做的原因是，Android 操作系统可能会将物理显示屏的像素区域的一部分用于其自己的 UI 元素，如位于显示屏底部的系统实用工具栏或位于显示屏顶部的状态栏。这意味着物理显示屏的某些部分可能无法用于应用程序用户界面布局。因此，声明的尺寸应专门针对应用程序的 Java 活动所需的物理显示屏的区域尺寸。

当开发人员声明其活动布局需要多少空间时，Android 操作系统将负责考虑操作系统UI 使用的任何其他显示屏幕空间。

请务必注意，即使你的布局未明确声明，Android 操作栏也将被视为应用程序窗口空间的一部分。这意味着 Android 操作栏会减少原本可用于布局的屏幕空间（面积），并且在整体用户体验设计中也必须把它考虑进去。

尽管使用新的 DIP 限定符似乎比使用已经弃用的屏幕尺寸常量更复杂，但实际上，一旦确定了 UI 布局设计的密度像素要求，它反而可能会更简单。

设计用户界面布局时，主要考虑因素是应用程序从智能手机 UI 切换到平板电脑 UI和 iTV UI 时的实际大小。而在使用限定符的情况下，开发人员将可以完全控制 XML 设计之间布局发生变化的确切密度像素大小。

接下来我们将仔细讨论 3 个可用的屏幕配置修饰符（Modifier），它们分别使用最小宽度、总屏幕宽度和屏幕高度。我们将详细介绍它们之间的区别。在熟悉了这 3 种不同的方法之后，开发人员应该能够准确地指定所需的任何屏幕布局更改触发范围。

5.5.1　使用 Android 的 smallestWidth 屏幕配置修饰符

Android 的 smallestWidth（最小宽度）屏幕配置限定符采用的格式为 sw#dp（如sw480dp），旨在通过指示可用屏幕的最短宽度尺寸（Shortest Width Dimension）来定义屏幕的目标尺寸。Android 设备的 smallestWidth 组件是显示器可用高度或可用宽度的最短尺寸，具体取决于方向。开发人员可能还会将此概念定义为屏幕的最小显示宽度，这显然是常量名称的来源。

开发人员可以使用 smallestWidth 限定符来确保无论显示器当前的方向如何，应用程序都将至少具有此显示宽度的 DIP 数量用于活动（Activity）的用户界面布局。因此，如果你的用户界面布局要求显示区域的最小宽度尺寸至少为 720DIP，则可以使用此限定符来创建名为/res/layout-sw720dp 的布局资源文件夹，以便为应用程序的 Activity 保存你的用户界面布局定义 XML 文件。

仅当可用显示器的最小尺寸至少为 720DIP 时，Android 操作系统才会使用此文件夹中的 XML 资源。重要的是要注意，无论 720DIP 感知的是高度还是宽度，都将进行此确定。smallestWidth 是 Android 设备显示屏的固定屏幕尺寸特征。当用户显示屏方向改变时，设备的 smallestWidth 修饰符不会更改。

Android 操作系统对给定设备进行的 smallestWidth 计算将考虑 Android 操作系统 UI 元素。例如，如果设备的某些 Android UI 元素属于显示的一部分，而这些元素占用了 smallestWidth 测量的一些空间，那么系统将计算出小于设备屏幕尺寸的 smallWidth，因为被 Android UI 元素占用的这一部分是用户界面不可用的显示像素。

由于屏幕宽度通常是 UI 布局设计中的决定因素，因此使用 smallestWidth 配置修饰符来确定合适的屏幕尺寸通常会对 Android 开发人员有所帮助。

可用的显示宽度参数也可以是确定是否使用单窗格 UI 布局（如对于智能手机）或多窗格布局（如对于平板电脑或 iTV）的因素。因此，开发人员需要使用此修饰符来确定 smallestWidth 设备的 DIP 参数。

5.5.2　使用可用屏幕宽度修饰符

还有另一个配置参数，它允许开发人员以 DIP 为单位指定最小可用显示宽度（Minimum Available Display Width），与 smallestWidth 配置修饰符不同，该修饰符考虑了屏幕方向。w#dp（如 w480dp）宽度配置修饰符在显示方向发生纵向或横向变化时也会做出改变，从而反映当前可用于 UI 布局的可视宽度（从最终用户的视觉角度）。

根据最终用户握住设备的方式，此配置参数可以确定应用程序是在横向模式下还是在纵向模式下，这对于使用多窗格 UI 布局设计很有用。

即使在较大的平板电脑设备上，一般来说设计人员也不希望对纵向使用与横向相同的多窗格 UI 布局设计。使用屏幕宽度修饰符时，可以使用 w640dp 之类的配置为布局指定最小 640DIP 的可用屏幕区域宽度，而不必同时使用屏幕尺寸限定符和方向限定符。

5.5.3　使用可用屏幕高度修饰符

第三个配置参数允许开发人员以 DIP 为单位指定最小可用显示高度（Minimum Available Display Height），与宽度修饰符一样，该修饰符也考虑了屏幕方向。当显示方向发生了纵向或横向变化时，h#dp（如 h600dp）高度配置修饰符也会做出改变，从而反映当前可用于 UI 布局的可视高度（从最终用户的视觉角度）。与 w#dp 用于定义宽度的方式相同，使用 h#dp 配置修饰符定义布局所需的高度也非常有用。

5.6　提供针对设备优化的图像可绘制资产

如前文所述，Android 会缩放 PNG、GIF 和 JPEG 位图可绘制资源，以便它们可以为每个设备以最佳物理尺寸进行渲染。如果应用程序仅为基线、中等屏幕密度（MDPI）提供了位图可绘制对象，则 Android 在高密度屏幕上会按比例放大它们，而在低密度屏幕上则会按比例缩小它们。这样会在位图图像中造成失真，尤其是在需要放大的情况下，因为 Android 需要创建不存在的数据才能进行上采样。

为了确保栅格图像资产看起来是最适用于当前设备的，开发人员应该准备不同分辨率的替代图像版本，以用于不同的屏幕密度。本书将演示处理此工作流程的最佳方法。

可用于与密度相关资源的当前 Android 系统配置限定符（Configuration Qualifier）包括 LDPI（低）、MDPI（中）、TVDPI（电视）、HDPI（高）、XHDPI（特高）、XXHDPI（超高）和 XXXHDPI（巨高）。根据当前用户设备屏幕的大小和密度，Android 操作系统将利用应用程序的/res/drawable 文件夹层次结构中的所有与大小和密度相关的可绘制资源。例如，如果用户设备具有高密度显示屏，并且应用程序实现了可绘制资源，则 Android 将寻找与该设备显示密度配置相匹配的可绘制资源文件夹。

Android 还考虑了可用的替代资源，因此，带有-hdpi 配置限定符的资源目录（如/res/drawable-hdpi 文件夹）将提供与特定密度级别匹配的资产，这样 Android 将使用该文件夹中的可绘制资产。但是，如果在/res/drawable 文件夹中找不到与密度匹配的素材，则 Android 将使用默认素材，该默认素材保存在/res/drawable 文件夹中；如果没有找到，则 Android 将使用/res/drawable-mdpi 文件夹中的 MDPI 密度资源，然后根据需要向上或向下缩放这些资源，以匹配当前的屏幕尺寸和密度。

由于在视觉品质的体验上缩小比放大更好，因此，如果因为空间占用或其他原因必须舍弃部分资产，那么建议舍弃 LDPI 资产（除非应用程序是专门为智能手表之类的产品开发的），并且至少应该包括 MDPI、HDPI 和 XHDPI 资产。如果可以，请进行设置，以使 Android 仅在必要时缩小像素而不是放大，这样能始终获得良好的视觉效果。

重要的是要注意，Android 操作系统会将/res/drawable 文件夹中保留的任何数字图像资源都视为默认的可绘制资源。因此，如果开发人员只想使用 HDPI 或 XHDPI 素材，并且让 Android 在必要时对它们进行下采样（即缩小），则可以将它们放在/res/drawable 文件夹中，而将其他文件夹留空。

在我们的开发实践中，将仅在/res/drawable 文件夹中保留诸如动画和过渡之类的 XML 定义，然后将所有基于像素的数字成像资产保留在各种与密度相关的/res/drawable-dpi 文件夹中。这是一种更井井有条的处理方式。

在这种情况下，MDPI 素材将被视为默认素材。如何才能知道默认值呢？可以查看 DisplayMetrics 类内部的密度常量（Density Constants）。DENSITY_NORMAL 和 DENSITY_MDPI 常数具有完全相同的 160DPI 数据值。

幸运的是，当 Android 寻找与密度相关的图像素材并且在默认的密度特定目录（/res/drawable 或/res/drawable-mdpi）中找不到合适的图像素材时，它不一定会使用默认（MDPI）资源。Android 也可能会改用其他特定密度的资源（前提条件是它确定后者可以提供出色的重采样结果）。例如，当寻找低密度 LDPI 图像素材时，如果不可用，则 Android 将（正确）缩小该图像素材的高密度版本，因为 Android 知道将高密度素材缩小到更低密度目标可提供出色的视觉效果。

这个问题可以从数学的角度来获得解释。如果我们将采样率从 240DPI 下采样 2 倍，降低到 120DPI，则与将采样率从 160DPI 降低 1.5 倍到 120DPI 相比，显然前者将获得更好的结果。在图像重采样、下采样或上采样中，如果想要通过重采样算法获得最佳质量的结果，则应始终使用 2 或 4 的因数。

如果不希望缩放图像资源以补偿不同的像素密度显示该怎么办呢？无论出于何种原因，如果你希望图像在低密度显示器上变大而在高密度显示器上变小，则确实有一种方法可以在 Android 中实现。

指示 Android 在无法使用适当的分辨率密度资产时永远不要进行预缩放的方法是，使用-nodpi 配置限定符将永不缩放的图像资产放入资源目录。当然，这等同于/res/drawable-nodpi 文件夹的命名约定。当 Android 使用此配置限定符文件夹中的图像资产时，在任何情况下都不会对其进行缩放，即使它认为应基于当前设备密度执行缩放时也是如此。

除密度配置修饰符（LDPI、MDPI、HDPI、XHDPI 等）外，Android 中还有方向配置修饰符（PORT 和 LAND）以及宽高比配置修饰符（LONG 和 NOTLONG）。这些修饰符可用于创建包含自定义设计的文件夹结构，这些自定义设计适合方向（纵向或横向）和宽高比（宽屏）显示屏幕方案。这些配置修饰符也可以与其他修饰符结合使用，如它们可以链接在一起。因此，/res/drawable-land-hdpi 意味着包含横向 HDPI 资产。

5.7　DisplayMetrics 类：大小、密度和字体缩放

你可能想知道，Android 操作系统是否具有允许开发人员轮询其应用程序正在运行的设备并获取有关其显示特征的信息的 API 或类。实际上，还真的有这样一个类，该类的名称为 DisplayMetrics。

DisplayMetrics 类是 android.util 操作系统实用程序包的成员，这并不奇怪，它提供了一个对象结构，当开发人员对其进行轮询（访问）时，该对象结构提供了有关当前设备（最终用户）的显示屏的显示指标信息（Display Metrics Information）。提供的信息包括 X 和 Y 维度的显示物理大小（Display Physical Size）、X 和 Y 维度的像素密度（Pixel Density）以及 Android 操作系统当前使用的字体缩放比例（Font Scaling Factor）。

要访问 DisplayMetrics 类成员，可以使用 DisplayMetrics()构造函数并使用以下代码初始化 DisplayMetrics 对象：

```
DisplayMetrics currentDeviceDisplayMetrics = new DisplayMetrics();
getWindowManager().getDefaultDisplay().getMetrics
(currentDeviceDisplayMetrics);
```

此类中有 8 个常数，分别是 DENSITY_DEFAULT、DENSITY_HIGH、DENSITY_LOW、DENSITY_MEDIUM、DENSITY_TV、DENSITY_XHIGH、DENSITY_XXHIGH 和 DENSITY_XXXHIGH。

如果要进一步研究此 DisplayMetrics 类，则可以访问 Android Developer 网站上的以下 URL（表 5-1 中的信息也来源于此）：

http://developer.android.com/reference/android/util/DisplayMetrics.html

DisplayMetrics 对象还具有 7 个数据字段，实例化该对象后即可访问这些数据字段。具体字段如表 5-2 所示。

表 5-2　Android DisplayMetrics 类和对象数据字段以及访问修饰符和函数

访问/类型修饰符	对象字段专有名称	在轮询时提供的对象数据字段信息
public float	Density	显示屏的逻辑密度
public int	densityDpi	屏幕密度，以每英寸点数表示
public int	heightPixels	显示屏的绝对高度，以像素为单位
public int	widthPixels	显示屏的绝对宽度，以像素为单位
public float	xdpi	X 维度上每英寸的物理像素数
public float	ydpi	Y 维度上每英寸的物理像素数
public float	scaledDensity	显示器上字体的缩放比例

如前文所述，一旦创建 DisplayMetrics 对象，则应用程序就可以准确地看到当前 Android 设备在屏幕尺寸和像素密度方面的特征，以及操作系统当前的字体缩放比例。

5.8　优化 Android 应用程序图标

尽管本章无法优化将在本书中使用的所有图形资源，但在这里我们将演示使用开源数字成像软件包 GIMP2 来完成启动器图标（Launcher Icon）的下采样工作，因为它们是开发人员需要创建的 5 个可绘制目标级别的素材之一。之所以要为应用程序启动器图标创建 5 个级别，是因为在 Android 平板电脑上，Android 查找的启动器图标比应用程序其余可绘制资源使用的文件夹高一个级别。

这意味着要支持 XHDPI（假设这是你始终希望支持的可绘制级别之一），则必须在 XXHDPI 文件夹中包括一个 144×144 像素的启动图标 PNG32 文件。进行此操作是为了确保在较大的 Android 平板电脑（如 Google Nexus 10）上，应用程序图标（它代表的是你的应用程序品牌）看起来非常清晰。

如果你的系统上还没有 GIMP2 软件，请访问 www.gimp.org 下载并安装最新版本（编写本书时为 2.10.18），程序包大小为 171MB。

安装并启动 GIMP2 之后，使用 File（文件）| Open（打开）命令打开 PAG_logo_288.png。这是在第 3 章和第 4 章中使用的 Pro Android Graphics 徽标的 PNG32 文件。

你可能会奇怪，为什么要使用该徽标的 288 像素版本？这是因为当向下采样到 Android 所需的 5 个不同图标尺寸时，该特定像素尺寸将均匀地重新采样，也就是说，将不会有余数（部分像素）用于重采样算法。

ℹ️ 注意：

如果要将 XXXHDPI 用于 4K iTV，则在后面的工作过程中可以添加 192×192 像素下采样。

这里不妨做一个简单的算术。XXHDPI 需要 144 像素，刚好是 288 像素的一半，因此可以使用 2 倍下采样。XHDPI 需要 96 像素，这是 288 像素的三分之一，因此可以使用 3 倍下采样。HDPI 需要 72 像素，刚好是 144 像素的一半和 288 像素的四分之一，因此可以使用 4 倍下采样。MDPI 需要 48 像素，是 288 像素的六分之一，因此可以使用 6 倍下采样，而 LDPI 需要 36 像素，这是 288 像素的八分之一，这意味着可以使用 8 倍下采样。

如果开发人员想以 576 的分辨率（它是 288 分辨率的 2 倍）来制作图标的原图，那自然是效果更好，当然，使用 1152（也就是 288 分辨率的 4 倍）就更没问题了，这已经是远超打印分辨率的图标素材了。

值得一提的是，2×1152 是 2304，这恰好也是普通数码相机原生的像素分辨率。请记住，图像和视频（像素）缩放比例在 2 的幂次方采样倍数（1、2、4、8、16、32 等）下效果更好。

在 GIMP2 中打开 288 像素的启动图标徽标后，其外观应如图 5-1 所示。徽标后面的棋盘格图案表示它在 GIMP 中是透明的，因此可以看到，该应用程序图标只有 Pro Android Graphics 徽标的像素。

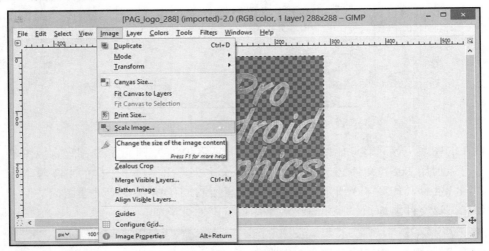

图 5-1　使用 Image（图像）| Scale Image（缩放图像）功能来调整 288 像素
资源的大小以适合 XXHDPI 144 像素图标的大小

Android 建议使用 Alpha 通道为启动图标提供透明度，以防用户在其 Android 设备上设置了墙纸或其他背景图片。

现在可以使用 Image（图像）| Scale Image（缩放图像）命令将 288 像素启动器图标图像调整为原始大小的一半（见图 5-1）。

此时将打开 Scale Image（缩放图像）对话框，如图 5-2 所示，设置 Width（宽度）和 Height（高度）均为 144 的下采样分辨率，并将 Interpolation（插值）算法设置为 Cubic。

Cubic 插值将使用高质量的下采样算法，该算法将考虑图像中的边缘，并在下采样过程中对它们进行抗锯齿处理，以平滑过渡到锐利边缘或处理图像像素区域之间的剧烈变化。例如，Pro Android Graphics 徽标的边缘就是一个很好的例子。

GIMP2 中的 Cubic 插值类似于 Photoshop 中的 Bicubic 插值。如果使用的是 Photoshop 而不是 GIMP2，则可以从 Photoshop 的 Image Resizing（图像大小）对话框底部的下拉菜

单中选择 Bicubic Sharper(for downsampling)，即两次立方锐利（适用于缩小）选项。

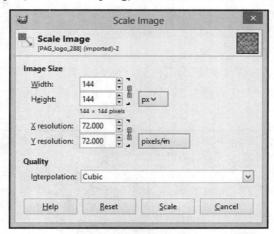

图 5-2　在 Scale Image（缩放图像）对话框中设置参数

现在的图像应该只有原始图像的四分之一，或者说沿 X 轴和 Y 轴都只有原图的一半大小。可以使用 File（文件）| Export（导出）命令来导出经过下采样的 144 像素应用程序启动图标文件，如图 5-3 所示。这样做是为了给 XXHDPI 应用启动器图标文件指定一个文件名，该文件名应该体现出这个数字图像资产的分辨率。

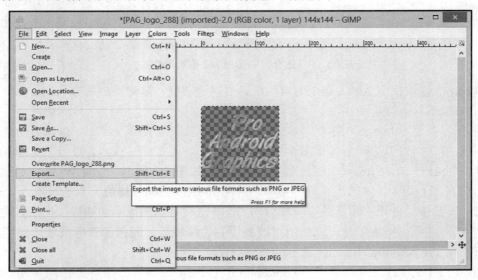

图 5-3　使用 File（文件）| Export（导出）命令导出新缩放的 144 像素 XXHDPI 应用程序图标素材

选择 File（文件）| Export（导出）命令，弹出 Export Image（导出图像）对话框，如图 5-4 所示。

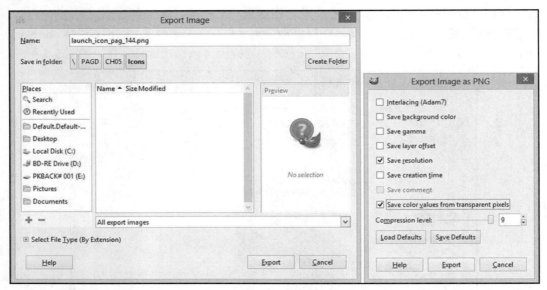

图 5-4　设置 launch_icon_pag_144.png 文件名并在 Export Image（导出图像）对话框中选择导出选项

如果尚未为应用程序图标创建文件夹，则可以单击对话框右上方的 Create Folder（创建文件夹）按钮立即执行此操作。我们已经用它在 Pro Android Graphics Design（PAGD）文件夹的 CH05 子文件夹下创建了 Icons 文件夹。

在创建了用于应用程序图标的文件夹后，在对话框顶部的 Name（名称）文本框中输入描述性文件名 launch_icon_pag_144.png。GIMP2 使用文件扩展名来确定用于保存文件的文件格式（编解码器）类型。也可以使用对话框左下方的 Select File Type (By Extension)，即选择文件类型（按扩展名）小部件来完成此操作。

设置完所有内容后，可单击对话框右下方的 Export（导出）按钮，将弹出 Export Image as PNG（将图像导出为 PNG）对话框，如图 5-4 右侧的截屏所示。选中 Save resolution（保存分辨率）和 Save color values from transparent pixels（保存来自透明像素的颜色值）复选框，然后将 Compression level（压缩级别）设置为最大压缩（9）。

你可能会问，为什么无损文件格式（如 PNG32）在 GIMP2 中具有这种压缩级别设置？不应该是只有 JPEG 这样的有损文件格式才能进行这种压缩吗？其实这里的压缩级别和我们理解的 JPEG 的压缩级别不一样，它控制的是无损压缩的速度，就像使用 ZIP 压缩算法时一样（ZIP 压缩也是无损的）。使用 ZIP 程序，你可以在压缩过程需要多长时间和压缩算法在压缩过程中要完成多少工作（文件量会更小）之间进行权衡。GIMP2 中压缩级别滑块的默认值是 9。如果愿意，可以尝试改变一下压缩级别，并观察和比较压缩结果。

在导出新的 144 像素 XXHDPI 启动器图标资产后，可以返回到 288 像素的源文件，以继续操作，完成其他 4 个启动器图标资产的重采样任务。选择 Edit（编辑）| Undo Scale Image（撤销缩放图像）命令或直接按 Ctrl+Z 快捷键都可以轻松返回原图，如图 5-5 所示。

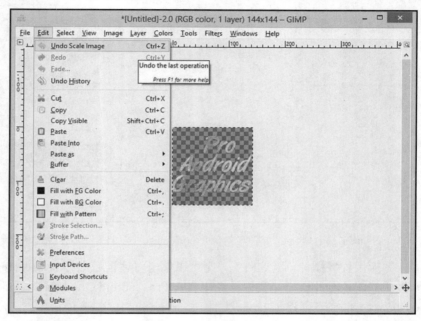

图 5-5　使用 Edit（编辑）| Undo Scale Image（撤销缩放图像）命令
或直接按 Ctrl+Z 快捷键将徽标图像数据恢复到 288 像素

你可能会奇怪，为什么不能简单地直接继续调整 144 像素图像数据的大小，而是需要返回到源文件才进行后续重新采样？答案很简单，我们希望为重新采样算法提供尽可能多的数据，这样可以在每次重新采样时都能获得最佳视觉效果。

这就是为什么之前我们讨论使用 576 像素、1152 像素或 2304 像素源图稿图像的原因，因为使用图像重采样算法的分辨率越高，则从该算法中获得可接受结果的机会就越大，前提是使用两次立方插值算法（在 GIMP 中称为 Cubic）来进行下采样。

一般来说，如果可以，我们建议你不要使用上采样（放大）。例如，使用 HDPI 素材模拟 XHDPI 显示或使用 MDPI 素材模拟 HDPI 显示都需要上采样。上采样会强制算法创建图像中当前不存在的图像数据（像素），而对于这些像素应该是什么的猜测会导致在结果图像中产生伪影或模糊现象，或两者兼而有之。

接下来，我们可以将经过重新下采样的应用程序启动器图标资产复制到其相应的文件夹中，并在 Android GraphicsDesign 应用程序中编写实现它们所需的 XML 标记。

5.9　在正确的密度文件夹中安装新的应用程序图标

打开 Windows 资源管理器，找到在第 5.8 节中为图标资产创建的 Icons 资产文件夹，并将启动图标保存在其中。在我们的示例中，该文件夹是/PAGD/CH05/Icons 文件夹，如图 5-6 所示。

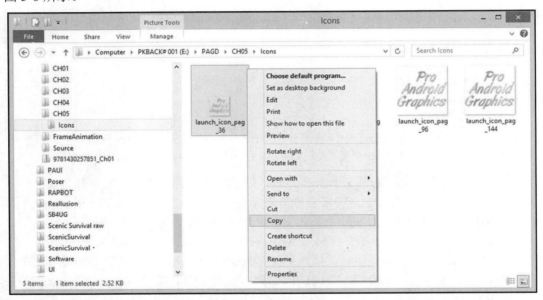

图 5-6　从 Icons 文件夹中选择应用程序启动图标密度级别素材，以复制到/drawable 文件夹

在开发涉及许多新媒体元素和资产的复杂 Android 应用程序时，创建和维护逻辑资产文件夹层次结构非常重要。除了 Android 应用程序的/workspace/项目文件夹之外，还应该创建一个单独的/project 文件夹，其中包含用于存放图像、视频、音频、动画、3D、图标等的子文件夹。这些新的媒体类型子文件夹还可以具有自己的子文件夹，如/project/audio/music 或/project/audio/voiceovers；对于数字图像，可能具有/project/images/mpdi、/project/images/hdpi 和/project/images/xhdpi；而对于数字视频，则可能具有/project/video/mpeg4 和/project/video/webm 等。

将启动器图标图像素材从新的媒体图标素材文件夹复制到相应的 Eclipse ADT 工作

区项目文件夹，该文件夹现在为/workspace/GraphicsDesign/res/drawable-ldpi。选择 LDPI 36 像素分辨率密度素材，右击，然后在弹出的快捷菜单中选择 Copy（复制）命令，将文件复制到操作系统的剪贴板中，如图 5-6 所示。

接下来，找到/workspace/GraphicsDesign/res/drawable-ldpi 文件夹，右击，然后在弹出的快捷菜单中选择 Paste（粘贴）命令，将复制的文件粘贴到该文件夹中，如图 5-7 所示。

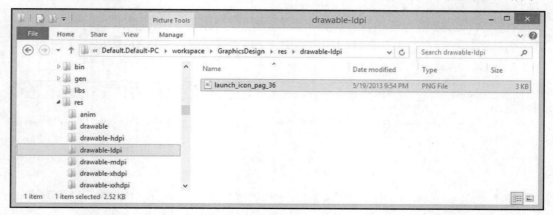

图 5-7　将启动图标密度资产粘贴到资源文件夹中各自的 drawable-dpi 文件夹中

对所有 5 个启动器图标重复此工作过程，以使每个名称中的像素数字都与该分辨率的密度级别相匹配。如果忘记了哪种密度需要哪种图标分辨率，请参考表 5-1（第 6 列）。

可以看到，此 LDPI 文件夹中目前没有默认的 Android 应用程序启动图标，因此需要注意的是，即使是 Android ADT 的 New Android Application（新建 Android 应用程序）窗口系列（参见图 2-4）也不提供启动器图标的低分辨率版本，这意味着它必须使用较高分辨率的图标之一（可能是 72 像素的 HDPI 版本）缩放到最终的 36 像素，因为这将是 2 倍的下采样。

Android ADT 这样做的理由可能是，如果开发人员已经提供了 240DPI 素材集合（HDPI），则可以不为应用程序提供 LDPI 素材，尤其是目前的 Android 设备趋向于 HDPI 智能手机、XHDPI 平板电脑和 HDPI iTV。

也就是说，如果你的应用程序是为 Android 智能手表开发的，则可能要提供 LDPI 优化的素材，至少在 Android 也具备双立方插值算法之前应该如此。

从图 5-8 中可以看到，Android 确实自动提供了 MDPI 图标素材，我们将自定义启动器图标粘贴到了旁边，并重命名为更简单的名称。

确保将所有文件都复制到相应的分辨率密度文件夹中后，使用通用名称（无像素数字）重命名它们，以使每个文件夹中的文件都具有相同的名称，如图 5-9 所示。

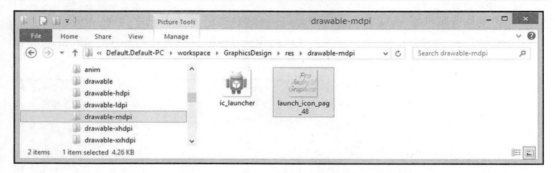

图 5-8　Android 创建了 ic_launcher.png 图标，开发人员在
/drawable-mdpi 中创建了自定义的 launch_icon_pag_48

图 5-9　将 launch_icon_pag_48.png 文件重命名为 pag_icon.png

如图 5-9 所示，我们选择了简单名称 pag_icon.png，并且严格遵循了 Android 资产名称约定，仅使用小写字母、数字和下画线字符。

将所有 5 个文件重命名为 pag_icon.png 后，即可准备在 AndroidManifest.xml 文件中编辑 XML 参数，以便为 GraphicsDesign 应用实现新的自定义 Pro Android Graphics 启动器图标。

5.10　为自定义应用程序图标配置 AndroidManifest.xml

在将所有素材都放置到所需的位置之后，即可启动 Eclipse。右击 AndroidManifest.xml 文件并打开，该文件位于 Eclipse 左侧 Package Explorer（包资源管理器）导航窗格 GraphicsDesign 项目文件夹的最底部。

有趣的是，AndroidManifest.xml 在 Eclipse 顶部编辑选项卡中的显示与众不同。可以看到，该文件选项卡显示的是 GraphicsDesign（这是项目文件夹名称）Manifest。

　　XML 标签应如图 5-10 所示。我们在<application>标签中突出显示了 android:icon 参数，并且将在其中引用自定义的启动器图标文件名。

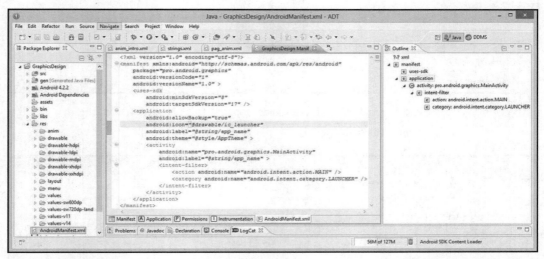

图 5-10　在 Package Explorer 中右击 AndroidManifest.xml 文件，将其打开以在 Eclipse 中进行编辑

　　其他默认的 AndroidManifest 条目都可以保留，但是要将 ic_launcher 引用更改为 pag_icon，这样就可以添加自定义的启动器图标引用。你还可以查看 Eclipse 为你设置的应用程序清单中的其他标签。

　　重要的是要注意，可以按原样保留 ic_launcher 文件引用，并在每个分辨率密度文件夹中将启动器图标资产命名为 ic_launcher.png，作为替代工作流程。

　　在该编辑窗口中，还可以添加我们先前介绍过的<supports-screens>标签（这是用于支持多屏的标签），并修复其他可使你的 Android 应用程序更专业的标签。

　　在 android:icon 参数下面，可以看到 android:label 参数，此参数控制写在应用程序初始屏幕顶部的文本值，以及在应用程序启动图标下使用的文本标签。应用程序启动图标始终位于用户的 Android 设备的前端（即启动图标区域），因此它下面的图标图形和标签都需要尽量完美。最初的 AndroidManifest.xml 是通过 New Android Application（新建 Android 应用程序）窗口系列生成的。对 AndroidManifest.xml 的修改如图 5-11 所示。

　　如你所见，android:label 参数引用了 string.xml 文件中名为 app_name 的字符串常量。你需要编辑此字符串常量的值，以便在单词 Graphics 和 Design 之间添加一个空格。单击 Eclipse 中央编辑窗格顶部的 strings.xml 选项卡，然后在 app_name<string>标签中添加一个空格，以使其变成 Graphics Design 而不是 GraphicsDesign，如图 5-12 所示。

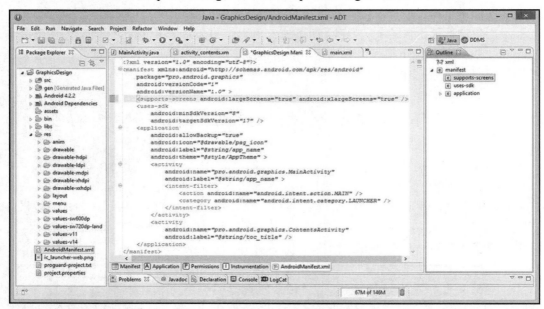

图 5-11　在 AndroidManifest 中添加自定义 android:icon 参数和<supports-screens>标签

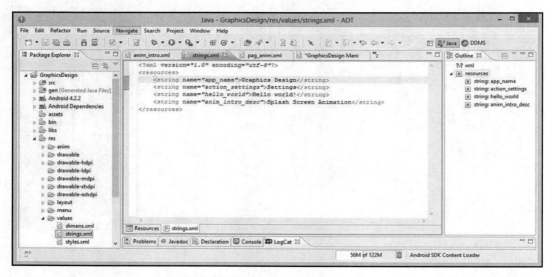

图 5-12　将 app_name<string>标签常量更改为 Graphics Design（在 GraphicsDesign 中间添加空格，
使其变成两个分开的单词）以修复图标中的换行问题

　　这样一来，Android 操作系统就可以在其最终用户的 Android 设备前端的图标启动集合中将图标文字标签换行，使其外观效果更好。

　　我们只进行了少量的代码修改，即可使应用程序图标的文字标签更自然地在新的 Pro Graphics Design 图标下换行，并且还使应用程序顶部的屏幕标题更具可读性，在第 5.11 节进行应用程序测试时，你将直观地看到这些变化。

5.11　在 Nexus One 上测试新的应用程序图标和标签

　　现在我们可以来看一看密度匹配的启动器图标的外观，以及改进的标签外观。右击项目文件夹，在弹出的快捷菜单中选择 Run As（运行方式）| Android Application（Android 应用程序）命令，在 Eclipse 中启动 Nexus One 仿真器，即可查看应用程序的外观效果。

　　如图 5-13 左侧的屏幕截图所示，在初始屏幕的顶部可以看到应用程序的新启动器图标素材以及新的 Graphics Design 标签。

图 5-13　在 Eclipse 的 Nexus One 模拟器中测试新的 Pro Android Graphics 启动图标和标签

　　要在 Android 操作系统应用程序图标区域中查看该图标，可以单击模拟器右上方的 Go Back（返回）按钮。此按钮是位于仿真器右上角第二排左数第三个的圆形按钮，按钮的图形为曲线向后并带一个箭头，指示 Go Back（返回）功能。

单击此按钮后，将返回到 Android 操作系统主屏幕，单击屏幕底部中间的图标按钮可以打开操作系统的应用程序图标启动区域，在该区域中你将看到新的应用程序图标。

图 5-13 在左侧显示了模拟器的启动图标区域，在右侧则显示了 Pro Android Graphics 应用程序的启动屏幕动画和新标题栏标签。

可以看到，新的 Pro Android Graphics 启动图标和标签在缩放比例和间距方面都有细微变化，看起来更专业。

5.12　小　　结

本章解释了为什么 Android 操作系统要求开发人员提供多个不同密度的、基于像素的素材以及不同版本的用户界面设计布局。这是 Android 图形设计中最烦琐的领域之一，并且遍及世界各地的众多 Android 硬件设备类型、型号和消费电子制造商都需要这样做。同时，这也使得 Android 对开发人员更具有吸引力，因为有数千种不同的 Android 设备都可以运行其应用程序。当然，这也是使 Android 的图形设计部分比大多数人想象的要困难一个数量级的原因。

我们首先详细介绍了 Android 设备的一些显示特征，如物理分辨率、像素密度、DPI、DIP、方向、纵横比等。

我们解释了 Android 中使用的常见屏幕尺寸限定符常量，包括 Small（小）、Normal（正常）、Large（大）和 Extra Large（特大）。

接下来，我们介绍了 Android 中使用的屏幕密度限定符常量，包括 Low（低）或 LDPI、Medium（中）或 MDPI、TV（电视）或 TVDPI、High（高）或 HDPI、Extra High（特高）或 XHDPI、Extra Extra High（超高）或 XXHDPI，以及最新的 Extra Extra Extra High（巨高）或 XXXHDPI。

开发人员需要在/res/drawable-dpi 文件夹中提供尽可能多的基于像素的栅格图像资源，以使 Android 能够使用尽可能多的图像资源，防止 Android 缩放数字图像资源，产生不好的用户体验。

我们讨论了 Android ＜supports-screens＞标签，以及它如何使开发人员能够在 AndroidManifest.xml 文件中指定应用程序将要支持的屏幕密度设备。值得一提的是，未包括在清单内的任何屏幕密度的设备都将无法下载和使用你的应用程序，因此需要谨慎使用此标签。

我们介绍了自定义布局以及 Android 中目前可用的各种屏幕布局配置限定符，如

smallestWidth 或 sw#dp 限定符以及宽度（w#dp）和高度（h#dp）配置限定符。开发人员需要了解这些限定符的工作原理，才能定义使用不同布局设计的不同 Android 设备上的密度范围，精确控制应用程序 UI 设计跨越不同 Android 设备屏幕。

我们还仔细讨论了设备优化的密度级别以及方向和宽高比配置限定符，以便可以控制 UI 设计和内容素材，跨越不同的显示屏尺寸、像素密度、长宽比和屏幕方向。

我们介绍了 Android DisplayMetrics 类以及如何使用该类来轮询用户当前的设备显示，从而找出 Android 硬件设备实际上正在使用的显示特性。

最后，我们应用了本章介绍的一些新知识，为 GraphicsDesign 应用程序优化了启动器图标。

在第 6 章中将学习如何使用 Android ViewGroup 子类在 Android 中设计布局。我们将介绍派生自 Android ViewGroup 类的不同布局容器，以及如何使用它们来设计跨不同类型的 Android 设备的用户界面布局容器。

第 6 章　Android UI 布局：使用 ViewGroup 类进行图形设计

本章将仔细研究 Android 提供的不同类型的屏幕布局容器，以及如何使用它们来容纳应用程序新的媒体内容和用户界面设计。本章在逻辑上是第 5 章的后续，在第 5 章中，我们讨论了如何为不同的屏幕尺寸、形状、方向和密度提供 UI 布局。

通过利用许多使用 Android ViewGroup 超类创建的布局子类，可以在应用程序 Activity 子类中实现用户界面布局。ViewGroup 旨在进行子类化，并且这样的子类化已经完成了数十次，提供了自定义的 Android 布局容器类。本章将详细研究其中的一些布局容器类，因为它们中的每一个在逻辑上都有其合理用法和实现。

Android 中的屏幕布局可能有些棘手，这不仅是因为我们需要针对不同的屏幕尺寸、形状、密度和方向设计不同的布局，而且还因为 Android API 中的多个布局容器类要么已被弃用，要么尚未完全实现。

这将决定要使用的用户界面布局容器，以及如何在目前市场的 Android 硬件设备上实现这些容器，这是开发人员要做出的最重要的前期决策。同时，这也是开发人员可能在 Android 图形设计工作流程中遇到的最困难的 Android 应用程序基础决策之一。

这就好比数据库设计一样，如果你预先设计了一个不合理的数据库结构，并且将数据加载到其中，但是后来你才发现遗漏了某些东西，则整个数据库必须从头开始。如果勉强继续，至少你必须编写代码来读取设计不合理的数据库结构，添加缺少的数据结构（和数据），然后写出新的数据库结构。

正如 Activity 子类为控制应用程序在屏幕上的活动提供 Java 基础一样，应用程序的 XML 布局容器（ViewGroup 子类）也是 Activity UI 的 XML 基础。

6.1　Android ViewGroup 超类：布局基础

Android 提供了顶级布局类 ViewGroup，可用于创建布局容器类。FrameLayout、LinearLayout 和 RelativeLayout 是 3 种使用最广泛的布局类，本章将介绍这些类以及更专业的 ViewGroup 子类。

ViewGroup 类是 android.view 包的一部分，因为 ViewGroup 类本身是另一个称为 View

类的超类的子类。

　　View 类是在应用程序中不直接使用（构造或实例化）的另一个类，而是用作超类（作为主类模板），它不仅可用于定义屏幕布局容器（如 ViewGroup 及其子类），而且还可用于定义这些布局容器中包含的许多 Android 用户界面小部件。

　　在接下来的几章中，我们还将介绍 View 及其与小部件相关的子类，因为它对 Android 的开发很重要。但是，在讨论 View（窗口小部件）之前，开发人员必须掌握将这些 UI 小部件保持在适当位置的布局容器，这就是为什么在接下来的几章中我们将深入研究 ViewGroups 和专用布局的原因。

　　ViewGroup 不能直接在应用程序中使用，但是无疑它有许多子类，因此接下来我们将详细介绍其主要的子类。

　　ViewGroup 类作为一个主类，有关它的技术细节其实无须过多着墨，而且我们也不打算将重点放在它身上，但重要的是，开发人员要认识到，可以根据需要创建它的自定义子类。本章就是这样做的。

　　本书的写作特色是理论知识先行，因此我们将重点介绍如何实现现有的布局类（现有的 ViewGroup 子类），这是最常用的，而且已经由其他开发人员实现。

　　在介绍了这些主要的 ViewGroup 子类之后，你很有可能决定将其中某一个用于自己的 UI 布局（它们的优势是现成可用）。

　　请注意，我们将重点介绍那些会保留并广泛使用的布局容器类，这些类均具有布局功能，恰当使用这些功能可提供良好的用户体验。

　　在接下来的几节中，我们将介绍主要的 ViewGroup 布局参数和常量，以及不建议使用的 ViewGroup 子类（因为它们已被弃用，并有可能会在某个时间点被删除），或者实验性的子类（指那些未完全实现且可能在某个时间点被删除的子类）。如果你想进一步研究 ViewGroup，则可以在以下 Android Developer 网站上找到更多信息：

　　http://developer.android.com/reference/android/view/ViewGroup.html

6.2　ViewGroup LayoutParams 类：布局参数

　　ViewGroup 类有两种不同类型的布局参数，这些参数跨越其所有子类。它们被称为基本布局参数，并且 Android 中有常量可用于这些参数。

　　第一类布局参数将扩展 UI 布局容器，以便它按该尺寸（宽度或高度）填充在它之上的屏幕（父屏幕）。在本书的 GraphicsDesign 应用程序开发中，之前已经使用了参数常量 MATCH_PARENT。当然，也可以写作 match_parent。

值得一提的是，在 Android 2.2 API Level 8（称为 Froyo）之前，它的名称为 FILL_PARENT；但是，建议使用 MATCH_PARENT，因为目前大多数设备都已经升级到 Android 2.3.3（称为 Gingerbread）或更高版本。实际上，Android 2.2 之前版本的设备现在只占很小的比例，很可能连 5%都不到。

如果想要查看不同 API Level 当前市场份额的百分比，则可以访问以下 Android Dashboards 网页：

http://developer.android.com/about/dashboards/index.html

另一个布局参数常量与 match_parent 参数常量所做的事情则完全相反，它将收缩以适合内容（此内容位于布局容器内部）。该常量称为 wrap_content，这个名称很恰当，因为它确实可以包裹内容。

需要注意的是，由于 Android 在 X（宽度）和 Y（高度）维度上都提供了这些常量，因此这两种参数类型是可以一起使用的。

例如，如果你希望 Button（按钮）UI 元素的宽度能够填满父布局容器，则可以编写以下代码：

```
android:layout_width="match_parent"
```

然后，你可以使用以下代码来使按钮的高度刚好容纳按钮的内容（文本标签）：

```
android:layout_height="wrap_content"
```

正如第 5 章中所述，开发人员往往希望 UI 进行缩放以适合不同的显示屏幕，而这些参数是实现此目标的良好开端。掌握这些参数可以使 UI 开发更轻松、更准确、更灵活、更优雅，并最终变得更强大。

开发人员也可以为 layout_width 或 layout_height 参数提供确切的数字，但是鉴于前文所介绍的内容以及 AbsoluteLayout 容器的弃用，最好不要使用这些"硬编码"值，除非开发人员要交付的应用程序仅应用于一种特定的硬件设备。

还要注意的是，对于 ViewGroup 的不同子类，存在 LayoutParams 的子类。例如，已弃用的 AbsoluteLayout 类就具有其自己的 LayoutParams 子类，该子类添加了 X 和 Y 值。

如果你想进一步了解 Android LayoutParams 类，则可以在以下 Android Developer 网站上找到更多信息：

http://developer.android.com/reference/android/view/ViewGroup.LayoutParams.html

接下来，我们将快速浏览一下本书中不会涉及的布局类或代码，这是因为它们已经被弃用（不推荐使用）或尚未在 API 中完全实现（即它们是实验性的）。

6.3　不推荐使用的布局：AbsoluteLayout 和 SlidingDrawer

　　AbsoluteLayout 和 SlidingDrawer 布局容器类仍在 Android API 中，但已被弃用。很早以前，在 API Level 3 或 Android 1.5（称为 Cupcake）中就已经弃用了 AbsoluteLayout 布局容器类。最近，在 API Level 17 或 Android 4.2（称为 Jelly Bean）中则弃用了 SlidingDrawer 布局容器类。

　　顾名思义，AbsoluteLayout 用于绝对定位，即允许指定布局子标记的确切物理像素位置（X 和 Y 像素坐标）的布局。与使用相对定位的其他类型的布局相比，AbsoluteLayout 的灵活性较差，并且难以跨设备使用。

　　实际上，在学习了所有关于跨设备布局和资产支持的知识之后（第 5 章重点介绍了这些内容），相信你也会很清楚地知道该类被弃用的原因——想要支持广泛的 Android 产品，使用 AbsoluteLayout 肯定是不行的。

　　SlidingDrawer 的意思是"滑动式抽屉"，顾名思义，它可以实现从所有侧边到屏幕的 UI 滑动效果。对于 SlidingDrawer 布局容器，Google 并未正式声明弃用的理由。目前仍有许多开发人员在论坛上询问为何不推荐使用该布局容器，毕竟这是一个非常酷的 UI 容器，它所实现的动画效果还是不错的。

　　我们认为，弃用该布局容器类可能是出于以下原因之一：首先，它会在另一个屏幕区域之上设置整个屏幕区域的动画，这必须在设备处理器上进行，有可能会严重消耗资源。其次，它允许 UI 设计人员在 UI 位置和功能方面做他们想做的任何事情，而 Android 正朝着跨 OS 和 App 的更加标准化的 UI 方法迈进。最后，它很可能侵犯了别人的专利权。还有其他一些被弃用的类似乎也是这种情况。在主要的移动操作系统播放器之间，存在许多有关 UI 设计、UI 布局方法以及 UI 功能方面的诉讼。

　　对于开发人员来说，幸运的是，还有一个 DrawerLayout 布局容器类，它似乎已经取代了 SlidingDrawer 布局容器类。出于这个原因，本章将专门开辟一个小节来详细介绍 DrawerLayout 容器。而对于 AbsoluteLayout 和 SlidingDrawers 类，由于它们已被弃用，因此我们不打算多做讨论。

6.4　Android 的实验性布局：SlidingPaneLayout

　　Android 中不仅有弃用的布局容器类，在 API 中也有实验性的布局容器类。所谓"实验性"，是指该布局容器可能随时被移除。使用实验性类的后果自负。这些实验性类之一是 Android 的 SlidingPaneLayout 布局容器类。

由于 SlidingPaneLayout 确实非常酷，因此本章特意开辟一节来专门进行介绍，但是直到它成为 API 的永久组成部分之前，我们不会在任何代码中使用，在以后的章节中也不会再提及。

Android SlidingPaneLayout 类是 ViewGroup 的子类，可以在 Android 操作系统的 android.support.v4.widget 软件包中找到。因此，如果要导入此类，则其 import 语句如下：

```
import android.support.v4.widget.SlidingPaneLayout;
```

这是 Android 操作系统中较长的 import 语句引用之一。

使用 SlidingPaneLayout 容器，开发人员可以创建水平的多窗格布局，以在其用户界面的顶层使用。

左窗格和主要窗格通常被视为内容列表或内容浏览器，并且从属于用于显示实际内容的主要详细信息窗口。如果它们的组合宽度大于 SlidingPaneLayout 内的可用宽度，则 SlidingPaneLayout 子标签（视图）可能与窗格重叠。发生这种情况时，如果用户安装了上部视图，则可以通过拖动来滑动上部视图，或者也可以通过重叠视图的方向键来导航。如果子视图的内容可以水平滚动，则用户可以抓住布局容器的边缘并水平拖动内容。

由于具有滑动属性，SlidingPaneLayout 被认为适合创建可以平滑适应许多不同屏幕尺寸的布局。这意味着在较大的显示屏上，UI 可以完全展开；而在较小的显示屏上，则可以根据需要"折叠"。

应该将 SlidingPaneLayout 布局容器与导航抽屉区分开来（有关导航抽屉布局的内容，详见第 6.9 节）。需要注意的是，不应在相同的设计方案中同时使用 SlidingPanelLayout 和 DrawerLayout。

SlidingPaneLayout 容器可被视为 UI 设计的一种方式，允许在较大屏幕上使用两窗格布局，而在较小的屏幕上也能够以合理方式适应。

SlidingPaneLayout 容器提供的用户界面交互作用应允许最终用户查看 UI 窗格之间应用程序的信息层次结构。这种窗格间内容的关系可能并不总是通过 DrawerLayout 容器设计方法存在，在这种设计方法中，导航 UI 元素可以将用户带到应用程序中的不同位置或功能，并且不直接与当前应用程序屏幕中的内容相关。

Android Developer 网站清楚表明，SlidingPaneLayout 容器的逻辑 UI 设计用法应包括具有逻辑用途绑定的窗格对（Pairings of Panes）。例如，电话号码列表和相关的拨号或标记功能就可以构成窗格对；城市或街道列表和相关的地图功能可以构成窗格对；联系人列表和允许与联系人进行交互的 UI 可以构成窗格对；最新电子邮件列表和显示所选电子邮件内容的窗格也可以构成窗格对。

　　要想让 SlidingPaneLayout 容器的 UI 设计用法更适合 DrawerLayout 容器，则可以考虑在应用程序的更多全局功能之间进行高级（Activity）功能屏幕的切换。例如，从电子书应用程序的目录视图屏幕跳转到书签设置实用程序的视图屏幕。

　　在应用程序的功能区域之间进行导航的 UI 设计应该使用导航抽屉模式。正如你将在第 6.9 节以及本书的后续部分中看到的那样，可以使用 DrawerLayout 容器以一种很酷的方式提供对顶级应用程序导航图标的访问。

　　SlidingPaneLayout 容器类似于 LinearLayout 容器（详见第 6.6 节），它支持在其任何子视图中使用权重布局参数 android:layout_weight。它使用此参数设置来确定在完成屏幕宽度测量之后如何划分剩余空间。android:layout_weight 的参数值仅适用于此布局容器中的宽度。

　　当视图不重叠时，android:layout_weight 参数的行为将与 LinearLayout 相同。当窗格确实重叠时，则可滑动窗格上的权重表示该窗格需要调整大小。

　　如果窗格上的权重被覆盖，则指示窗格应调整大小，以适应所有可用的容器宽度。当然，用户也可以使用一根细条来抓住可滑动视图并将其拉回关闭状态。

　　在 Android Developer 网站将此布局列为已完全实现（而非实验性）类之前，不应使用它，而应考虑使用其他布局容器。否则，当 Android 决定从 API 中剔除该布局容器时，可能需要重新编码自己的用户界面设计。

　　接下来，我们将讨论 Android 最常用的布局容器之一：相对布局容器。该容器允许使用包含子标签 UI 小部件的单个父布局容器标记<RelativeLayout>，以完成复杂的 UI 设计。<RelativeLayout>还支持使用相对定位参数。

6.5　Android RelativeLayout 类：设计相对布局

　　Android RelativeLayout 类是布局容器的默认类型，如果在 New Android Application（新建 Android 应用程序）系列窗口中指定了空白的应用程序模板，则使用的就是该布局容器（详见第 2.7 节，具体代码位置可参考图 2-8）。

　　Android RelativeLayout 是一个 ViewGroup 类，可在相对于彼此的屏幕位置呈现其子级 View 对象（窗口小部件）。如前文所述，开发人员可以在 Android ADT 集成开发环境（IDE）中查看包含 UI 小部件的父布局容器，然后显示一个参数列表（可以通过在任何给定的 UI 或布局容器标记中输入 android: 来调用该列表）。你还记得当你进入RelativeLayout 容器类型时打开的参数列表有多长吗？它预示了 RelativeLayout 参数和常量所提供的功能，其中有数十种之多。

可以将 RelativeLayout 容器中的 View 对象的位置指定为相对于同级元素。有 20 多个常量可用于指定相对位置，其中包括 ABOVE、BELOW、ALIGN_LEFT、ALIGN_RIGHT、ALIGN_BASELINE、START_OF、END_OF、ALIGN_PARENT_TOP、ALIGN_PARENT_BOTTOM、ALIGN_END、CENTER_VERTICAL、CENTER_HORIZONTAL 和 10 个其他常量。如果你想查看 RelativeLayout 常量的完整列表，可以访问以下 Android Developer 网站：

http://developer.android.com/reference/android/widget/RelativeLayout.html

RelativeLayout 容器可为<RelativeLayout>父标签中包含的小部件标签提供许多布局参数，从而允许在单个布局容器中进行复杂的用户界面设计。

因此，对于需要设计复杂的用户界面的开发人员来说，该用户界面布局容器颇受欢迎，因为它可以消除嵌套的 ViewGroup（布局容器），从而使布局容器层次结构保持扁平。与其他布局容器结构相比，RelativeLayout 容器很少嵌套，可以节省系统内存，从而提高了应用程序性能并减少了处理器开销。

如果你发现自己被迫利用多个嵌套的 LinearLayout 容器来实现 UI 设计目标，则可以考虑将多个 LinearLayout 容器替换为一个 RelativeLayout 容器。然后，在 RelativeLayout 容器内利用与 RelativeLayout 兼容的参数和常量，以实现相同的布局结果，否则将需要使用多个（嵌套层次结构）用户界面布局容器。

本书将主要使用 RelativeLayout 容器，因此 XML 标记和 Java 编码实例都将与该 XML 标记有关。

6.6　Android LinearLayout 类：设计线性布局

Android LinearLayout 类支持使用<LinearLayout> XML 标签样式化的布局容器的 Java 实例化。例如，此布局容器可用于定义简单的水平或垂直用户界面布局，如 Activity 屏幕顶部的一排按钮，或屏幕左侧的一列 UI 图像图标。

LinearLayout 容器始终将其子级排列在单列或单行中。行（水平方向常量）或列（垂直方向常量）的方向（Orientation）可以通过在 Java 代码中调用.setOrientation()方法来设置，也可以在 XML 标记中设置和配置 LinearLayout 容器。

如果未特别设置，默认的方向参数将为 horizontal（水平），因为大多数线性布局都跨越屏幕的顶部或底部。如果要使用垂直 UI 布局，则可以使用 android:orientation 参数并将其设置为 vertical（垂直）常量。

LinearLayout 标签的所有子级都将叠放在一起（按垂直方向），或者一个接一个地堆叠（按水平方向）。

无论 UI 元素有多宽，垂直的 LinearLayout 每行将有一个 UI 元素（子标签）。当然，如果 UI 元素都具有统一的宽度，则看起来会更加专业。水平的 LinearLayout 总是只有一行高，高度将由最高的 UI 元素（子标签）的高度确定，并将包括任何填充。

LinearLayout 将考虑其 UI 元素（子标签）和任何子标签的重力（居中、右或左）对齐之间的任何边距。

也可以使用.setGravity()方法指定 LinearLayout 的重力。如你所知，指定布局重力将设置该布局中所有子元素的对齐方式（居中、右对齐或左对齐等）。

还可以通过设置 weight（权重）参数来指定某些子项填满布局中的所有剩余空间。LinearLayout 权重指示，如果 LinearLayout 的父容器中有多余空间，则应该如何分配给该布局容器。

如果 LinearLayout 是 Activity 的主要布局容器，则这个父容器通常是指屏幕。

在设置权重时，如果不拉伸布局容器，则使用 0；或者也可以使用 0.0～1.0 的小数，按比例将多余像素分配给容器内所有的 UI 元素（子标签）。

如果需要比用户界面元素的一行或一列更复杂的内容，则可以考虑使用 RelativeLayout 容器，因为与嵌套多个 LinearLayout 容器相比，RelativeLayout 容器更能提高内存效率。

6.7　Android FrameLayout 类：设计帧布局

在本书第 2 章中，我们已经使用过 Android FrameLayout 容器来保存数字视频资产。FrameLayout 是用于在其中容纳其他结构（如图像或视频资产）的容器或框架。

FrameLayout 旨在分配屏幕区域以显示单个项目（从这个意义上说，将它称为"框架"布局也许更合适）。尽管开发人员可以将其用于自己的 UI 设计，但要认识到它也经常用作 Android 中许多其他有用的 UI 布局容器子类的超类，如 AppWidgetHostView、CalendarView、MediaController、GestureOverlayView、HorizontalScrollView、ViewAnimator、ScrollView、TabHost、DatePicker 和 TimePicker。

一般来说，FrameLayout 被用来容纳一个子视图，因为在不同的显示尺寸之间可伸缩且子视图彼此不重叠的情况下组织子视图可能很困难。

但是，你可以将多个 UI 元素（子标记）添加到 FrameLayout 中，并通过将 gravity 参数分配给每个子标记来控制它们在 FrameLayout 中的位置。这将使 FrameLayout 可以由

Android 在运行时缩放。android:layout_gravity 常量有 27 个，有关这些常量的详细信息，可访问以下 Android Developer 网站：

http://developer.android.com/reference/android/view/Gravity.html

FrameLayout 子标签（View 窗口小部件）是以堆叠的形式显示的，最新添加的子项位于最上面。如果 FrameLayout 父标签支持 visibility（可见性）参数，则 FrameLayout 的大小将扩展以容纳其最大子项及其填充的大小（无论是否可见）。

重要的是要注意，当前不可见的子标签（View 窗口小部件）是通过 Android View.GONE 常量而不是使用 View.INVISIBLE 指定的，仅当.setConsiderGoneChildrenWhenMeasuring() 方法使用 true 参数调用时才可用于 FrameLayout 容器大小调整。

如你所见，FrameLayout 容器在外观上看似复杂，实际上它更适合用作创建其他更专业的布局容器的超类，而不是像 LinearLayout 或 RelativeLayout 那样用作开发人员的主流 UI 设计容器。

FrameLayout 容器对于使用 VideoView UI 元素小部件容纳单个 UI 元素布局（如全屏数字视频）非常有用，尤其是当视频需要通过 Android 操作系统缩放以适应不同的屏幕尺寸或纵横比时。当然，这是一个比较特殊的用例，因此，如果还有另一个布局容器类更适合你的 UI 设计，则请不要尝试使用 FrameLayout。

接下来，我们将讨论用于网格 UI 布局的 GridLayout 容器。

6.8　Android GridLayout 类：设计网格布局

顾名思义，Android GridLayout 容器类可以将其 UI 元素子标签放置在矩形网格（Grid）中。这个布局类与 LinearLayout 容器非常相似。

实际上，GridLayout 具有许多与 LinearLayout 相同或相似的参数。如果在 XML 定义中将<LinearLayout>容器父标签更改为<GridLayout>容器父标签，则这两种容器类型中的子标记甚至都可以按它们编码时的想法一样正常工作。

此 GridLayout 的虚拟网格用户界面容器由一组无限细（即使用 0 像素）的线组成，这些线将显示区域划分为离散的用户界面布局单元格。

在 Android GridLayout API 中，使用网格索引（Grid Indices）来引用网格线。具有一定数量（N）列的网格将具有 N+1 个网格索引，其索引范围为 0～N（含 0）。

不管如何配置 GridLayout 容器，在考虑了填充之后，网格索引 0 都会固定在容器的前端，而网格索引 N 则会固定在容器的后端。

　　网格布局的 UI 元素（子标签）将占据一个或多个 GridLayout 单元，其数量将由 Android rowSpec（行说明符）和 columnSpec（列说明符）网格布局参数确定。

　　这些说明符（Specifier）参数中的每一个都定义了要占用的行或列的集合，以及子元素在结果单元格组中的对齐方式。

　　GridLayout 容器中的单元不能重叠；但是，GridLayout 容器也不会阻止子标签元素被定义为占据相同的单元格或跨越一组单元格。因此，单元不必是正方形（长宽比为 1∶1）的，也可以是横向或纵向的。

　　在同一个单元或跨单元占领的情况下，不能保证子标签在网格布局操作完成后不会相互重叠，因此请确保对你的创意 GridLayout 容器进行了良好的测试。

　　如果 GridLayout 容器子标记未为其希望占用的给定单元格设置任何行或列索引，则 GridLayout 类将自动分配单元格位置。这是按照 GridLayout 方向，rowCount 和 columnCount 参数设置在类中指定的逻辑填充顺序完成的。

　　还可以通过指定 leftMargin、topMargin、bottomMargin、rightMargin 或 Margin（它可以将值添加到所有 4 个边距）布局参数来设置子标签元素之间的自定义间距。也可以使用 Android Space 类在某些 GridLayout 单元内创建空白空间。

　　Android Space 类是轻量级的 View 子类，可用于在 GridLayout 之类的布局容器中的用户界面元素之间创建空白空间。有关 Space 类的更多信息，可访问：

http://developer.android.com/reference/android/widget/Space.html

　　在设置 GridLayout 父标签的 useDefaultMargins 参数后，将在每个子标签周围应用预定义的边距。此边距空间由 Android 操作系统根据 Android UI 样式指南自动计算。

　　可以通过在本地 UI 元素级别分配上述边距参数覆盖 Android 定义的全局自动边距。

　　请务必注意，这些默认值通常会在子用户界面元素之间产生可接受的间距结果，但是，自动（样式指南）值也可能会在不同版本的 Android 平台之间发生变化，因此最好添加一个 XML 标签（参数），并自行控制 UI 间距。

　　GridLayout 容器的额外空间分配将基于优先级而不是权重，这是因为该容器与 LinearLayout 不同，它没有权重参数选项。实际上，这是 LinearLayout 和 GridLayout 用户界面容器之间的主要区别之一。

　　GridLayout 类使用子 UI 元素的 android:gravity 参数来确定跨单元的子标签（网格单元中的 UI 元素）功能，该参数用于为子 UI 元素设置其行和列组的对齐属性。如果沿某个 X 轴或 Y 轴定义了对齐方式，则该单元格中的 UI 元素将在该方向上标记为 flexible（灵活的）。如果未使用 android:gravity 参数设置对齐方式，则将 UI 元素假定为固定在网格中，因此它是不灵活的。

　　为了确保行或列的大小可调整，请确保其中定义的每个 UI 元素（通过子标签）都定义了 android:gravity 参数。为了防止行或列的大小被调整，则需要确保该行或列中的至少一个用户界面元素未定义（设置）android:gravity 参数。

　　如果在同一行或同一列（组）中有多个 UI 元素，则它们将被视为按保持一致的方式行动。如果分组中的所有组件都是灵活的，并且使用了 android:gravity 参数定义，则该类型的分组将被视为灵活的分组。

　　有些人可能会问：你是不是搞错了，这难道说的不应该是 android:layout_gravity 吗？不，我们没搞错，实际上有两个布局重力参数——android:layout_gravity 和 android:gravity。这还真是容易让人搞混。在设置 UI 元素（视图对象）内部的布局重力时，需要使用 android:gravity 作为参数；而在布局容器对象或 ViewGroup 对象之外，则使用 android:layout_gravity 指定重力。

　　我们也可以换个方式考虑这个问题。android:gravity 参数指定的是 UI 元素（视图）内容在子标签 UI 元素（视图对象）内部对齐的方向。

　　相反，android:layout_gravity 则用于为该视图指定外部重力。这意味着它指定的是该 View 接触其父标签（ViewGroup 对象）的容器边框的方向。

　　在 GridLayout 边界或内部边界的任一侧的行和列组都将被视为成串的而不是平行的。

　　根据 GridLayout 的灵活性原则（Flexibility Principle），如果两个元素构成了一个组，而其中一个组是灵活的，则这个组也是灵活的。当这种灵活性原则不会给 UI 带来歧义时，则 GridLayout 类算法将偏爱位于布局容器右和下边缘附近的行和列。这是合乎逻辑的，因为众所周知，Android 中的图形和布局始于 X，Y 屏幕坐标（0，0），即左上角。

　　如前文所述，GridLayout 和 LinearLayout 用户界面容器之间的主要区别之一是，GridLayout 容器当前不提供对 Weight 参数的支持。一般来说，这也意味着 GridLayout 容器不能在多个组件之间分配多余的空间。如果需要此功能，请使用 LinearLayout 容器。

　　只需使用带有 CENTER 值常量的 android:gravity 参数，即可满足 GridLayout 的许多自动调整大小需求。这将在单元格或单元格组中的子 UI 元素周围添加相等的间距。

　　这里有一个窍门，可以使用 LinearLayout 容器作为子 UI 元素，以将 UI 组件包含在这些关联的单元格或单元格组中，从而命令完全控制行或列中多余的空间分布。但是，这很可能需要更多的内存来实现，因此在实现它之前，请确保确有必要。

　　有趣的是，在 GridLayout 容器中配置子标签（UI 元素）时，无须使用 Android 大小值常量 WRAP_CONTENT 或 MATCH_PARENT。但是，GridLayout 父标签通常将 MATCH_PARENT 常量用于宽度和高度布局参数，以便填充 Activity 屏幕。

　　在使用 GridLayout 时，甚至不用指定 UI 元素将放置在哪些单元格中，而让 GridLayout

类算法自动完成此操作。声明 GridLayout 的安全方法是，每个 UI 元素（小部件）布局参数都指定行和列索引，它们一起精确地定义了 UI 元素的位置。如果未指定这两个值中的一个或两个，则 GridLayout 类将计算网格单元位置值（而不是引发错误或异常）。

如果不指定行或列索引（值或整数），则子 UI 元素将添加到 GridLayout 中。为此，GridLayout 会跟踪光标位置，就像读取 SQLite 数据库一样，以便将小部件放置到其中没有任何内容的单元格中。它将基于 GridLayout 方向参数设置进行计算，因为与 LinearLayout 一样，GridLayout 也可以是水平（横向）或垂直（纵向）的。

实际上，为了适应不同的设备方向，开发人员可能会希望设计一种特定的 GridLayout 方向，以适应 iTV 和平板电脑（水平方向），而同时再设计另一种 GridLayout 方向，以适应智能手机和电子阅读器（垂直纵向）。

当 GridLayout 方向属性设置为 horizontal（水平），并且指定了 android:columnCount 参数以定义布局将包含多少列时，Android 将为自动布局维护一个光标位置，并为每列存储一个单独的高度索引。如果你能提供自己的索引（这也是我的建议），则这个高度索引永远不会被使用。否则，当需要创建自动生成的 UI 元素索引时，GridLayout 类将首先查找任何 android:layout_rowSpan 和 UI 元素的 android:layout_columnSpan 参数，然后从光标位置开始，按从左到右、从上到下的顺序逐步遍历所有可用的单元格位置，以便找到第一个可以使用的位置的行索引和列索引。

当 GridLayout 方向参数设置为 Vertical（垂直）时，所有相同的原理都适用，除了将水平轴切换到垂直轴，因此遍历的顺序变成了从上到下、从左到右，并且光标存储的是宽度位置（从左到右），而不是从上到下的高度位置。

因此，水平方向的遍历就像我们阅读现代课本一样，从左到右；而垂直方向的遍历就像阅读古代典籍一样，从上到下。

如果要将多个用户界面元素放置在完全相同的单元格中，则必须显式定义它们的索引。这是因为上述自动子元素分配过程旨在将用户界面元素小部件放置在单独的单元中。

你可能想要知道：使用 TableLayout 会比使用 GridLayout 的效率更高吗？实际上，GridLayout 比 TableLayout 的内存效率更高，并且不需要 TableRows 功能，因此我们建议你尝试多熟悉和掌握 GridLayout，因为它是 Android 中最灵活、最高效的用户界面布局容器之一。RelativeLayout 也可以编码为 GridLayout，但是在将相对关系定义为行和列时需要一点点创意。

如前文所述，基本的 FrameLayout 配置可以嵌套并容纳在 GridLayout 的单元内，因为单个单元可以包含多个 View 或 ViewGroup 对象。

要在两个 View 或 ViewGroup 对象之间切换，可以将它们放在同一个单元格中，然后使用常量 GONE 通过 visibility（可见性）参数来利用每个对象，以便从内部在一个

ViewGroup 和另一个 ViewGroup（或 View）之间切换 Java 代码。

不夸张地说，由于嵌套以及它在 Android 操作系统中支持的参数和常量的数量，如果我们能多一点创意，似乎像 GridLayout 容器这样基础的应用也可以变得更加强大。

接下来，我们将介绍另一个强大的布局容器，它最近被添加到了 Android 4 版本中，这个容器就是 DrawerLayout。实际上，DrawerLayout 可以包含 GridLayout，以用于复杂的 UI 抽屉处理。只要能够正确设置，它仍然可以提高内存效率。

6.9　DrawerLayout 类：设计抽屉布局

DrawerLayout 类也是 ViewGroup 的子类，存储在 android.support.v4.widget 软件包中，表示它是 Android 4.0 及更高版本的全新布局容器。该类的完整导入语句如下：

```
android.support.v4.widget.DrawerLayout
```

DrawerLayout 容器旨在用作用户界面内容的顶级布局容器，这些用户界面内容可以包含在交互式的"滑动抽屉"布局容器中。

用户可以使用位于显示屏幕两侧的控制器从屏幕的左侧或右侧"拉出"这些 UI 容器。UI 抽屉的位置及其布局是通过在子视图中使用 android:layout_gravity 属性控制的。这些属性应该与你要从中拖出 UI 抽屉的屏幕一侧相对应，因此可以使用以下语句之一指定左右侧：

```
android:layout_gravity = "LEFT"
```

或

```
android:layout_gravity = "RIGHT"
```

ⓘ 注意：

android:layout_gravity 不能指定为 CENTER 或任何其他重力常量。

要使用 DrawerLayout，请使用设置为 match_parent 的 layout_width 和 layout_height 参数，将主内容布局容器视图（ViewGroup）定位为 DrawerLayout 标签的第一个子项。

接下来，将 UI 抽屉添加为该主要内容布局容器之后的子标签（View 或 ViewGroup），然后将 layout_gravity 参数设置为 LEFT 或 RIGHT 两个 layout_gravity 常量之一。

再重复一次，绝对不要将 layout_gravity 设置为 TOP 或 BOTTOM（或任何其他常量），因为该类不能提供垂直抽屉，仅用于水平抽屉，指定为其他常量可能会引发异常。

要创建一个跨屏幕整个侧面的单个 UI 抽屉，UI 抽屉内容标签应使用 android:layout_

height 参数的 match_parent 常量来设置屏幕的全高。

对于 android:layout_width 参数，可以指定一个固定宽度值（其实就是 UI 抽屉的宽度），该宽度使用的是 DIP 值。

DrawerLayout.DrawerListener Java 接口可用于监视 UI 抽屉实现的状态和运动，以便 Java 代码可以在打开、关闭或拖动抽屉时执行操作。

Android DrawerListener 具有 4 种方法，开发人员可以将自定义 Java 代码放入其中，以控制这些状态下 Drawer UI 的功能。这些方法都被声明为抽象（Abstract）和虚（Void）方法，包括 onDrawerClosed()、onDrawerOpened()和 onDrawerSlide()（在用户拖动操作柄时调用），以及 onDrawerStateChanged()，该方法可以指示抽屉何时从关闭状态变为打开状态，反之亦然。

比较明智的做法是避免在 DrawerListener 方法中使用成本很高的处理功能（如在抽屉内部使用动画），因为这可能会导致 UI 抽屉被拖出时性能卡顿。

如果由于某种原因必须在 UI Drawer 中实现对于处理器来说成本高昂的操作，请确保在 DrawerLayout STATE_IDLE 状态期间调用此代码。

DrawerLayout 的其他状态常量还包括 STATE_DRAGGING、STATE-SETTLING，以及用于锁定的 LOCK_MODE_UNLOCKED、LOCK_MODE_LOCKED_OPEN 和 LOCK_MODE_LOCKED_CLOSED。

还有一个 DrawerLayout.SimpleDrawerListener，它提供每个 DrawerListener 回调方法的默认实现（无特殊选项）。如果只是访问 UI DrawerLayout 类的核心功能，则可以使用此选项，因为它提供了更简单、更节省内存的代码。

为了与 Android 操作系统的设计原则保持一致，位于屏幕左侧的任何 UI 抽屉都应包含用于应用程序（全局）导航的 UI 元素。反过来，包含调用当前屏幕内容本地操作或功能的 UI 元素的 UI 抽屉则应位于屏幕的右侧。

遵循这些 Android 导航规则时，可以利用与 Android Action Bar（Android 操作栏）和 Android 操作系统 UI 设计中其他地方完全相同的"左侧导航，右侧操作"的 UI 结构，将用户的操作困惑度降至最低。

抽屉用户界面的导航设计是一个非常深入的主题，本书稍后将专门开辟一章对此进行介绍，以帮助开发人员掌握更多的用户界面布局基本原则。

当然，如果你现在就想仔细研究该主题，则可以在以下 Android Developer 网站 URL 上找到一些更深入的信息：

http://developer.android.com/reference/android/support/v4/widget/DrawerLayout.html

6.10　添加菜单项以访问 UI 布局容器

为开发新的用户界面布局，需要编写一个具有功能屏幕的新活动（Activity），而不是使用应用程序的启动屏幕。在编写新的 Android 活动（Activity）之前，需要从 MainActivity.java 启动画面活动中对其进行访问，这将使用选项菜单（Options Menu）来完成。该菜单是在创建新 Android 应用程序时添加到应用程序的（使用 Blank Activity 选项），因此要修改现有的 Menu XML 标记和 Java 代码。

要向应用程序添加一些新功能，需要在/res/menu 文件夹的 XML 文件中添加一些 Menu 项，并且 MainActivity 中已经存在的 MenuInflater 类代码也将增加这些值，并使用这些参数值配置 Options Menu 对象。

如果你想进一步研究 Android MenuInflater 类，则可以在 Android Developer 网站的以下 URL 找到更多信息：

http://developer.android.com/reference/android/view/MenuInflater.html

在 ADT 中打开/res/menu 文件夹（见图 6-1），然后右击该文件夹内的 main.xml 文件，在弹出的快捷菜单中选择 Open（打开）命令或按 F3 键，打开在 New Android Application （新建 Android 应用程序）系列窗口中创建的 Menu XML 定义。

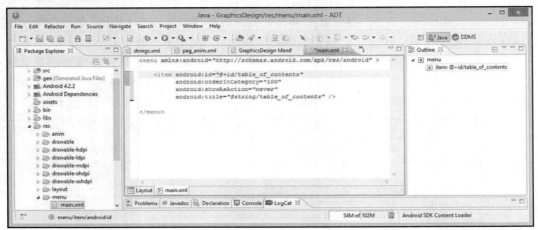

图 6-1　编辑第一个\<menu\>标记的\<item\>标记，使其成为目录选项菜单选择项

编辑 android:id 参数并使用新的 table_of_contents（目录）重命名它，还可以使用 @ string/前缀编辑 android:title 参数以使其匹配，这告诉 Android 在/res/values/strings.xml

文件中查找以找到<string>常量定义。

　　一旦创建了第一个<menu>父标记<item>子标签，即可创建第二个菜单项，只需将整个<item>标签结构复制并粘贴在其下方即可，如图 6-2 所示。

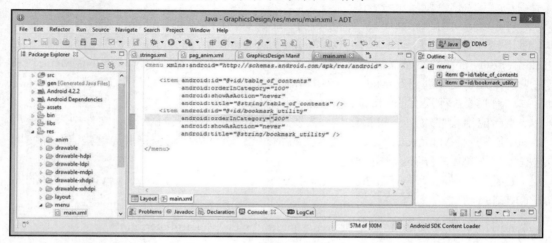

图 6-2　复制和编辑第一个<menu>父容器<item>标签以创建第二个菜单项

　　现在开始操作，将第二个<item>标签的 table_of_contents ID 和菜单标题（文字标签）引用更改为 bookmark_utility，以便为 Pro Android Graphics 电子书应用程序设置书签。需要将 android:orderInCategory 参数修改为其他值，以便 Bookmark Utility 菜单选项位于 Table of Contents 菜单选项之后。设置该参数值为 200，如图 6-2 所示。

　　现在，要做的就是编辑/res/values 文件夹中的 strings.xml 文件，以更改现有的菜单选项字符串常量。先将它修改为 Table of Contents，然后在其下方复制和粘贴一个，再更改其值为 Bookmark Utility，以支持上面添加的 Bookmark Utility 菜单选项，如图 6-3 所示。

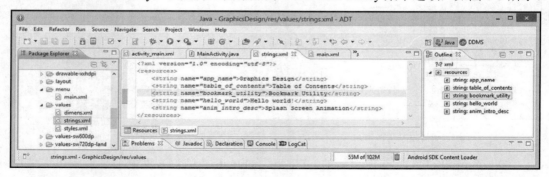

图 6-3　将 Table of Contents 和 Bookmark Utility 菜单项的<string>常量添加到 strings.xml 文件

　　现在，可以单击 Eclipse 中的 MainActivity.java 选项卡，并快速查看将在 main.xml 文件中填充新选项菜单项 XML 并将其加载到名为 menu 的 Java Menu 对象中的代码。

　　此 Java 代码如图 6-4 所示，它使用了.inflate()方法，在其中传递在 main.xml 文件中创建的 XML <menu>父标签结构定义。

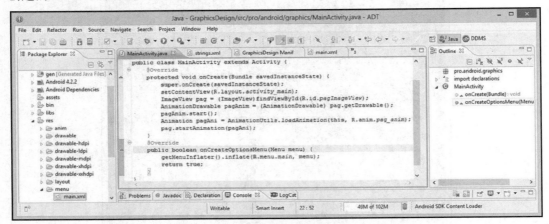

图 6-4　在 MainActivity 中查看 onCreateOptionsMenu()和 getMenuInflater().inflate()方法

　　可以通过使用 R.menu.main 的引用路径将菜单 XML 定义传递到.inflate()方法，该引用路径分为 R（res 资源文件夹）、.menu（menu 子文件夹）和.main（main.xml 文件）。

　　这是从 getMenuInflater()方法中调用的，使用点表示法将两个方法链接在一起，如以下代码行所示：

```
getMenuInflater().inflate(R.menu.main, menu);
```

　　在 MenuInflater 类中，用在 XML 中创建的定义填充 Menu 对象之后，返回 true；语句将被处理以从 onCreateOptionsMenu()方法返回布尔 true 标志值，以使 Android 操作系统知道 Option Menu 对象已成功加载。

　　接下来，我们可以看一看 Eclipse 中的 Nexus One 模拟器中菜单更改的结果，以确保一切正常。右击项目文件夹，然后在弹出的快捷菜单中选择 Run As（运行方式）| Android Application（Android 应用程序）命令启动模拟器，单击 Nexus One 模拟器右上方的 MENU（菜单）按钮（第二排第二个按钮），应该在初始屏幕的底部看到一个选项菜单，其中包含我们刚刚创建的两个项目（见图 6-5）。

　　现在，我们已经使用现有 Java 和 XML 代码载入了选项菜单，接下来需要在 MainActivity.java 代码中创建一个新方法，一旦用户选择了某个选项菜单项，那么它将调用新的活动（Activity）屏幕。

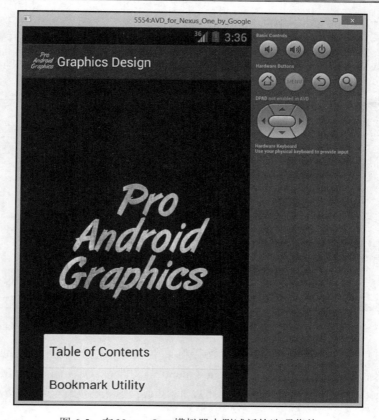

图 6-5　在 Nexus One 模拟器中测试新的选项菜单

但是，我们首先需要第二个 Activity 来调用该代码。因此，接下来我们将创建应用程序的第二个 Activity 类，以容纳 Pro Android Graphics 电子书应用程序的 Table of Contents（目录）屏幕的设计。

6.11　创建目录活动

首先需要在 Eclipse 中创建一个新的 Java 类，具体操作方法如下：右击 Package Explorer（包资源管理器）窗格顶部的 GraphicsDesign 项目文件夹，然后在弹出的快捷菜单中选择 New（新建）| Class（类）命令，如图 6-6 所示。

这将打开 New Java Class（新建 Java 类）窗口（见图 6-7），允许我们指定要创建的新 Activity 子类的特征。

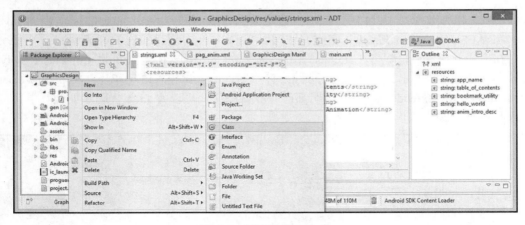

图 6-6　创建新的 Java 类

　　确保将 Source folder（源文件夹）设置为 GraphicsDesign/src，并将 Package（包）设置为 pro.android.graphics 软件包名称。将 Name（名称）设置为 ContentsActivity，这可以将新的 Java 文件命名为 ContentsActivity.java，然后单击 Superclass（超类）旁边的 Browse（浏览）按钮，在弹出窗口的 Choose a type（选择类型）中输入字符 a 以缩小搜索范围（见图 6-7）。

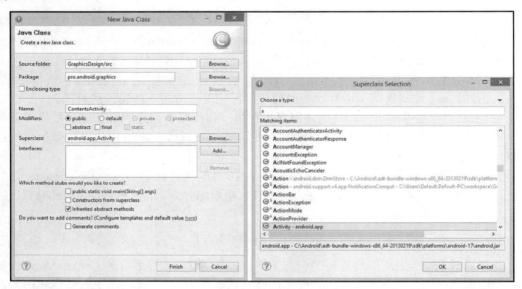

图 6-7　使用 android.app.Activity 超类创建一个名为 ContentsActivity 的新 Java Activity 类

　　向下滚动直至看到 Activity 类，然后将其选中作为超类值，然后单击 Superclass

Selection（超类选择）子窗口中的 OK（确定）按钮以返回到 New Java Class（新建 Java 类）主窗口，然后单击 Finish（完成）按钮以在 Eclipse 中创建新的 Java 活动。

在完成此操作后，即可在 Eclipse 中央编辑窗格的选项卡中看到新的 ContentsActivity. java 类，如图 6-8 所示。请注意，package 包声明、import 导入语句和公共类 public class ContentsActivity extends Activity 声明都已经准备就绪，可以将 Java 代码添加到其中。接下来我们将修改这些代码。

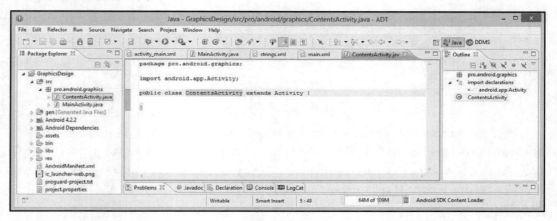

图 6-8　新公共类 ContentsActivity 扩展了 pro.android.graphics 包中的 Activity Superclass

要创建 Activity，首先需要使用 protected void onCreate(Bundle saveInstanceState)方法中的 super.onCreate(saveInstanceState)，调用超类 Activity onCreate()方法。

在 MainActivity.java 类中已经做了同样的事情。实际上，如果从 Eclipse 的 MainActivity.java 编辑选项卡中复制类似的代码，则可以节省一些输入的时间。

onCreate()方法中的下一行代码则需要为在第一行代码中创建的 Activity 提供屏幕布局（用户界面），该行代码的具体写法是：使用 setContentView()方法以及将要创建的布局 XML 文件的引用路径。

由于你知道该文件将位于/res/layout 文件夹中，并且将其命名为 activity_contents.xml，因此现在可以使用 R.layout.activity_contents 插入引用路径，因此 setContentView()方法的调用看起来应如下所示：

```
setContentView(R.layout.activity_contents);
```

这就是设置新 Activity 需要做的全部工作：先是创建它，然后将其 ContentView 设置为 XML 屏幕布局。如图 6-9 所示，你可能会注意到，XML 文件引用下有红色波浪线，表示它是一个错误。这是因为还尚未创建此文件。由于下一步就要执行此操作，因此现在可以忽略该错误。

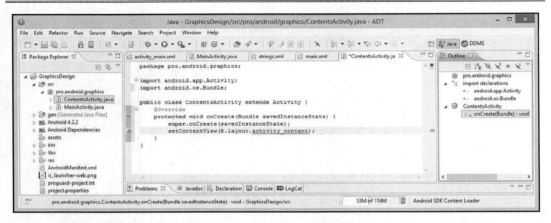

图 6-9　创建 onCreate()方法，调用 super.onCreate()超类方法和 setContentView()方法

事实上，图 6-9 中引用的 XML 文件名为 activity_content，这和前面的代码不符，应该修改为 activity_contents。在第 6.12 节中，我们真正创建的 XML 文件也是 activity_contents。

6.12　创建 XML 目录线性布局设计

接下来，我们需要创建一个新的 XML 布局定义，因此可以再次右击 Package Explorer（包资源管理器）窗格顶部的 GraphicsDesign 项目文件夹，然后在弹出的快捷菜单中选择 New（新建）| Android XML File（Android XML 文件）命令，如图 6-10 所示。

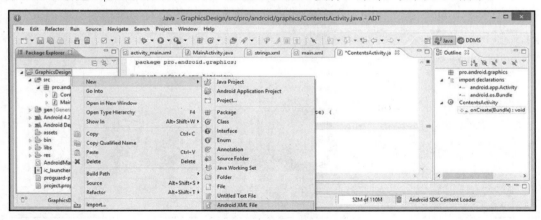

图 6-10　新建 Android XML 文件

　　这将打开 New Android XML File（新建 Android XML 文件）窗口，如图 6-11 所示，可以在其中指定要 Eclipse 创建的 XML 文件类型。

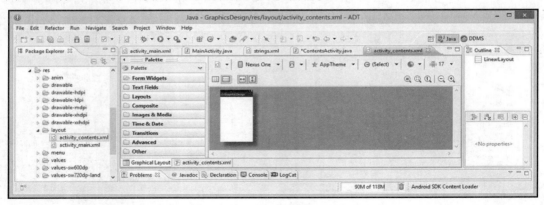

图 6-11　创建一个名为 activity_contents 的新布局 XML 文件

　　设置 Resource Type（资源类型）为 Layout（布局），Project（项目）为 GraphicsDesign，然后将 File（文件）命名为 activity_contents，并选择 Root Element（根元素）为 LinearLayout，然后单击 Finish（完成）按钮以创建 activity_contents.xml 文件。

　　如图 6-12 所示，我们在 Eclipse 图形布局编辑器（Graphical Layout Editor，GLE）窗格中打开了 activity_contents.xml 文件。可以使用 Eclipse 左下角的 Graphical Layout 选项卡访问 GLE。由于我们要查看本章已经讨论过的 XML 标记和参数，因此可以单击底部的 activity_contents.xml 选项卡，将编辑视图切换到 XML 编辑模式，这样就可以直接使用 XML 标记，而不必使用 GLE 的拖放式可视编辑模式。

图 6-12　新创建的 activity_contents.xml 文件

单击 Eclipse 底部的 activity_contents.xml 选项卡后，再单击顶部的 activity_contents.xml 选项卡，即可看到<LinearLayout>父标签以及新 XML 的参数，这是在 New Android XML File（新建 Android XML 文件）窗口中自动创建的，如图 6-13 所示。

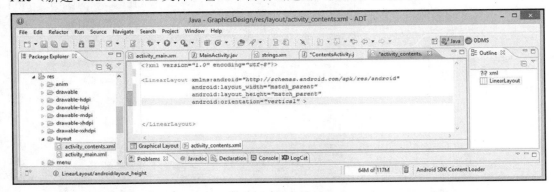

图 6-13　切换到 XML 标记编辑模式并查看 LinearLayout 容器参数

可以看到，所有必需的 xmlns:android、android:layout_width 和 android:layout_ height 参数都已自动编写，并设置了默认值，这些都是正确的，因此，保持默认值即可。

我们要更改的唯一 LinearLayout 父标签参数是 android:orientation，这里需要将父标签设置为 horizontal（水平）方向。因为我们将要嵌套两个垂直的 LinearLayout，所以顶层方向应该是水平的，并且这两个垂直子布局彼此相邻。

接下来，将光标置于打开的<LinearLayout>标签末尾的>符号之后，然后按 Enter 键换行并自动缩进。最后，输入<以打开子标记辅助代码输入器对话框，如图 6-14 所示。

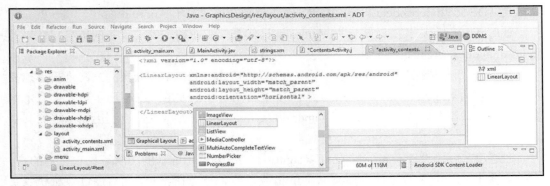

图 6-14　将父<LinearLayout>容器设置为 horizontal 方向并调用辅助代码输入器对话框

在辅助代码输入器对话框中找到 LinearLayout 标签，然后双击，在当前容器的下面添加一个嵌套的 LinearLayout 容器。嵌套的<LinearLayout>标签如图 6-15 所示，接下来需要添加一些参数，以使其垂直放置并适合多种 Android 设备类型、屏幕尺寸和形状。

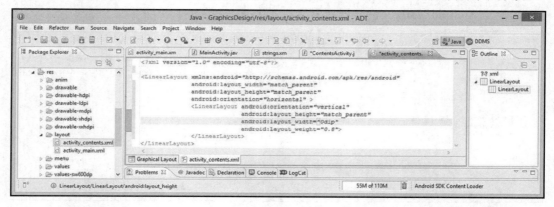

图 6-15　添加一个子<LinearLayout>容器并将其设置为垂直方向，0dip 和 80%的权重

复制父标签中的 android:orientation 参数，然后将其粘贴到子标签中，并且将其值修改为 vertical（垂直）常量。

接下来，从父标签复制 android:layout_height = "match_parent"，然后粘贴到子标签内，因为我们希望嵌套子 LinearLayout 的高度与屏幕的整个高度一致。

使用 android:layout_weight = "0.8"参数将此嵌套的垂直布局设置为使用屏幕宽度的80%。

添加 android:layout_width = "0dip"参数。

请注意，使用 0dip 设置是一个鲜为人知的技巧，它告诉 Android 关闭布局的设备独立像素（Device Independent Pixel，DIP）大小调整功能。对于 Android 而言，0dip 就意味着"禁用 DIP"。这其实就是告诉 Android 操作系统，应根据当前设备的屏幕尺寸以及android:layout_weight 设置来计算屏幕大小调整。

接下来，还需要在屏幕右侧添加另一个嵌套的 LinearLayout。最快的方法是简单地复制刚刚创建的<LinearLayout>标签，然后将其粘贴在下方，如图 6-16 所示。在第二个嵌套布局中，只需要修改一个参数（即 android:layout_weight 参数），以利用显示屏的其余部分。

在这里，可以设置 android:layout_weight = "0.2" 来表示屏幕的20%。比较有趣的是，你还可以在 weight 参数中使用整数，Android 会将它们加总在一起，然后通过除法获取要使用的屏幕权重的分数。例如，如果我们分别设置参数为 8 和 2（或者 80 和 20），则与使用 0.8 和 0.2 的结果是一样的。实际上，4 和 1 也可以，因为 4/5 为 0.8，而 1/5 为 0.2。

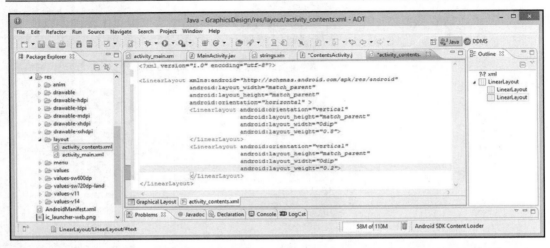

图 6-16　通过复制和粘贴操作添加第二个子<LinearLayout>容器，并将权重设置为 20%

现在，我们有了一个水平的空嵌套布局容器结构 LinearLayout，该结构又包含了两个垂直的 LinearLayout 容器，并且这两个垂直容器紧靠在一起。Android 不喜欢空的布局容器，因此 Eclipse 有时会在 LinearLayout 标记下放置黄色波浪线警告标志，以告知开发人员需要在这些容器中放置子标签（窗口小部件），否则就只是在浪费宝贵的系统内存。

接下来，我们会将一些 TextView 用户界面小部件添加到这些布局容器中，以展示如何使用刚刚创建的两个嵌套 LinearLayout 结构创建简单的目录。

6.13　将文本 UI 小部件添加到 TOC UI 布局容器

现在，我们需要将 TextView UI 元素（在 Android 中称为 TextView 小部件）添加到嵌套布局容器结构的内部。在此之前，可以按 Ctrl+S 快捷键来保存 activity_contents XML 文件，空布局容器会在 Eclipse 中引发 unused layout container（布局容器未使用）警告。

为解决此问题，我们可以添加一些基本的文本 UI 元素以创建 Table of Contents（目录）屏幕，左侧为章节标题，右侧为页码。使用 layout_weight 参数可以轻松地微调这两个数据列之间的精确间距。

我们需要做的第一件事是创建用于 TextView UI 对象标签的<string>标签 XML 文本常量，因此，可以单击 Eclipse 中的 strings.xml 选项卡，并在文件底部添加 8 个<string>标签。最简单的方法是将一个<string>标签复制 8 次，然后分别编辑 name 参数和数据值。

在添加了这 8 个<string>标签并将它们的 name 参数更改为从 chap_one 到 chap_four 以及从 page_one 到 page_four 之后，即可向它们添加表示 Pro Android Graphics（也就是

本书）前 4 章的数据值，如图 6-17 所示。此外，还要添加一些模拟页面范围，以便 UI
元素中有数据可以预览 UI 设计，然后就可以添加<TextView>标签了。

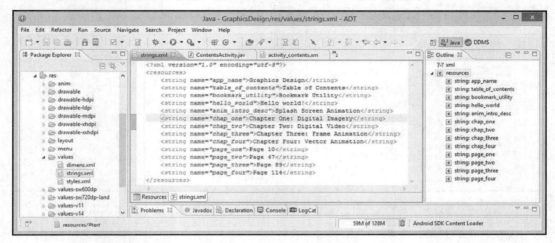

图 6-17　为 4 个章节标题和 4 个页码 TextView UI 元素添加<string>标签（常量）

让我们添加第一个<TextView>用户界面元素标签，该标签将是第一个嵌套的
<LinearLayout>标签内的子标签。在该标签的编码完成之后，可以再复制 3 遍，然后仅编
辑已复制的子标签的参数，这样可以节省应用程序的开发时间。

我们需要 android:layout_width 和 android:layout_height 参数，因此，首先需要添加这
些参数，并使用 wrap_content 的常量值，因为我们希望该 UI 元素容器刚好容纳其中包含
的文本数据内容。

接下来，必须添加一个 android:text 参数来引用之前在 strings.xml 文件中添加的
<string>标签常量。这是使用你分配给每个字符串常量的<string>标记名称参数的@string/
路径完成的。因此，第一个<TextView>标签 UI 容器 XML 标记如下所示（见图 6-18）。

```
<TextView android:layout:width="wrap_content"
          android:layout_height="wrap_content"
          android:text="@string/chap_one" />
```

现在，复制和粘贴此 UI 容器标记结构 3 次，并更改 android:text 参数值以引用
chap_two、chap_three 和 chap_four <string>标签名称。完成此操作后，可以看到原来的错
误警告之一已消失。

现在需要在 Eclipse 中处理两个警告标志，如图 6-18 所示。将光标悬停在第一个警告
上，可以获得 Eclipse ADT 建议，它建议使用父标记布局容器中的 android:baselineAligned =
"false"参数。现在，在顶级父<LinearLayout>容器标签中添加该标签，如图 6-19 所示。

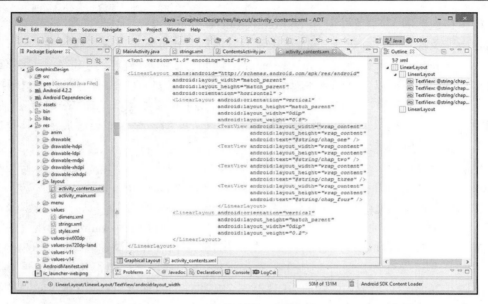

图 6-18　添加<TextView>标签到第一个嵌入的 LinearLayout 容器

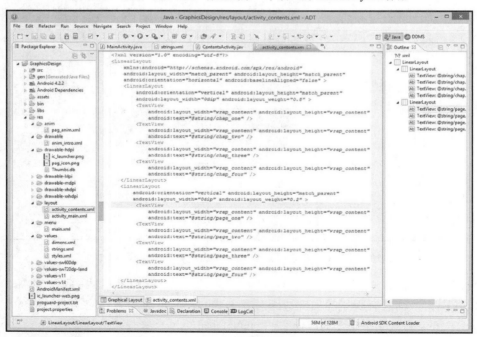

图 6-19　将其余的<TextView>标签添加到第二个嵌套的 LinearLayout 容器中

　　如果在嵌套的 UI 容器中使用 android:layout_weight 参数，则会出现此特殊警告。这是因为当涉及权重时，LinearLayout 被设置为以内部方式计算子容器基线对齐。由于子容器的 layout_height 常量被设置为 match_parent，因此它们的基线将始终对齐，所以该警告建议你关闭此功能，以便 Android 操作系统不会花费不必要的处理时间来进行此操作。

　　现在，你可以在第二个嵌套的 LinearLayout 容器中再添加 4 个 TextView UI 容器，这将消除最后的警告提示，并允许你测试基本的 UI 布局，查看是否需要添加任何其他参数（如 layout_margin 参数）以进行调整。

　　最简单的方法是从第一个嵌套的 LinearLayout 复制 4 个 TextView 标签，然后将它们粘贴到第二个嵌套的 UI 容器中，将 android:text 参数引用值从 chap（章）更改为 page（页）。

　　现在可以使用 XML 编辑窗格左下角的 Graphical Layout（图形布局）选项卡来预览 UI 设计。这是一种快捷方式，因为这样就不必花费大量时间运行 Android 应用程序的运行过程并调用 Nexus One 模拟器。除非你在具有 16GB 内存和超高速固态硬盘（SSD）的 8 核 CPU 工作站上进行开发，否则调用 Nexus One 模拟器可能需要很长时间才能加载。

　　从图 6-20 中可以看到，嵌套的 UI 容器完全按照你的预期去做：将 TextView UI 元素分为两个离散的列，就像真正的目录一样。

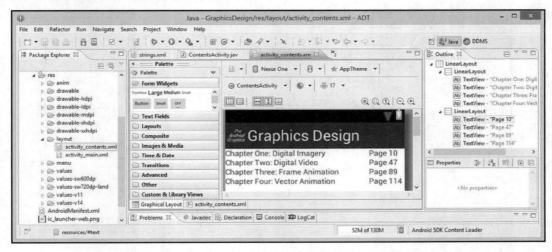

图 6-20　使用 Graphical Layout（图形布局）选项卡预览 UI 设计

　　我们还需要在第一个嵌套版式的顶部和左侧以及第二个嵌套版式的顶部添加一些边距（以匹配第一个嵌套版式的顶部边距对齐方式），而且看起来还应该将版面的权重分布从 80%/20% 更改为 75%/25%，使它们之间的距离更近一些。

　　添加 layout_marginTop 和 layout_marginLeft 参数，以进一步微调嵌套的 LinearLayout，

从而完善你的 UI 设计。

　　我们还想在屏幕左侧添加一点空间，以使 TextView 元素不至于过分靠近屏幕左侧。因此，我们需要在第一个（左侧）LinearLayout 容器中添加 android:layout_marginLeft = "10dip"参数，如图 6-21 所示。

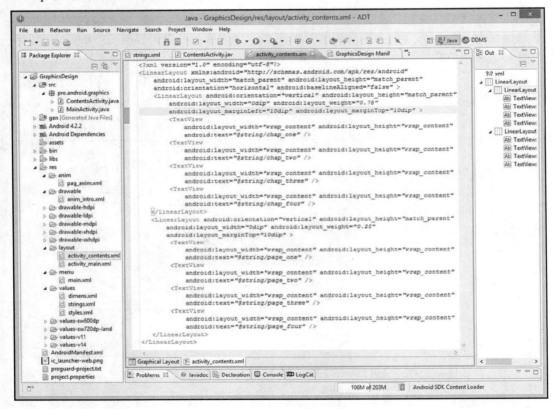

图 6-21　添加 marginTop 和 marginLeft 参数并更改 android:weight 值以微调间距

　　之所以将其添加到 LinearLayout 容器的父标签中，而不是将其添加到每个 TextView 用户界面元素中（这样做应该也可以），是因为 TextView 是 LinearLayout 的子代，因此可以将所有子代随父代一起移动。

　　接下来，还需要继续做同样的事情，只不过这一次是在 UI 屏幕的顶部添加空间，以使 TextView 元素不会过分靠近屏幕的顶部。在相同的 LinearLayout 容器中添加类似的 android:layout_marginTop = "10dip"边距参数，以使该容器的内容（各章标题）在显示屏上的位置略微降低。

　　然后，还需要将右侧 LinearLayout 容器的顶部降低到与左侧 LinearLayout 容器匹配的位置。因此，可以将第一个 Linear Layout 标签中的 android:layout_marginTop = "10dip"边距参数复制并粘贴到第二个 LinearLayout 容器中。

　　由于我们已经使用 android:layout_marginLeft = "10dip"参数在屏幕左侧添加了一点空间，使 TextView 元素不会过于靠近屏幕左侧，因此还需要通过将 android:layout_weight参数调整为 75%/25%（而不是最初的 80%/20%）来调整左右嵌套容器之间的间距。调整时只要这两个值的总和为 100%即可。

　　在调整了顶部和左侧边距的参数以及权重参数之后，其结果如图 6-22 所示。在单击Graphical Layout（图形布局）选项卡之前，我们特别保持了在 XML 编辑器中左侧 UI 容器的选中状态，这样就可以在图 6-22 中清晰地看到左侧布局容器的边界。

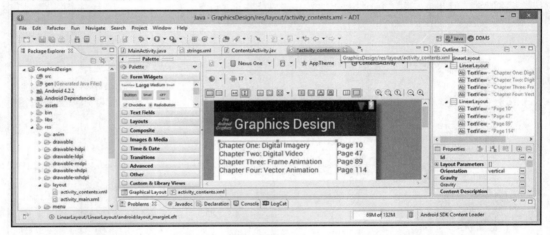

图 6-22　在 Eclipse 的 Graphical Layout Editor（图形布局编辑器）中检查新的权重和边距参数设置

　　在切换到图形布局编辑器（GLE）之前，可以将光标置于要显示为选定状态的 XML编辑窗格中的标签内。在单击 Graphical Layout（图形布局）选项卡之前，请确保执行此操作，该选项卡位于中央编辑窗格的左下方。

　　在两个编辑视图之间切换后，你在 XML 编辑模式下最后选择的标记将在图形布局编辑模式下突出显示或显现为被选中状态。

　　这个小技巧很有价值，它意味着你不仅可以选择并检查 GLE 中 UI 元素的边界，还可以选择和检查它们所处的布局容器。因此，请仔细观察 Eclipse 集成开发环境细微之处的功能，有时它们也能给我们带来很大的帮助。

　　接下来，我们需要做的就是添加十几行 Java 代码，这些代码将采用用户的菜单选择，然后启动新的 Activity。在本示例中，它是指之前创建的 ContentsActivity.java 类。

一旦实现了 onOptionsItemSelected()方法（完成菜单导航的实现将需要此方法），便可以在 Nexus One 模拟器中测试新的 LinearLayout UI 设计。

6.14　使用 onOptionsItemSelected()方法添加菜单功能

在 onCreateOptionsMenu()方法之后添加新行，并添加public boolean onOptionsItemSelected()方法，然后使用以下 Java 代码行将名为 item 的 MenuItem 参数传递给该方法：

```
public boolean onOptionsItemSelected(MenuItem item){ 你的方法代码在此处 }
```

onCreateOptionsMenu()方法是 Activity 类的一部分，对于该类，我们已经有一个 import 语句，但是当在此行代码中输入内容后，将会看到 android.view 包中的 MenuItem 类将需要 import 语句。将光标悬停在红色波浪线上，则会看到一个编写 import 语句的选项。

每当用户单击由 onCreateOptionsMenu()方法加载的 Menu 对象项之一时，此 MenuItem 对象（在方法声明中称为 item）就会从 Android 操作系统传递给此方法。然后，我们将从该 MenuItem 对象调用.getItemId()方法，并使用以下代码将该值传递到 Java switch 语句中：

```
switch(item.getItemId()){ 单独的 case 语句进入此结构 }
```

一旦设置了此方法和 switch 结构，即可为每个菜单项添加 case 语句。在每个 case 语句中，都将添加处理用户选择每个菜单项时需要执行的所有操作的 Java 代码行。

在这些 case 语句中，要执行的 Java 操作将涉及使用 Android Intent 对象启动包含应用程序功能的 Activity 子类，该子类将采用 UI 屏幕布局的形式。

每个 Java case 语句将使用以下代码格式：

```
case R.id.table_of_contents:
    Intent intent_toc = new Intent(this, ContentsActivity.class);
    this.startActivity(intent_toc);
    break;
```

在图 6-23 中显示了这些 Java 代码的 case 块。我们可以来具体分析一下。

case 语句本身被分配给 XML 文件（main.xml）中定义的菜单项的资源 ID，并被加载到 onOptionsMenuCreate()方法中名为 menu 的 Menu 对象中。Menu 对象的 ID 类似于其名称，表明用户选择了哪个菜单项，然后在此 case 语句中执行代码。case 语句中的代码位于冒号之后和 break 语句之前，break 语句可退出任何特定的 case 语句。

图 6-23　添加 onOptionsItemSelected()方法，这样就可以添加一个 Intent
对象以启动一个新的 ContentActivity 类

接下来，创建一个 Intent 对象，该对象带有启动 Android 操作系统的新 Activity 子类的作用。这是通过以下代码完成的：

```
Intent intent_toc = new Intent(this, ContentsActivity.class);
```

此行代码将实例化一个 Intent 对象，将其命名为 intent_toc，并使用新的 intent 配置加载它，该 intent 配置为当前上下文（this）和要启动的目标 Activity 类，这是通过名称 ContentsActivity.class（注意，.class 是编译格式）指定的，它实际上就是我们先前编码的 ContentsActivity.java 类。

Android 中的 intent 用于在操作系统的不同区域之间进行通信。如果你对 intent 不熟悉，则可以访问 Android Developer 网站上的以下 URL 获得更多信息：

http://developer.android.com/reference/android/content/Intent.html

下一行代码使用.startActivity()方法和在上一行代码中刚刚创建的新 intent 对象启动 Activity。这会启动新的 Activity 子类，并在显示屏上打开。该方法将从 this 的当前上下文引用中调用，如下所示：

```
this.startActivity(intent_toc);
```

这就是启动 ContentsActivity.class 并显示到用户设备显示屏上所需要的全部代码。因此，最后需要的只是一个 break 语句，它将退出 switch 语句的 case 匹配循环。这样就可以进行测试了。

请注意，我们还将 Bookmark Utility（BMU）的选项放入菜单项中，该选项将在本书的后面进行设计。我们这样做是为了在菜单上显示多个菜单项，并且还能演示如何使用不同的 intent 对象名称来区分 intent 对象，同时区分菜单项和它们启动的不同 Activity 子类。

Bookmark Utility（书签工具）的 intent 对象名为 intent_bmu，并且在为 BookmarkActivity. class 类创建 XML 布局和 Java 代码后，将使用对 BookmarkActivity.class 的引用来加载此 intent。目前，我们仅将它指向 ContentsActivity.class，因为这是已经存在的，所以它是可以正常工作的代码。当然，这两个菜单选项都将启动我们之前创建的布局容器。

6.15　在 Nexus One 上测试目录活动

现在可以右击 GraphicsDesign 项目文件夹，然后在弹出的快捷菜单中选择 Run As（运行方式）| Android Application（Android 应用程序）命令来查看新菜单和布局容器是否可以正常工作。如图 6-24 所示，可以使用模拟器 Menu（菜单）按钮选择菜单，然后单击 Table of Contents 菜单项（图 6-24 左侧的蓝色选项表示它被选中），它将启动 Java Activity 子类（即 ContentsActivity）和 LinearLayout 用户界面设计（见图 6-24 右侧截屏）。

图 6-24 的右侧截屏还显示了以蓝色突出显示的 Back（后退）按钮，可以使用它返回初始屏幕并测试其他菜单项。当然，另一个菜单项 Bookmark Utility 现在调用的也是同一活动（本书后面将介绍 BookmarkActivity.class 类）。将用户界面转换为 RelativeLayout 之后，可以添加一个 Button 小部件（第 7 章将介绍该小部件），该 UI Button 小部件将执行返回首页（启动屏幕）的功能。

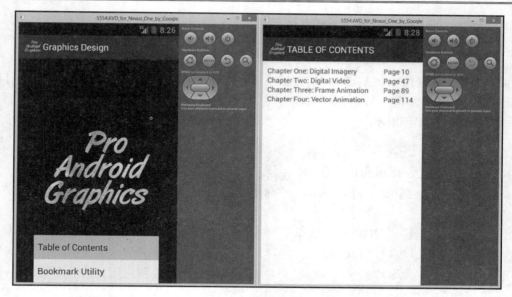

图 6-24　在 Nexus One 上测试新菜单，Activity 子类和目录布局设计

在本书后面的章节中，我们将转为使用 RelativeLayout 等。由于布局容器是图形和 UI 设计的基础，因此本书后面都将使用相对布局。本章的示例意在介绍不同的布局，并展示如何在 Activity、Manifest、XML 和 Java 等的整个过程中实现。

6.16　小　　　结

本章详细介绍了 Android 布局容器，这些布局容器中将包含用户界面元素和 Android 用户在设备显示屏上使用的内容。

我们首先介绍了 Android 版式的基础类 ViewGroup 类。Android 中有数十种不同类型的布局容器，它们都是从该超类派生的，用于将 View 对象"分组"。

本章简要介绍了 Android LayoutParams 类及其布局参数，开发人员可以使用它们来配置和微调其用户界面布局的工作方式，以及将其子元素 View 对象分组在一起的方式。我们还解释了 match_parent 和 wrap_content 布局常量，以及如何在 Android 中使用它们来允许布局自动调整大小。

我们还提及了一些已经被弃用的 Android 布局容器类，以及在 Android 操作系统中具有实验性但尚未完全实现的类。当然，由于要讨论的布局容器较多，因此本章的重点仍然是那些完全实现的布局类。

本章详细介绍了 5 种布局类。

首先是 Android RelativeLayout 类，它是最常用的布局容器之一，也是在创建空白应用程序时自动使用的容器。

其次是 LinearLayout 类，这是另一个经常使用的布局容器，多用于按钮或文本的简单线性布局。

再是 FrameLayout 类，这是一个高级的帧或框架形式的布局容器，常用于容纳更复杂的布局容器，也可以通过 VideoView 窗口小部件来锁定单个元素 UI（如宽高比锁定）、全屏数字视频播放等。

然后是一个较新的 Android 布局容器：GridLayout，它正迅速流行起来，用于使用平面（非嵌套）布局容器设计来设计复杂的 UI。本书后面还将专门开辟一章来详细介绍该 UI 布局容器。

最后一个布局类是 DrawerLayout，这也是一个新布局容器，用于设计高级滑动抽屉 UI 布局，用户可以从显示屏的左侧或右侧拉出它。在该容器中包含全局应用程序 UI 的小部件元素（左侧抽屉）或本地内容 UI 功能（右侧抽屉）。

为了帮助你获得一些动手操作的经验，我们还演示了如何创建自己的 XML 布局容器，然后添加了一个菜单并编写了一个 Activity 类，这样就可以通过菜单项访问应用程序的新 Table of Contents 屏幕。

在第 7 章中，我们将介绍 View 类以及如何使用它创建可填充布局容器内部的小部件。

第 7 章　Android UI 小部件：
使用 View 类进行图形设计

本章将仔细研究 Android View 类及其许多子类。我们已经在第 6 章讨论过 Android ViewGroup 类（它是一个 View 子类），以及它的一些更主流的布局容器子类，现在我们将讨论一些可用来创建用户界面小部件和图形设计的 Android View 子类，它们可以放置在 ViewGroup 布局容器中。

由于布局容器（ViewGroup 类）用于包含用户界面元素（在 Android 中称为小部件），因此，从逻辑上讲，我们必须先介绍布局容器（在第 6 章中已经详细介绍了布局容器及其操作实例）。有了这个基础，我们现在可以讨论 Android 最常用的一些用户界面小部件。这些小部件将作为子 UI 元素放置在父布局容器中。

就像具有数十个 ViewGroup 布局容器类一样，Android 也具有数百个 View（窗口小部件）子类。因此，本书无法详细介绍这些小部件类中的每一个，因为这不是一本专门针对 UI 设计元素及其工作方式的书。

我们将从图形的角度来讨论目前最流行的 Android UI 设计小部件，即应该使用哪些 UI 元素小部件来实现应用程序中的图形元素。我们还将介绍允许开发人员创建自定义图形 UI 元素的 UI 小部件。

定制的图形用户界面（Graphical User Interface，GUI）元素是可以改进（或设置样式）的元素。改进的方式包括利用其他图形设计内容的资产、使用诸如 Alpha 通道（透明度）之类的图形设计属性等，以此来无缝组合图形与 UI 元素。

我们首先需要了解 Android View 超类，然后才是最常用的 UI 设计子类。本书将详细介绍的 View 小部件类包括 ImageView、TextView、EditText、Button、ImageButton、VideoView、Space、AnalogClock、CalendarView、DigitalClock 和 ProgressBar 等。

在第 6 章中，我们已经添加了 Menu 系统，现在可以将新的 Activity 子类添加到 Pro Android GraphicsDesign 应用程序中，可以通过使用新的 Activity 类来创建 UI 布局。Android 应用程序的每个功能屏幕都将具有其自己的菜单选项、Activity、布局容器和 View 小部件集合，而 View 小部件正是本章要着重介绍的内容。

7.1　Android View 类：UI 小部件的基础

Android View 类是 java.lang.Object 类的直接子类，它在显示屏幕上定义了一个称为 View 的区域，其核心属性由 View 超类定义。View 超类是 android.view 包的一部分，并通过使用 import android.view.View Java 代码语句导入应用程序中。

Android 中的 View 对象在用户的显示屏上占据一个矩形区域，负责绘制到屏幕的该区域并负责在屏幕的该区域中发生的交互事件的处理。

此 View 超类并不是直接使用的，但可用于创建其他子类，然后在 Android 应用程序中使用子类。鉴于目前已经有太多的 View 子类，因此很有可能开发人员无须进行任何编程工作，只需要找到符合自己需要的 View 子类，然后导入和利用该 View 子类来满足自己的应用程序开发需求即可。

View 类对图形设计人员特别有价值，因为它为 Android 操作系统中的用户界面组件提供了基本的构建块。UI 组件或元素在 Android 生态系统中被称为小部件（Widget）。View 有许多专门的窗口小部件子类，它们充当 UI 控件，并且能够包含和显示文本、图像、视频、动画或其他内容。

由于 View 类是用于构建小部件的基类，然后这些小部件才可用于创建所有交互式 UI 元素（按钮、文本字段等），因此，在图形设计 Android 应用程序中，我们可能会看到不少使用 View 命名的类，所以我们有必要熟悉 View。

如前文所述，ViewGroup（View 子类）是用于创建布局容器的基类，它们是包含所有 View（或嵌套 ViewGroup）并定义其布局属性的不可见容器。顾名思义，ViewGroup 对象就是一组 View 对象。从这个意义上讲，Android 屏幕上的所有内容归根结底都可以认为是父 ViewGroup 容器内的 View 子对象。

多年来，人们已经为 Android 系统开发了许多 UI 小部件，它们被捆绑在 Android 的一个名为 android.widget 的 Java 包中。要了解该软件包中当前包含的所有小部件，可以访问以下 URL：

http://developer.android.com/reference/android/widget/package-summary.html

要添加 Android View 对象，既可以使用 Java 代码，也可以使用一个或多个包含布局容器父标签的 XML 文件来指定一组 View 对象。显然，后一种方法（通过使用 XML UI 描述）是为 Android 应用程序定义用户界面设计的更常见（更简单）的方法，也是本书进行 UI 设计的方法。

7.2　View 对象的基本属性：ID、布局定位和大小

就像第 6 章一样，在定义了包含子 UI 元素（View 对象）的布局容器（ViewGroup）之后，通常要做的第一件事就是使用 Android 参数定义子 UI 小部件 View 对象的属性。如前文所述，Android 中的参数始终以 android:开头，这是由于 XML 命名模式（XML Naming Schema）xmlns:android 参数出现在每个为 Android 编码的 XML 文件定义的父容器中。它指定了当前 XML 定义的路径，这是一个中心存储库，具体位置如下：

http://schemas.android.com/apk/res/android

因此，xmlns:android 参数实际上就像是在说："你可以在任何地方编写 android:，并将其扩展为路径 http://schemas.android.com/apk/res/android，以便对该 XML 文件中任何给定的参数提供中心存储库最新版本 XML 参数定义的直接引用。"

因此，android:layout_weight 参数实际上会被 Android 操作系统视为：

http://schemas.android.com/apk/res/android:layout_weight

现在，你应该确切地知道 XML 文件中究竟发生了什么，为什么在添加的每个父标记中都需要该 XMLNS 参数，以及为什么如果参数不存在，则 Eclipse 将抛出一个 this parameter does not exist（此参数不存在）的错误了。

如果出于任何原因要从 Java 代码引用任何 View，并且其中包括 ViewGroup 父标签以及 View 小部件子标签，则需要利用 android:id 参数将 ID 分配给小部件（View 对象）。这样做是为了使用 findViewById()方法，该方法用于将正在编写的 XML 用户界面元素定义与在 Java 代码中实例化的 Java 对象相连接，以加载 XML 定义，这将填充 Java 对象中的字段。也就是说，Android 中的 findViewById()（View）和 inflate()（Menu）方法可用于将 XML 标记与 Java 程序逻辑"桥接"在一起。

一般来说，使用对象属性的 XML 定义填充 Java 对象在 Android 操作系统术语中称为加载（Inflate）对象。

ID 参数不是必需的，因此，如果你不想在 Java 代码中引用 View 对象，则无须费心地使用 android:id 标记来定义它。一个很好的例子是使用 UIView 设计中包含的 TextView 元素（View），其目的只是为了在屏幕上的某个地方放置文本标签，它在 XML UI 布局定义中进行了定义，但在 Android 应用程序无交互应用，这样就不需要使用 ID。在第 6 章的 XML UI 定义中，你也许已经观察到了这一点。

反过来说，布局位置参数（即 layout_width 和 layout_height）则是每个 View 对象的

XML 标签都必须定义的。

在为 View（子标签）提供 ID 参数后，通常还需要为其提供高度和宽度的布局定位参数。常为它们分配两个常量之一：match_parent 或 wrap_content。

在设置了这些参数之后，Android 即可进行定位。你也可以使用像素或 DIP 值，但是请记住我们在第 5 章中的讨论，尝试尽可能使用 Android 系统布局常量。重复一遍，对于将包含在 ViewGroup 布局容器中的每个 UI 小部件（View 对象）来说，layout_width 和 layout_height 参数是始终都需要的。

View 对象的大小使用宽度和高度表示，但是如果开发人员设置了布局定位参数，则几乎不必指定这些参数，因为 Android 会自动执行此操作。

实际上，Android 操作系统会在内部为每个 View 对象跟踪两对宽度和高度值。第一对值称为测得宽度（Measured Width）和测得高度（Measured Height）。测得宽度和测得高度将定义 View 对象希望在其父容器内的大小。这些测得尺寸可以通过在具有 ID 的任何给定 View 对象上调用.getMeasuredWidth()和.getMeasuredHeight()方法来获得，该 ID 是可以从 Java 逻辑中引用（以调用方法）的 ID。

第二对值称为宽度和高度，或更确切地说，为绘制宽度（Drawing Width）和绘制高度（Drawing Height）。这些绘制尺寸定义的是在绘制时以及在布局计算之后屏幕上 View 对象的实际尺寸。

绘制宽度和绘制高度的值可能与测得宽度和测得高度的值不同，但也不是必然不同。通过在任何给定的 View 对象上调用.getWidth()和.getHeight()方法，即可在 Java 代码运行时获得其绘制宽度和绘制高度。

在测量 View 对象的尺寸时，View 将始终计算其填充。在第 7.3 节中将详细解释填充和边距。

填充（Padding）以 DIP 表示 View 对象的左侧、顶部、右侧和底部的部分。填充用于将 View 对象的内容隔出一定数量的像素。View 子类可以定义填充，但不支持边距，而 ViewGroup 子类可以提供边距（margin）参数。因此，可以在 ViewGroup 中定义 margin 和 padding。

7.3　View 对象的定位特征：边距和填充

为了使 UI 布局元素彼此相对放置，有两个关键的布局参数分类：margin 和 padding，使用它们可以微调 UI 在显示屏上的外观。

全局定位由 Android 操作系统通过 layout_width 和 layout_height 常量完成。这样一来，

Android 操作系统便可以适应不同的设备屏幕尺寸、密度、长宽比和方向。

　　然后，通过为每个子 View 标签 UI 元素使用 android:padding 参数，允许开发人员进行本地 UI 元素定位（Local UI Element Positioning）控制。请注意，此参数称为 android:padding，而不是 android:layout_padding，因此，你实际上不必记住"对布局使用边距，对 UI 元素使用填充"，因为参数名称本身就已经体现出了这一点。由于 android:padding 未命名为 android:view_padding，因此填充参数可用于 View（窗口小部件）和 ViewGroup（布局容器）子类类型。

　　由于可以使用边距的地方较少，并且在第 6 章中已经使用过边距，因此我们不妨首先从这些地方开始。边距是在容器的外部，它将容器推离自己；而填充则相反，它在容器内部，将容器的边界推离容器中包含的内容。本书将同时使用这两种间距参数来获得各种类型的图形设计的最终结果，因此你将直观地看到它们之间的区别。

　　有 4 个不同的边距设置参数：layout_marginBottom、layout_marginTop、layout_marginLeft 和 layout_marginRight。此外，还有第 5 个选项，即 layout_margin，它可以使用单个 DIP 值设置边距的 4 个边，从而在布局容器周围提供均匀间隔的边距。

　　从 Android 4.2 API Level 17（Jelly Bean）开始，还有两个附加的边距参数，即 layout_marginStart 和 layout_marginEnd。这两个边距参数是 Android 为了支持从右到左（Right-To-Left，RTL）的设计布局而添加的，因为有些地区习惯从右到左而非从左到右（Left-To-Right，LTR）扫描屏幕。

　　对于从右到左（RTL）的屏幕设计流程，layout_marginStart 等于 layout_marginRight，而 layout_marginEnd 等于 layout_marginLeft。

　　对于从左到右（LTR）的屏幕设计流程，layout_marginStart 等于 layout_marginLeft，而 layout_marginEnd 等于 layout_marginRight。

　　有关边距布局参数的详细信息，可访问以下 URL：

http://developer.android.com/reference/android/view/ViewGroup.MarginLayoutParams.html

　　与 margin 一样，Android 具有 4 种不同类型的 padding 设置参数：android:paddingBottom、android:paddingTop、android:paddingLeft 和 android:paddingRight。另外，还有第 5 个选项，简称为 android:padding，它可以使用单个 DIP 值设置填充的 4 个边，从而在 View 对象的内容周围始终提供均匀间隔的填充。

　　从 Android 4.2 API Level 17（Jelly Bean）开始，还有两个附加的 padding 参数：android:paddingStart 和 android:paddingEnd。和 margin 参数一样，这两个填充参数是 Android 为了支持从右到左（RTL）的设计布局而添加的。

　　对于从右到左（RTL）的屏幕设计流程，android:paddingStart 等于 android:paddingRight，

而 android:paddingEnd 等于 android:paddingLeft。

对于从左到右（LTR）的屏幕设计流程，android:paddingStart 等于 android:paddingLeft，而 android:paddingEnd 等于 android:paddingRight。

有关 View 对象填充参数的详细信息，可访问以下 URL：

http://developer.android.com/reference/android/view/View.html

接下来，我们将讨论一些图形参数，使用这些参数可以控制 View 窗口小部件如何利用图形设计资产，以及如何组合图形设计资产（图像和动画）和数字视频资产。

7.4　View 对象的图形属性：背景、Alpha 和可见性

窗口小部件的图形属性定义是通过 XML 参数完成的，就像其他内容一样，这些参数包括命名、布局、间距、方向等。本书最关注的图形属性或参数是那些可以使我们将用户界面设计无缝集成到整个应用程序图形设计过程中的属性，包括背景图片功能、Alpha 混合值设置，以及某些小部件和应用程序的图标、图片源文件引用等。

如前文所述，小部件中的占位符（Placeholder）既可以容纳图像资产，也可以容纳动画资产。这种向图形和 UI 元素添加动画的功能使开发人员拥有强大的能力，可以通过其用户界面设计来创建让人印象深刻的用户体验。

用于集成图形的最常用的 View 属性是 android:background 参数。此参数允许我们设置背景图像源文件或背景颜色值（包括 Alpha 值）。

在某些情况下，要允许 UI 小部件 View 对象后面的图像、动画或视频显示出来，可以将 UI 小部件的 background 属性设置为透明。这是通过以下标记参数来实现的：

```
android:background = "#00000000"
```

该标记参数使用了十六进制颜色值（以#表示）和 8 个整数位置（包括 Alpha 通道）。该参数将 ARGB 值设置为 100%透明，实际上是定义了零背景图像/像素。

用于集成图形的另一个经常使用的 View 属性是 android:alpha 参数。此参数可用于设置整个 UI 小部件的透明度值，包括其背景图像。因此，可以通过 android:alpha 设置使整个 UI 小部件变为半透明或不透明。该参数支持实数，如以下设置表示不透明度为 55%：

```
android:alpha = "0.55"
```

由于这是一本有关高级图形设计和合成技术的书籍，因此，在完成了与图形设计有关的 Android 应用开发基础知识的学习之后，本书将讲授更多的高级技巧，同时也会越来越多地使用到 Alpha 参数。

下一个最常用的 View 属性是 android:src 参数，该参数用于定义源图像资产。你可能会奇怪，为什么该参数的使用不像背景图像和 Alpha 混合值那样频繁？这是因为所有窗口小部件的标记都具有 android:background 参数，但只有很少的标记（如<ImageView>、<ImageButton>和<Bitmap>标记）支持使用 android:src 图像源引用参数。

源图像会掩盖 UI 小部件本身，因此要在图像资源（或动画资源）的前面放置 UI 元素，可以改用 android:background 参数。还可以在其他一些地方使用 android:src 参数，如在 AndroidManifest.xml 文件中，以向应用程序分配图标资产。

最后，还有一个可见性参数 android:visibility，该参数比 android:alpha 参数具有更高的内存和处理器效率。这是因为 Alpha 混合所需的算法通常比 visibility 更复杂。Alpha 混合算法通常用于创建半透明效果，背景图像或元素需要若隐若现地穿透显示，而 visibility 的算法则简单得多，要么显示，要么不显示。在 Java 代码中，Alpha 还可以进行动画处理，以平滑地淡入或淡出给定的设计元素。因此，Alpha 常用于图形合成，而 visibility 则常用于布局或用户界面可见性的实现，因为它比 Alpha 的成本要低得多。

如果只是想显示和隐藏 View 对象，即立即打开或关闭屏幕上的可见性，则所有的 View 元素（如 TextView、ImageButton、ImageView、Button、CheckBox、ViewGroup 等）都具有 visibility 属性。可以将 View 对象的 visibility 属性设置为 3 个预定义的 Android 值常量之一：VISIBLE（当前在屏幕上可见）、INVISIBLE（不显示在屏幕布局空间中。虽然不显示，但它仍然是存在的）和 GONE（完全从屏幕上消失，包括来自父布局容器的子布局放置计算算法的信息）。

7.5　View 对象的功能特征：侦听器和焦点

在使用包含 XML 标记的 XML 文件中的布局容器设计了 View UI 小部件的集合之后，仍然需要将它们加载（Inflate）并“连接”到操作系统和设备硬件。这是在 Java 代码内部通过 Android 操作系统的输入事件捕获（Trap）最终用户与用户界面元素的交互来完成的。

最终用户在使用他们的 Android 设备硬件导航功能（如键盘、导航键、轨迹球和触摸屏）与你的应用程序交互时，会触发 Android 输入事件。捕获这些输入事件将使你的 UI 设计能够起作用并响应用户交互。可以通过在 Java 代码中使用 Android 事件侦听器（Event Listener）来完成对操作系统输入事件的捕获。

Android EventListener 超类是 android.util 包的一部分，如果你想研究该核心超类，则可以访问以下 URL：

http://developer.android.com/reference/java/util/EventListener.html

在使用 findViewById()方法从 XML 定义中导入、实例化和加载 View 对象之后，即可将事件侦听器附加到 View 对象。

事件侦听器也是方法。一旦 Java 代码设置了 View 对象，即可将事件侦听器方法附加到该对象，该方法将对 View 对象执行事件处理（Event Handling）。在大多数情况下，View 对象都是用户可以交互的 UI 设计元素之一。

有 7 种事件处理方法在 Android 中使用最频繁，包括.onClick()、.onLongClick()、.onTouch()、.onKeyUp()、.onKeyDown()、.onCreateContextMenu()和.onFocusChange()。

如果你想更详细地研究 Android 操作系统输入事件，可访问以下 URL：

http://developer.android.com/guide/topics/ui/ui-events.html

这里要特别介绍的是最后一个事件处理程序，即.onFocusChange()方法，该方法将跟踪用户焦点的变化。这带来了一个称为焦点（Focus）的概念，该概念用于确定用户当前正在使用或关注（与之交互或正在使用）布局容器中的哪一个 UI 小部件。

Android 操作系统将负责确定当前哪个父 ViewGroup 的子 View 对象具有应用程序最终用户的关注焦点。这是通过跟踪输入事件来完成的，这些事件可以告诉 Android，用户当前正在触摸（使用）哪个 UI 小部件，以及用户如何从一个 UI 元素前进到下一个 UI 元素。

你也可以随时将应用程序的焦点设置为任何 UI View 对象（用户界面元素）。为此，可以调用 View 对象的.requestFocus()方法，然后突出显示要使用的 UI 元素。

此外，所有 View 对象都允许设置.onFocusChange()事件侦听器，以便在该 View 对象获得或失去用户的关注焦点时，附加的应用程序可以获得通知并采取适当的措施（如果有必要）。

本书将会详细介绍输入事件、事件侦听器、事件处理和焦点，因为它们对于应用程序开发、用户界面和用户体验优化都是至关重要的。

接下来，我们将实现 Bookmarking Utility Activity 子类（这也是第 6 章遗留的任务），并创建新的 RelativeLayout 容器，以便你可以使用该布局容器类型进行一些练习。你可以通过选项菜单使用这个新的 Activity，将它添加到 AndroidManifest.xml 配置文件中，并添加一个 TextView 小部件。稍后，我们还将向这个新的 Bookmarking Utility Activity 中添加其他类型的 UI 小部件（View 子类）。

7.6 创建书签工具 UI：使用 RelativeLayout 和 TextView

接下来，我们将创建 Bookmark Utility（书签工具），并在此过程中了解 RelativeLayout 容器参数和 TextView UI 小部件，因为它们是 Android 中最常用的类。完成此操作后，你还可以继续使用更高级的窗口小部件和布局容器。

　　首先我们需要确保所有读者都具有适当的基本图形设计基础，并且已经熟悉和掌握了更基本的 ViewGroup 和 View 子类。有些读者可能会问：文本与图形设计有什么关系？如果仔细看一下 Photoshop 或 GIMP，那么你会在这些软件包中找到大量的文本创建和对齐工具。Android 中的 TextView 类提供了将近 100 个参数，这些参数使开发人员可以在其 Android 应用程序开发工作过程中模拟这种类型的设计能力和灵活性。

　　我们需要通过创建一个新的 BookmarkActivity.java 类和一个 activity_bookmark.xml 布局定义来保存 RelativeLayout 容器，以完成第二个 MainActivity 类的选项菜单项 Bookmark Utility。接下来我们将快速完成此操作，这不仅可以了解重要的 TextView 小部件，而且还可以了解保存图形图像的更重要的 ImageView 小部件。

　　启动 Eclipse，然后进入 GraphicsDesign 项目，右击 GraphicsDesign 文件夹，在弹出的快捷菜单中选择 New（新建）| Java Class（Java 类）命令，打开 New Java Class（新建 Java 类）窗口，如图 7-1 所示。设置 Source folder（源文件夹）为 GraphicsDesign/src，指定 Package（包）为 pro.android.graphics 软件包，输入 Name（名称）BookmarkActivity 作为新 Activity 子类的名称，设置 Superclass（超类）为 android.app.Activity，然后单击 Finish（完成）按钮。

图 7-1　创建新的 BookmarkActivity Java 类

接下来，在 BookmarkActivity 中添加一个 onCreate()方法，该方法将调用 super.onCreate (savedInstanceState)超类的 onCreate()方法，并使用 setContentView(R.layout.activity_bookmark) 方法来引用将创建的 activity_bookmark.xml 文件。有一种很快速的方法是从 MainActivity.java 文件中复制此代码块，然后更改 R.layout 引用，如图 7-2 所示。

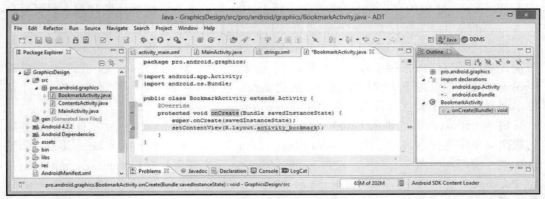

图 7-2　输入 onCreate()方法的 Java 代码并将 ContentView 设置为 activity_bookmark.xml

在图 7-2 中可以看到，BookmarkActivity 类的 setContentView 代码显示了红色波浪线错误，这是由于目前还没有 activity_bookmark.xml 文件造成的。只要创建了 activity_bookmark.xml 文件，这个问题就可解决。因此，接下来我们将新建 activity_bookmark.xml 文件，并创建 RelativeLayout 容器。

右击 GraphicsDesign 项目文件夹，在弹出的快捷菜单中选择 New（新建）| Android XML File （Android XML 文件）命令打开 New Android XML File（新建 Android XML 文件）窗口，如图 7-3 所示。选择 Resource Type（资源类型）为 Layout（布局），Project （项目）按默认的 GraphicsDesign，将 File（文件）命名为 activity_ bookmark，以匹配 BookmarkActivity 类名，然后将 Root Element（根元素）设置为 RelativeLayout 类型的父标记。设置完所有的文件创建参

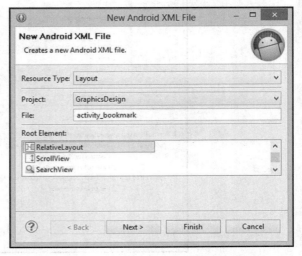

图 7-3　创建一个新的 RelativeLayout XML 文件

数之后，单击 Finish（完成）按钮。

现在，需要将这个新的 RelativeLayout 容器保留为空，并完成新的 BookmarkActivity 类和 MainActivity 选项菜单的实现，以便所有功能都可以在 Nexus One 模拟器中使用。接下来，我们将完成这些练习，以便可以测试新的 Activity UI 屏幕。

既然已经创建了 BookmarkActivity.java 类并且没有错误，下一步要做的就是使用 <activity> 子标签将该 Activity 子类添加到 AndroidManifest.xml 文件中，以使 Android 操作系统能够看见和使用它。

右击 AndroidManifest.xml 文件，在弹出的快捷菜单中选择 Open（打开）命令将其打开，然后添加 <activity> 标签，就像在第 6 章中添加 Table of Contents Activity 子类一样。完成之后，它看起来与位于其上方的 ContentsActivity 非常相似，但是它将引用不同的类名称和标签 <string> 标签常量，如图 7-4 所示。我们将在 strings.xml 文件中创建 <string> 常量，然后即可开始进行 RelativeLayout 容器的设计。

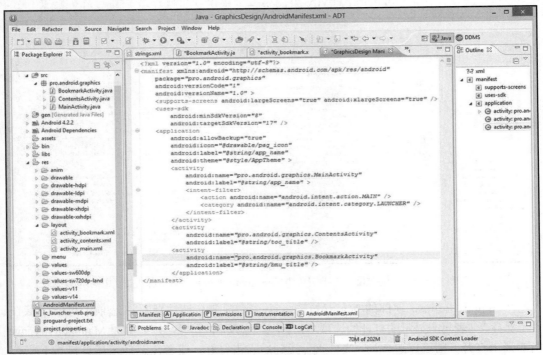

图 7-4　添加一个 BookmarkActivity 标签并使用 <activity> 标签引用 AndroidManifest.xml 文件

接下来，在 Eclipse 的中央编辑区域中单击 strings.xml 选项卡。如果该文件未打开，则可以进入/res/values 文件夹，右击 strings.xml 文件名，然后在弹出的快捷菜单中选择 Open（打开）命令将其打开，或直接按 F3 键打开文件。

复制并粘贴最后一个<string>标记常量条目，然后在下面将其粘贴两次，这样方便添加 bmu_title（标签）字符串常量（将在 AndroidManifest 中引用），以及 TextView 字符串常量（要在 RelativeLayout 容器 XML 定义中使用）。

使用以下两行 XML 标记，将名为 bmu_title 的<string>标签的文本值设置为 BOOKMARKING UTILITY，并将名为 bookmark_text 的<string>标签的文本值设置为 Current Bookmark Page：

```
<string name="bmu_title">BOOKMARKING UTILITY</string>
<string name="bookmark_text">Current Bookmark Page</string>
```

如图 7-5 所示，一旦<string>标签 XML 常量修改完成，即可继续编辑 MainActivity.java 类，并通过引用新的 BookmarkActivity 类使第二个菜单项可操作。

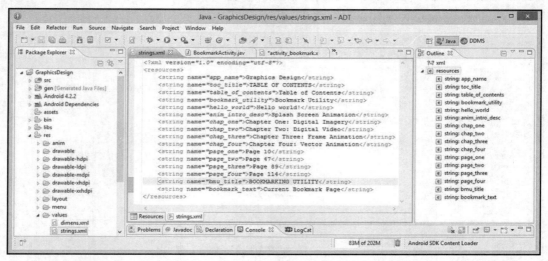

图 7-5　添加<string>标记常量，用于清单中的 Activity 屏幕标签和 TextView 中的屏幕标题

单击位于 Eclipse 顶部的 MainActivity.java 选项卡。请注意，该选项卡可能隐藏在"＞＞数字"（表示未显示的打开的选项卡）下，在图 7-5 中是"＞＞ 1"。如果 MainActivity.java 当前尚未打开，则可以进入/src 文件夹，找到后右击打开，或者在选择之后直接按 F3 键。

在第二个 switch 语句 case 代码块的 onOptionsItemSelected()方法中，将引用从原来的 ContentsActivity.class 更改为新的 BookmarkActivity.class，以便选项菜单现在将启动刚刚连接到位的 Bookmarking Utility Activity 屏幕。

现在，我们已经完成了访问 RelativeLayout 容器所需的一切设置，将开始使用基本 UI 窗口小部件对它进行填充。

我们需要能够访问通过第二个选项菜单调用 activity_bookmark.xml RelativeLayout 容器定义的 BookmarkActivity.java 类。我们不仅必须从 MainActivity 类的 Java 代码中调用该 Activity 子类（见图 7-6），还必须在 AndroidManifest XML 文件中进行设置。

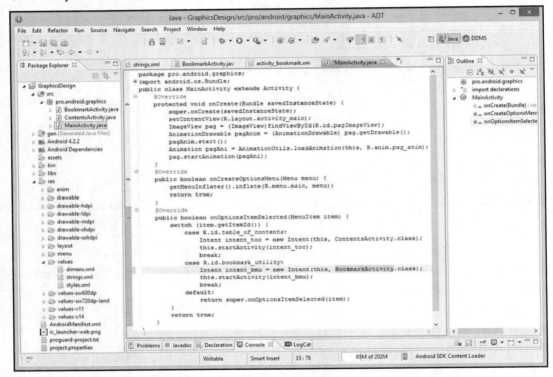

图 7-6　将对新创建的 BookmarkActivity.class 的引用添加到 MainActivity 的选项菜单中

最后，为了获得整洁的代码，我们还必须在/res/values/strings.xml 文件中添加两个新的<string>标签常量，并通过创建新的 activity_bookmark.xml 文件来创建 XML 定义容器（当前是空白的）。

接下来，将一个 TextView UI 小部件添加到 RelativeLayout 容器中，然后在 Nexus One 模拟器中测试所有内容，以确保所有内容均已正确连接，并看到了想要从 TextView UI 窗口小部件子标签的参数中获得的结果。

现在可以在 activity_bookmark.xml 屏幕布局定义文件中的 RelativeLayout 中添加

TextView UI 元素，以便将书签页面的标签添加到 Bookmarking Utility（书签工具）用户界面设计的顶部。

单击 Eclipse 顶部的 activity_bookmark.xml 选项卡，并在开放的<RelativeLayout 标签之后按 Enter 键以添加缩进的空格行，输入<字符以显示辅助代码输入器对话框，然后双击 TextView 子标签以将它放入 RelativeLayout 容器中，如图 7-7 所示。接下来我们还需要添加 id 等参数以配置该 TextView。

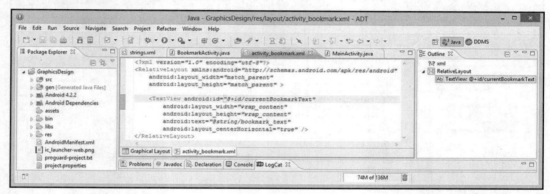

图 7-7　添加 TextView 标签和用于布局、文本内容、ID 和水平居中的基本参数

在开放的<TextView 标记后输入 android:，打开辅助代码输入器对话框。找到 android:id 参数并双击添加。在引号内添加@+id/currentBookmarkText，这就是 TextView 的 ID 设置，以后可以使用 Java 代码更改其值。

在 ID 参数之后添加表示 TextView 结束的"/>"标签。然后，将光标停放在"/>"标签之前，按 Enter 键换行。

输入 android:，打开辅助代码输入器对话框。使用相同的工作过程来添加所需的 android:layout_width 和 android:layout_height 参数，并将它们都设置为 wrap_content，表示和自身内容一样的长度。

要为 TextView UI 元素提供一些内容（文本值），可再次使用 android:打开辅助代码输入器对话框。找到 android:text 参数，并在引号内输入@string/bookmark_text 引用路径，将其设置为等于先前创建的<string>常量。

最后，使用辅助代码输入器对话框查找并添加 android:layout_centerHorizontal 参数，将其设置为 true，以便 TextView 自动居中显示在布局容器的顶部。

现在，可以选择 Run As（运行方式） | Android Application（Android 应用程序）测试 TextView，如图 7-8 所示。

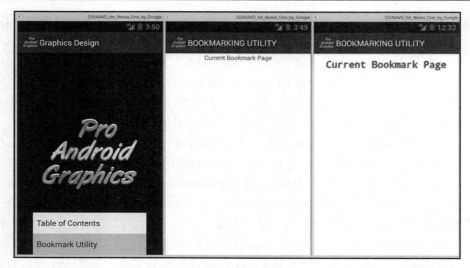

图 7-8　在 Nexus One 模拟器中测试 activity_bookmark.xml 的 RelativeLayout 和 TextView

接下来，可以添加一些更高级的参数，以使文本从屏幕顶部向下移一点，使其变大，将其更改为等宽字体，并为它提供一些阴影特效，就像在 Photoshop CS6 或 GIMP 2.8.6 中设计 UI 一样。如图 7-9 所示，为了节省代码空间，我们将在每行使用两个参数，因为很快我们就会在此 RelativeLayout 容器中添加更多标签。

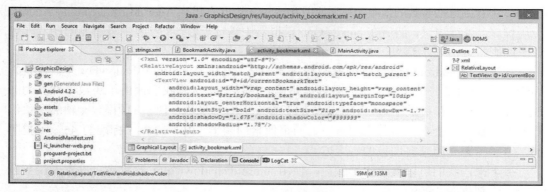

图 7-9　为字体、样式、大小和阴影特殊效果添加高级 TextView 标记参数

要将 TextView 推离屏幕顶部，可以使用 android:marginTop 参数，并将其设置为 10dip（或 10dp）。

接下来，可以使用 android:typeface 参数将文字更改为等宽字体（如果你喜欢罗马字体，那就是 serif 衬线字体），该参数可以设置为 normal（标准）、sans（无衬线）、serif

（衬线）或 monospace（等宽）等值，你可以在 XML 标记中尝试一下这些设置。我们使用等宽字体是因为它使文本在屏幕顶部的间距更大，并且看起来与屏幕顶部的 Activity 标签（该标签使用的是 sans/normal 字体）明显不同。

要使文本变粗，可以使用 android:textStyle 参数并将其设置为 bold（粗体）值，或者也可以使用 normal（正常）或 italics（斜体）来实现不同的文本样式效果。本示例使用粗体，是因为在添加阴影效果之前，加粗字体的笔触会让特效更明显。

我们还使用了 android:textSize 参数来增大 TextView 的大小（设置为 21sp）。请务必注意，Android 操作系统中的所有文本或字体设置都使用标准像素（Standard Pixel，SP）表示法，而不是密度独立性像素（Density-Independent Pixel，DIP）或 dp。这样做的原因其实在本书第 5 章中已有介绍，因为 Android 会将字体缩放因子（Font Scaling Factor）应用于其在操作系统中使用的字体（可以使用 DisplayMetrics 类对其进行轮询）。现在我们有了一个又大又宽的 TextView 对象，可以设置阴影特效了。

输入 android:打开辅助代码输入器对话框，选择和添加文本字符串 android:shadow，然后它将仅找到 shadow 参数，具体有 4 个：Dx 用于 Delta-X，Dy 用于 Delta-Y，Color（颜色）和 Radius（半径）。Delta 表示的是阴影特效与实际文本的偏移量，因此 Dx 设置的就是阴影特效的横向偏移量，Dy 设置的就是阴影特效的纵向偏移量。如果将这两个值设置为 0，则不会有任何阴影效果。

请务必注意，阴影特效不会在图形布局编辑器（GLE）选项卡中呈现，因此无法在 Eclipse 中看到这些参数的效果。必须使用 Run As（运行方式）| Android Application（Android 应用程序）进行测试，然后在 Nexus One 模拟器中进行查看。图 7-8 中最右侧的图片即包含了阴影特效的显示结果。

首先，将 android:shadowDx 参数设置为-1.7，然后将 android:shadowDy 参数设置为 1.675，它们指定的是文本本身的阴影偏移量。请注意，这里我们使用了实数，并且为 y 轴值提供了一个精确的小数，这在文本的下方投下了几乎两个像素的阴影。x 轴的参数值是一个负数，它会在文本的左侧投下近两个像素的阴影，从而提供了标准的 45° 下拉阴影，这意味着光源来自图像的右上方。

接下来，我们可以设置阴影颜色，使用 android:shadowColor 参数将它设置为浅灰色（十六进制值#999999）。

最后，还可以使用 android:shadowRadius 参数来设置阴影模糊（柔化）半径（再次使用 1.75 像素的实数值）。

就像在 Photoshop 或 GIMP 中可以实现的那样，此设置将提供理想的、逼真的阴影模糊半径。不同之处在于，我们是在 Android 应用中使用几个字节的标记而不是几千个字节的数字图像资产数据来执行此操作。

如果要在阴影上获得干净的边缘，则可以使用非常小的值（如 0.1）来实现此效果。中等值（如 0.5）会增加一点模糊，而比较大的值（如 2.0）则会增加很多模糊的阴影。如果要获得最真实的阴影特效，则可以为 android:shadowRadius 参数设置一个介于 1.25和 1.75 之间的值。总之，使用这 4 个 android:shadow 参数可以实现很多炫酷效果。

对于图形设计师来说，另一个非常重要的 UI 小部件是 ImageView。接下来我们将仔细讨论这个小部件及其一些重要参数。

7.7　使用 ImageView 小部件：图形的基石

在将 ImageView UI 小部件添加到 RelativeLayout 容器之前，需要将数字图像资产放入其各自的密度像素文件夹中。所以，分别将 bookmark0_240px.png、bookmark0_320px.png、bookmark0_480px.png 和 bookmark0_640px.png 复制到/res/drawable-ldpi、drawable-mdpi、drawable-hdpi 和 drawable-xhdpi 文件夹中。

请注意，我们使用的分辨率是每个像素密度的 DPI 目标的两倍：240 是 120 DPI 的两倍，320 是 160 DPI 的两倍，480 是 240 DPI 的两倍，640 是 320 DPI 的两倍。除图标外，我们没有提供 XXHDPI 480 DPI 级别的应用程序图像资产。

如果确实提供了 XXHDPI 图像资产，则该像素资产必须为 960 像素。图 7-10 显示了项目的资源 drawable-ldpi 文件夹，其中包括应用程序图标以及第一个书签页面图像占位符（初始屏幕），这里已将 bookmark0_240px.png 文件重命名为 bookmark0.png。

图 7-10　将 bookmark0_240px.png 文件复制到/res/drawable-ldpi
文件夹中，并将其重命名为 bookmark0.png

按上述要求将 4 个图像文件复制到 Android 希望为基于像素的资产提供的 4 个目标像素密度文件夹后，将它们都重命名为 bookmark0.png，然后将<ImageView>子标签添加到<RelativeView>父布局容器标签中，如图 7-11 所示。

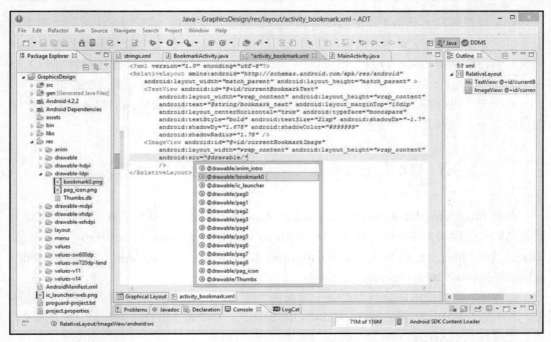

图 7-11　添加用于 ID 以及布局宽度和高度的参数，并使用辅助代码输入器对话框查找@drawable 文件

　　如果需要，可以输入<字符调出 RelativeLayout 子标签辅助代码输入器对话框，也可以只输入<ImageView 和/>标签，然后使用 android:工作流程调出辅助代码输入器对话框，开始添加参数。

　　无论你是通过辅助代码输入器对话框找到该参数，还是仅凭记忆输入该参数（当你成为一名熟练的开发人员时，会更喜欢这样做），你需要添加的第一个参数是 android:id 参数，这样就可以在 Java 代码中引用此 ImageView 对象，以便当用户为其他页面添加书签时更改使用的图像。我们将使用名为 currentBookmarkImage 的描述性 ID 值，该 ID 反映了 ImageView 的功能。

　　接下来，添加必需的 android:layout_width 和 android:layout_height 参数，将它们的值设置为 wrap_content，然后添加 android:src 参数，将它设置为 @drawable/bookmark0 图像的源文件引用，这将会根据用户的 Android 设备规格在 LDPI、MDPI、HDPI 和 XHDPI 4 个 drawable 文件夹中找到并引用 bookmark0.png 文件。

　　在图 7-11 中可以看到，当输入源文件引用参数的 android:src = "@ drawable/部分时，在输入"/"字符后，Eclipse 将弹出一个辅助代码输入器对话框，其中列出了当前在项目中安装的所有 drawable 对象资产。

　　如果先前复制的图像资产并未在这里列出，则可以右击项目文件夹，然后在弹出的快捷菜单中选择 Refresh（刷新）命令。每当在系统已经运行 Eclipse 的情况下添加资产时，都需要执行此操作，这样做是为了向 Eclipse ADT 表明，你已经在 Eclipse 开发环境外部添加了它尚未发现的新资产。

　　由于我们已经使用 Windows 资源管理器或其他文件管理实用程序将资产添加到 Eclipse 项目文件夹层次结构中，因此，Refresh（刷新）命令将告诉 Eclipse 引用此新文件夹或资产文件结构重建其内部文件，这样它就知道里面有什么。

　　接下来，可以单击 Graphical Layout Editor（图形布局编辑器）选项卡或选择 Run As（运行方式）| Android Application（Android 应用程序）命令，查看初始 ImageView 对象和参数与当前 TextView 对象和参数的显示结果。

　　如图 7-12 所示，ImageView 对象与屏幕顶部的 TextView 对象重叠了。如果使用的是垂直方向的简单线性布局容器，则不会发生这种情况。由于我们使用的是 RelativeLayout 容器，因此还需要提供更多参数，以告诉 ImageView 对象如何相对于相邻的 TextView 对象定位自己。

图 7-12　Nexus One 预览显示 TextView 和 ImageView 重叠

　　在选择 Run As（运行方式）| Android Application（Android 应用程序）命令运行 Nexus One 模拟器后，你会注意到，由于在此过程中使用了强制保存功能，因此<ImageView>

标签上会出现红色波浪线警告消息。将光标悬停在上面，可以看到 Eclipse 希望你添加辅助功能（Accessibility），为视力障碍者添加一个 contentDescription 参数（这样，视力障碍者即使看不到图片，也能知道图片的内容），如图 7-13 所示。

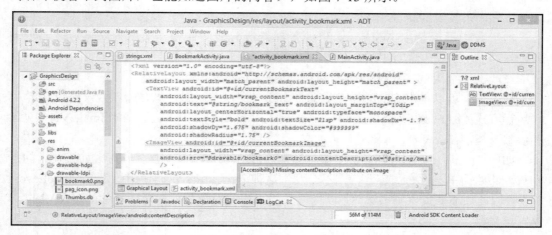

图 7-13　处理 Eclipse contentDescription 警告消息

在图 7-13 中，我们添加的 contentDescription 参数如下：

```
android:contentDescription = "@string/bmi"
```

这个 bmi 值目前仍然是不存在的，因此，我们需要在/res/values 文件夹的 strings.xml 文件中添加<string>标签常量，并使用以下标签添加该常量：

```
<string name="bmi">Image of Currently Bookmarked Page</string>
```

现在可以处理 ImageView 和 TextView 对象的相对布局位置了。我们添加了一个 android:layout_below 参数，该参数告诉 ImageView 对象将自身放置在该参数所引用的对象下方。在本示例中，它引用的对象是@+id/currentBookmarkText。

这是需要为 TextView 对象提供 ID 参数的另一个原因：可以使用相对布局对齐参数，通过 TextView 对象 ID 对齐布局中的其他对象。

我们还要缩小 ImageView 对象 UI 小部件容器中图像内容的大小，以使其不会接触到纵向布局的边缘。实现此目标的最佳方法是添加一个 android:layout_margin 参数，该参数不仅将 ImageView 推离屏幕两侧，而且还将其推离屏幕顶部的 TextView UI 元素，从而提供更好的间距结果。

如图 7-14 所示，这次我们使用的是 9dp 的值，以证明既可以使用 9dip，也可以使用 9dp，并且它们中间的任何一个在 XML 标记中都可以正常使用。

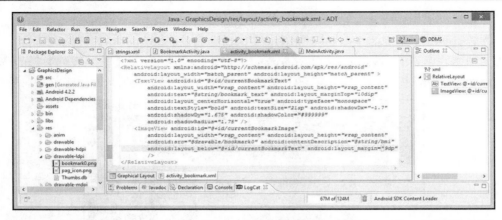

图 7-14　添加参数以纠正 TextView 和 ImageView 重叠的现象并在 ImageView 周围添加间距

接下来，我们将添加一个名为 android:clickable 的高级参数，并将其设置为 true，因为稍后我们将希望允许用户单击已添加书签的页面的图像并立即转到该页面。因此，在这里学习其中一些 ImageView 参数的同时，我们可以预先进行一些设置。

最后，添加一个 android:layout_centerHorizontal 参数并将其设置为 true。

如图 7-12 所示，ImageView 已经以纵向布局居中，因此，你可能会问，android:layout_centerHorizontal 参数是不是多余？其实不然。当用户将设备侧面旋转时，ImageView 将位于屏幕的左侧。因此，对于当前的纵向设计来说，该参数固然是多余的，但是考虑到要同时支持横向和纵向方向，所以它实际上是以防万一的设计。我们在第 5 章中已经谈到了这种设计，也就是说，开发人员需要考虑所有不同的设备、密度和方向。

刚刚添加的新参数如图 7-15 所示。

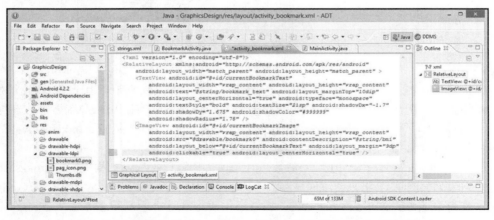

图 7-15　添加参数以使 ImageView 可单击并在横向布局中水平居中

现在可以再次使用 Run As（运行方式）| Android Application（Android 应用程序）命令，查看具有下拉阴影的 TextView 和在它下面居中显示的 ImageView。

如图 7-16 所示，TextView 和 ImageView 看起来非常整齐。接下来，我们要做的就是通过将 Nexus One 模拟器侧向旋转 90°来测试 UI 设计是否在横向上仍保持专业水平。

图 7-16　在 Nexus One 模拟器中测试布局

在执行横向测试之前，我们还需要向 ImageView 添加其他细节。由于 TextView 对象已经添加了下拉阴影（光源在右上角 45°方向），因此还应该让 ImageView 产生相同的效果。我们可以输入 android:来查看参数列表，看一看是否可以找到 android:shadow 参数，以便将阴影特效添加到 ImageView 对象。

尽管 ImageView 具有大约 100 个参数，但它似乎不像 TextView 那样支持 android:shadow 参数。我们敢肯定的是，将来会添加该参数，但这并不是一个容易支持的功能，因为 Android 不能只是简单地为正方形的 ImageView 容器添加阴影（这会容易得多）。

为了正确地设置 ImageView 对象的阴影特效，Android 必须查看 ImageView 对象中的源图像阴影，然后基于 Alpha 通道（该图像的透明度）合并（生成）阴影效果。

在这种情况下，Android 允许开发人员使用 GIMP 2.8.6 或 Lightworks 11.1 等外部软件的灵活性就变得非常有价值。要为 ImageView 实现这种匹配的阴影效果，我们要做的就是进入 GIMP 并使用该程序的工具创建它。

下文将会对此进行说明。毕竟，这是一本专业的图形图像设计书籍，我们将在 GIMP 中完成为图像资产创建阴影效果的工作过程，而不是使用 Android ImageView 参数来创建它。我们将介绍如何创建半透明的 Alpha 数据，以确保你学习最先进的技术。

接下来，我们将了解如何在 Nexus One 模拟器中旋转 90°以实现横向测试，然后查看 UI 小部件在横向方向上的外观效果。

7.8　在 Nexus One 横向模式下测试 UI 设计

本节我们将学习键盘快捷键，这些快捷键会将 Nexus One 模拟器从纵向转换为横向，因此，请保持 Nexus One 模拟器的运行状态，如果已经退出，则可以使用 Run As（运行方式）| Android Application（Android 应用程序）命令再次启动模拟器。

在 Windows 操作系统中，用于在模拟器横向和纵向之间切换的快捷键是（左侧）Ctrl 键和 F11 功能键。因此，按住键盘左侧的 Ctrl 键，同时按 F11 键，模拟器就从纵向变为横向了。按 Ctrl+F12 快捷键可以将显示旋转回纵向。

如图 7-17 所示，由于我们将 android:layout_centerHorizontal 参数设置为 true，因此在横向上显示效果很好，并且在该方向上的布局与纵向上一样表现完美。

图 7-17　将 Nexus One 模拟器切换为横向模式以测试 centerHorizontal 参数

如果你使用的是 Apple Macintosh 计算机，则使用 Command 键加上数字小键盘上的 7 可以模仿 Windows 上的 Ctrl+F11 快捷键，使用 Command 键加上数字小键盘上的 9 可以模仿 Windows 上的 Ctrl+F12 快捷键。有些用户声称其他按键功能也可以在 Macintosh 上使用，如 Ctrl+FN+F11 组合键或 Ctrl+Command+F11 组合键和 Ctrl+FN+F12 组合键或 Ctrl+Command+F12 组合键，感兴趣的读者也可以自行尝试。

如果你使用的是 Linux 操作系统，则可以使用 Ctrl+F11 快捷键，就像在 Windows 系统中一样。重要的是要注意，Ctrl+F11 快捷键表示"向前切换"，Ctrl+F12 快捷键表示"向后切换"，因此，这两种按键组合都可以用作纵向和横向之间的切换。

7.9　给 ImageView 图像资产添加阴影效果

现在，我们可以使用 GIMP 2.8.6 开源数字图像编辑和合成软件，为 bookmark0.png 图像资产添加阴影效果。

启动 GIMP 2.8.6，然后打开/res/drawable-xhdpi 文件夹中的 bookmark0_640px.png 文件。如前文所述，我们始终希望使用尽可能多的像素，因为后面将不得不对图像进行下采样，以在其他 3 个分辨率密度文件夹中提供资产。

图 7-18 从左到右显示了为此项目设置数字成像合成效果所需要做的前几件事。

首先，在 x 和 y 方向都增加 40 像素以容纳阴影。选择 Image（图像）| Set Image Canvas Size（设置图像画布大小）命令，在打开的 Set Image Canvas Size（设置图像画布大小）对话框中，单击 Width（宽度）和 Height（高度）字段旁边的链接图标以将它们锁定在一起（即锁定宽高比），然后在 Width（宽度）中输入 720，再单击 Center（居中）按钮，这样，原始 640 像素分辨率的图像将与新的 720 像素分辨率的图像居中对齐。

请注意，在单击 Center（居中）按钮之后，在 Offset（位移）的 X 和 Y 数值框中，将自动输入位移值为 40。

单击 Resize（改变大小）按钮以将这些新参数应用于你的数字画布。

在 Layers-Brushes（图层-画笔）对话框中，右击当前图层，然后在弹出的快捷菜单中选择 Duplicate Layer（复制图层）命令，以将该图层数据复制到新图层中。

在拥有复制的图层之后，将其拖到原始图像图层的下方，如图 7-18 的第 3 个对话框所示。双击复制的图层，并将其命名为 DROP SHADOW LAYER，如图 7-18 的第 4 个对话框所示。

接下来，右击图层下方，然后在弹出的快捷菜单中选择 New Layer（新建图层）命令以打开 New Layer（新建图层）对话框，如图 7-19 所示。设置 Layer name（图层名称）

为 White Background Layer，Layer Fill Type（图层填充类型）为 White（单选按钮选项），最后单击 OK（确定）按钮关闭该对话框。

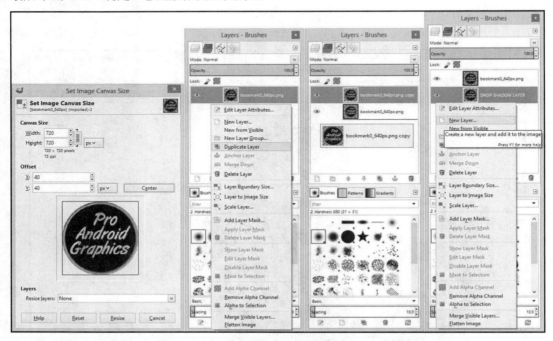

图 7-18　设置 640 像素的书签 PNG 图像以在 GIMP 2.8.6 中创建阴影效果

这将在 DROP SHADOW LAYER 的上面创建一个填充为白色的新图层，但是由于我们希望将 White Background Layer 图层用作背景，因此需要将其向下拖动到图层顺序的底部，如图 7-19 的第 2 个对话框所示。

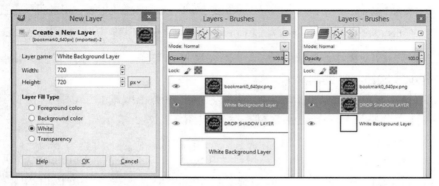

图 7-19　创建白色背景图层，将其拖动到图层的底部，然后隐藏最上面的层

接下来，要隔离 DROP SHADOW LAYER，以便可以将原始图像数据转换为阴影。单击最上面的 bookmark0_640px.png 层左侧的眼睛图标，将关闭其可见性（即隐藏该图层）。

由于其下面的图层是相同的，因此在主图像预览窗口中不会看到任何差异。接下来，单击 GIMP 顶部的 Colors（颜色）菜单，然后选择 Desaturate（去色）命令，如图 7-20 所示。

图 7-20　使用 Colors（颜色）| Desaturate（去色）命令将 DROP SHADOW LAYER 图层从彩色变成黑白

请注意，在 GIMP 中，如果将光标悬停在图标、菜单、图层等内容上，将弹出一个提示框，显示该软件功能的用途。

Desaturate（去色）工具或算法用于从图像中消除颜色或饱和度，同时保持其亮度值不变。这实际上会将图像从彩色图像转换为黑白图像，对于本示例而言，这是为 3D 图像获得中等灰度阴影的第一步。

在 Desaturate（去色）对话框中，可基于 Lightness（亮度）、Luminosity（明度）或两者的平均值来选择灰色阴影。我们选中了 Luminosity（明度）单选按钮，因为它可以提供最浅的灰色。

如果要获得有关 GIMP 中任何给定工具将执行的操作的视觉反馈，可以选中 Preview
（预览）复选框，并确保其中有一个选中标记。完成此操作后，即可在 GIMP 预览主窗
口中看到设置的结果，如图 7-21 所示。

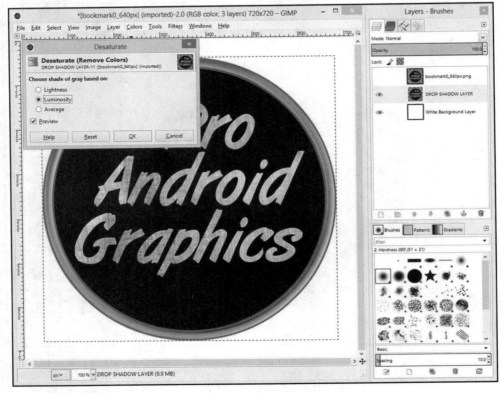

图 7-21　设置去色工具算法以根据图像的亮度选择灰色阴影

如果你还没有想明白下一步该怎样操作才能创建阴影效果，那么我们将使这些灰度
像素模糊以创建阴影效果。但是，如果现在就这样做，那么由于当前图层边缘的存在（在
GIMP 中使用虚线表示），模糊将会被裁剪掉。

从图 7-21 和图 7-22 中可以看到，尽管调整了画布的大小（画布是保存图层的容器），
但图层本身仍保持 640 像素的源数据大小。

这是通过虚线显示的，尽管现在不是问题，但是如果对这样的边缘应用模糊操作，
则会在生成的模糊（阴影）上获得直线区域，这是因为 GIMP 的模糊算法无法"看到"
当前图层边界之外的空间。

　　你需要以某种方式找到一种方法来仅针对该图层设置边界，以使它们与你先前指定为 720 像素的新图像（画布）尺寸的边缘匹配。幸运的是，GIMP 2 具有专门为此目的而设计的命令，即 GIMP Layer（图层）菜单下的 Layer to Image Size（图层到图像大小）命令，如图 7-22 所示。

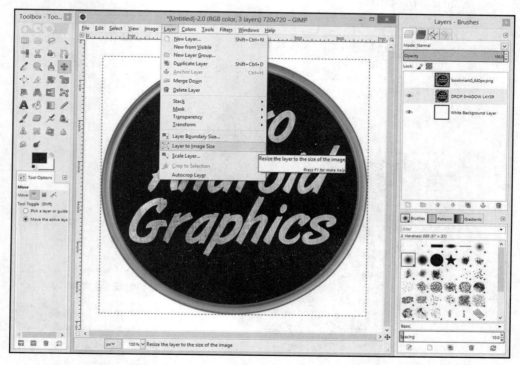

图 7-22　使用 Layer（图层）| Layer to Image Size（图层到图像大小）
命令来调整图层大小以匹配新的图像大小

　　这是在执行模糊操作之前进行的重要操作，因为如果模糊具有锐利的边缘（表明其包含图形的边缘的位置），则会显得不专业。因此，请不要忘记这一步。

　　如图 7-23 所示，模糊算法现在具有更多空间来散布（模糊）单色图像的像素，以便将其从坚硬的金属箍变成原始图像下方的漂亮的模糊阴影。

　　要在 GIMP 中调用模糊（Blur）算法，可在 Filters（滤镜）菜单中找到 Blur（模糊）子菜单，这将打开一个弹出菜单，其中包含 GIMP 支持的不同类型的模糊算法。

　　模糊对于数字成像来说是非常重要的，它可以用于微调摄影作品和创建特殊效果。

　　对于我们的应用来说，这里可以使用最流行的模糊算法，即所谓的高斯模糊（Gaussian Blur），它以德国著名数学家高斯命名，这是因为图像的高斯模糊过程就是图像与正态分布做卷积的过程。而正态分布又叫作高斯分布，因此这项技术就叫作高斯模糊。它无须复杂的设置即可提供平滑、均匀分布的模糊效果，如图 7-23 所示。

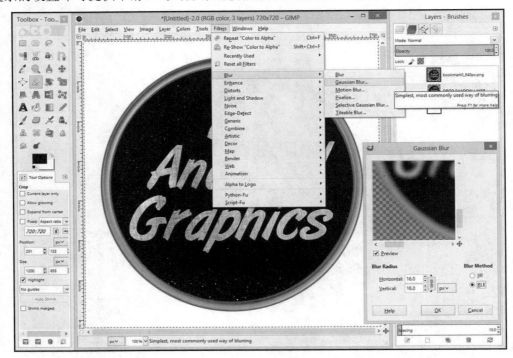

图 7-23　使用 Filters（滤镜）| Blur（模糊）| Gaussian Blur（高斯模糊）
命令来模糊单色图层以创建阴影效果

在图 7-23 中还显示了 Gaussian Blur（高斯模糊）对话框（这样做是为了减少一张图片，以节省图书篇幅）。可以看到，我们使用链接图标锁定了 Horizontal（水平）和 Vertical（垂直）值以获得均匀的模糊，并选择了默认的 RLE 模糊方法（算法），RLE 是指运行长度编码（Run Length Encoded）。要实时查看模糊参数调整之后的显示结果，可以选中 Preview（预览）复选框。

在 GIMP 2.10 的下一个主要版本中，将不再有 IIR 或 RLE 模糊方法选项，因为当前的机器已经足够快，以至于不再需要它们。过去，对于照片使用 IIR 算法（优化）更快，而对于边缘和矢量（基于形状）图形模糊来说，则使用 RLE 算法更快。

我们使用的 Blur Radius（模糊半径）是 16.0（默认值为 5.0，以像素为单位），以在该图像的金属箍部分获得相当数量的模糊，它将是唯一在原始图像的下方（略微向左下角）可见的部分。请记住，原始图像在该图层的上方，只是设置为当前不可见而已。单击 OK（确定）按钮关闭 Gaussian Blur（高斯模糊）对话框。现在就可以看到如图 7-24 所示的阴影效果。

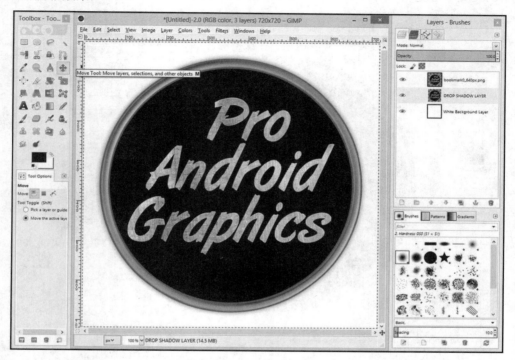

图 7-24　在使用箭头键定位阴影之前，单击 Move Tool（移动工具）
图标和 Center Editing（中心编辑）窗口

接下来，我们将使用 Move Tool（移动工具）将阴影层向左下角方向移动几个像素（即向下和向左两个方向上移动 6 个像素）。

首先，单击 Layer（图层）调板中的眼睛图标，使原始图像图层可见，在图 7-24 的右上角可以看到该图标。在左侧的 Toolbox（工具箱）中，可以看到光标悬停时显示的 Move Tool（移动工具）图标。

请注意，在让顶层原始图像可见时，阴影层仍应处于选中状态。单击左侧 Toolbox（工具箱）中的 Move Tool（移动工具）图标，在 Toolbox（工具箱）底部的 Tool Options（工具选项）部分，确保已经选中 Move the active layer（移动激活图层）单选按钮，然后单击主图像编辑窗口，再使用键盘上的箭头键分别向下和向左移动图层 6 个像素（每按一次箭头键移动一个像素）。

这个工作过程很重要的原因是：GIMP 的数字图像编辑软件是模态的。这意味着该软件将查看选择了哪些工具以及哪些窗口处于活动状态（具有焦点），以便准确地确定用户要对该功能执行的操作。

　　例如，如果选择了 Move Tool（移动工具），然后单击 DROP SHADOW LAYER 图层使其处于活动状态，再使用向左和向下箭头键重新定位阴影，则阴影层将不会移动，因为没有单击主图像编辑窗口，以显示 GIMP 要将移动操作应用到的位置。相反，当使用箭头键时，可移动选择图层，这就是 GIMP 认为焦点位于 Layer（图层）调板中时希望箭头键执行的操作。

　　因此，在选择 Move Tool（移动工具）工具时，请确保已选中 DROP SHADOW LAYER 图层并处于活动状态，然后在 GIMP 中单击中央编辑窗口的标题栏，然后向下按箭头键 6 次，向左按箭头键 6 次，以定位阴影。

　　接下来，我们将获取阴影灰度值并将其转移到 Alpha 通道，以便它们可以使某些背景色（或图像）直通图像的阴影区域，从而在返回 Android 时获得更加逼真的合成效果。这是在 GIMP 中完成的，方法是选择 Layer（图层）| Transparency（透明度）| Color to Alpha （颜色到透明）命令，如图 7-25 所示。

图 7-25　使用 Layer（图层）| Transparency（透明度）| Color to Alpha
（颜色到透明）命令从阴影创建半透明的 Alpha 值

如图 7-25 右侧所示，在 Color to Alpha（颜色到透明）对话框中可以看到（这里同样是为了节省篇幅而将对话框截图合在了一起），现在我们有了一个阴影所在的 Alpha 通道的局部透明度。无论是纯色值还是图像颜色值（不同的像素颜色值），这都将更实际地混合该区域（阴影）后面的像素颜色。我们很快就会返回 Android 开发人员模式，并将展示如何在 Eclipse 中实现此功能以及 Nexus One 模拟器中的视觉效果。

现在，我们已经创建了阴影效果，即可清除图像周围的一些多余空间及其影响，以免仅添加阴影就将像素从 640 像素变为 720 像素。

选择 Image（图像）| Set Image Canvas Size（设置图像画布大小）命令，在打开的 Set Image Canvas Size（设置图像画布大小）对话框中，将画布大小从 720 像素修改为 672 像素，如图 7-26 所示。

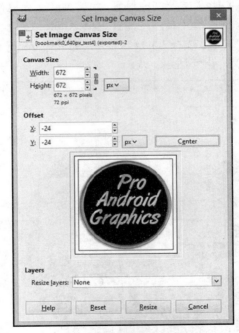

图 7-26　缩小画布大小以容纳阴影

最初使用的像素数要比 640 像素的图片多 32 个像素。请注意，此处我们使用的是 2 的幂次像素增量（1、2、4、8、16、32、64 等），因此，当我们将尺寸调整为其他密度级别时，将获得偶数像素边界数。在该对话框中，单击链接图标以锁定画布尺寸，然后输入 Width（宽度）为 672，再单击 Center（居中）按钮。这将在 X 和 Y 数值框中自动输入−24 的位移值。为什么是−24 而不是−48？这是因为它将提供图像所有 4 个侧面的偏移量（在该对话框中可以看到直观显示），而 48 的一半是 24。

　　单击 Resize（改变大小）按钮以将这些新参数应用于数字画布。

　　现在，可以单击眼睛图标使白色背景图层不可见，然后查看产生的效果和 Alpha 通道值。

　　如图 7-27 所示，选择原始图像层，并确保关闭了白色背景层的可见性，这样就可以看到 Alpha 通道和透明度值（在 GIMP 中使用棋盘图案表示透明像素）。如虚线所示，我们并没有在原始图像中添加太多图像数据（像素空间）来设置此阴影效果。

图 7-27　关闭白色背景图层的可见性以仅访问透明层（原始图像和阴影图层）

　　在 Layer（图层）选项卡旁边，可以看到 Color Channel（颜色通道）选项卡。单击该选项卡，以便接下来可以检查图像的红色、绿色、蓝色和 Alpha 通道。我们将确保 Alpha 通道在图像周围定义为透明，对于大多数图像定义为不透明（黑色），在阴影效果所在的位置定义为半透明（灰色）。

　　在 Color Channel（颜色通道）选项卡中可以看到，通道的工作方式与图层相同，因此，可以关闭红色、绿色和蓝色通道的可见性，仅打开 Alpha 通道，其结果如图 7-28 所示，可以看到，Alpha 通道中确实包含阴影数据。

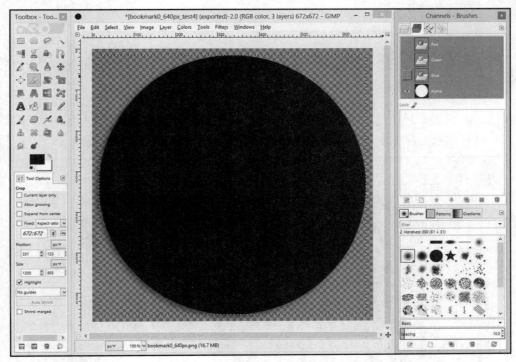

图 7-28　在 Color Channel（颜色通道）选项卡中关闭红色、
绿色和蓝色通道的可见性以查看 Alpha 通道的数据

　　Alpha 通道的半透明区域会将图像混合（至少在进行合成时）下方可能存在的任何像素颜色的某些颜色数据放入图像本身的灰色阴影区域。

　　无论放置在该图像下面的位置及其新的阴影效果如何，都会产生逼真的阴影效果。一旦完成此处的工作，即可在 Eclipse 中进行下一步测试，方法是创建不同的密度目标图像，保存主文件以及类似的烦琐工作。

　　选择 File（文件）| Export As（导出为）命令，打开如图 7-29 所示的 Export Image（导出图像）对话框，将此文件导出到/workspace/GraphicsDesign/res/drawable-xhdpi 文件夹。在这里可以将文件命名为 bookmarks0.png（用于书签阴影），以使两个图像版本均完整无缺。注意选中 Export Image as PNG（导出为 PNG 图像）子对话框中的 Save color values from transparent pixels（保存透明像素的颜色值）复选框，如图 7-29 右侧所示。

　　注意，如果将白色背景图层保持可见状态（显示该图层位置前的眼睛图标），则文件导出后将在生成的导出图像中显示白色背景。因此，在导出之前，请确保该图像看起来与图 7-27 相同。

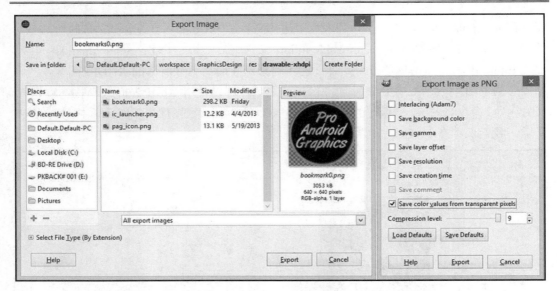

图 7-29　将图像导出到/workspace/GraphicsDesign/res/drawable-xhdpi 文件夹

在导出 XHDPI PNG32 资产后，就可以选择 GIMP 中的 Image（图像）| Scale Image（缩放图像）命令打开 Scale Image（缩放图像）对话框，如图 7-30 所示，将图像数据调整为其他分辨率密度，以便拥有这个新图像的 HDPI、MDPI 和 LPDI 图像资产。首先可以进行 2 倍下采样，因此在使用链接图标锁定了 Image Size（图像大小）的宽度和高度值以及 X 分辨率和 Y 分辨率值后，在 Width（宽度）数值框中输入 336。336 仅是 672 的一半，大大减小了像素值。

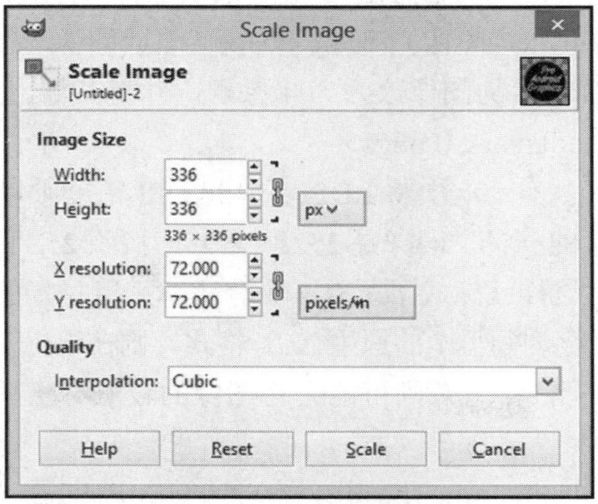

图 7-30　缩小图像以创建 336 像素的 MDPI 资产

在 Interpolation（插值）下拉列表框中选择高质量的 Cubic（立方）插值器执行这些图像缩放操作。将文件导出到/res/drawable-mdpi/ 文件夹后（将文件命名为 bookmarks0.png），使用 Edit（编辑）| Undo（撤销）命令返回到原始（最高）分辨率的 XHDPI 图像资产，如图 7-31 所示。另外，在撤销缩放图像操作之后，可以使用 GIMP File（文件）| Save As（另存为）命令将图层、通道等的 GIMP 原生 XCF 文件保存在图像的工作目录中。如图 7-31 所示，我们保存在/PAGD/CH07 文件夹中。

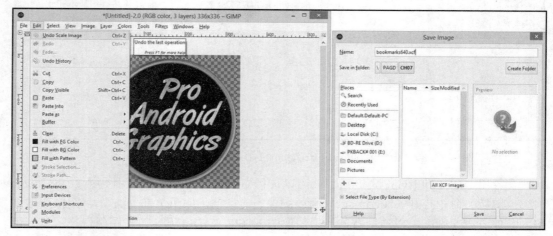

图 7-31　撤销 2 倍下采样的操作，保存原始大小，然后将图像重新缩放为 HDPI 和 LDPI 目标分辨率

现在，我们需要输出 HDPI 资产。要确定其尺寸，可以将 672 图像尺寸除以 320 DPI，得到 2.1 的大小系数。将 240 DPI 的 HDPI 密度乘以 2.1，即可获得 504 像素，因此接下来可以选择 GIMP 中的 Image（图像）| Scale Image（缩放图像）命令打开 Scale Image（缩放图像）对话框，将 672 像素的图像改为 504 像素，并将其导出到 HDPI 文件夹。当然，文件名是一样的，仍为 bookmarks0.png。

再次撤销缩放图像的操作，这次将 LDPI 的 120 DPI 密度乘以 2.1，得到 252 像素（或者取 240 DPI 的 504 像素的一半，同样是 252 像素）。按照 252 像素的数字再次执行相同的缩放图像和导出操作，这样就完成了所有 4 个分辨率密度目标的图像资产的保存工作。

如果你已经将文件另存为硬盘上的原生 XCF 格式，则在退出 GIMP 看到 Save（保存）对话框时应单击 No（否）按钮，否则可能会将图像的较低分辨率版本保存到该文件中，并丢失原始的高清格式。

XCF（eXperimental Computing Facility）对于 GIMP 的意义就好比 PSD 格式对于 Photoshop 的意义一样。它也是 GNU 自由文档许可证与维基共享资源所允许的透明影像格式之一。XCF 支持图层、通道、透明、路径等的存储，但是不支持撤销历史记录。

现在可以返回 Eclipse 集成开发环境并对 XML 文件进行必要的更改，以实现新的阴影效果图像版本，并了解如何在 RelativeLayout 容器中放置背景色或图像，以便让 Android 为该图像执行一些图像合成操作。

我们还可以利用在本书前几章中学到的基础知识。

7.10　更改 ImageView XML 以合并新资产

启动 Eclipse ADT 软件包，然后在 Package Explorer（包资源管理器）中找到并打开 activity_bookmark.xml，如图 7-32 所示，编辑 android:src 参数，以便它引用新的 bookmarks0.png 图像。

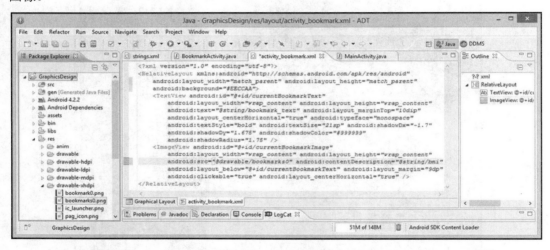

图 7-32　更改 android:src 图像引用名称，并在父标签中添加 android:background 参数

要查看 RelativeLayout 的白色背景（默认）颜色产生的阴影，可以使用编辑屏幕底部的 Graphical Layout（图形布局）选项卡，或使用 Run As（运行方式）| Android Application（Android 应用程序）命令在 Nexus One 模拟器中查看。

要显示新图像中的部分 Alpha 通道穿透效果，需要在父级 RelativeLayout 容器标签中添加 android:background 参数。首先，可以使用#EECCAA 的柔和橙色值来确认阴影被着色为淡灰橙色；然后，可以添加背景图像以确认图像数据也与阴影 Alpha 混合在一起。新的父标签 android:background 参数可以在图 7-32 中看到。

接下来，使用 Run As（运行方式）| Android Application（Android 应用程序）命令在
Nexus One 模拟器中预览新的 UI 设计。前面我们已经介绍过如何切换纵向和横向测试应
用程序表现，它看起来真的很棒（见图 7-33）。

图 7-33　使用背景色测试阴影 Alpha 通道

如果要将 TextView 阴影与 ImageView 阴影匹配，则可以调整 android:shadow 参数及
其值，以使阴影更加相似（稍微增加 offset 偏移量和 Dx、Dy 值）。可以在添加背景图像
后执行此操作，以进一步测试 Alpha 效果。

现在我们已经知道，Alpha 通道可以结合使用纯色。在第 7.11 节中，我们将把美丽
的落日余晖 JPEG 图像复制到 XHDPI 文件夹中，以查看阴影效果是否适用于摄影图像。

7.11　在 RelativeLayout 中合成背景图像

我们将在用户界面的 RelativeLayout 容器中设置名为 cloudsky.jpg 的背景图像。你也可以准备自己的背景图像文件，将其复制到项目的/res/drawable-xhdpi/文件夹，然后在 Eclipse ADT 中使用 Refresh（刷新）命令，以便 Eclipse 开发环境在引用图像文件时不会抛出异常。

要引用新的 JPEG 图像，只需将 android:background 参数的数据值从十六进制颜色值 #EECCAA 更改为资产引用值@drawable/cloudsky 即可。图 7-34 显示了新图像引用的 XML 标记和刷新的/res/drawable-xhdpi 文件夹中的图像资产内容。

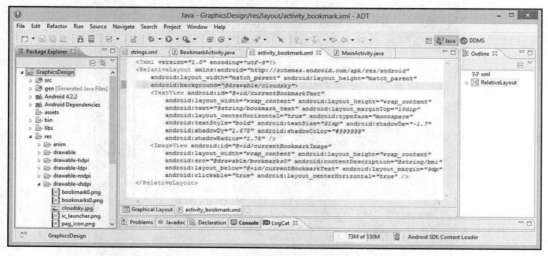

图 7-34　设置 android:background 参数以引用 @drawable/cloudsky

请注意，Eclipse ADT 在集成开发环境中为 JPEG 图像使用的图标与为 PNG 图像使用的图标不同。对于 1000×1000 像素的正方形图像，JPEG 的大小为 384KB，因此，我们将使用一种 XHDPI 密度分辨率，并让 Android 操作系统对它进行下采样，因为它只是一幅普通的落日余晖图像。

我们在这里所做的另一件比较有技巧性的事情是，使用了 1：1 纵横比的图像，该图像可以被 Android 非对称缩放为纵向或横向。由于用户看不到存储在 Android .APK 文件资源区域中的 1000×1000 像素的图像，因此用户并不知道他们正在查看的内容不是原始（未失真）的图像。本书后面还将向你展示很多像这样的技巧。

　　图像在 x 和 y 维度上都有 1000 像素，因此，在缩放时，Android 操作系统有很多像素可以使用，并且图片中也没有锐利的边缘。这张照片仅显示了蓬松的云彩和日落颜色的渐变，这是完美的缩放方案，当在 Nexus One 模拟器中测试新的背景图像并切换使用纵向和横向观看时，你将会得出这个结论。

　　不过，先让我们回到正题。我们在这里真正要测试的是阴影效果和 Alpha 通道中灰度值（8 位或 256 个值）的 Alpha 通道合成效果，这些值允许底层的像素颜色值显示或组合在一起，在不同程度上影响阴影效果。如图 7-35 所示，使用 GIMP 创建的阴影可以与落日余晖背景图像完美地合成在一起。

图 7-35　在 Nexus One 模拟器中测试阴影 Alpha 通道

　　可以看到，落日余晖背景图片与 GIMP 软件创建的阴影的合成效果比使用 Android 的 TextView 参数创建的阴影合成效果要好。当然，这也可能是由于 TextView 参数的当前值设置造成的。

　　当前的 TextView shadowColor 参数使用的浅灰色十六进制颜色值（#999999）设置针对白色背景进行了优化。可以将此值更改为更深的灰色设置，以匹配 ImageView 上使用的阴影灰度值。例如，可以使用十六进制颜色值#333333，该值位于灰度光谱的另一端。

　　要计算出准确的百分比灰度值，从 0 到 16（十六进制），3 表示 25%（记住，从 0 开始计数时，3 实际上就是 4），因此该灰度将使用 75% 的黑色和 25% 的白色，因此它是 3/4 的深灰色。

　　另一方面，#999999 是 16 中的 10，即 8 中的 5，而 5/8 换算成百分比是 62.5%，这意味着它是 62.5% 的白色和 37.5% 的黑色，因此它是 3/8 浅灰色。如图 7-35 所示，浅灰色不适用于落日余晖图像。此外，还需要将 Alpha 值添加到 RGB 值中以使其成为 ARGB 值。可以通过 BB Alpha 值将其设为 75%（12/16）不透明，这样，新的 android:shadowColor 参数值就应该是十六进制值#BB333333，如图 7-36 所示。

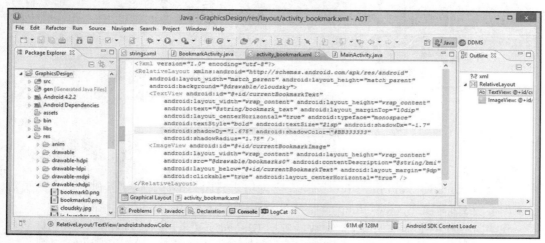

图 7-36　将新的 Alpha 通道 ARGB 颜色值添加到 TextView 对象的 android:shadowColor 参数

　　现在可以在 TextView 上测试具有 Alpha 通道功能的 shadowColor 参数，以查看是否可以更接近在 ImageView 上获得的结果。使用 Run As（运行方式）| Android Application（Android 应用程序）命令运行 Nexus One 模拟器，并在纵向和横向模式下测试用户界面设计。图 7-37 显示了 Nexus One 模拟器中横向模式下的 UI 设计。现在阴影效果已经完美融入落日余晖的背景图像之中。

　　仔细对比图 7-35 和图 7-37，现在你应该明白我们前面提到的使用 1∶1 纵横比的图像作为背景的妙处，善用 Android 的非对称缩放功能，将为用户带来非凡体验。由于黑白印刷的缘故，该示例可能难以通过黑白图片完美呈现，建议读者按本书前言提供的地址，下载本书的彩色 PDF 文件。

图 7-37　在 Nexus One 模拟器中以横向方式测试具有阴影效果的
ImageView 对象和 TextView 对象的 shadowColor 参数

7.12　小　　结

本章详细介绍了 Android View 超类。它为用户界面小部件提供了基础，开发人员可以使用 UI 小部件填充 ViewGroup 布局容器来创建 UI 设计。

我们首先介绍了基本的 View 参数，包括 ID、布局（全局）定位和大小等。ID 允许其他 Java 代码或 XML 标记引用 View 对象，布局定位使用 layout_weight 进行，而 View 对象小部件的大小则是使用 layout_width 或 layout_height 定义的，它们的值可以为 wrap_content 或 match_parent 常量，这也是任何 View 对象中的两个必需参数。

本章也讨论了 View（本地）定位属性或参数，它们可以使用 margin（View 边界外的空间）和 padding（View 边界内的空间）来设置。这些参数允许将本地化的 View 对象（UI 小部件）放置在布局容器内，并且可以相对于其他 UI 元素放置。

本章还讨论了任何 View 对象都可以设置的图形属性，包括背景（图像）和源（图像）、Alpha 透明度设置和 visibility 可见性参数控制等。本书中学习的大多数图形设计和特殊效果最终都将使用这些参数实现，因此需要熟练掌握它们。

本章还研究了如何通过设置焦点以及实现事件侦听器和事件处理例程来使 View 对象具有交互性。

最后，本章接续第 6 章的示例，创建了一个新的 Activity 子类来添加 Bookmarking Utility 功能。通过这个示例，我们介绍了 RelativeLayout 容器以及 TextView 和 ImageView UI 小部件，它们本身都是 View 子类，并且在 Android 设计中占有举足轻重的地位。

在该示例中，我们演示了如何将阴影效果应用于 TextView UI 元素。由于 ImageView UI 元素目前尚不支持此功能，因此演示了如何通过另一个开源数字图像软件包 GIMP 2.8.6 实现此效果，并最终回到 Android 中进行合成。

本章详细介绍了 GIMP 软件中一些高级功能的使用，包括使用最高分辨率的数字图像资产创建不同 DPI 密度分辨率的资产。

在第 8 章中，我们将详细阐述有关 ImageView 其他高级概念、参数、技术、方法和优化的更多信息。我们将学习如何利用 ImageView UI 元素提供的不同属性和选项，因为这是 Android 操作系统中图形的基石。

第8章 高级 ImageView 图形设计

本章将更深入地讨论 ImageView 小部件及其高级属性设置（参数），因为它是在 Android 操作系统中实现图形设计的最重要的用户界面元素。另外，本章还将介绍 ImageView 对象的 ImageButton 子类。

在第 7 章中已经初步学习了 ImageView 用户界面小部件，并使用它为设计的书签工具 UI 中已加入书签的章节保存了图像。

我们使用 android:src 参数定义了源图像，使用了一些 UI 布局参数对其进行定位，并使用 margin 参数为设计提供了边距。但是，我们并没有真正使用任何高级参数或技巧，如同时使用源（前景）图像和背景图像。

在第 7 章中使用 GIMP 2.8.6 阐释了一些相当先进的数字成像概念，这在 Android 专业图形图像开发中非常有意义。随着本书介绍技巧的深入，我们将尝试在 GIMP 和 VirtualDub 中做更多的事情。

本章将详细介绍 ImageView 用户界面小部件类的其他一些独特属性和参数，以及如何通过 XML 标记和 Java 代码实现它们。前文我们已经了解了在 ImageView 中使用的一个主要参数，即 android:src 参数或属性。这是因为 ImageView 是数字图像资产的容器，并且该图像资产是通过源（src）属性或参数进行引用的。由于 ImageButton 是 ImageView 的子类，因此它将具有相同的 android:src 参数。

8.1 Android 中的图形：ImageView 类的起源

Android ImageView 类是 View 超类的子类，而 View 本身则是 java.lang.Object 主类的子类。View 类有它自己的包，即 android.view 包，但 ImageView 则保留在一个单独的用于 UI 小部件的 Android 包中，称为 android.widget 包。

在 android.widget 包中，包含 ImageView 类以及从 View 类继承的所有其他 UI 元素类。如果你想确切了解该软件包中包含哪些小部件，则可以在以下 Android Developer 网站 URL 上找到相关信息：

http://developer.android.com/reference/android/widget/package-summary.html

ImageView 类可以针对需要开发人员提供的自定义图像的应用程序区域显示任何受支持的数字图像格式。ImageView 类支持的内容包括应用程序图标、布局容器的背景图像和 UI 自定义按钮等。

ImageView 类可以从各种来源（如内部应用程序资源的/res/drawable 文件夹）或内容提供者（如 HTTP）访问图像。ImageView 类将从源图像资产计算其 UI 容器的尺寸，因此它可以与任何布局容器一起使用。由于这是一本图形图像设计方面的书，因此在大多数情况下，我们将在每个布局容器中使用数字图像。

ImageView 提供了各种显示选项，如自定义缩放和 RGB 值重新着色，本章将对此进行详细介绍。

有趣的是，ImageView 类只有很少的子类，这与以像素为中心的操作系统（如 Android）所假定的相反。我们最关注的 ImageView 子类是 ImageButton 类，当然，如果你的应用程序正在使用 QuickContacts（一个快速拨号插件），那么还有一个面向小众的 QuickContactBadge 子类。

ImageView 也只有一个已知的间接子类，称为 ZoomButton，它是 ImageButton 的子类。ZoomButton 用于使用缩放系数和缩放速度来放大和缩小基于数字图像的按钮资产。

如果你想要更详细地了解 ImageView 类，可以访问以下 URL 的 Android Developer 网站上的页面：

http://developer.android.com/reference/android/widget/ImageView.html

ImageView 类只有一个嵌套类，称为 ScaleType。ImageView.ScaleType 嵌套类可用于定义如何缩放数字图像资产以适应其 View。这使得 ScaleType 非常重要，足以让我们专门开辟一节（第 8.2 节）来介绍它。我们将详细讨论 ImageView.ScaleType 类的工作方式，并介绍它提供的图像缩放常量。

8.2   ImageView.ScaleType 嵌套类：缩放控件

Android ImageView 有一个称为 ScaleType 的嵌套类，该类包含缩放常量和相关算法，用于确定如何缩放 ImageView 对象。ImageView.ScaleType 类是 java.lang.Enum 类的子类，而 java.lang.Enum 类又是 java.lang.Object 主类的子类。它们之间的精确超类和子类关系如下：

```
java.lang.Object
 > java.lang.Enum<E extends java.lang.Enum<E>>
  > android.widget.ImageView.ScaleType
```

ImageView.ScaleType 类是 android.widget 包的一部分，因此，如果在 Java 代码中使用了 android.widget.ImageView.ScaleType，则其 import 语句将引用该路径。

ScaleType 类之所以是 java.lang.Enum 的子类，主要是因为它使用了 Java Emuneration Types 类来为不同的缩放算法类型或缩放选项创建数字常量。缩放算法常使用缩放选项来确定需要实现哪一种类型的缩放。

这些数字常量还被分配了字符串（文本）常量，以使它们更容易被记住和在代码中被引用。本节将详细介绍其中的每一个常量。

Android 中有 71 个直接的 java.lang.Enum 子类，因为该类用于提供这些数字常量，这在 Java 编程中很常见。如果你想了解有关此 Enum 类的更多信息，则可以在以下 URL 的 Android Developer 网站上找到其页面：

http://developer.android.com/reference/java/lang/Enum.html

如果为 ImageView UI 元素的 android:layout_width 和 android:layout_height 参数使用了 wrap_content 常量，则使用 ScaleType 缩放类型常量之一就等同于缩放数字图像资产本身。这是因为 ImageView 引用（它包含的是源图像）和 wrap_content 告诉 Android，ImageView UI 容器应围绕图像资产进行大小调整，这意味着 ImageView 容器采用了图像资产的物理大小。但是，如果通过此嵌套类指定了 ScaleType 常量之一，则图像资源（通过 ImageView）将缩放到给定的显示屏幕尺寸、密度和纵横比。缩放的方式是基于已经指定的缩放类型（ScaleType）常量。

ScaleType 对于确定如何相对于不同屏幕宽高比缩放图像最有用，一方面，保持宽高比锁定的缩放将使图像完全不失真，而另一方面，也可以允许图像缩放而无须考虑宽高比。在第 7 章中，对 1000×1000 像素的正方形图像所做的非对称缩放操作就是允许图像缩放而无须考虑宽高比。

ScaleType 类还具有缩放类型（即 CENTER 常量），该类型使我们能够将数字图像资产的每个像素与用户 Android 设备的物理硬件显示的每个像素进行匹配。

如果图像资源中没有足够的像素，则图像将完美地位于显示屏的中心。在这种情况下，图像会将物理显示像素用于图像资产中的每个像素。

接下来我们将详细研究 8 种不同类型的缩放算法常量中的每一种。表 8-1 列出了这些缩放常量，其中每个缩放常量之后括号中的数字表示缩放常量所代表的实际整数值。下文还将详细讨论这些常量。

表 8-1　ImageView.ScaleType 图像缩放常量及其缩放数字图像资产的方式摘要

缩 放 常 量	数字图像资产的缩放算法结果
CENTER(5)	宽高比锁定缩放算法，该算法使图像的像素与物理硬件的像素匹配，同时使图像居中
CENTER_CROP(6)	宽高比锁定缩放算法，该算法将图像的 X 和 Y 尺寸都容纳在 View 中
CENTER_INSIDE(7)	宽高比锁定缩放算法，该算法至少会将图像的 X 和 Y 尺寸之一容纳在 View 中
FIT_CENTER(3)	缩放图像以容纳在 View 内部，同时保持图像的宽高比。至少一个（X 或 Y）轴将与 View 完全匹配。图像将在 View 内部居中
FIT_START(2)	缩放图像以容纳在 View 内部，同时保持图像的宽高比。至少一个（X 或 Y）轴将与 View 完全匹配。图像将与 View 的左上角对齐
FIT_END(4)	缩放图像以容纳在 View 内部，同时保持图像的宽高比。至少一个（X 或 Y）轴将与 View 完全匹配。图像将与 View 的右下角对齐
FIT_XY(1)	缩放图像的 X 和 Y 尺寸以匹配 View 尺寸，这将不会保持图像的宽高比
MATRIX(0)	使用提供的 Matrix 类缩放图像。可以使用 setImageMatrix()方法提供矩阵。Matrix 类可用于将变换（如旋转）应用于图像

CENTER_CROP 算法使用锁定宽高比的方式使图像在显示屏中居中，以进行缩放操作，并将容纳图像（X 或 Y）较短的一边，裁剪（Crop）图像较长的一边。

数字成像中的裁剪是一种操作，只要图像分辨率可被 2 整除，则该操作就会将图像的每一边截断一定数量的像素（在这种情况下，裁剪操作将居中执行）。

CENTER_INSIDE 算法将图像居中显示在显示屏内部，并为缩放操作锁定了宽高比。这种缩放算法将容纳图像较长的一边（无论是 X 还是 Y），对于图像尺寸较短的一边则填充背景色像素，在填充时，上下或左右两侧是等量的。如果图像中的像素小于（或少于）物理硬件像素，则此算法的作用与 CENTER 缩放常量相同。

FIT_CENTER 算法同样是将图像居中显示在显示屏内部，并为缩放操作锁定了宽高比。该缩放算法与 CENTER_INSIDE 相似，不同之处在于，如果图像的像素少于显示器的像素，则此算法将上采样（Upsample）以适合较长的一边（无论是 X 还是 Y），并以等量的背景色像素填充图像较短一边的上下或左右两侧。

FIT_START 与 FIT_CENTER 的算法基本相同，区别在于它不会将结果居中，而是将其定位在 View 的（0,0）原点（即左上角）上，在数字成像术语中，该点通常称为 View 容器的原点（Origin）或起点（Start）。这也是该常量名称的由来。

FIT_END 与 FIT_START 算法刚好是互逆的，FIT_START 算法将结果对齐左上角

（0,0），而 FIT_END 算法则从最后一个（END）像素开始定位。View 的最后一个像素的坐标基本上就是 View 图像的 X、Y 分辨率规格，因此，FIT_END 常量将从该 END 位置（即 View 的右下角）开始显示容器，然后向后朝 View 的中心移动。这也是 FIT_END 常量名称的由来。

FIT_XY 是一种不锁定宽高比的算法，它将使图像适合 View 的大小，这可能会导致一些失真，因此需谨慎使用该算法。当然，也有一些图像（如在第 7 章中使用的 1000×1000 像素的落日余晖图像）不那么容易失真，因此可以巧妙地使用此缩放常量，尤其是在图像合成场景以及具有某些纹理和摄影图像背景的情况下。

最后，MATRIX 算法允许开发人员使用.setImageMatrix()方法调用来分配 Matrix 类变换（如旋转、缩放、倾斜等）的输出。Matrix 类可用于将变换应用于图像，以在 View 对象中实现特殊效果。从本质上讲，此选项将允许开发人员使用自定义的缩放和变换算法，以代替其他 7 个由 Android 操作系统提供的算法。

可以在 XML 标记中使用标记参数为支持 android:scaleType 参数的任何标签设置这些缩放常量。例如，如果想使用 FIT_START 常量，则可以使用以下语句：

```
android:scaleType = "fitStart"
```

请务必注意，XML 中的 ScaleType 常量使用的是驼峰式大小写（CamelCase）约定，并且是小驼峰式命名法（指第一个单词以小写字母开始，第二个单词的首字母大写）。因此，CENTER_CROP 应该写为 centerCrop，CENTER_INSIDE 应该写为 centerInside，FIT_XY 应该写为 fitXY，FIT_CENTER 应该写为 fitCenter，依此类推。

另外，像 ScaleType 这样的类名称使用的也是驼峰式大小写约定，只不过它采用的是大驼峰式命名法（指每一个单词的首字母都大写）。事实上，在 Java 中，类名的标识符一般都用大驼峰式书写格式，而方法和变量的标识符则多用小驼峰式书写格式。

8.3　使用 AdjustViewBounds

有一个可以与 ImageView 对象一起使用的参数或属性，称为 AdjustViewBounds，该参数或属性接受布尔值（true 或 false）。在 XML 中，它对应的是 android:adjustViewBounds 参数，在 Java 中，它对应的是.setAdjustViewBounds()方法调用。

如果希望 ImageView 对象调整其容器边界以保留引用的数字图像资产的长宽比，则可以将此布尔值设置为 true。

如果要让 ImageView 对象调整其边界以适合其父布局容器的长宽比（如果已经将

layout_width 和 layout_height 参数值设置为 match_parent，则这个父布局容器可能就是 Android 设备的物理显示屏），则可以将该布尔标志值设置为 false。由于它的默认值就是 false，因此不需要在 ImageView 的 XML 标记中添加 android:adjustViewBounds = "false" 参数。

那么，什么时候需要使用这个 false 值呢？很明显，就是需要在应用程序的 Java 代码中使用 .setAdjustViewBounds() 方法来切换 on/off 开关（或者更准确地说，是 true/false 开关）的时候。

因此，如果开发人员已经将 android:adjustViewBounds = "true"用于 ImageView XML 参数定义，而稍后又想告诉 Android 解除宽高比的锁定，并进行缩放以适合容器的尺寸（假设使用了 match_parent 参数值），则可以使用以下 Java 代码，通过 ImageView 对象名称调用 ImageView setAdjustViewBounds() 方法：

```
myImageViewObjectName.setAdjustViewBounds(false);
```

接下来，我们需要简要解释一下在第 8.2 节中讨论的 android:scaleType 与本节中讨论的 android:adjustViewBounds 参数之间的关系以及一些注意事项。

当 ImageView 对象从 ImageView 类调用其构造函数方法时，该构造函数将查看 XML 并设置 android:adjustViewBounds 参数，然后再查看（并设置）android:scaleType 参数的常量值。

当 adjustViewBounds 参数的值为 true 时，构造函数方法会将 ImageView 对象的 ScaleType 值设置为 FIT_CENTER。

出于这个原因，如果将 android:scaleType 参数设置为除 FIT_CENTER 之外的其他常量值，即使该参数在 ImageView 标记的参数列表中位于 android:adjustViewBounds 之后，ScaleType 常量（如果不是 FIT_CENTER）也会被 android: AdjustViewBounds = "true"参数一起覆盖。这是因为它与 XML 定义中 ImageView 标记的参数顺序无关，而是与 ImageView 类从 XML 定义中获取并实现这些参数的顺序有关，而这是由 ImageView.java 类本身内部的 Java 代码确定的。请记住这一点，以免出现意外的缩放结果。

8.4 maxWidth 和 maxHeight: 控制 AdjustViewBounds

就像 ScaleType 和 AdjustViewBounds 参数（或属性）之间存在关系一样，android: maxWidth 和 android:maxHeight 参数与 ImageView 对象类型的 AdjustViewBounds 参数设置之间也存在相似的关系类型。

android:maxWidth 是一个可选参数，如果想为 ImageView 对象指定最大宽度（Maximum Width），则可以使用该参数。android:maxWidth 参数设置数据值需要使用单位指示符，如 DIP、DP、SP、IN、PX 或 MM。因此，如果 maxWidth 参数将指定一个浮点数，则该浮点数将附加一个单位指示符常量，如 120.0dip。

ImageView 的可用单位指示符包括 PX（或 px），代表像素（Pixels）；DP（或 dp）和 DIP（或 dip），均代表密度独立性像素（Density-Independent Pixels）；SP（或 sp），表示基于首选字体大小进行缩放的缩放像素（Scaled Pixels），通常用于在 TextView 参数中指定字体大小；IN（或 in），代表英寸（Inches）；MM（或 mm），代表毫米（Millimeters）。

对于 android:maxHeight 参数，可以应用完全相同的规则、常量和单位指示符，当然，它们仅可应用于 ImageView 对象的另一个维度。

需要注意的是，为了使 maxWidth 和 maxHeight 这两个参数正常运行，必须将 ImageView AdjustViewBounds 属性设置为 true，而这又意味着 ImageView ScaleType 必然会被设置为 FIT_CENTER。

在第 8.3 节中已经解释过，如果在 XML ImageView 定义中设置了除 FIT_CENTER 之外的 ScaleType 常量，则 AdjustViewBounds 将不起作用。该注意事项也适用于 maxWidth 和 maxHeight。因此，如果你尝试将 ScaleType 与 maxWidth 和 maxHeight 参数一起使用，但是却不起作用，那么现在你应该知道问题出现在哪里了吧。

8.5　在 ImageView 中设置基线并控制对齐方式

基线（Baseline）的概念更适用于 TextView，因为基线对齐常用于根据文本字体的底部边缘对齐内容。但是，这个概念在 ImageView 中也是受支持的，因为它有两个不同的参数：android:baseline 和 android:baselineAlignBottom。

这里的术语"基线"是指任何 View 子类对象（如 ImageButton、ImageView、TextView 和类似的 UI 元素或小部件）底部的假想线。在设置 baseline 参数时，实际上是为 Android 操作系统提供一个基准位置，以便在其父（布局容器）标签使用 alignBaseline 参数时能够引用该对象。

android:baseline 参数允许开发人员在 View 对象中设置基线的偏移量（Offset）。为了更清晰地定义该参数，它往往也被称为 baselineOffset，尤其是在还有一个 android:baselineAlignBottom 参数的情况下。

baselineAlignBottom 属性的作用是设置标志，该标志告知 Android 操作系统使用 ImageView 中图像资源的底部边缘作为其基线对齐设置。就数字图像而言，这通常是我们要尝试执行的操作。因此，如果在包含 ImageView UI 元素的布局容器内使用其他 layout_alignBaseline 类型的参数时未获得所需的图像对齐方式，请尝试将 android:baselineAlignBottom 参数设置为 true。

8.6　使用 CropToPadding 方法裁剪 ImageView

另一个有用的 ImageView 参数是 android:cropToPadding 属性，该属性允许使用 XML 标记或 Java 代码对数字图像资产调用裁剪操作。

在本书第 7 章的示例中，数字图像裁剪是工作流程中不可或缺的一部分，我们通过它实现了下拉阴影特效。当时使用的是 GIMP 2.8.6 软件的 Image（图像）| Set ImageCanvas Size（设置图像画布大小）命令。

在 ImageView 中裁剪图像资产看起来是一项微不足道的功能，但是，如果放在更复杂的工作流程中来考虑它的价值，那就不一样了，因为这项功能是可以在应用程序开发过程中使用 XML 和 Java 代码来实现的，这意味着实时性和交互性。

该裁剪方法的名称为 CropToPadding，顾名思义，它的工作方式是先裁剪后填充。可以使用 android:padding 参数来设置裁剪操作，然后设置以下参数来调用裁剪操作：

```
android:cropToPadding = "true"
```

因此，要在图像周围均匀裁剪，请使用带有 DIP 值的 android:padding 参数。如果要在图像的不同边上裁剪不同的量，则可以使用 android:paddingTop、android:paddingLeft、android:paddingBottom、android:paddingRight。

如果在布局容器中设置了背景图像，则要做的就是通过适当的裁剪让背景图像在 ImageView 的目标位置显示，因此该功能也可以用于合成或特殊效果。当使用 Java 代码将填充附加到应用程序的交互元素甚至设置动画时，这一点尤其重要。

接下来，我们将仔细研究如何更改图像资产中的颜色（色调），并使用 PorterDuff 类调用 Android 的混合模式。

8.7　给 ImageView 着色和使用 PorterDuff 混合颜色

ImageView 类的最后一个参数是 android:tint 参数，该参数并非继承自 View 超类。它允许开发人员通过 XML 参数使用 ARGB 十六进制颜色值来增强图像资产的颜色。

也可以考虑更改 PorterDuff 类混合模式（Blending Mode），该模式用于将 ARGB 颜色值应用于底层图像。但是，这只有通过 Java 代码使用.setColorFilter()方法时才有可能。

.setColorFilter()方法采用两个参数，一个参数定义要使用的颜色值，另一个参数则指定 PorterDuff.Mode 常量。使用以下 Java 代码格式调用该方法：

```
.setColorFilter(int color, PorterDuff.Mode mode)
```

如果使用 XML 参数 android:tint，则 PorterDuff.Mode 定义的默认值是 SRC_ATOP 像素混合模式常量。你可能已经猜到了，这会将指定的颜色值合成到 SRC（源）图像的 TOP 上，作为参数指定的颜色对其进行着色。

可以通过分别使用白色（#FFFFFF）或黑色（＃000000）颜色数据值进行着色来使图像变亮或变暗。使用该技术可以改善下拉阴影效果的对比度（这里说的下拉阴影效果是在第 7 章中为书签工具 TextView 和 ImageView 用户界面元素创建的）。

PorterDuff.Mode 嵌套类是数字值常量的另一个集合，它和 ScaleType 类似，仅定义了更多的常量。在该用例中，常量表示算法像素合成混合模式（Algorithmic Pixel Compositing Blending Mode），这是定义如何将两种不同像素颜色值相加（或相减、相乘）的算法。

GIMP 和 Photoshop 都具有类似的合成模式，在这两款数字图像软件包中，都可以通过 Layer（图层）调板设置合成模式。令人印象深刻的是，GIMP 和 Photoshop 中的这种数字成像功能也可以通过 PorterDuff 提供给 Android 开发人员。

PorterDuff.Mode 是前面提到的 71 个 Enum 子类之一。此嵌套类保留在 android.graphics 包中，并通过 import 语句指定为 android.graphics.PorterDuff.Mode。

如果你想仔细了解当前可通过 Android PorterDuff 类使用的所有混合模式，并查看每种模式的实际算法，则可以访问以下 Android Developer 网站 URL：

http://developer.android.com/reference/android/graphics/PorterDuff.Mode.html

接下来，我们仍将以第 7 章的 XML 用户界面定义为例，继续实现其中的某些 ImageView 属性。我们将使用色调使背景图像变亮，并在播放时保持宽高比。

8.8　将色调应用于 SkyCloud 图像以改善阴影对比度

启动 Eclipse ADT 并打开 GraphicsDesign 应用程序。我们执行一些数字成像过程，就像在 GIMP 2.8.6 或 Photoshop 中一样，只不过现在我们将使用 Android XML 标记来实现。

要对第 7 章中创建的阴影效果进行修改，第一件事是提高用作 BookmarkActivity.java Activity 子类的背景板的 CloudSky 数字图像的亮度。

在第 7 章中，我们使用了 android:background 参数将背景图像保存在<RelativeLayout>父标签中，该参数将执行 FIT_XY 的自动 ScaleType，并在不考虑纵横比的情况下用图像资产填充屏幕，而这正是我们想要的。

ImageView 与 RelativeLayout 容器一样强大，并且同样具有许多强大的参数，但是，接下来我们要使用的 android:tint 并不是其中之一，因为 RelativeLayout 用于 UI 布局，而 ImageView 则用于数字成像（Digital Imaging）。

因此，我们要从父标记中删除 android:background 参数，并在容器顶部添加 ImageView 子标记，就 Z 顺序而言，它将其放置在其他 UI 元素之后。

接下来，我们将开始添加参数，如图 8-1 所示，以对其进行配置。

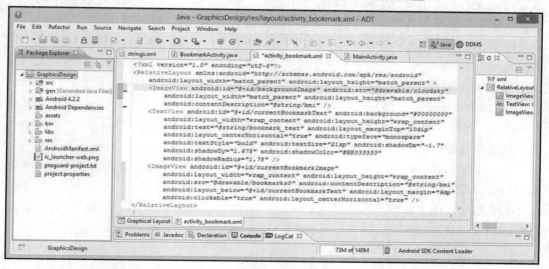

图 8-1　添加一个<ImageView>来容纳 Activity 的数字图像背板，以便可以应用色调和效果

将一个 ID 参数集添加到 backgroundImage 中，并添加所需的 layout_width 和 layout_height 参数，然后将其值设置为 match_parent 常量，以便 ImageView 容器填充 RelativeLayout 容器。

如果此时按 Ctrl+S 快捷键或选择 File（文件）| Save（保存）命令，则 Eclipse 将用波浪形的黄色下画线标记代码，因为它需要所有 ImageView 类和子类（如 ImageButton）的 contentDescription 参数，可从另一个<ImageView>中复制并粘贴 android:contentDescription 参数到此图像中，以解决该特定问题。

最后，还需要添加对数字图像资产本身的引用。添加 ImageView 的以下参数以引用数字图像，这些参数设置了背景图像的基本值，如图 8-1 所示。

```
android:src="@drawable/cloudsky"
```

现在可以使用 Run As（运行方式）| Android Application（Android 应用程序）命令查看修改后的 UI 设计，并确保它与之前的设计相同。如图 8-2 左侧所示，Android 使用 FIT_CENTER ScaleType 常量缩放源图像资产，因此你看到的是 RelativeLayout 容器的默认白色背景色。

图 8-2　在 Nexus One 模拟器中测试新的 ImageView 设置

在这里可以看到，android:src 参数使用的是 FIT_CENTER，而 android:background 参数使用的则是 FIT_XY ScaleType 算法常量，这正是我们在此特定应用程序（或 UI 设计方案）中真正想要的。因此，在开始颜色校正之前，需要解决此问题。

可以使用 android:background 参数来保存图像资产，这涉及将 android:src 更改为 android:background；也可以添加 android:scaleType = "fitXY" 来覆盖当前使用的 fitCenter。由于我们正在学习这些 ImageView 特定的参数，而不是从 View 超类继承的参数（如 background），因此，我们还将继续添加 scaleType 参数，并将其设置为 fitXY 缩放常量，如图 8-3 所示。

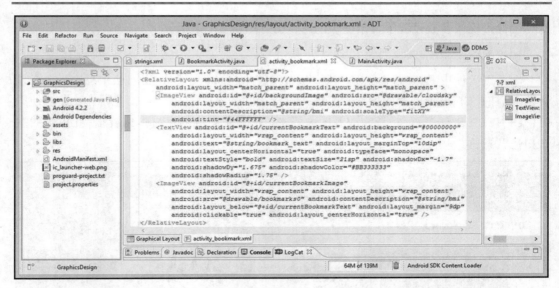

图 8-3　添加参数以使图像变亮 31.25%，并缩放以适合父容器

现在，我们已经解决了缩放问题，可以使用 android:tint 参数通过 ImageView 容器的属性对源图像进行一些颜色校正。

控制覆盖源图像的着色量的方法是：通过使用 Alpha 通道来调整着色颜色（在本示例中为白色）或十六进制值#FFFFFF 的级别（或透明度）。添加白色值将在源图像中的所有像素上调用均匀增亮效果（Uniform Lightening Effect），就像 GIMP 2.8.6 或 Photoshop 软件中增亮算法的效果一样。

可以使用十六进制的值 4（或 44）将图片的亮度指定为 31.25%，这是因为十六进制中的 4 其实是 5，而 5/16 正是 16/16（100%）的 31.25%。因此，需要在此 android:tint 参数中指定的 ARGB 值为#44FFFFFF。

如图 8-2 右侧所示，完整的 android:scaleType 和 android:tint 参数应用程序可以正确缩放图像，看起来更逼真，并且阴影也是可见的。

值得一提的是，本书中使用的许多数字成像特殊效果在 Eclipse ADT 的 Graphical Layout（图形布局）选项卡中无法准确地渲染或根本无法渲染。可以在图 8-4 的浅黄色警告区域中看到该信息。

究其原因，是渲染阴影和混合模式所需的代码必须添加到 Eclipse ADT 的 GLE 模块中，而这包含大量的工作和代码，所以未被支持。因此，需要使用 Run As（运行方式）| Android Application（Android 应用程序）命令才能测试其效果。

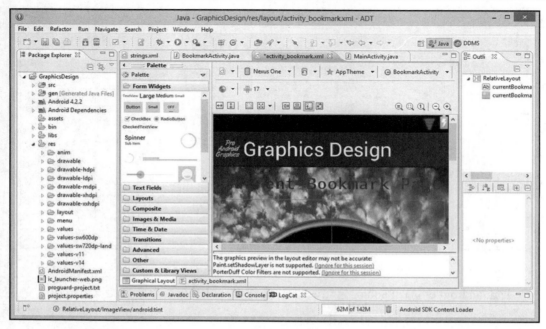

图 8-4　在 Graphical Layout（图形布局）选项卡中显示的错误（参见黄色区域），
它提示阴影和 PorterDuff 都不被支持，需要模拟器

8.9　使用 CropToPadding 裁剪 SkyCloud 图像资产

在了解了如何使用 XML 标记和 ImageView 小部件在 Android 中应用基本的图像变亮
颜色校正之后，现在让我们来学习使用 android:cropToPadding 参数裁剪图像，并且使用 5
个 android:padding 参数进行一些练习。

裁剪本身看起来很简单，而且也确实如此。但是，它也可以成为更复杂的操作的组
成部分，这些操作可以获得复杂的数字成像特殊效果，如下拉阴影、浮雕和人造 3D 等。

事实上，在第 7 章中，我们已经使用 GIMP 2.8.6 软件包对源图像进行了复制、灰阶、
模糊、移动等操作，并通过 Alpha 通道半透明和 Alpha 通道集成等步骤获得了下拉阴影
特效。

现在，我们将使用 XML 标记以及 android:cropToPadding = "true"参数来实现图像裁
剪，可以将其添加到第 8.8 节中添加的<ImageView>标签的 android:tint 参数之后，如图 8-5
所示。此参数本身不会执行任何操作，如果你想证明这一点，则可以单击编辑窗格底部
的 Graphical Layout（图形布局）选项卡，因为 GLE 可以很好地用于填充和裁剪标签。

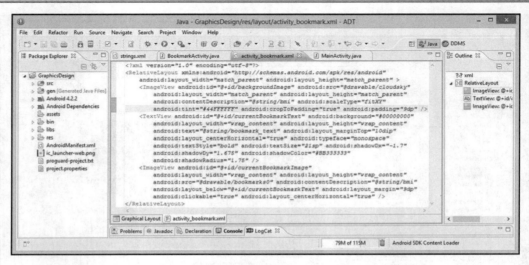

图 8-5　添加 android:padding 和 android:cropToPadding 参数

要让 android:cropToPadding = "true"参数起作用，可以在它后面添加以下语句：

```
android:padding = "9dp"
```

这会围绕 UI 设计添加一个 9dp 的边框。由于没有 android:border 或布局边框参数，因此可以在设计中添加边框。

请注意，位于 ImageView 后面的 RelativeLayout 容器的默认白色现在可以通过 ImageView 的裁剪区域显示，并允许这些像素显示出来。如果 RelativeLayout 设置了背景图像，则该背景图像将与 ImageView 源图像合成，就像 GIMP 中的图层一样。

使用 Graphical Layout（图形布局）选项卡或 Run As（运行方式）| Android Application（Android 应用程序）命令，可以看到 android:cropToPadding 参数执行操作的结果，如图 8-6 的左侧屏幕所示。

下面我们用与夕阳匹配的一些颜色为边框涂上颜色。这可以通过在 RelativeLayout 中添加 android:background 来实现。

在<RelativeLayout>父标签中添加以下 background 参数，就像之前的设置一样，只是使用了不同的颜色值。如图 8-6 的右侧屏幕所示，这个新的颜色值近似于（匹配）落日周围的云彩的颜色。

```
android:background = "#FFEEAA"
```

接下来，还可以使用 android:paddingTop 参数将图像下推（其实是裁剪），以使带下拉阴影效果的 TextView 位于 UI 设计顶部的黄色区域，这样我们就可以使用一些更具方向性的填充参数进行练习。

图 8-6 在 Nexus One 模拟器中测试 CropToPadding 参数和 RelativeLayout 背景颜色值

如图 8-7 所示，将 android:padding = "9dp"更改为 android:paddingTop = "50dp"，修改之后的外观效果如图 8-8 的左侧屏幕所示。

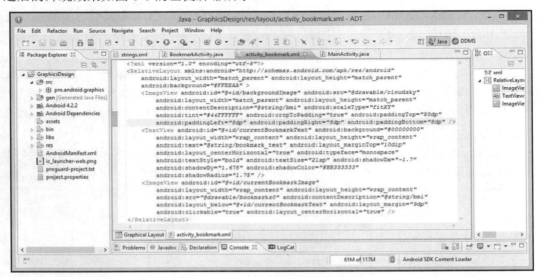

图 8-7 添加 paddingTop、paddingLeft、paddingRight 和 paddingBottom 参数以创建自定义裁剪效果

图 8-8　在 Nexus One 模拟器中测试自定义的 android:padding 和 android:cropToPadding 参数

　　可以看到失去了边框效果。添加另一个 android:padding = "8dp"参数，然后再次使用 Graphical Layout（图形布局）选项卡或 Run As（运行方式）| Android Application（Android 应用程序）命令来查看结果，将看到 android:paddingTop 参数未正确呈现，并且 UI 屏幕恢复为类似于图 8-6 右侧所示的外观。

　　这意味着 android:padding 参数是在更具体的 android:paddingTop 和其他边的填充参数之后应用的，因此，如果要指定不同的 padding 值，则必须分别指定每一边的填充参数，否则 android:padding 参数将会覆盖它们。

　　因此，我们可以将 android:padding = "8dp"更改为 android:paddingLeft = "8dp"，然后再将其复制两次，并将 Left 分别更改为 Right 和 Bottom，如图 8-7 所示。

　　现在，背板（背景图像）ImageView 已经设置了比 currentBookmarkImage（主题）ImageView 更多的参数。第一个 ImageView 的 XML 标记现在应包含以下参数：

```
<ImageView android:id="@+id/backgroundImage"
           android:src="@drawable/cloudsky"
           android:layout_width="match_parent"
           android:layout_height="match_parent"
           android:contentDescription="@string/bmi"
           android:scaleType="fitXY"
           android:tint="#44FFFFFF"
           android:cropToPadding="true"
           android:paddingTop="50dp"
           android:paddingLeft="8dp"
```

```
android:paddingRight="8dp"
android:paddingBottom="8dp" />
```

要查看新的自定义图像裁剪的效果（分别使用 padding 值和 cropToPadding），可以查看图 8-8 的右侧屏幕。现在，我们获得了所需的图像效果——将 TextView 阴影覆盖在与落日余晖匹配的黄色调上，而图像周围的其余各边则使用 8dp 边框添加了一点装饰。通过使用这十几个参数，我们实现了 ID 设置、对源数字图像资产的引用、布局、缩放、颜色校正和细致的裁剪处理。

接下来，让我们看一下如何使用 android:baseline ImageView 参数自定义 ImageView 设置基线对齐的位置。

8.10　更改 ImageView 的基线对齐索引

与其通过使用 layout_marginTop = "10dip"参数使 TextView 相对于布局容器对齐，不如使用我们在本章中已经学习过的基准功能来使此 TextView 与 backgroundImage ImageView 合成背板对齐。

可以将 TextView 的 layout_marginTop 参数设置为 0dip 并添加一个引用 backgroundImage ID 的 android:layout_alignBaseline 参数，以便 TextView 与要在其后设置的第一个 ImageView 的基线定义对齐。这是使用以下 XML 标记完成的：

```
android:layout_alignBaseline = "@+id/backgroundImage"
```

在图 8-9 中可以看到，我们在<TextView>标签末尾添加了该标签。

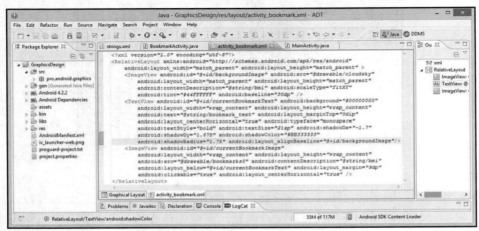

图 8-9　将 android:baseline 定义添加到 ImageView 并从 TextView 对象引用它

要为 backgroundImage ImageView 指定自定义基线位置，可使用以下 XML 标记将 android:baseline 参数添加到<ImageView>标签参数列表的末尾，如图 8-9 所示。

```
android:baseline = "30dp"
```

现在，使用 Run As（运行方式）| Android Application（Android 应用程序）命令来启动 Nexus One 模拟器，即可看到其结果与使用 android:layout_marginTop = "10dip"参数时得到的结果非常相似。

正如图 8-10（纵向）和图 8-11（横向）所示，TextView 对象现在已经对齐了其基线（这个基线位于其文本内容的底部），而图片也有一条虚构（不可见）的基线，这条基线距离图片顶部 30dip。文本对象的基线和图片的虚构基线是对齐的。

图 8-10　在 Nexus One 模拟器中测试纵向 UI 布局

基线是从图像的顶部而不是底部设置的，这有点违反直觉，因为对于大多数人来说，基线代表字体的底部（它所在的位置）。但是，图像的基线从顶部计算其实也不无道理，因为我们知道，图像是从左上角的像素（0,0）开始索引（编号）的，因此基线对齐设置中的 0 像素将与图像的顶部对齐。

图 8-11   使用横向模式在 Nexus One 模拟器中测试 android:baseline 参数

这可能就是为什么会有一个快捷 android:baselineAlignBottom = "true"参数。它的所有操作就只是获得图像的 Y（高度）分辨率，然后将此值设置为 android:baseline 参数的值。

另外一件比较有趣的事是，如果你忘记将 marginTop 设置为 0，那么对定位也没有影响，也就是说，边距不会被添加到基线对齐设置中，而是被它替换。

要确认这一点，可以设置 android:layout_marginTop = "50dip"并显示 UI 设计外观，你将看到这没有任何效果，意味着 Android 操作系统会将 android:baseline 对齐参数设置优先于 android:layout_marginTop 对齐参数设置。

重要的是要习惯于注意 Android 中参数设置的不同效果，因为这最终将使你更加熟悉操作系统在任何给定场景下显示用户界面设计的方式。

让我们来看一看，当用户将其 Android 设备的方向朝向另一边旋转 90°时，这种新的用户界面设计将如何显示。因此，可以按 Ctrl+F11 快捷键来旋转 Nexus One 模拟器。

如图 8-11 所示，使用 TextView 对象的基线对齐的新用户界面设计与 android:layout_marginTop 参数一样有效。这表明，在 Android 中可以通过多种不同方式来实现相同的用户界面布局。

这使得 Android 用户界面设计既灵活又复杂，因为这意味着往往会有一种最佳方法来在所有不同的设备屏幕尺寸和方向之间进行布局。如果可能，开发人员自然是希望仅使用 XML 布局标签和参数就可以在所有设备上获得最优化的用户界面设计。

接下来，我们将了解如何使用 android:layout_margin 和 android:padding 参数通过 XML 标记来执行图像的缩放操作。

8.11　执行图像缩放：边距和填充属性

除了使用 ScaleType 参数在其布局容器内全局缩放 ImageView 对象外，还有另一种方法可以缩放在 ImageView 容器内引用的数字图像源资产。本节将使用边距和填充值在容器内缩放 ImageView 源图像资产。

首先，可以将第二个<ImageView>标签（对应的是前景 currentBookmarkImage 图像资产）中的 android:layout_margin = "9dp"参数更改为 0dp，如图 8-12 所示。执行此操作是为了观察处于未缩放状态的图像资产。

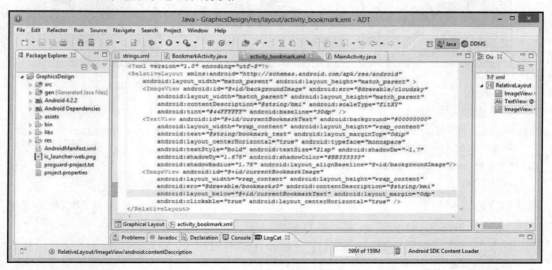

图 8-12　将 currentBookmarkImage 的 layout_margin 值设置为 0dp 以查看未缩放的图像资产

使用 Run As（运行方式）| Android Application（Android 应用程序）命令查看效果如图 8-13 左侧屏幕所示。然后将 0dp 更改为 50dp，再次运行模拟器，其结果如图 8-14 右侧屏幕所示。

在图 8-13 中可以看到，第二个 ImageView 使用了 50dp 边距缩放之后，其中包含的源图像将按比例缩小，以适应新的边距设置。你可能想知道 android:padding 参数是否也可以达到相同的结果，那么接下来我们就仔细研究一下这种可能性。

首先，我们可以为书签图像添加半透明的彩色背景。执行此操作是为了看到 ImageView 容器的边缘，从而可以确定使用边距和填充来缩放图像资产之间的区别。如图 8-14 所示，我们将通过 android:background 参数中的#77FFFFFF 十六进制颜色值将 50%（半透明）的白色背景添加到 currentBookmarkImage ID 的 ImageView 标签中（7 在十六进制中表示 8，所以 77 可以获得 50%透明度的背景）。如果需要可视化 Android 操作系统在何处绘制 UI 容器，则可以在用户界面开发工作过程中利用这项非常有用的技术。

图 8-13　左侧显示的是未缩放的 ImageView 图像资产，右侧显示
的是使用 50dp 边距缩放的 ImageView 图像资产

图 8-14　添加 50%透明的白色背景，以可视方式显示 50dp 边距和填充操作

即使我们的数字图像资产使用了透明的 Alpha 通道，该技术也将起作用。android:
layout_margin 参数的设置仍为 50dp 保持不变，因为这是一项完美的设置，可以显示使用
边距和填充在其容器内缩放 ImageView 源图像资产之间的区别。

如图 8-15 所示，书签图像可以通过半透明的 ImageView 背景颜色和 RelativeLayout
容器中保存的 ImageView 背景板正确产生阴影效果。

图 8-15　左侧的填充和右侧的边距都可以显示 50dp 图像缩放操作

在左侧的模拟器视图中，使用的是 android:padding = "50dp"参数缩放源图像资产，并
且正如预期的那样，由于 padding 在容器内部增加了空间，因此容器在保持 match_parent
布局的大小规格的同时，会将图片资源缩小到接近 50%。

在右侧的视图中，使用的是 android:layout_margin = "50dp"参数缩放源图像资产。边
距在容器的外部增加了空间，因此容器与图像资产一起缩小。

如图 8-15 左侧所示，第二个 ImageView 容器未完全填满屏幕的原因是，TextView 的
基线与第一个 ImageView 图像背板在顶部下方 30dp 的基线对齐。

第二个 ImageView 具有 RelativeLayout 参数 android:layout_below，它引用了 TextView
UI 元素。由于半透明背景颜色值设置的关系，可以看到整个 View 容器的位置。

按 Ctrl+F11 快捷键将 Android Nexus One 模拟器旋转 90°，然后看一看横向模式下
的填充与边距缩放。如图 8-16 所示，其结果基本上是一样的，android:padding 参数缩放

View 对象容器内的图像资产，而 android:layout_margin 参数则缩放 ImageView 对象容器
及其所包含的源图像资产。

图 8-16　在横向模式下显示 50dp 图像缩放

正如你在本章中所看到的那样，只要对数字成像操作的核心内容有一点创造力和丰
富的知识，就可以像在 GIMP 或 Photoshop 中那样，在 Android 中使用 XML 标记和 Java
代码实现一部分数字图像操纵功能。

8.12　小　　结

本章接续第 7 章的内容，阐述了有关 Android 的数字图像用户界面元素容器 ImageView 的更多信息。

我们首先讨论了 ImageView 类及其各种子类、嵌套类、方法、属性和参数。

ImageView 类可用于创建 Android 的 ImageButton UI 小部件子类（第 9 章将详细介绍该子类）和 QuickContactBadge。

我们详细阐述了 ImageView.ScaleType 嵌套类，它是 Android 中非常重要的类，因为缩放是数字成像中的重要概念，而正确缩放图像则是在任何新的媒体开发平台下获得清晰视觉效果的基础技术。

我们介绍了 java.lang.Enum 类和枚举类型，然后详细列举了缩放常量，该常量使用此类向 Android 操作系统指定用于 ImageView UI 窗口小部件资产的缩放类型。

本章讨论了几个特定于 ImageView 类的属性。

首先讨论的是 AdjustViewBounds 以及 maxWidth 和 maxHeight 参数，如果将 AdjustViewBounds 设置为 true（启用），则可以指定自定义宽度和高度值。请注意，一般不建议在 Android 中执行此操作，这里只是做知识性的介绍。

接下来，我们研究了 ImageView 基线的概念以及 android:baseline 和 android: baselineAlignBottom 属性，这些属性可以在 ImageView 中设置自定义基线，或者将基线设置为图像的绝对底部，而不是图片顶部。

然后，我们还研究了 cropToPadding 属性以及如何将其与 Android 填充参数一起使用，以便仅使用 XML 标记实现数字图像裁剪操作。

最后，我们研究了 android:tint 参数和 PorterDuff 混合模式，这些模式允许使用 XML 标记对数字图像源资产执行基本的颜色调整和校正。

在第 9 章中，我们将学习 ImageView 子类 ImageButton 以及如何使用 XML 标记和 Java 代码创建复杂的、基于图像的交互式按钮。

第 9 章　高级 ImageButton：创建
自定义多状态 ImageButton

本章将深入研究 ImageView 类的重要子类之一：ImageButton 类。

ImageButton 是 Android 中重要的用户界面元素之一，用于在 Button（按钮）用户界面元素内部实现高级图形设计。Android 具有标准的 Button 类，但该类在实现图形设计资产方面不像 ImageButton 类那样灵活。

由于这是一本专注于图形设计的书，因此我们选出 ImageButton 类，并用一整章内容来学习如何定义其多个状态，以及如何将图形元素附加到每个状态，以实现标准的 Android Button 类无法做到的、令人印象深刻的视觉效果。

我们将使用 android:src 参数定义源图像，并使用一些 UI 布局参数对其进行定位，使用 margins 参数为设计提供边距。

本章再次使用了 GIMP 2.8 软件，并且介绍了一些相当高级的数字成像概念和技巧，后续我们还将在 GIMP 和 VirtualDub 中执行更多的操作。

9.1　Android 中的按钮图形：ImageButton 类概述

如前文所述，Android ImageButton 类是 ImageView 类的子类，ImageView 类本身是 View 超类的子类，而 View 超类又是 java.lang.Object 主类的子类。ImageButton 类的类层次结构如下：

```
java.lang.Object
  > android.view.View
    > android.widget.ImageView
      > android.widget.ImageButton
```

与它的父类 ImageView 一样，ImageButton 类保留在用于 UI 小部件的单独的 Android 包中（该包被称为 android.widget 包），因为 ImageButton 类是用于使用图像制作自定义 Button UI 元素的 UI 小部件。

如果开发人员希望创建一个自定义 UI Button 元素，将按钮显示为图像，而不是像我们日常看到的标准按钮那样在一个方形背景上显示简单的文本标签，则使用 ImageButton UI 小部件是不二之选。

　　像 Android Button 类 UI 小部件一样，ImageButton 类 UI 小部件也可以被用户按下（使用单击或点触事件），并且同样具有焦点和悬停特性。

　　但是，Button UI 小部件是 TextView 类的子类，因此它主要针对文本，因为它本质上是一个 TextView UI 元素，只是其背景使它看起来像 Button UI 元素。而 ImageButton UI 小部件是 ImageView 类的子类，它提供了图形功能，这正是我们希望加以利用的。

　　如果不使用任何自定义参数，则 ImageButton UI 小部件将具有标准 UI Button 的外观，但是当按下该按钮时，灰色按钮背景将变为蓝色。因此，除非要实现本章将要介绍的各种图像资产和多状态功能，否则不要使用 ImageButton。

　　通过在 XML 布局容器 UI 定义内的<ImageButton>子标记中使用 android:src 参数，可以静态定义 ImageButton UI 小部件的默认图像（定义其正常状态）。也可以在 Java 代码中动态定义它，这可以通过使用.setImageResource()方法来完成。

　　我们将使用 XML 来定义 UI 设计（这也是 Android 更愿意开发人员去做的事情）。如果使用 android:src 参数来引用图片资源，则它将替换标准 ImageButton 背景图片。如果要进行合成，也可以定义自己的背景图像，还可以将背景颜色值设置为透明（#00000000）。

9.2　ImageButton 的状态：正常、按下、焦点和悬停

　　ImageButton 类允许开发人员为每种使用状态定义自定义图像资产。

- ❏　Normal（正常）：默认状态或未使用时的状态。
- ❏　Pressed（按下）：用户点触或单击时的状态。
- ❏　Focused（焦点）：获得焦点，指最近点触释放或单击释放。
- ❏　Hovered（悬停）：用户使用鼠标或导航键将光标置于 ImageButton 上，但尚未点触或单击。

　　悬停状态是在 Android 4.0 API Level 14 中添加的，可能是因为预期将 Android 操作系统用于 Google Chromebook（上网本）。表 9-1 中显示了 ImageButton 的 4 个主要状态及其等效的鼠标事件。

表 9-1　Android ImageButton 类主图像资产状态常量及其等效的鼠标事件

ImageButton 状态	ImageButton 状态的描述	等效的鼠标事件
Normal	未使用时的默认 ImageButton 状态	Mouse Out
Pressed	点触或单击时的 ImageButton 状态	Mouse Down
Focused	点触或单击释放时的 ImageButton 状态	Mouse Up
Hovered（API 14）	获得焦点但未点触或单击时的 ImageButton 状态	Mouse Over

ImageButton UI 元素不容易实现，因为需要为每个 ImageButton 状态创建唯一的数字图像资产。开发人员必须执行此操作以直观地向用户指示不同的 ImageButton 状态，这涉及一些数字图像制作任务。

本章稍后将使用 GIMP 2.8 软件创建在每个 ImageButton 状态下的数字图像，并且还要为 Android 所需的各种分辨率密度提供对应图像，以跨越不同的设备类型和屏幕尺寸。很快你就会看到，必须创建的数字图像资产的数量是由图像按钮的数量乘以 4 个状态再乘以 4 个密度目标得出的，也就是说，每个 ImageButton 都需要拥有 16 个图像资产。

定义 ImageButton 状态的标准工作过程是使用 XML 的可绘制定义文件，该文件位于 /res/drawable 文件夹中，并且使用父<selector>标签和子<item>标签定义每个 ImageButton 状态（使用自定义的数字图像资产引用）。下文将提供相应的示例。

在设置此 XML 定义后，Android 会根据 ImageButton 的状态自动更改图像资产。状态定义的顺序很重要，因为它们会按顺序进行评估。这就是 Normal（正常）图像资产要排在最后的原因，因为它将仅在 android:state_pressed 和 android:state_focused 都评估为 false 后才显示。

9.3　ImageButton 可绘制资产：合成按钮状态

言归正传，现在我们来进入创建多状态 ImageButton 的工作过程。首先从为每个按钮状态创建不同的数字图像资产开始。为此，我们将使用 GIMP 开源图像编辑和合成软件包。启动 GIMP，使用 File（文件）| Open（打开）命令打开如图 9-1 所示的 Open Image（打开图像）对话框，并找到 ImageButton_Bookmark.png 图像，它将是此 ImageButton 数字图像资产的底部（最低）基础图像合成层。选中该图像，然后单击 Open（打开）按钮将其作为原始图像层加载到 GIMP 中。

接下来要做的是添加一个外部按钮元素，如在按钮周边添加一个金属环，使其看起来更像一个按钮。

单击图 9-1 中显示的其他两个原始资产（ImageButton_Gold.png 和 ImageButton_Silver.png），将在对话框右侧显示它们的预览，分别是一个金色环和一个银色环。它们是在此工作过程的接下来的几个步骤中将要使用的 UI 设计元素，将在基本的书签图标上进行合成。

GIMP 有一个非常有用的工具或命令，可用于将外部图形图像资产引入合成层中，只需要一个非常简单的步骤即可。此工具就是位于 File（文件）菜单下的 Open as Layers（作为图层打开）功能。

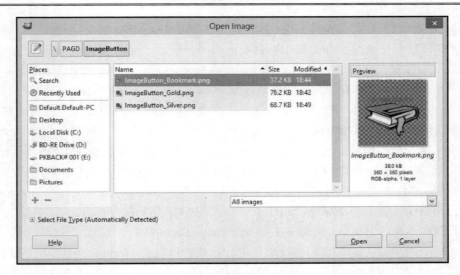

图 9-1　打开 ImageButton_Bookmark 主图像层

　　如图 9-2 所示，选择 File（文件）| Open as Layers（作为图层打开）命令，再次选择 ImageButton 资源文件夹，添加一个图像合成层。

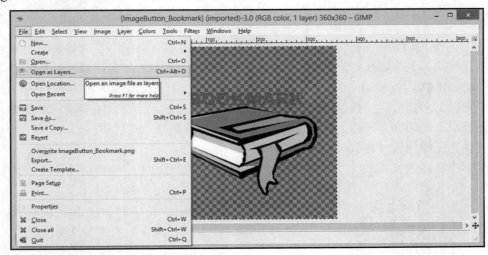

图 9-2　使用 File（文件）| Open as Layers（作为图层打开）添加一个合成层

　　在图 9-2 标题栏中可以看到，对于 XHDPI 特高密度像素图像资产大小来说，基础书签层已经就绪，大小为 360×360 像素，因此现在将在图像合成中选择下一层，即图 9-3 所示的 Open Image（打开图像）对话框中显示的 ImageButton_Silver.png 文件，可以使用

File（文件）| Open as Layers（作为图层打开）命令将其打开。

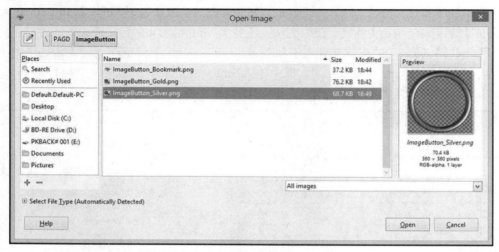

图 9-3　找到要添加到合成中的 ImageButton_Silver.png 按钮外环

选择 ImageButton_Silver.png（在图 9-3 中可以看到它是一个银色环）后单击 Open（打开）按钮，GIMP 会将其插入书签图标图形上方的层中。合成的效果如图 9-4 所示，可见其现在看起来更像一个 UI 按钮。选择 File（文件）| Export（导出）命令，以创建 ImageButton 正常状态的图像。

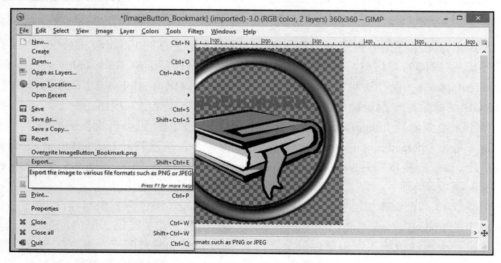

图 9-4　使用 File（文件）| Export（导出）命令来导出新合成的按钮

　　打开 Export Image（导出图像）对话框后，在左侧的导航窗格中找到 Users（用户）文件夹和系统名称文件夹（默认为 Default.Default-PC）。在此之下，可以看到 Eclipse ADT 开发项目的 workspace 文件夹。在该文件夹下找到 GraphicsDesign 文件夹，然后导航到资源文件夹（即 res），并在该文件夹下找到 drawable-xhdpi 图像资产文件夹，如图 9-5 所示。接下来，在 Name（名称）文本框中输入 imagebutton_normal.png（全部小写），然后单击对话框右下角的 Export（导出）按钮以创建文件。

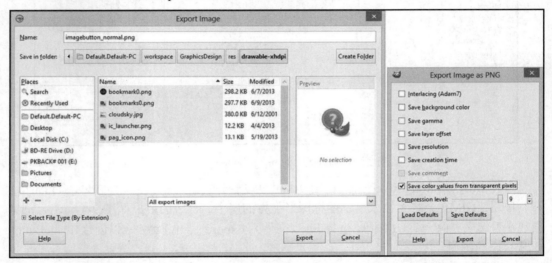

图 9-5　使用 Export Image（导出图像）对话框保存 ImageButton 正常状态资产 imagebutton_normal.png

　　单击 Export（导出）按钮后，将出现一个带有导出选项的 Export Image as PNG（将图像导出为 PNG）对话框，如图 9-5 右侧所示。这里只要选中 Save color values from transparent pixels（保存透明像素的颜色值）复选框以确保将 Alpha 通道的所有细微差别与 ARGB 图像数据一起正确保存即可，然后单击 Export（导出）按钮。

　　接下来需要创建 ImageButton 悬停状态的图像资产，因此可以再次使用如图 9-2 所示的 File（文件）| Open as Layers（作为图层打开）命令，这次打开 ImageButton_Gold.png 合成资产，该资产将放入 ImageButton_Silver.png 资产上方的合成层，如图 9-6 右侧的 Layer（图层）调板所示。

　　可以看到，虽然第 2 层中的 ImageButton_Silver.png（银色环）仍然存在，但现在被第 3 层中的 ImageButton_Gold.png（金色环）遮盖，因此无须关闭第 2 层的可见性。当然，如果你是一个很谨慎的人，也可以单击第 2 个图层左侧的眼睛图标。金色环的合成图像是 ImageButton 的 Hovered 状态的图像。在本示例中，当用户将光标悬停在该按钮上时，按钮周围的金属环将由银色变为金色。

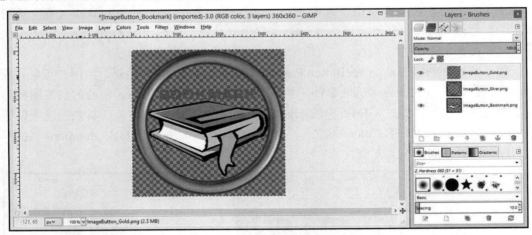

图 9-6　使用 File（文件）| Open as Layers（作为图层打开）命令将
ImageButton_Gold.png 图像资产添加到合成层

现在，我们要做的就是创建此悬停状态的图像资产。

选择 File（文件）| Export（导出）命令（见图 9-4），打开 Export Image（导出图像）对话框。这一次我们需要使用其他文件名（当然，仍然只能使用小写字母和下画线字符，这是 Android 操作系统所要求的），在 Name（名称）文本框中输入 imagebutton_hovered.png 以命名图像资产，如图 9-7 所示。

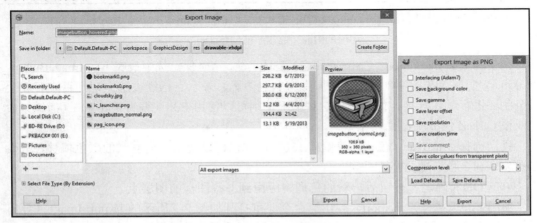

图 9-7　使用 Export Image（导出图像）对话框导出
ImageButton 悬停状态图像资产 imagebutton_hovered.png

　　单击 Export（导出）按钮后，将再次出现一个带有导出选项的 Export Image as PNG（将图像导出为 PNG）对话框，选中 Save color values from transparent pixels（保存透明像素的颜色值）复选框，然后单击 Export（导出）按钮。该图像的大小同样是 360×360 像素（在图 9-6 标题栏中可见），可用作 XHDPI 特高密度像素图像资产。

　　接下来需要创建的是 ImageButton Pressed（按下）状态的图像资产。当用户点触（或单击并按住，称为 Mouse Down 事件）按钮 UI 元素时，ImageButton 中心的书签图标会发生颜色更改。可以通过 GIMP 中的 Hue-Saturation（色相-饱和度）工具来创建颜色更改。此工具位于 GIMP 的 Colors（颜色）菜单下。如图 9-8 所示，Hue-Saturation（色相-饱和度）对话框显示在其左侧。

图 9-8　使用 Hue-Saturation（色相-饱和度）对话框将 ImageButton_Bookmark
图层的 Hue（色相）值偏移 180°

　　在使用 Hue-Saturation（色相-饱和度）工具之前，请确保已选中最底下的 ImageButton_Bookmark 图层（在图 9-8 中，该图层上有灰色阴影，表示它已经被选中），否则可能会对金色环进行颜色转换。如果发生这种情况，则可以使用 Edit（编辑）| Undo（撤销）命令或按 Ctrl+Z 快捷键撤销操作。

　　我们选择了将 Hue（色相）值偏移 180°，你也可以使用任何喜欢的颜色偏移，只要它看起来和金色环非常搭配即可。

　　单击 OK（确定）按钮后，新的色调将应用到书签图标的图层上。

　　使用 File（文件）| Export（导出）命令即可打开如图 9-9 所示的 Export Image（导出图像）对话框，使用名称 imagebutton_pressed.png 导出该资产。保存的路径是 Android 中用于存储特高分辨率密度图像资产的文件夹（/workspace/GraphicsDesign/res/drawable-xhdpi）。

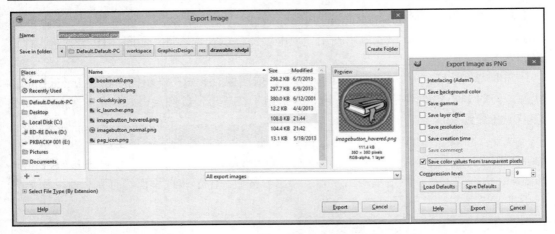

图 9-9　使用 Export Image（导出图像）对话框导出 ImageButton
按下状态的资产 imagebutton_pressed.png

　　现在，只剩下最后一个 ImageButton 状态图像需要创建，即 Focused 状态。我们可以使用不同的图层资产组合来执行此操作。

　　只需使用图层左侧的眼睛图标关闭 ImageButton_Gold.png 图层的可见性即可完成此操作。如图 9-10 所示，ImageButton_Gold.png 图层左侧的眼睛图标消失，表示该图层已经不可见，结果就是产生了全新的按钮状态。

图 9-10　使用可见性（眼睛）图标关闭 ImageButton_Gold
图层以创建 Focused 状态图像

　　执行此操作之后，ImageButton_Silver.png 图层变为可见，并且将拥有一个全新的 ImageButton 焦点状态，该状态将使用变色书签图标以及银色环。如图 9-10 所示，这看起来非常专业。

　　需要特别注意的是，在创建不同版本的合成图像时（如在本示例中创建 ImageButton 状态资产时），层的可见性非常有用。这是由于在导出最终图像时，不可见的图层将不会出现在最终图像结果中。

　　现在，可以使用 File（文件）| Export（导出）命令打开 Export Image（导出图像）对话框，如图 9-11 所示，输入 Name（名称）为 imagebutton_focused.png，表示它是 ImageButton Focused 状态的资产。然后单击 Export（导出）按钮。由于该过程已经重复多次，相信你已经非常熟悉了。

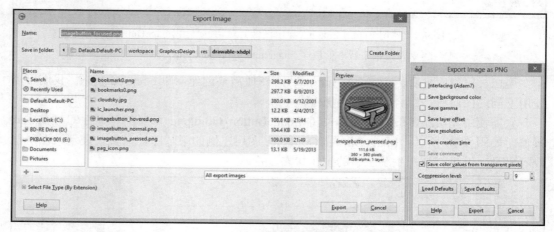

图 9-11　使用 Export Image（导出图像）对话框导出 ImageButton Focused
状态资产 imagebutton_focused.png

　　现在，我们已经为多个状态的 ImageButton 输出了特高分辨率资产。需要注意的是，还应该保存此图像合成的 GIMP 原生文件格式版本，以防将来出于任何原因需要它。具体操作方法是选择 GIMP 中的 File（文件）| Save（保存）或 Save As（另存为）命令，打开 Save Image（保存图像）对话框，将当前的 GIMP 项目另存为原生的 XCF 文件，保存位置就在原始图像合成资产所在的文件夹，如图 9-12 所示。

　　该文件包含我们在数字图像合成工作过程中创建的所有层和设置。

　　接下来，可以进入 Eclipse ADT 并编写在 GraphicsDesign 应用程序内实现 ImageButton 状态所必需的 XML 标记。

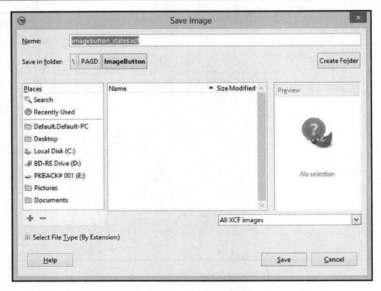

图 9-12　保存 GIMP 原生格式文件 imagebutton_states.xcf

9.4　可绘制的 ImageButton：设置多状态 XML

启动 Eclipse ADT IDE，然后右击并打开/res/layout 文件夹中的 activity_contents.xml UI 定义文件。

我们将在 Table of Contents（目录）的底部添加一个 ImageButton UI 元素，该元素使用户可以访问 Bookmarking Utility（书签工具），以便为 GraphicsDesign 应用程序构建一些应用程序 Activity 之间的导航。

在第一个嵌套的<LinearLayout>标签内添加一个<ImageButton>子标签，如图 9-13 所示，并添加必要的 layout_width 和 layout_height 参数。

使用 android:id 参数，将<ImageButton> UI 元素命名为 bookmarkImageButton，并确保作为 ImageButton 状态资产一部分的 Alpha 通道始终显示整个 ImageButton，这是通过将 ImageButton android:background 参数设置为背景 100%透明来完成的，该参数设置为 #00000000 的 ARGB 十六进制值，等效于透明的黑色。

由于已经将 android:layout_width 和 android:layout_height 参数设置为标准 wrap_content 常量，因此现在要做的就是添加每个 ImageView 类（以及子类，如 ImageButton）所需的 android:contentDescription 参数。

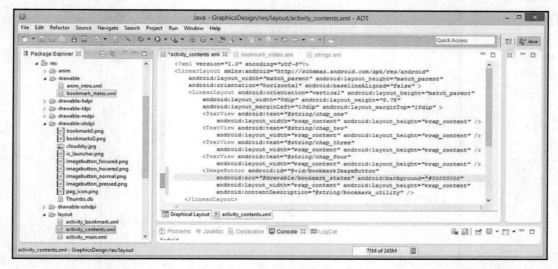

图 9-13　将<ImageButton>子标签添加到第一个嵌套的<LinearLayout>子标签布局容器中

由于我们已经有一个引用 Bookmarking Utility 的<string>常量，因此可以将其用作该参数的字符串值，如下所示：

```
android:contentDescription = "@string/bookmark_utility"
```

最后，还需要添加一个 android:src 参数，该参数将引用 XML 文件，该 XML 文件包含定义书签 ImageButton 状态的标签。将此文件命名为 bookmark_states.xml，并将其放在/res/drawable 文件夹中。此参数的 XML 标记如下：

```
android:src = "@drawable/bookmark_states"
```

现在需要创建 bookmark_states.xml 可绘制 XML 定义，方法是右击/res/drawable 文件夹，然后在弹出的快捷菜单中选择 New（新建）| Android XML File（Android XML 文件）命令，打开 New Android XML File（新建 Android XML 文件）窗口，如图 9-14 所示。

在该窗口中，已经自动选择 Resource Type（资源类型）为 Drawable，Project（项目）为 GraphicDesign。

在 File（文件）文本框中将其命名为 bookmark_states，然后选择 Root Element（根元素）为 selector，最后单击 Finish（完成）按钮，即可在/res/drawable 文件夹中为项目创建引导的 bookmark_states.xml 文件。

现在可以为 ImageButton 可绘制资产的每种状态添加<item>子标签，如图 9-15 所示。

可以看到，添加的顺序是从 hovered 到 pressed，再到 focused，最后才是 normal，这就像我们平常的鼠标操作顺序一样：先是将光标移动到对象上（这将触发 Mouse Over 事件，Hovered 状态），然后单击对象（这将触发 Mouse Down 事件，Pressed 状态），再是释放鼠标（这将触发 Mouse Up 事件，Focused 状态），最后将光标从对象上移出（这将触发 Mouse Out 事件，对象回归 Normal 正常状态）。

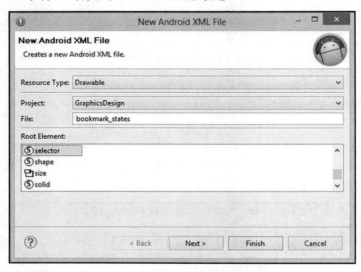

图 9-14　使用 selector 根元素创建 Drawable 资源类型的新 Android XML 文件

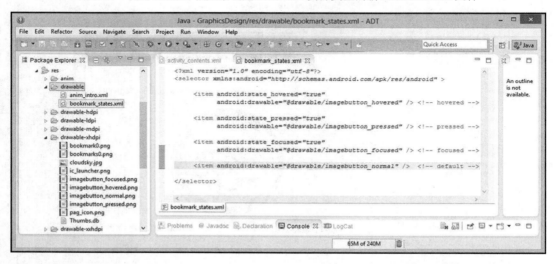

图 9-15　将<item>标签添加到 bookmark_states.xml 文件中以定义 ImageButton 4 种状态的可绘制资产

用于在父<selector>标签内实现 4 个子<item>标签的 XML 标记（按照它们需要出现

的顺序）如下所示：

```
<? xml version="1.0 encoding="utf-8" ?>
<selector xmlns:android="http://schemas.android.com/apk/res/android"
    <item android:state_hovered="true"
        android:drawable="@drawable/imagebutton_hovered" />
    <item android:state_pressed="true"
        android:drawable="@drawable/imagebutton_pressed" />
    <item android:state_focused="true"
        android:drawable="@drawable/imagebutton_focused" />
    <item android:drawable="@drawable/imagebutton_normal" />
</selector>
```

构建完 bookmark_states.xml 文件后，即可返回到 activity_contents.xml 文件，并使用 Graphical Layout（图形布局）选项卡来查看 ImageButton UI 元素在通过 bookmark_ states.xml 文件引用图像资产后的外观，如图 9-16 所示。

图 9-16　使用 Graphical Layout（图形布局）选项卡预览<ImageButton>子标签及其参数

请注意，在 Graphical Layout（图形布局）选项卡中，如果单击 ImageButton，则将选择它进行编辑，而不是提供按下状态的视觉反馈。

因此，要正确测试按钮，需要使用 Run As（运行方式）| Android Application（Android 应用程序）命令，在 Nexus One 模拟器中打开应用程序，以确认 XML 标记都能正常工作。

如图 9-17 所示，当单击 ImageButton 时，外环的颜色会变成金色，但是它看起来太大了，作为一个按钮 UI 元素，这么大显然是不合适的，因此需要将其缩小到更像按钮的尺寸。这就牵涉一个问题：Android 仅具有可以使用的特高分辨率图像资产，并且缩放得不够。

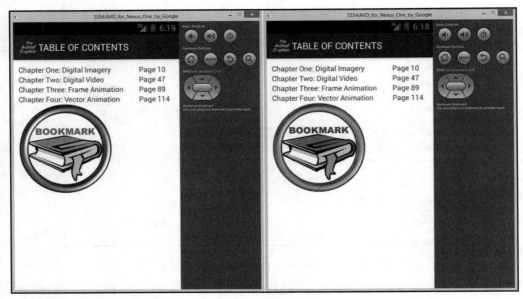

图 9-17　运行 Nexus One 模拟器以在应用程序运行环境中测试 ImageButton 状态

因此，要确保这不是问题，我们需要做的第一件事就是回到 GIMP，接续第 9.3 节中的工作过程。在第 9.3 节中，我们已经创建了这 4 个 ImageButton 状态的最高分辨率版本的图像资产，但是尚未为 LDPI、MDPI 和 HDPI 的 drawable 文件夹创建其他 3 种分辨率密度版本的图像资产。因此，我们必须要创建所有资产，虽然这确实很烦琐，但是必须要做。

9.5　创建所有 ImageButton 状态资产：密度分辨率

由于我们在所有资产中都将使用 32 位 PNG 高质量数字图像文件格式，因此只需打开 360 像素 XHDPI 图像资产并将其下采样即可。例如，对于 LDPI 所需的 120 像素来说，可执行 3 倍下采样；对于 MDPI 所需的 180 像素来说，可执行 2 倍下采样；对于 HDPI 所需的 240 像素来说，可执行 1.5 倍下采样。

  启动 GIMP，选择 File（文件）| Open（打开）命令，此时将出现 Open Image（打开图像）对话框，如图 9-18 所示。接下来，使用左侧的 Places（位置）窗格导航到/workspace/GraphicsDesign/res/drawable-xhdpi 文件夹，选择 imagebutton_normal.png 文件，然后单击 Open（打开）按钮，以在 GIMP 中打开此数字图像资产。

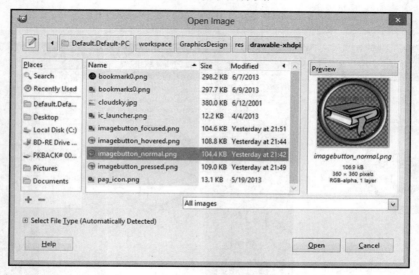

图 9-18 打开 XHDPI imagebutton_normal.png 文件

  选择 Image（图像）| Scale Image（缩放图像）命令，打开 Scale Image（缩放图像）对话框，将图像大小从 360 像素下采样到 X 和 Y 图像轴上每个像素的一半，缩小为 180×180 像素，即 2 倍或 100%的下采样。

  重要的是要注意，偶数倍数（2 倍、4 倍、8 倍）的下采样操作将产生最佳结果，因此，首先应该创建 MDPI 图像资产。单击 Image Size（图像大小）选项中的链接图标，确保锁定宽高比，然后在 Width（宽度）数值框中输入 180；当按 Enter 键或单击 Height（高度）数值框时，由于锁定宽高比的关系，会自动输入第二个 180。

  接下来，确保在此对话框底部的下拉列表框中选择了 Cubic（立方）插值算法选项。GIMP 中的立方插值与 Photoshop 中的立方插值相同，因此这是使用 GIMP 可获得的最高质量的采样。设置完对话框参数后，单击 Scale（缩放）按钮，如图 9-19 所示。

  图像将下采样为如图 9-20 所示的大小（在标题栏中可以看到）。

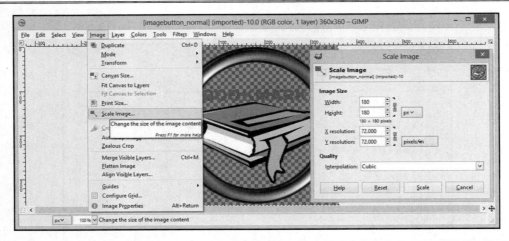

图 9-19　使用 Image（图像）| Scale Image（缩放图像）命令将图像资产从 XHDPI 缩放到 MDPI

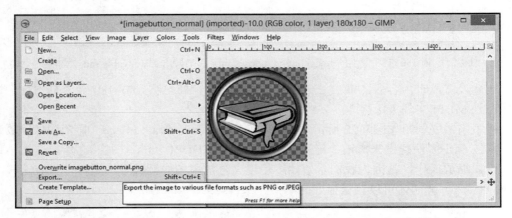

图 9-20　使用 File（文件）| Export（导出）命令导出 180×180 像素的
ImageButton 正常状态 MDPI 密度的图像资产

　　注意图 9-20 中新图像的高质量下采样结果。现在可以使用 File（文件）| Export（导出）命令来导出新的 MDPI 数字图像资产。

　　在出现如图 9-21 所示的 Export Image（导出图像）对话框之后，使用相同的确切文件名保存此 MDPI 图像资产，但是要保存到另一个文件夹（/res/drawable-mdpi）中，使其成为另一个文件（至少就 Android 而言是如此）。Android 经常在多个文件夹中使用相同的文件名。

　　如果将文件导出到 XHDPI 文件夹，那么它将会替换 360×360 像素资产，因此在此工作过程中要特别小心。图 9-21 显示了以蓝色突出显示的相同文件名，在 Save in folder（保存到文件夹）中已经指定了不同的文件夹路径。

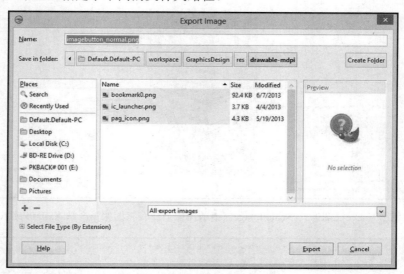

图 9-21　将 180×180 像素的 imagebutton_normal.png 资产导出到 drawable-mdpi 文件夹

正确设置所有内容后，单击 Export（导出）按钮，即可将 180×180 像素分辨率的资产保存到 MDPI 文件夹中。

接下来需要利用如图 9-22 所示的 Edit（编辑）| Undo Scale Image（撤销图像缩放）命令或按 Ctrl+Z 快捷键来撤销 2 倍下采样并返回到 XHDPI 分辨率图像。之所以要撤销之前的图像缩放操作，是因为我们希望始终使用高分辨率图像源进行下采样，只有这样，Cubic（立方）算法才可以获得很好的结果。

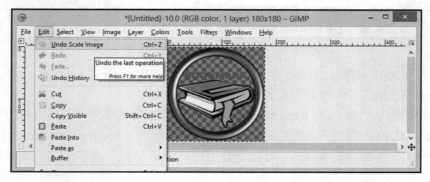

图 9-22　使用 Undo Scale Image（撤销图像缩放）命令返回按钮
正常状态的 360×360 像素版本，以实现更好的采样

在返回到 360×360 像素的 XHDPI 源图像之后，需要针对 LDPI 的 120 像素和 HDPI 的 240 像素 imagebutton_ normal.png 图像资产重复如图 9-18～图 9-22 所示的工作过程。图 9-23 显示了这两个采样操作的 Scale Image（缩放图像）对话框，请确保正确设置。

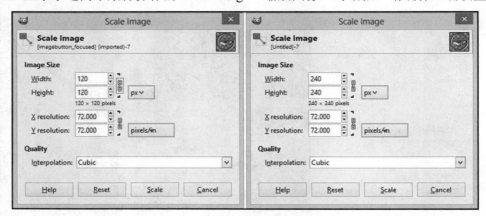

图 9-23　将按钮的正常状态图像资产缩放到 120 像素（LDPI）和
240 像素（HDPI）以创建不同密度分辨率的正常状态图像资产

接下来要做的是使用 ImageButton 其他 3 个状态的图像资产重复此工作过程。这将包括 imagebutton_pressed.png、imagebutton_focused.png 和 imagebutton_hovered.png 图片资源。这 3 个 ImageButton 状态资产需要下采样为 LDPI、MDPI 和 HDPI 资产分辨率。该操作无顺序要求，只要最终完成所有操作即可。

请注意，要进行剩余的下采样操作，先不要着急执行如图 9-18～图 9-22 所示的操作，重要的是首先要完全关闭 imagebutton_normal.png 360 像素资源，不要因为疏忽而将其保存为其他（较低）分辨率。有两种方法可以做到这一点。

第一种方法是始终使用如图 9-22 所示的 Edit（编辑）| Undo Scale Image（撤销图像缩放）命令或按 Ctrl+Z 快捷键撤销操作。

第二种方法是选择 File（文件）| Close（关闭）命令，然后在弹出的对话框中单击 Close without Saving（放弃修改）按钮，如图 9-24 所示。这将确保你在工作过程开始时打开的特高分辨率资产始终保持在硬盘驱动器上，因为你根本没有对其执行保存操作。

接下来就可以使用如图 9-18～图 9-24 所示的工作流程，关闭 imagebutton_normal.png 资产并打开其他资产之一，并为该 ImageButton 创建其他 3 个状态的不同 DPI 分辨率的资产。

一旦对 4 个 ImageButton 状态都执行了此操作，则你应该对创建用于 Android 应用程序开发的多状态 ImageButton 所涉及的数字图像合成和下采样工作流程有一个很好的了解。

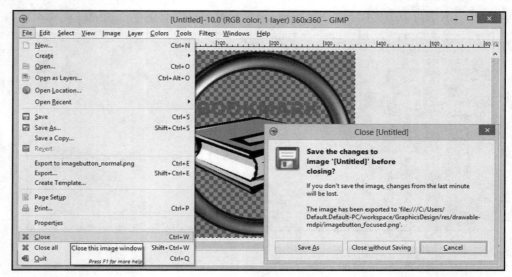

图 9-24　关闭 ImageButton 正常状态的图像资产并且不保存对原始数据的任何修改

在创建了所有（16 个）多状态的 ImageButton 资产之后，即可返回 Eclipse ADT，看一看拥有这些较小的 ImageButton 状态图像资产是否会为你提供较小的 ImageButton UI 元素，或者是否必须构造解决方案，通过使用其他 XML 参数来解决问题。

9.6　将 ImageButton 缩放到与 UI 元素匹配的大小

返回并重新启动 Eclipse ADT，如果已在桌面上打开 Eclipse，则可以右击项目文件夹，在弹出的快捷菜单中选择 Refresh（刷新）命令以使得 Eclipse 能够发现新添加到各个/res/drawable-dpi 子文件夹中的图像资产。

选择 Run As（运行方式）| Android Application（Android 应用程序）命令来查看 Android 操作系统是否会使用刚创建的任何较小的图像资产。

当再次在 Nexus One 模拟器中运行该应用程序时，会发现按钮的外观仍然如图 9-17 所示，因此需要想办法通过使用参数来得到所需的最终结果。

使用<ImageButton>标签内的 android: 调出参数列表。查看所有内容，看是否有任何内容可以让 ImageButton 看起来更小。

在参数列表底部附近可以看到 android:scaleX 和 android:scaleY 参数。分别双击这两个标签，将它们添加到<ImageButton>标签中，如图 9-25 所示。

图 9-25　使用 android:scaleX 和 android:scaleY 缩小 ImageButton

我们知道偶数倍数缩放的效果最好，因此，在这里可以使用 0.5 的实数或浮点数缩放值，这相当于进行 2 倍的下采样。

要查看添加这些 android:scale 标签之后的视觉效果，无须使用 Run As（运行方式）|
Android Application（Android 应用程序）命令，可以单击 XML 编辑窗格底部的 Graphical
Layout（图形布局）选项卡。这样就可以切换到可视化编辑模式，以查看 0.5 或 50%缩放
操作（参数）的结果。

如图 9-26 所示，android:scaleX 和 android:scaleY 参数为我们提供了所需的最终结果，
并且 ImageButton 现在看起来和 Table of Contents（目录）中的 UI 元素大小是匹配的。

但是，android:scale 参数使 ImageButton 容器仍保持原始大小，这在图 9-26 中的选择
框（大小调整手柄）上可以看得清清楚楚。因此，我们还需要添加一些其他参数，以将
此 ImageButton 容器向上和向左移动，这需要使用一些负的 margin（页边距）参数，现在
就来看一看如何添加这些参数。

首先，可以添加一个 android:layout_marginTop 参数，该参数的值为−35dip，以将新
调整大小的 ImageButton 拉回到更靠近目录的位置。可以随时使用 Graphical Layout（图

形布局）选项卡来预览此设置，以确保设置有效。

图 9-26　使用 Graphical Layout（图形布局）选项卡预览 ImageButton 的缩放结果

接下来，添加一个 android:layout_marginLeft 参数，并且将其值也设置为−35dip，以将新调整大小的 ImageButton 拉向屏幕左侧。同样，可以随时使用 Graphical Layout（图形布局）选项卡来预览此设置，以确保设置有效。

图 9-27 显示了位于<ImageButton>标签内的 android:layout_marginTop 和 android:layout_marginLeft 参数，它们位于标签顶部，紧靠两个 android:scale 参数。ImageButton UI 元素现在具有 10 个自定义参数。

现在我们已经完成了缩放和定位 ImageButton 的所有参数设置，可以单击 Graphical Layout（图形布局）选项卡快速预览已编写的 XML 标记，查看是否已实现所需的最终结果。

如图 9-28 所示，ImageButton UI 元素现在更靠近目录的底部，最终用户会认为它就是一个 UI 按钮，单击它将使最终用户进入 Bookmarking Utility Activity 子类。

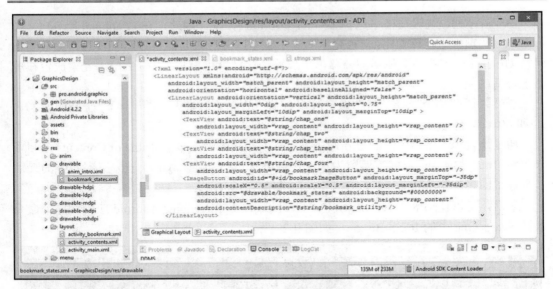

图 9-27　添加 android:layout_marginTop 和 android:layout_marginLeft 参数以调整 ImageButton 的位置

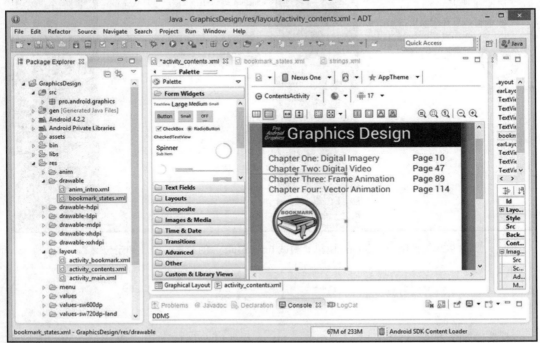

图 9-28　使用图形布局编辑器预览负边距设置以定位 ImageButton

　　由于在 XML 编辑窗格中选择了<ImageButton>标签，因此，在 Graphical Layout（图形布局）选项卡中，该 UI 元素也显示为选中状态。图形布局窗格显示了负边距参数值如何将 UI 小部件容器的未使用部分移出了屏幕，这样就可以将缩放后的 UI 元素放置在屏幕上合适的位置。

　　当然，还有一个选择是将图像资源本身缩小为原始像素大小的一半，即 180、120、90 和 60 像素。

　　通过这种编写 XML 标记的方式，我们可以轻松添加更多的 Table of Contents 条目，只要将<ImageButton>子标签保留为第一个嵌套标记<LinearLayout>子标签容器中的最后一个标签即可。

　　最后，可以使用 Run As（运行方式）| Android Application（Android 应用程序）命令测试 Nexus One 中的 ImageButton，如图 9-29 所示。

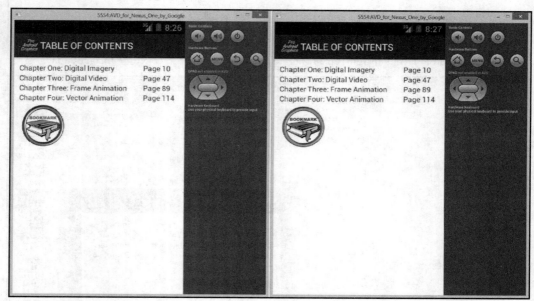

图 9-29　使用 Nexus One 模拟器测试 ImageButton 的状态、缩放和定位参数

9.7　小　　结

　　本章详细介绍了 Android ImageButton UI 小部件以及如何使用它来通过 XML 标记实现多状态图形按钮。

我们首先解释了 ImageButton 类以及它与 Button UI 小部件之间的区别。ImageView 类可用于创建 Android ImageButton UI 小部件子类，android:src 参数可以引用其源图像，而 android:background 参数则可以控制其合成背景的透明度。

我们详细阐释了 ImageButton 的状态，这些状态可用于为用户提供有关 ImageButton 当前处于哪个使用状态的视觉反馈，并将使用开发人员为每个状态提供的不同图像。

Hovered（悬停）状态仅适用于具有鼠标的 Android 设备，它是在 API Level 14 中才引入的状态，目的是提供对 Google 上网本产品使用 Android 的支持。

Pressed（按下）状态表明 ImageButton 在触摸屏上被单击或被点触。按下状态等效于正常 PC 编程环境中的鼠标 Mouse Down 状态。

Focused（焦点）状态表明 ImageButton 已被释放，并且正在被使用（获得焦点），直到用户访问另一个 UI 元素为止。

Normal（正常）状态是 ImageButton 未被使用的状态，也是该对象的默认状态。除非以某种方式使用它们（悬停、按下或具有焦点），否则所有 ImageButton 都将使用此状态。

本章通过示例介绍了如何使用 GIMP 数字成像软件包创建 4 个 ImageButton 状态。首先可以创建一个数字图像合成文档，然后使用该文档导出 4 个不同但像素同步的图像资源，从而实现一个无缝的多状态 ImageButton 用户体验。

我们研究了如何在现有的布局容器中实现 ImageButton，并将新的<ImageButton>子标签添加到现有的嵌套<LinearLayout>子标签中。

我们创建了 bookmark_states.xml XML 定义文件，编写了多状态可绘制的图像资产定义，并引用了之前使用 GIMP 软件创建的图像资产。

在第 10 章中，我们将学习 9-Patch 技术，了解如何创建可在不考虑纵横比的情况下准确缩放的 9-Patch 图像资源。9-Patch 技术也可用于 HTML5 应用程序。

第 10 章　使用 9-Patch 技术创建可扩展的图像元件

本章将仔细研究 Android NinePatch 类、NinePatchDrawable 类和 Draw 9-patch 工具。NinePatch 通常也可以用数字表示，即 9-Patch。

由于这是一本专注于图形设计的书，因此，在介绍了 Android ImageView 和 ImageButton 类（它们用于保存和实现图像或动画图形资产）之后，接下来将着重介绍 Android 操作系统中与图形相关的类。首先要介绍的便是 NinePatch。

NinePatch 是 Android 最重要的图形设计工具之一，用于开发可精确缩放而不会因 Android 设备显示屏宽高比或方向变化而变形的图像资产。

NinePatch 图像是可调整大小的位图，其大小调整操作期间的缩放可以通过在位图图像中定义的 9 个区域进行控制。

NinePatch 类型的图像资产可用于可缩放按钮背景、UI 布局容器背景等，它们可以缩放，以适合不同的屏幕分辨率密度、宽高比和方向。

NinePatchDrawable 对象的优点在于，开发人员可以定义单个图形元素（在本章示例中只是一个 20KB 的 PNG 文件），可以在许多不同的 UI 元素（如按钮、ImageButton、滑块、背景或类似项目）中使用该图形元素。

10.1　Android NinePatchDrawable 类：NinePatch 的基础

Android NinePatchDrawable 类是 Android Drawable 类的子类，因此它是 android.graphics.drawable 包的一部分。

导入语句将引用 android.graphics.drawable.NinePatchDrawable 作为 Android NinePatchDrawable 类的 Android 包路径，该类具有以下 Android Java 类层次结构：

```
java.lang.Object
  > android.graphics.drawable.Drawable
    > android.graphics.drawable.NinePatchDrawable
```

NinePatchDrawable 类具有 4 个 Java 构造函数（方法），用于在 Android 中创建 NinePatchDrawable 对象。从 Android 1.6 API Level 4 开始，其中的两个构造函数被弃用，因此不要使用以下两个构造函数创建 NinePatchDrawable 对象：

```
NinePatchDrawable(Bitmap bitmap, byte[] chunk, Rect padding, String srcName)
```

或

```
NinePatchDrawable(NinePatch patch)
```

可以看到，它们都是直接访问 NinePatch 图像资产，而不是使用操作系统的 Android R 或资源（/res/drawable）区域。由于围绕 Android 资源库的最终运行已被弃用，因此这两个构造函数也被弃用，但是 NinePatch 技术本身并未被弃用，访问 NinePatch 资产的正确方法是使用以下（未弃用的）构造方法之一：

```
NinePatchDrawable(Resources res, Bitmap bmp, byte[] chunk, Rect padding,
String s)
```

该构造方法使用 NinePatch 的原始 Bitmap 对象数据创建 NinePatchDrawable 对象，并根据资源的显示指标设置初始目标密度。该构造函数主要用于通过 Java 代码使用 NinePatch 的高级用法。

由于我们将使用 XML 来预先实现图形设计资源（通过 static 声明），因此我们将使用 NinePatch 类，它使用以下简单得多的构造方法：

```
NinePatchDrawable(Resources res, NinePatch patch)
```

该构造函数将使用现有的 NinePatch 资产创建 NinePatchDrawable 资产。NinePatch 资产可在/res/drawable 文件夹中找到，其使用的是 NinePatch 资产的正确文件命名协议。此 NinePatchDrawable Java 构造函数将自动分析，然后基于资源本身的显示指标设置初始目标图像分辨率密度。

我们将重点讨论第二种方法，因为它是实现我们所要的最终结果的更标准化、更简单和更快捷的方法。在第 10.2 节中，我们将详细解释 NinePatch 图像资产的概念，然后介绍 NinePatch 类本身，最后介绍如何创建 NinePatchDrawable 图像资产。

我们将演示 Draw 9-Patch 图像工具的使用，该工具隐藏在 Android SDK 文件夹层次结构的深处，在/sdk/tools 文件夹中。

10.2　关于 9-Patch

NinePatchDrawable 对象允许 Android 开发人员开发一种特殊类型的可变形的 PNG8、PNG24 或 PNG32 图形资产。Patch 的意思是"图块"，9-Patch 的意思实际上就是将一幅图像划分为 9 个图块，这样，9-Patch 工具就能够将不同的缩放因子应用于给定数字图像内的不同区域。

因此，9-Patch 图像资产本质上是一个与轴无关的可扩展 PNG 位图图像，该图像在图像资产内使用 9 个不同的象限来支持缩放，或更准确地说，其像素平铺可以缩放任意大小和形状的 View 对象或布局容器。

　　由于其内置的 NinePatchDrawable 类和 NinePatch 类支持，Android 操作系统可以自动调整开发人员的 9-Patch 图像资产的大小，以适应开发人员在其中作为背景图片资产引用而放置的 9-Patch 图像资产的任何 View 对象的内容，这是通过 Android NinePatch 类和 Android NinePatchDrawable 类内部存在的算法，以及 Android SDK 的/sdk/tools 文件夹中的 Draw 9-patch 软件程序内的算法实现的。

　　使用 NinePatch 图像资产的一个很好的例子是在背景图像占位符（android:background XML 参数）的内部，它通常与标准 Android Button 对象 UI 小部件一起使用。为了容纳各种长度、不同字体类型或不同字体大小的文本字符串，按钮 UI 小部件几乎总是需要至少在一个维度上延伸，并且通常在 X 和 Y 维度上都需要延伸。

　　NinePatchDrawable 对象引用了 Android 建议的 PNG 数字图像格式，并且还包含一个额外的 1 像素宽的边框线段。Android 操作系统支持 3 种不同的 PNG 图像样式：索引颜色（8 位）PNG8、真彩色（24 位或 RGB）PNG24，以及带有 Alpha 通道的真彩色（32 位或 ARGB）PNG32 图像文件格式。

　　要被 Android 识别为 9-Patch 的图像资产，文件需要以扩展名 .9.png 保存 NinePatchDrawable 资产到相应 Android 项目的/res/drawable/目录中。

　　前面提到的 1 像素边框对最终用户来说是不可见的，而是将被 Android NinePatch 类算法用来定义图片资产的哪些区域是可扩展的，以及哪些区域是静态的（固定而不缩放，只能移动）。

　　通过在 1 像素边框的左侧和顶部绘制一个（或多个）单像素宽的黑色线段，即可指示 9-Patch 图像资产的可缩放部分。

　　所有其他未用于定义 9-Patch 图像的可缩放部分的边框像素都将需要使用完全透明的颜色值（#00000000）或白色值（#FFFFFF）。

　　我们甚至可以使用#00FFFFFF 十六进制颜色值（透明的白色）来定义这两种颜色。幸运的是，Draw 9-patch 工具可以为我们完成这些工作。

　　有趣的是，我们可以根据需要使用这些 1 像素黑色线段来定义任意数量的可缩放部分。重要的是，这些可缩放部分彼此之间的相对大小将始终保持比率一致。这意味着最大的可缩放部分始终都是最大的可缩放部分，而不管是变大还是变小。

　　在为 9-Patch 资产定义了可缩放部分（外部）之后，我们还将为其定义（可选）可绘制区域（内部），这些区域也称为填充区域（Padding Areas）。填充区域告诉 Android 可以将在 View 对象或 ViewGroup（View 子类）布局容器对象内定义的元素放置在哪里。

　　在包括此填充功能之后，NinePatchDrawable 资产就不会被其他应用程序资产覆盖或在视觉上被遮盖。填充定义的创建方式与可缩放部分的定义方式相同，也是使用 1 像素黑色的填充线段,该填充线段绘制在 9-Patch 资产定义的右侧和底部的 1 像素边框区域上。

例如,如果 View 对象将 NinePatch 设置为背景,然后指定了 View 对象的 text 属性,则它将拉伸该属性,以便所有文本属性都适合该区域,这是使用右侧和底部指定的 1 像素的黑色边框定义的。

要注意的是,如果未特别定义 9-Patch 填充区域定义线段,则 Android NinePatch 算法将改用左侧和顶部缩放定义线段来定义图像资产的填充(可绘制)区域。

同样是使用 1 像素黑色边框线段,它们之间的区别在于:左侧和顶部线段定义了允许复制图像资产中的哪些像素,以拉伸或缩放 9-Patch 图像;底部和右侧的 1 像素黑色边框线段则定义了 9-Patch 图像资产内部的可绘制区域,在这些区域中,可以覆盖 View 对象的内容(属性或资产引用)。

10.3　Android NinePatch 类：创建 NinePatch 资产

NinePatch 类是 Java 中 java.lang.Object 主类的直接子类,这意味着它可用于定义 NinePatch Java 对象,并且被唯一编码为自己的 Android 资产。它并不是基于 Android 操作系统中的另一个类层次结构。你可能已经猜到了,它位于 android.graphics 包中。它的类层次结构如下:

```
java.lang.Object
  > android.graphics.NinePatch
```

由 Android NinePatch 类构造的对象允许 Android 操作系统使用 9 个很小的部分来缩放和渲染 9-Patch 图像资产。

另一个很好的类比是指南针。9-Patch 图像的 4 个角(在东北、西北、西南和东南处)均未缩放,而东、南、西、北的 4 条边各沿着一个轴缩放。指南针的中部(9-Patch 图像)则沿其两个轴缩放,就像在 Android 中缩放普通图像一样。

理想情况下,9-Patch 源 PNG 图像资产的中间部分将 100%透明,这样,9-Patch 就可以在一个开放的矩形内容区域周围为 View 对象提供可缩放的图像框架。这种设计方法将使开发人员可以创建自定义图形,然后这些图形将以定义它们的方式无缝缩放。

当内容被添加到 9-Patch 图像资产内的 View 对象中,并且此内容超出 9-Patch 图形资产的内部填充限制时,可以轻松调整大小而不会出现资产失真的情况。

Android SDK 提供了 Draw 9-patch 工具(位于/tools 文件夹中),这为开发人员提供了一个简单而实用的工具,可使用所见即所得(What You See Is What You Get,WYSIWYG)图形编辑器创建 NinePatch 图像资产。

第 10.4 节将详细介绍 Draw 9-patch 软件的使用。

10.4　Draw 9-patch 工具：创建 NinePatchDrawable 资产

本节将介绍如何使用 Android Draw 9-patch 工具创建 9-Patch 图形。

首先，需要获得用于创建 NinePatchDrawable 对象的源 PNG 图像——我们提供了一个名为 NinePatchFrame.png 的示例 PNG 图像资产，读者可以在本书的项目资产存储库的 NinePatch 子文件夹中找到此带 Alpha 通道的真彩色 PNG32 数字图像资产（如果无法获得此图像也没关系，在后面的处理过程中可以看到，该图像其实非常简单，按照本书的图片自己创建一幅图像也是可行的）。

我们使用 Alpha 通道在要创建的 9-Patch 的中心区域中定义透明度的原因是，在经过这样的处理之后，Android 内部在图像资产后面的任何图像层（意图用于合成）将会与合成图层中的 9-Patch 图像资产完美合成。

打开 Windows 资源管理器，在 Android SDK 文件夹层次结构的 tools 子文件夹中找到 Draw 9-patch 工具，如图 10-1 所示。

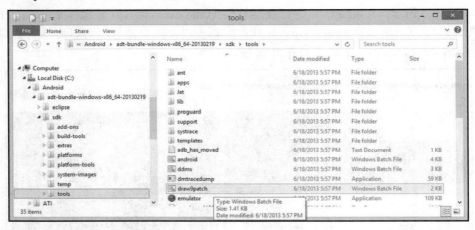

图 10-1　在 Android/sdk/tools 子文件夹中找到 draw9patch Windows 批处理文件（扩展名为.bat）

可以看到，我们将 Android SDK 文件夹命名为 Android，它包含一个 adt-bundle-windows-x86 文件夹，在解压缩安装之后，在此文件夹下会有一个 sdk 文件夹，其中就包含一个 tools 子文件夹。

单击 tools 子文件夹，如图 10-1 所示，将看到一个名为 draw9patch.bat 的 Windows 批处理文件。这就是运行 Draw 9-patch 软件工具所需的启动文件。右击 draw9patch 文件，然后在弹出的快捷菜单中选择 Run as administrator（以管理员身份运行）命令，如图 10-2

所示。

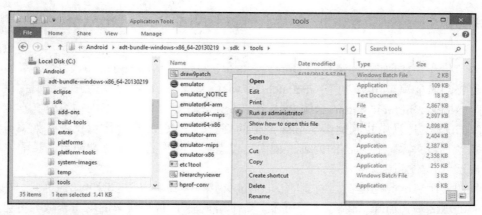

图 10-2　右击 draw9patch Windows 批处理文件，然后选择 Run as administrator（以管理员身份运行）命令

　　这将启动运行.bat 批处理文件所需的 Windows 终端软件，并且由于它正在"执行"draw9patch.bat 批处理文件，因此随后它将从 tools 文件夹中启动 draw9patch 应用程序。

　　如图 10-3 所示，Windows 命令行终端软件（cmd.exe）将打开并运行 draw9patch.bat，然后在终端窗口顶部打开 Draw 9-patch 软件编辑窗口。如果愿意，可以将终端窗口最小化，将 Draw 9-patch 编辑工具保持打开状态。

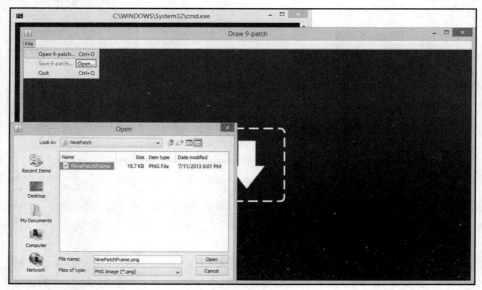

图 10-3　启动 Draw 9-patch 软件并选择 File（文件）| Open 9-patch（打开 9-patch）命令

以下两种方法都可以打开源 PNG 文件进行 9-Patch 开发：

❑　将 PNG 图像拖到中间的 Draw 9-patch 窗口中的箭头上。

❑　选择 File（文件）| Open 9-patch（打开 9-patch）命令，然后在 NinePatch 子文件夹中找到 PNG 图像文件。

这两种方式都如图 10-3 所示。使用 File（文件）| Open 9-patch（打开 9-patch）命令时，即会出现图 10-3 左下角显示的 Open（打开）对话框，找到 NinePatchFrame.png 32 位 PNG 源图像资产后，将其选中，然后单击 Open（打开）按钮，即可在编辑和预览区域中看到 PNG 文件。左侧窗格是编辑区域，可以在其中创建定义图块或缩放区域的 1 像素黑色线段，另外还可以创建中心（填充）内容区域。

右侧窗格是生成的 9-Patch 预览区域，如图 10-4 所示，在其中可以看到根据左侧编辑窗格中的 1 像素黑色边框线段定义缩放的 9-Patch 图像资产的外观。

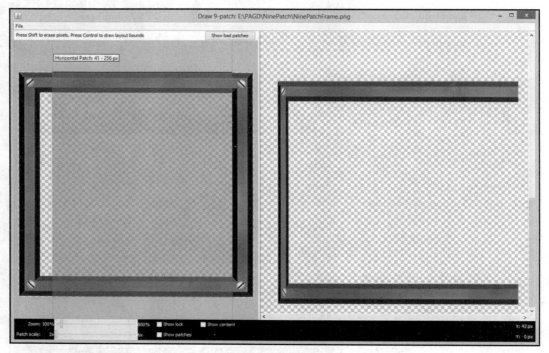

图 10-4　在顶部的 1 像素黑色线段上绘制横向图块，以定义活动的 X 轴区域

如图 10-4 所示，在图片外部的上、下、左、右都特意显示了一个 1 像素的透明边框，这个透明边框就是特意留出来方便我们设置 1 像素黑色边框的。

单击右上角顶部的 1 像素透明边框，会出现一个黑点，然后向左拖动，这个黑点就会延长以形成一条线段。这样我们就绘制了定义 X 维度可缩放图块的黑色线段。一旦绘制出所需的粗略近似值，就可以使用 1 像素线段两端的细线对线段进行微调。将光标放在这些线段上，直到光标变为双箭头，然后单击并拖动变灰的区域，直到它与NinePatchFrame 源图像资产中心的透明度区域在像素上完全匹配为止。

在 Macintosh 上，可以右击或按住 Shift 键，然后单击以删除先前绘制的线段。正如你在右侧的预览区域中看到的那样，现在仍然没有获得想要的视觉效果，因此我们还需要继续并在下一步中定义左侧的 1 像素的黑色边框线段。

我们也可以先熟悉一下位于 Draw 9-patch 软件底部的各个选项，它们可以使颜色变化更丰富，以便我们可以更清楚地看到操作产生的变化。

选中 Show patches（显示图块）复选框以启用此功能。如图 10-5 所示，这将通过使用紫色和绿色的组合为所选区域提供颜色，可使我们清楚地看到图像资产中的哪些区域受到了影响。

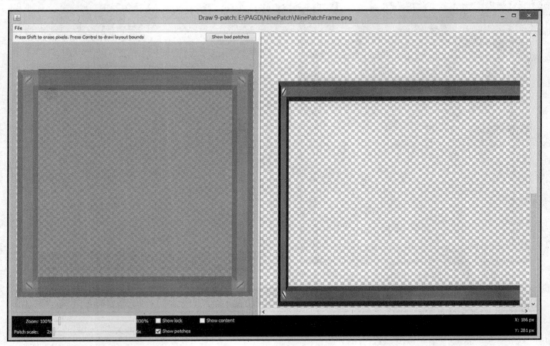

图 10-5　选中 Show patches（显示图块）复选框，并完成顶部的 1 像素黑色线段

在图 10-5 中可以看到，在编辑窗格的底部还存在其他几个有用的控件。其中有两个

滑块，一个是 Zoom（缩放）滑块，使用它可以在编辑区域中调整源图形的缩放级别；另一个是 Patch scale（图块缩放）滑块，使用它可以调整右侧预览区域中显示的预览图像的比例。

Show lock（显示锁定）复选框允许我们将光标悬停在图形上时可视化图形的非 drawable 区域。

选中 Show patches（显示图块）复选框，即可在左侧窗格的编辑区域中实时预览可缩放的图块定义。粉色代表可缩放图块的区域。

选中 Show content（显示内容）复选框，可以在预览图像中突出显示内容区域。紫色显示 View 内容允许的区域。

最后，在编辑区域的顶部，有一个 Show bad patches（显示不良图块）按钮，单击该按钮将在不良图块区域周围添加一个红色边框（所谓"不良图块"，是指在缩放图形时可能会在图形中产生失真伪像的图块）。如果能够努力消除设计中的所有不良图块，则可实现缩放图像的出色视觉效果。

现在可以绘制左侧的 1 像素边框，如图 10-6 所示。

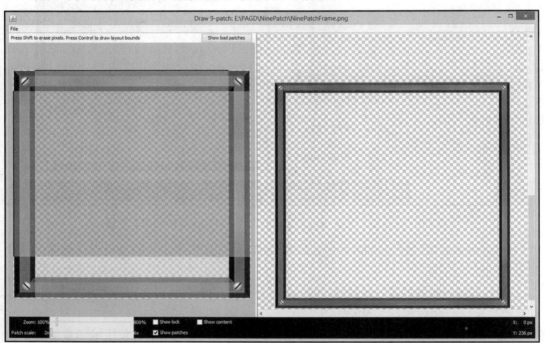

图 10-6　在左侧的 1 像素黑色线段上绘制纵向图块，以定义活动的 Y 轴区域

如图 10-6 所示，我们没有将左侧的 1 像素黑色线段画到底，这样做是为了让你看到 Show patches（显示图块）选项的工作情况（这和图 10-4 是一样的，图中的顶部 1 像素黑色线段也没有画完全）。该选项使你可以精确地可视化所做的工作，直到像素级别。如果你想定义完美的 9-Patch 图像资产，则绝对需要这种精度。

图 10-7 显示了 9-Patch 图像资产，顶部和左侧都有 1 像素边框黑色线定义。由于选中了 Show patches（显示图块）复选框，可以看到我们已经以像素精度定义了静态区域和可缩放区域。

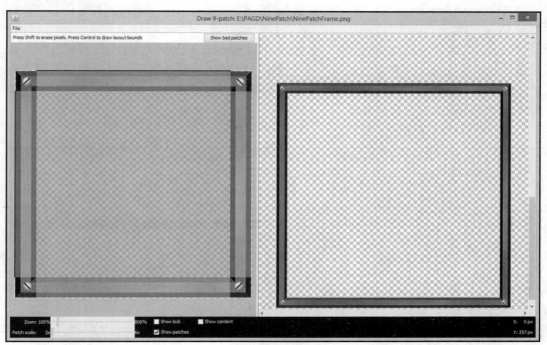

图 10-7　水平和垂直图块 1 像素黑色线段都定义了活动的轴区域

在图 10-7 右侧的预览窗格中可以看到，9-Patch 图像资产定义的结果为我们提供了非常专业的缩放结果。

向上或向下拖动屏幕右侧的滚动条，可以看到 9-Patch 可缩放为纵向和横向容器形状，并具有完美的视觉效果。

现在，我们已经定义了 9-Patch 图像资产的可缩放区域，下面将使用编辑窗格右侧和底部的 1 像素黑色边框线来定义 9-Patch 图像资产的填充区域。

如图 10-8 所示，我们在右侧绘制了 1 像素的黑色边框线段，以定义 9-Patch 图像资产的中心（填充）区域的 Y 图像维度。另外，我们还在底部绘制了 1 像素的黑色边框线段，以定义 9-Patch 图像资产的中心（填充）区域的 X 图像维度（和图 10-4 一样，也没有画完全）。

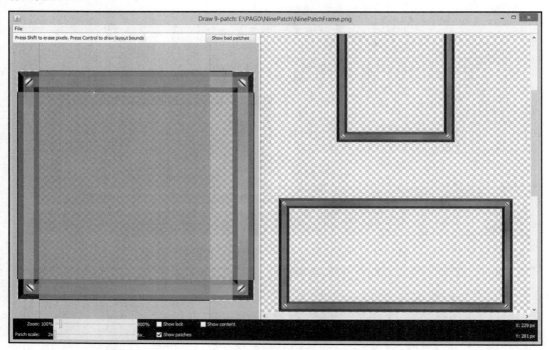

图 10-8　使用右侧和底部的 1 像素黑色线段定义填充区域

请注意用于显示可缩放区域和填充区域定义的不同层的柔和颜色。填充区域定义使用灰色覆盖在绿色或紫色（你也可以认为它是粉色）的可扩展区域定义上，可扩展区域定义的颜色更鲜艳，可能是由于可扩展区域的定义比填充区域更重要。

另外，请注意在右侧窗格中的 9-Patch 结果预览区域，无论图像的方向或 9-Patch 图像资产缩放的尺寸如何，9-Patch 缩放结果都将为我们带来非凡的专业效果。

最后，在图 10-9 中可以看到，我们将右侧的 1 像素黑色边框线段向上拉，显示了它的图块调整方式，以及精确调整 9-Patch 填充参数的方式。

图 10-10 显示了已经完成的 9-Patch 图像资产定义，其中包含缩放设置和填充设置的黑色边框线段。

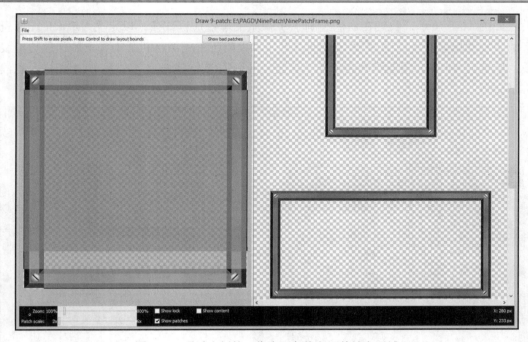

图 10-9　通过右侧的 1 像素黑色线段调整填充区域

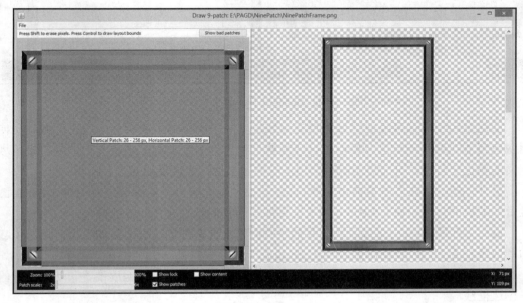

图 10-10　定义完成的图块和填充区域，光标悬停在中心区域即可看到图块坐标

可以看到，如果将光标放在左侧编辑窗格中 9-Patch 定义的中心区域的上方，则会出现工具提示弹出窗口，其中显示了最终的 9-Patch 定义精确的像素图块坐标。

如图 10-10 所示，该工具提示显示为 Vertical Patch:26-256px,Horizontal Patch:26-256px。图像的总尺寸为 280 像素，我们使用了其中的 230 像素（256−26＝230）作为中心可缩放区域。剩余的像素为 50 像素（280−230＝50），这意味着我们已经使用了 25 像素（即剩余的 50 像素的一半），用于实际图像资产（滑块和螺钉）。这也意味着该 9-Patch 的固定区域（在本示例中，固定区域是框架的 4 个角落，已使用标准螺钉将其牢牢固定住，至少看起来给人感觉是这样的）每个区域都是 25 像素的方块。

25 像素已经足够多，因此在必要时也可以进行缩放，在缩小时会因为有足够多的细节而显得像照片一样真实，或者也可以用于更高的像素密度（在这种情况下它看起来会更小）。

如图 10-10 和图 10-11 所示，在 Draw 9-patch 应用程序右侧的预览窗格中，缩放图形看起来清晰逼真。如果滚动预览窗格，则可以看到所有预览的表现效果都很不错。

图 10-11　最终的图块定义，使用 File（文件）| Save 9-patch（保存 9-patch）命令保存 9-Patch 图像资产

在定义完图块之后，可以使用 File（文件）| Save 9-patch（保存 9-patch）命令保存 9-Patch 图像资产，如图 10-11 所示。

此时将打开 Draw 9-patch 软件工具的 Save（保存）对话框，如图 10-12 所示。单击 Save（保存）按钮，将自动保存 Android 操作系统所需的带有.9.png 文件扩展名的 9-Patch 图像资产。

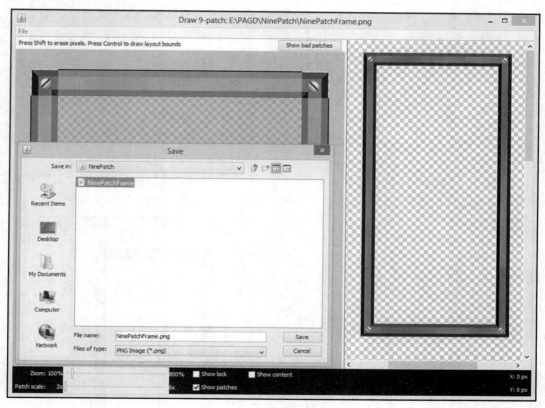

图 10-12　使用 Save（保存）对话框导出 NinePatchFrame.9.png 文件

当 Android 在/res/drawable 文件夹中看到这种 PNG 文件名时，会使用 NinePatch 类自动进行设置以加载该文件，并在以 XML 方式引用后将其转换为 NinePatchDrawable 图像资产。

这里要特别注意的是，在图 10-11 中还有一个 File（文件）| Open 9-patch（打开 9-Patch）命令，所以打开正常（非 9-Patch 格式）的 PNG 文件（*.png）将加载 PNG 资产并在图像周围添加一个空白的 1 像素边框，在其中可以绘制可缩放的图块和内容区域。

如果使用此命令打开以前保存的 9-Patch PNG 文件（*.9.png），则将按先前修改的方式加载 9-Patch PNG 素材资源，而不会添加 1 像素边框的绘制区域，因为由于先前的编辑会话，该文件中已经存在 1 像素的图块定义区域。

关于 Save（保存）对话框，最后还有一项要说明的是，该对话框中不会显示此文件的.9.png 扩展名，而是在将文件另存为新的 9-Patch 图像资产时将其扩展名插入硬盘驱动器中。

第一次使用此软件实用程序时，你可能会有些困惑，因为在 Save（保存）对话框中显示要保存 NinePatchFrame.png，但实际上保存的却是 NinePatchFrame.9.png。

在保存文件时，请务必牢记此警告，以免得到 NinePatchFrame.9.9.png 文件。在保存完成之后，可以打开 Windows 资源管理器，然后找到 9-Patch 文件所在的文件夹，以查看原始文件和新的 9-Patch 版本。

如图 10-13 所示，在/PAGD/NinePatch 文件夹中，有一个原始的 Photoshop 文件（PSD 格式），其中包含 280×280 像素的图像资产源合成图层；具有 Alpha 通道的 NinePatchFrame PNG32 图像资源，准备导入 Draw 9-patch 中；以及由 Draw 9-patch 工具生成的 NinePatchFrame.9 PNG32 文件。

图 10-13　检查 NinePatch 文件夹以查看原始的 NinePatchFrame.png 和新的 NinePatchFrame.9.png 文件

让我们找出添加到.9.png 文件中的数据量，因为图 10-13 显示 9-Patch 定义过程为 PNG 文件大小增加了整整 1KB（从 20KB 变成了 21KB），但是，由于 Windows 系统显示的原因，这种简单评估方式其实不够准确。

要找出这两个文件之间的确切文件大小增量或差异，可以分别右击这两个 PNG 文件，然后在弹出的快捷菜单中选择 Properties（属性）命令。这样可以查看到每个文件实际的数据占用空间。

按照这种方式可以看到，原始 PNG 为 19.7KB，新的 9-Patch PNG 为 20.2KB。这意味着 9-Patch 定义为此 280×280 像素的正方形图像资源增加了 0.5KB，也就是说，大约增加了 2.5%的数据。由于它可以将这种灵活的图像资产缩放功能直接添加到 PNG 数字图像资产本身，因此这样小幅度的文件容量增加可谓相当划算。

现在，我们已经创建了可用的 9-Patch 图像资产，接下来可以使用 XML 标记来实现它，以查看它在 GraphicsDesign Android 应用程序中的运行情况。

10.5　使用 XML 标记实现 NinePatch 资产

为了能够引用此 9-Patch PNG 图像资产，XML 标记要做的第一件事是将其放置到正确的项目文件夹层次结构位置，这样，Android 操作系统才能在其中找到 9-Patch 图像资产。

如图 10-13 所示，通过 Windows 资源管理器打开 NinePatch 资产文件夹，然后按 Ctrl+C 快捷键或右击 NinePatchFrame.9.png 文件，在弹出的快捷菜单中选择 Copy（复制）命令将该文件放入系统剪贴板。

接下来，使用左侧的导航窗格，导航到/workspace/GraphicsDesign/res/drawable 子文件夹，如图 10-14 所示。直接按 Ctrl+V 快捷键或右击/drawable 文件夹，然后在弹出的快捷菜单中选择 Paste（粘贴）命令，将在其中放置 NinePatchFrame.9.png 文件的副本。

图 10-14　使用复制+粘贴操作将 NinePatchFrame.9.png 文件的副本
放入 GraphicsDesign 项目的 drawable 资产文件夹中

由于 Android 操作系统要求资产文件名称仅使用小写字母、数字和下画线字符，因此我们需要做的下一件事是将 9-Patch 图像资产文件重命名为仅使用小写字母和数字，如 ninepatchframe.9.png，如图 10-15 所示。

图 10-15　右击并使用 Rename（重命名）命令以仅使用小写字母和数字重命名文件

如图 10-16 所示，现在可以使用<LinearLayout>标记中的 android:background 参数，使用以下 XML 标记，将 9-Patch 图像资产添加到 Table of Contents（目录）Activity UI 设计的 LinearLayout 容器中：

```
android:background = "@drawable/ninepatchframe"
```

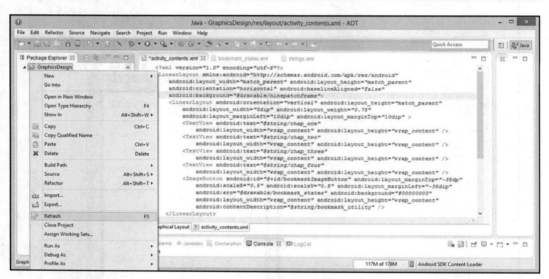

图 10-16　添加一个 android:background 参数来引用 ninepatchframe 9-Patch 资产并刷新

图 10-16 中还显示了 Refresh（刷新）操作，这是必须调用的操作，以便 Eclipse ADT 可以“看到”在/res/drawable 文件夹中添加的新 9-Patch 资产。该操作的方式和以前一样，仅需右击 GraphicsDesign 项目文件夹，然后在弹出的快捷菜单中选择 Refresh（刷新）命令。

完成此操作后，在项目文件夹层次结构中即可看到 9-Patch 图像资产，如图 10-17 所示。它将用作装饰 UI 布局容器的 3D 框架图形设计元素。

单击 XML 编辑窗格底部的 Graphical Layout（图形布局）选项卡，即可查看图形布局编辑器（GLE）是否可以渲染 9-Patch 资产。

如图 10-17 所示，Graphical Layout（图形布局）窗格完美地渲染了 9-Patch 的图像资产，因此可见，图形布局编辑器（GLE）可以渲染 9-Patch 资产在应用程序中的外观。这对于我们来说是一个好消息，因为这意味着可以在 9-Patch 工作流程中使用 GLE，而不必每次想要查看 9-Patch 图像资产的效果时都要启动模拟器。

如图 10-17 所示，我们所创建的 9-Patch 图像资产可以作为 Table of Contents UI 设计的装饰框架元素，效果很好。唯一的问题是，该 9-Patch 资产定义的中心（填充）区域出现了几个较长的文本 UI 元素，因此需要添加一些 XML 参数来稍微调整此文本的字体大小，防止出现换行现象。

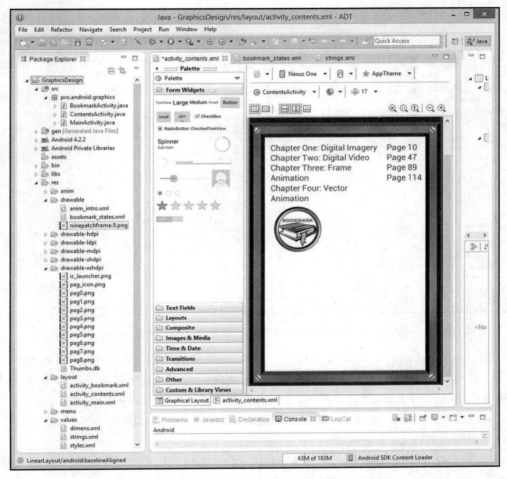

图 10-17　使用 Graphical Layout（图形布局）选项卡
预览父级 LinearLayout 容器中的 9-Patch 图像资产

　　为此，我们可以添加 android:textSize 参数，并为其设置 13 个标准像素（13sp）的值，以通过在每个<TextView>标签中使用以下参数来略微减小 TextView UI 元素的字体大小：

```
android:textSize = "13sp"
```

　　一旦将此参数添加到每个<TextView>标记中，则所有 Text 元素的大小都将相同，并且完全适合 9-Patch 框架。

图 10-18 显示了两个嵌套（子标签）LinearLayout 容器中修改后的<TextView>子标签。记住，要保持 textSize 参数值相同，以便目录中的文本看起来是一致的。即使字体大小只有微小差异，也可能会被用户发现，并将其视为设计缺陷，甚至由此而认为你的应用不专业。因此，在所有 8 个<TextView>中都应使用相同的 SP 值。设置为 13sp 是比较合适的，它可以使文本尽可能大一些，有利于用户的阅读。

图 10-18　在嵌套的 LinearLayout 容器中将 android:textSize 参数
添加到 8 个<TextView>标签中并设置合适的字体大小

现在可以在 Graphical Layout（图形布局）选项卡中预览新的字体大小。单击编辑窗格底部的 Graphical Layout（图形布局）选项卡，并确保该字体大小允许所有 TextView 对象适合 9-Patch UI 的装饰性框架。

接下来，可以使用 Run As（运行方式）| Android Application（Android 应用程序）命

令来启动 AVD Nexus One 模拟器，看一下 Nexus One 模拟器中 9-Patch 资产的外观，以了解在实际的 Android 手机上的外观，并确保 TextView 字体大小、9-Patch 图像资产背景和多状态 ImageButton 可以无缝协同工作。

　　如图 10-19 所示，UI 布局容器周围的 9-Patch 图像素材框架看起来很棒，TextView UI 元素的文本字体大小也很理想，而多状态 ImageButton 也可以正常工作（左图显示的是按钮的正常状态，右图显示的是按钮被单击之后的状态）。

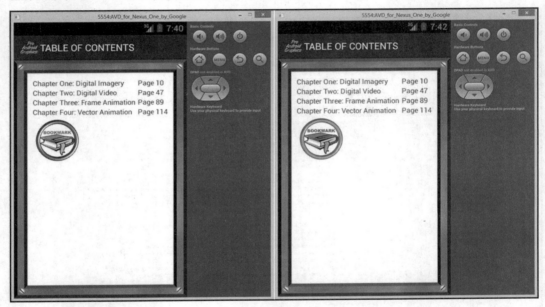

图 10-19　在 Nexus One 模拟器中测试 9-Patch 资产和目录 UI 设计的外观

　　还需要测试的第二件事是，当 UI 设计的形状发生变化时，9-Patch 图像资产重塑自身形状的方式。测试的方法是将 Nexus One UI 布局的方向由纵向转换为横向，这是在 Android 模拟器软件中完成的，切换方法很简单，直接按 Ctrl+F11 快捷键即可。

　　要再次旋转 Nexus One 模拟器，可以按 Ctrl+F12 快捷键。

　　横向模式的测试结果如图 10-20 所示。可以清楚地看到，9-Patch 图像资产可使其自身符合 UI 屏幕的新形状，就好像它是专门为这种横向模式创建的一样。

　　在掌握了创建和使用 9-Patch 图像资产的方法之后，即可在其他类型的图形设计或 UI 元素设计中使用它们。开发人员也可以多练习使用 Draw 9-patch 工具，以挖掘出更多的相关应用技巧。

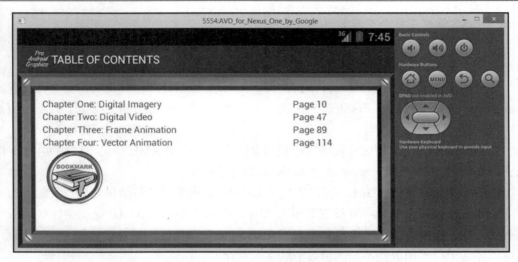

图 10-20　通过使用模拟器横向模式以不同的屏幕纵横比测试 9-Patch 资产

10.6　小　　结

本章重点介绍了 Android NinePatchDrawable 和 NinePatch 类，以及如何使用 Draw 9-patch 软件工具。

我们首先讨论了 NinePatchDrawable 类，解释了如何实例化利用 NinePatch 对象的可绘制对象（图像资产），该对象将使用 9-Patch 图像资产缩放技术。

本章仔细诠释了 NinePatch 技术和概念，以帮助开发人员在 Android 应用程序中实现 9-Patch 图像资产。NinePatch 技术的核心是使用 1 像素的黑色边框线段来定义 9-Patch 图像素材中的 X 和 Y 可缩放区域，同时定义将保持固定且不会缩放的图像区域。

我们介绍了如何利用右侧和底部的 1 像素黑色边框线段来定义中心填充区域，在这些区域中，View 内容将驻留在 9 像素图像资源中。我们讨论了 NinePatch 类，该类允许开发人员创建实现 NinePatch 技术的 NinePatch 对象。

本章通过操作实例介绍了 Draw 9-patch 软件工具，包括如何查找和启动它，以及如何使用它来创建 9-patch 图像资产。

首先，我们可以在左侧和顶部分别创建 1 像素的黑色边框线段，用于固定边框，以查看 Draw 9-patch 用户界面控件的工作方式以及如何查看右侧预览区域中的结果。

其次，我们还介绍了左侧编辑区域底部的各个选项，通过它们可以更好地可视化

Draw 9-patch 软件工具在左侧编辑区域中的操作。

接下来，使用位于 Draw 9-patch 软件工具左侧编辑区域的右侧和底部的 1 像素黑色边框线段定义 9-patch 填充区域。

最后，还需要保存 NinePatchFrame.9.png 9-Patch 图像资产，并将必需的文件放置到 /workspace/GraphicsDesign/res/drawable 项目文件夹中。按照 Android 的要求，只能使用小写字母和数字来重命名文件。

回到 Eclipse ADT 集成开发环境，我们介绍了如何创建 XML 标记，以将 9-Patch 图像资产实现为 Table of Contents 这个 Activity 的背景图像。

在图形布局编辑器（GLE）窗格中预览了 9-Patch 图像资产的结果之后，我们添加了一个 android:textSize 参数，并设置其值为 13sp，以防止 TextView UI 元素换行，然后使用 Nexus One 模拟器预览了纵向和横向模式下 9-Patch 图像资产的外观效果。测试表明，它可以灵活无缝地缩放到不同的屏幕形状（长宽比）。

在第 11 章中，我们将介绍 Android PorterDuff 类及其图像合成和混合模式及常量，以此来学习 Android 中的数字图像和动画资产混合，这将使开发人员的 Android 图形设计能力提升到一个全新的水平。

第 11 章　高级图像混合：使用 Android PorterDuff 类

　　本章将仔细研究混合模式（Blending Mode）在数字图像合成中的作用，以及如何使用 Android PorterDuff 类在 Android 中实现这些数字图像的混合模式。

　　混合模式允许在数字图像合成中的两个或更多层之间执行高级数字图像合成功能，即每一层中的每个像素都通过算法运行，以确定如何将其应用于（或不应用于）它下面的一个或多个层。

　　应用混合模式通常是使用数字图像编辑和合成软件工具（如 Adobe Photoshop 或开源数字图像软件包 GIMP）完成的。本书更倾向于使用 GIMP，因为它不但相当先进，而且可自由用于商业用途。

　　PorterDuff 混合模式有时也称为叠加模式（Transfer Mode），而在 Android 中，也可以通过 Android LayerDrawable 类使用图层的功能（在第 12 章中将介绍该类），因此，这两者的结合赋予了 Android 开发人员强大的合成能力（通常只有在 Adobe Photoshop 和 GIMP 2.8 等软件包中才能找到类似功能）。

　　这样一来，Android 开发人员就可以在 Android 应用程序中将这些类型的算法特效应用于 UI 设计、图形设计、数字成像、数字视频和 2D 动画，甚至还可以使用 GIMP 2.8.6 中的图层混合模式，从而将自己的图像设计创意提升到一个崭新的水平。

　　图像混合的使用示例包括拍照软件、游戏、电子书、用于 GoogleTV 的 iTV 程序、壁纸、屏幕保护程序以及你可以想象得到的其他与图形有关的用途。通过巧妙的编码，这些应用领域甚至还可以实现交互，因此，与图形设计相关的图像混合的可能性实际上仅受数字化想象力的限制。

11.1　像素混合：使图像合成更上一层楼

　　在深入讨论类、构造函数、嵌套枚举类、常量以及所有有趣的 Java 技术结构（它们使开发人员可以在 Android 应用程序内部实现图像资产混合）之前，我们不妨先来了解一下什么是像素混合（Pixel Blending），以及为什么混合模式（有时也称为叠加模式）在图形设计中非常有用。

　　总的来说，混合模式或叠加模式最常用于图像合成目标，大多数数字成像技术人员使用 Adobe Photoshop、GIMP 2.8.6 或更高版本的专业成像软件来执行。

　　当存在不止一个包含图像资产的合成层且需要以某种高级方式进行合并以达到某种最终结果（它可以是从文本覆盖到特殊效果的任何东西）时，将使用混合。

　　必须指出的是，如果你擅长实现 Alpha 通道，那么就不必一定要实现混合模式来创建有效的图像合成，这在本书前面的章节中已经有所体现。

　　因此，Alpha 通道对于数字图像合成来说是很重要的基础，在这种基础之上，可以通过混合产生更好或更微妙的效果。也就是说，开发人员可以始终通过对基于 Alpha 通道的合成进行微调来使合成的作品更加清晰，然后在工作流程中添加混合模式作为下一步，以优化合成效果和最终结果。

　　混合模式实际上是使用逐个像素（Pixel-By-Pixel）的算法来组合图像，该算法允许生成的像素（图像）比“正常模式”（调用零混合模式）图像更多。因此，如果有一幅图像，并且要在该图像中添加黄色像素到另一个图层的红色像素，以在最终的图像合成中创建橙色像素，则可以使用混合模式来实现所需的最终结果，同时仍然能够保持原始的黄色和红色源数字图像资产独立且不受影响。

　　下文我们将详细介绍 Android 当前可用的混合模式，并且讨论 Android 中的类，该类专门包含枚举常量（Enum Constants），开发人员可以使用这些常量来调用或实现混合算法，以实现在 Android 应用程序中的图形设计目标。

　　再次强调一下，混合像素应该“遵从”于 Alpha 通道，Alpha 通道应优先于混合模式。混合模式是在图像合成过程中实现的，无论是在 Android 操作系统中，还是在 Adobe Photoshop 或 GIMP 2.8.6 软件中都是如此。

　　如果像素定义了一定程度的半透明性，则它将被混合。Alpha 通道定义的 100%透明像素未纳入混合算法。

　　接下来我们将探讨 Android 如何实现混合。

11.2　Android 的 PorterDuff 类：混合的基础

　　Android PorterDuff 类是 java.lang.Object 主类的直接子类。从本质上来说，它是一种从头开始编码的算法类，因此不是基于 Android 操作系统中当前发现的任何其他类型的超类功能。也就是说，PorterDuff 类是一个非常独特的类，它可以为像素混合算法提供在 Android 操作系统中的实现。

　　PorterDuff 类的 Java 层次结构如下：

```
java.lang.Object
 > android.graphics.PorterDuff
```

Android 的 PorterDuff 类是 android.graphics 包的一部分，因此，其 import 语句引用了 android.graphics.PorterDuff 包的导入路径。

那么 PorterDuff 究竟是什么意思？实际上它是 Porter 和 Duff 的组合，这是两个人名，正是这两个人为混合模式和叠加模式奠定了数学基础。他们其中一个叫 Thomas Porter，另一个叫 Tom Duff。1984 年，他们撰写了一份技术白皮书，详细介绍了像素混合背后的数学原理。

Android PorterDuff 类非常简单，因为它仅包含一个 PorterDuff() 构造函数，以及一个嵌套类，即 PorterDuff.Mode Enum 类。

本章有多个小节详细研究这些类以及其他与 PorterDuff 相关的类。这些 PorterDuff 类包含所有可用的混合模式算法、函数、叠加常量和混合常量，以允许开发人员在其 Android 应用程序图形设计和 UI 设计中实现高级图像合成功能。

如前文所述，混合模式有时也称为叠加模式，因为其中某些模式并未真正将任何像素值混合在一起。取而代之的是，它们所执行的操作就像是布尔集合运算符（Boolean Set Operator），如交集（Intersection）、并集（Union）和差集（Difference）等。因此，这些模式可以视为叠加模式，因为它们并不是真正地混合像素值，而只是通过源图像和目标图像叠加以生成最终的图像合成结果。

PorterDuff 常量中有一部分比混合模式常量更像叠加模式常量。出于这个原因，我们将详细介绍每个 PorterDuff 常量，以了解它们能够为 Android 高级图形设计师所提供的功能，以及它们究竟是混合还是叠加了源图像和目标图像资产之间的像素。一旦研究清楚了 PorterDuff.Mode 嵌套类，就可以实现一些很酷的数字图像混合效果。

你可能还想知道，这些混合模式和叠加模式对 CPU 的占用程度如何？哪一种模式对处理器的占用率更高？根据资深开发人员的经验，混合模式所需要的处理器计算能力大约是叠加模式的 3 倍，这是因为它们需要计算新的像素颜色值，而不是像叠加模式那样简单地计算是否需要显示像素。

11.3　PorterDuff.Mode 类：Android 混合常量

Android 的 PorterDuff.Mode 类是 java.lang.Enum 类的直接子类，而 java.lang.Enum 类又是 java.lang.Object 主类的子类，因此 PorterDuff.Mode 类是一个 Enumerator 类，旨在容纳 Enum 常量。也因为如此，它可以和 PorterDuff 类联合发挥作用。

PorterDuff.Mode 类也是一个非常独特的类，可以为开发人员提供 Android 操作系统所需的混合模式常量，以实现其合成操作的高级像素混合功能。

PorterDuff.Mode 类的 Java 层次结构如下：

```
java.lang.Object
  > java.lang.Enum<E extends java.lang.Enum<E>>
    > android.graphics.PorterDuff
```

PorterDuff.Mode 类也是 android.graphics 包的一部分，并且其 import 语句引用了 android.graphics.PorterDuff.Mode 包导入路径。

在该类中，目前定义了 18 个 PorterDuff.Mode 常量。我们将首先介绍像素混合常量，其中包括 SCREEN、OVERLAY、LIGHTEN、DARKEN、MULTIPLY 和 ADD，这些常量允许将最特殊的成像效果应用于图像合成过程。

之后，我们将介绍 CLEAR、XOR、SRC（Source，源）和 DST（Destination，目标）图像叠加模式，它们对于高级图形设计工作流程或特殊效果的应用也非常有用。

在阅读本节内容时，如果你无法在脑海中想象这些算法方程式在像素混合中的作用，别担心，因为随后我们将直观地看到这些操作，从而使你获得大量的"混合"经验。

需要指出的是，想要真正熟悉这些混合模式在给定的合成应用程序中将执行什么操作，唯一的方法是花一些时间进行试验。随着你获得更多的混合模式使用经验，在结合两个完全不同的图像时，你将能够更准确地推测任何给定的混合模式将导致什么结果。

我们将要讨论的第一个混合常量也是最常用的一个常量，即 ADD 常量，它会将源图像（S）的饱和度（Saturation）与目标图像（D）资产的饱和度相加（Add），如果以方程式表示，则是：

$$Saturate(S + D)$$

其中，S 表示源图像，D 表示目标图像。在 Photoshop 中，和 ADD 常量对应的图层混合模式是饱和度模式。

我们要讨论的第二个常量不是混合常量或叠加常量，而是效用常量（Utility Constant）。CLEAR 常量可以清除（Clear）所有像素数据的混合结果区域，因此，如果以方程式表示，则是：

$$[0,0]$$

在 Photoshop 中，和 CLEAR 常量对应的图层混合模式是清除模式。

第三个常量在图像合成器中很受欢迎，即 DARKEN 常量，它可以使用源图像资产使目标图像资产变暗（Darken）。如果以方程式表示，则是：

$$[Sa + Da - Sa * Da, Sc * (1-Da) + Dc * (1-Sa) + min(Sc, Dc)]$$

在 Photoshop 中，和 DARKEN 常量对应的图层混合模式是变暗模式。

还有一个 LIGHTEN 常量，这也是图像合成器经常使用的。你可能已经猜到了，它的作用与 DARKEN 常量刚好相反。它可以使用源图像资产使目标图像资产变亮（Lighten）。如果以方程式表示，则是：

$$[Sa + Da - Sa * Da, Sc * (1-Da) + Dc * (1-Sa) + max(Sc, Dc)]$$

可以看到，该公式的主体与 DARKEN 算法的公式基本相同，只不过使用的是 max() 函数而不是 min() 函数。

在 Photoshop 中，和 LIGHTEN 常量对应的图层混合模式是变亮模式。

还有一个 MULTIPLY 混合常量，它可以使用以下公式将源图像和目标图像资产之间的像素值相乘：

$$[Sa * Da, Sc * Dc]$$

这通常会导致变暗的效果。小写的 a 代表的是 alpha（透明通道），小写的 c 代表的是颜色（color），即 RGB 值。

在 Photoshop 中，和 MULTIPLY 常量对应的图层混合模式是正片叠底模式。

SCREEN 混合常量是 MULTIPLY 混合常量稍微复杂一点的版本，它可以在目标图像上过滤源图像，从而获得一些非常酷的特殊效果。SCREEN 混合算法使用以下方程式：

$$[Sa + Da - Sa * Da, Sc + Dc - Sc * Dc]$$

在 Photoshop 中，和 SCREEN 常量对应的图层混合模式是滤色模式。

还有另一个混合常量是 OVERLAY，它是用于特殊效果的最常用的混合常量之一。它结合了 SCREEN 混合常量和 MULTIPLY 混合常量。你可能已经通过它的名称有所猜测，它会在源图像和目标图像之间叠加（Overlay）像素值，因此源图像看起来像是在目标图像上建立滤色效果。

OVERLAY 是 SCREEN 混合常量的更高级版本，其中，像素根据其亮度值被相乘或被屏蔽。图像较亮的部分变亮（SCREEN），图像较暗的部分变暗（MULTIPLY）。

在 Photoshop 中，和 OVERLAY 常量对应的图层混合模式是叠加模式。

有 5 个与 DST（Destination，目标图像）相关的常量，这些常量集中在目标图像资产上。其中的第一个就是 DST 常量，它仅隔离目标图像，这意味着它仅显示目标图像，而隐藏源图像，因此其方程式如下：

$$[Da, Dc]$$

DST_ATOP 常量获取的是目标图像在源图像上方（与之相交）的部分，并仅显示在源图像之上的部分。产生该结果的方程式如下：

$$[Sa, Sa * Dc + Sc * (1-Da)]$$

DST_IN 常量可以获取目标图像位于源图像内部（与之相交）的部分，并仅显示目标图像包含在源图像中的部分，而不显示任何源图像本身。这等效于布尔交集运算（Boolean Intersection Operation）。产生该数字图像相交结果的方程式如下：

$$[Sa * Da, Sa * Dc]$$

DST_OUT 常量与 DST_IN 常量的作用恰好相反，它将提取目标图像位于源图像之外（不与之相交）的部分，并仅显示目标图像中不与源图像相交的部分，而不显示源图像本身的任何部分。这等效于布尔减法运算（Boolean Subtraction Operation），因为覆盖目标图像的源图像部分实际上是从目标图像中减去的。产生此最终结果的算法或方程式如下：

$$[Da * (1-Sa), Dc * (1-Sa)]$$

DST_OVER 常量将目标图像叠加在源图像的顶部。因此，这等效于布尔联合运算（Boolean Union Operation），有时也称为布尔加法运算。其方程式如下：

$$[Sa + (1-Sa) * Da, Rc = Dc + (1-Da) * Sc]$$

有 5 个与 SRC（Source，源图像）相关的常量，它们集中于源图像资产。它们在本质上与 DST 常量相同，只是刚好相反——它们涉及源图像，而不是目标图像。这 5 个常量中的第一个是 SRC 常量，它仅隔离源图像，这意味着它仅显示源图像，而隐藏目标图像，因此其方程式如下：

$$[Sa, Sc]$$

SRC_ATOP 常量获取源图像位于目标图像上方（与之相交）的部分，并仅显示在目标图像之上的部分。产生此结果的算法或方程式如下：

$$[Da, Sc * Da + (1-Sa) * Dc]$$

SRC_IN 常量可获取源图像位于目标图像内部（与之相交）的部分，并仅显示源图像包含在目标图像中的部分，而不显示目标图像本身的任何部分。其布尔运算与 SRC 和 DST 模式类型相同。产生该结果的方程式如下：

$$[Sa * Da, Sa * Dc]$$

SRC_OUT 常量与 SRC_IN 常量的作用完全相反，它将获取源图像位于目标图像之外（不与之相交）的部分，并仅显示源图像中与之不相交的部分，而不显示源图像本身的任何部分。产生该结果的方程式如下：

$$[Sa * (1-Da), Sc * (1-Da)]$$

SRC_OVER 常量将源图像叠加在目标图像的顶部。产生此最终结果的算法方程式如下：

$$[Sa + (1-Sa) * Da, Rc = Dc + (1-Da) * Sc]$$

最后，还有一个 XOR 混合模式常量，代表的是 either-or，即要么显示源图像，要么显示目标图像，但是从不同时显示两者。其结果就是，在源图像和目标图像重叠的地方，不会显示任何图像，但是在没有重叠的地方，源图像或目标图像都可以显示出来。这实际上是布尔排除运算（Boolean Exclude Operation）。产生此最终结果的算法方程式如下：

$$[Sa + Da-2 * Sa * Da, Sc *(1-Da)+(1-Sa)* Dc]$$

11.4　PorterDuffColorFilter 类：混合 ColorFilter

Android 有一个专门的类用于应用颜色值，并结合 PorterDuff 混合常量，称为 PorterDuffColorFilter 类。该类是 android.graphics.ColorFilter 类的直接子类，允许使用混合模式将滤色器（Color Filter）应用于图像资产，这使得开发人员在算法上将颜色更改应用于其图像资产时具有更大的灵活性，也就是说，开发人员可以使用一个图像源文件实现诸如色彩校正之类的目标，甚至可以创建 100 种不同颜色的图像资产，这意味着可以节省数百万字节的数据占用空间。

PorterDuffColorFilter 类的 Java 层次结构如下：

```
java.lang.Object
  > android.graphics.ColorFilter
   > android.graphics.PorterDuffColorFilter
```

Android PorterDuffColorFilter 类是 android.graphics 包的一部分。因此，其 import 语句将引用 android.graphics.PorterDuffColorFilter 包导入路径。

有趣的是，构造 PorterDuffColorFilter 对象并不是绝对必要的。通过其他方式也可以将 PorterDuff.Mode 枚举常量应用于颜色过滤操作。

正如你将在本章的后续小节中看到的那样，有一个 .setColorFilter() 方法的版本，它是 ImageView 类的一部分，在其参数列表中就包含了 PorterDuff.Mode 混合常量。该方法的使用方式如下：

```
myDigitalImageObjectName.setColorFilter(integer color, PorterDuff.Mode
mode);
```

可以看到，该方法的设置实际上很容易，因此，可以将 PorterDuff 类的功能应用于任何 ImageView（以及 ImageButton 子类）对象。就图形设计和图像合成而言，将 ColorFilter 算法与 PorterDuff 混合模式结合使用实际上是一种非常强大且实用的功能，因此接下来我们将对其进行介绍。

我们将在 GraphicsDesign 应用程序的 BookmarkActivity 类中执行此操作，以演示如何仅使用几行 Java 代码就可以将 PorterDuff 混合模式与 ColorFilter 方法结合在一起。

11.5　使用 PorterDuff 将 ColorFilter 效果应用于图像资产

启动 Eclipse ADT，然后打开 GraphicsDesign 项目。右击 BookmarkActivity.java 文件，

然后在弹出的快捷菜单中选择 Open（打开）命令或直接按 F3 键将其打开，以在 Eclipse 的中央编辑窗格中进行编辑。

我们需要做的第一件事是实例化在 activity_bookmark.xml UI 定义 XML 文件中定义的 ImageView，因此可输入以下 Java 代码：

```
ImageView porterDuffImage =(ImageView)findViewById
(R.id.currentBookmarkImage);
```

如图 11-1 所示，将光标悬停在红色波浪线上（出现该问题是因为 ImageView 对象无法解析），然后选择 Import 'ImageView' (android.widget)选项，Eclipse 随后将编写 Import android.widget.ImageView 语句，如图 11-2 所示。

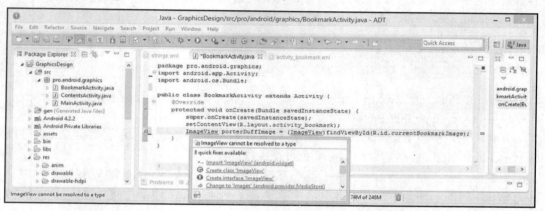

图 11-1　实例化 currentBookmarkImage ImageView 以在 BookmarkActivity 类中创建一个 Java 对象

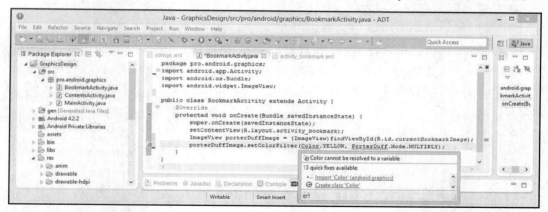

图 11-2　通过导入 android.graphics.Color 和 android.graphics.PorterDuff 类修复错误

现在，ImageView 对象实例化已经没有错误了，可以使用此 porterDuffImage ImageView 对象来调用.setColorFilter()方法，这是第 11.3 节中介绍过的方法。使用以下 Java 代码即可完成此操作：

```
porterDuffImage.setColorFilter(Color.YELLOW, PorterDuff.Mode.MULTIPLY);
```

这行 Java 代码要做的是调用.setColorFilter()方法，并给它传递了两个参数。第一个是要通过 PorterDuff 混合模式应用的颜色值。在本示例中，我们使用的是 Android 操作系统 Color.YELLOW（黄色）常量。第二个参数是 PorterDuff.Mode 混合常量之一，将用于指定混合模式算法。

可以看到，本示例使用的是 MULTIPLY 常量，因为它是在数字图像资产上应用颜色更改或特殊着色效果的最常用混合模式。MULTIPLY 模式通常也会增加图像的对比度，从而使结果看起来更逼真。

如图 11-2 所示，新增加的代码行再次出现红色波浪线，指示无法解析 Color，因此，需要将光标悬停在 Color 类引用上，并选择 Import 'Color' (android.graphics)选项，以获取 ADT 自动编写 import android.graphics.Color Java 代码语句。

有趣的是，当将光标悬停在 PorterDuff 类引用的红色波浪线上时，Eclipse ADT 并没有自动提供 Import PorterDuff(android.graphics)选项，而该选项是避免 PorterDuff 类引用错误的正确解决方案。这说明 ADT 并没有正确识别 PorterDuff 类，这意味着 Eclipse ADT 集成开发环境（IDE）的错误帮助程序对话框并非 100%无懈可击，我们不能始终依靠它来解决 Eclipse ADT 集成开发环境内部可能出现的所有 Java 代码错误问题，多学习、多了解才是真正的解决之道。

在这种情况下，我们需要自己添加 Import 语句才能解决此问题。这需要使用以下 Java import 语句：

```
import android.graphics.PorterDuff;
```

如图 11-3 所示，代码已经没有错误，添加的 import 语句已经确保我们可以在 Activity 子类 Java 代码中使用 ImageView、Color 和 PorterDuff 类。现在，我们有了一个 ImageView 对象，该对象使用 PorterDuff.Mode 常量调用.setColorFilter()方法。

如前文所述，Graphical Layout（图形布局）窗格不支持应用成像算法，因此我们需要使用 Run As（运行方式）| Android Application（Android 应用程序）命令在 Nexus One 模拟器中查看 PorterDuff 混合模式颜色过滤数字图像应用的结果。

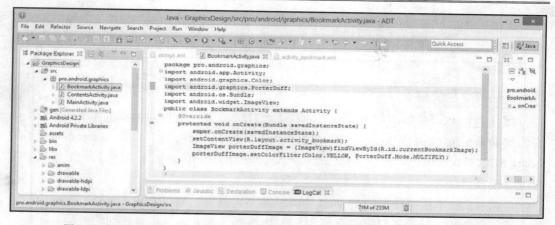

图 11-3　使用.setColorFilter()方法通过 PorterDuff MULTIPLY 模式应用颜色值更改

如图 11-4 左侧所示，黄色值已应用到 porterDuffImage ImageView 对象，该对象引用了 currentBookmarkImage <ImageView> XML 标签定义，而该定义则引用了数字图像资产。

图 11-4　在 Nexus One 模拟器中测试 PorterDuff MULTIPLY 模式（左）和 OVERLAY 模式（右）

接下来，我们还可以看一看另一个流行的混合模式常量，即 OVERLAY 常量，对这个颜色过滤应用有什么作用。下面将演示如何在.setColorFilter()方法调用中应用精确的 24

位颜色值，因为这通常是图形设计专业人员必须掌握的内容。

　　将上述 Java 代码的第二行修改为：

```
porterDuffImage.setColorFilter(Color.rgb(216,192,96),PorterDuff.Mode.
OVERLAY);
```

　　上述语句使用了更高级的 Java 代码结构在.setColorFilter()方法内调用 Color 类的.rbg()方法，该结构允许通过 PorterDuff 混合模式更精确地应用 24 位颜色值。

　　如图 11-5 所示，Java 代码没有任何错误，现在可以使用 Run As（运行方式）| Android Application（Android 应用程序）命令在 Nexus One 模拟器中测试代码。结果显示在图 11-4 的右侧。可惜，新修改的 OVERLAY 模式无视了 Alpha 通道数据，它把用于过滤的黄色 "暴露" 出来了。

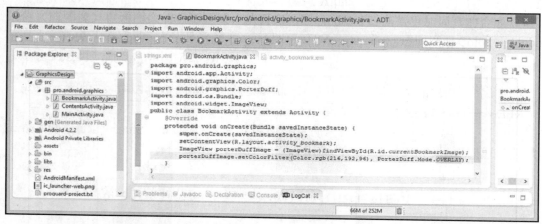

图 11-5　用.rgb()方法调用替换 Color.YELLOW 常量以允许指定任何颜色值

　　有时，在更高级的 Android 类中存在错误。例如，在本示例中，由 OVERLAY 混合模式常量引用的 OVERLAY 算法应该遵循我们在原始图像资产中设置的 Alpha 通道。

　　这里所说的遵循的意思是，该算法应仅将 OVERLAY 混合模式应用于非 100%透明的像素，因此我们不应看到任何黄色值（RGB 216,192,96），因为在原始的数字图像合成资产中，我们定义了 Alpha 通道透明度。

　　这说明该 PorterDuff 类及其模式在 Android 中尚未完善，可能因为这是高级功能，大多数 Android 开发者并不经常使用它，所以该问题未引起广泛的关注。但是，无论如何我们都相信，最终 Android 开发团队将在 OVERLAY 算法中遵循源图像的 Alpha 通道，以便这种混合模式可以与包含 Alpha 通道的数字图像资产一起正常使用。

　　接下来，我们可以将 PorterDuff.Mode 常量引用更改回 MULTIPLY。另外，在更新

SCREEN 和 OVERLAY 算法以包括 Alpha 通道支持之前，我们将对包含 Alpha 通道的图像资产使用 MULTIPLY 常量以混合其颜色的变化（见图 11-6）。

图 11-6　最终的.setColorFilter()方法的 Java 结构，可以对包含 Alpha 通道的数字图像资产进行颜色偏移

需要特别指出的是，对于未使用 Alpha 通道进行图像合成的图像（如照片）来说，SCREEN 和 OVERLAY 混合模式是可以正常使用的。

在后几节中，我们将讨论更深入的应用，使用 Paint、Bitmap、BitmapFactory 和 Canvas 类在两个不同的数字图像资产之间应用选择的 PorterDuff 混合模式。

11.6　PorterDuffXfermode 类：应用混合常量

Android 有一个专门的类，用于结合 PorterDuff.MODE 常量和 PorterDuff 类本身来应用 PorterDuff 图像混合模式和叠加模式。该类称为 Android PorterDuffXfermode 类，是 Android Xfermode 类的直接子类。该 Xfermode 子类已进行了修改，以允许通过使用我们前面介绍过的预定义混合模式常量，将 PorterDuff 算法应用于图像资产。

PorterDuffXfermode 类的 Java 层次结构如下：

```
java.lang.Object
  > android.graphics.Xfermode
  > android.graphics.PorterDuffXfermode
```

Android PorterDuffXfermode 类也是 android.graphics 包的一部分。因此，它的 import 语句将引用 android.graphics.PorterDuffXfermode 包导入路径。

正如你将在本章稍后看到的那样，当开始编写 Java 代码以在数字图像资产中实现

PorterDuff 叠加模式时，可以将 Android Paint 类的.setXfermode()方法与 PorterDuffXfermode 对象和 PorterDuff.Mode 常量结合使用。我们将使用混合算法"加载" Paint 对象，等同于使用该混合算法将一个图像资产绘制（Paint）到另一个图像资产上。

11.7　Paint 类：将混合常量应用于图像

接续第 11.6 节的话题，我们需要做的第一件事是构造一个 Paint 对象，因此请打开 Eclipse，并使用右键快捷菜单中的 Open（打开）命令或在单击后直接按 F3 键，在编辑器中打开 ContentsActivity.java 类，然后将以下 Java 代码添加到 Override 的上方：

```
Paint paintObject = new Paint();
```

这将构造一个名为 paintObject 的空 Paint 对象，以便在 Activity 中用于像素绘制操作。如图 11-7 所示，需要将光标悬停在红色波浪线上，并选择 Import 'Paint'(android.graphics) 选项，以自动编写 Import android.graphics.Paint Java 代码语句。

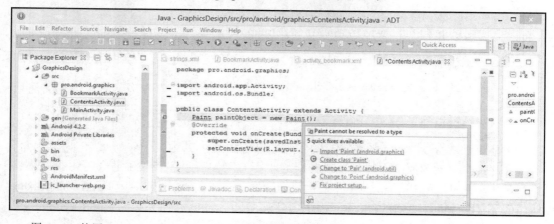

图 11-7　使用 ContentsActivity.java 中的 Paint()构造函数创建一个名为 paintObject 的 Paint 对象

Android Paint 类用于在显示屏幕上绘制像素，因此它包含样式、Alpha、模式、字体和颜色等信息，以便绘制几何图形、文本和位图。

Paint 类是 java.lang.Object 类的直接子类，因此不基于 Android 中任何其他类型的类。它是 Android 中用于图形处理的核心类之一（另外两个类是 Bitmap 和 Canvas 类，下文将会详细介绍），这 3 个图形类必须协同工作才能执行诸如 PorterDuff 混合之类的高级操作。

Android Paint 类的 Java 层次结构如下:

```
java.lang.Object
  > android.graphics.Paint
```

稍后你将看到 Paint 类的使用方式。

11.8　使用 Bitmap 类在图像之间应用 PorterDuff

在设置了 Paint 对象之后,即可创建 Bitmap 对象。这些将保存 backgroundImage（背景图像）和 foregroundImage（前景图像）资产,然后使用 Android 的 BitmapFactory 类将它们加载到 Bitmap 对象中。

我们还需要使用.copy()方法,将 Bitmap 对象变成可变（Mutable）Bitmap 对象（这是 Android 中的术语）。Mutable 表示我们可以编辑（更改）该 Bitmap 对象的像素。为此,必须将其加载到系统内存中,这就是为什么我们要使用.copy()方法从 drawable 资源区域中获取图像资产并将其放入系统内存。

可以使用以下 4 条 Java 语句完成所有 Bitmap 工作:

```
Bitmap backgroundImage = BitmapFactory.decodeResource(getResources(),
R.drawable.cloudsky);
Bitmap mutableBackgroundImage = backgroundImage.copy(Bitmap.Config.
ARGB_8888, true);
Bitmap foregroundImage = BitmapFactory.decodeResource(getResources(),
R.drawable.cloudsky);
Bitmap mutableForegroundImage = foregroundImage.copy(Bitmap.Config.
ARGB_8888, true);
```

第 1 条语句使用 BitmapFactory 类的.decodeResource()方法载入名为 backgroundImage 的 Bitmap 对象,并且使用 getResources()方法调用 drawable 文件夹中的 cloudsky.jpg 图像资产。

第 2 条语句采用了此 Bitmap 对象,并使用.copy()方法将其加载到系统内存中,然后通过使用 Bitmap.Config.ARGB_888 常量和 isMutable 标志（被设置为 true）来指定它需要 32 位内存空间。

第 3 条和第 4 条语句的语法和前两条大致类似,只不过 Bitmap 对象从 backgroundImage 换成了 foregroundImage。

如图 11-8 所示,我们需要将光标悬停在 Eclipse 中的 Bitmap 类和 BitmapFactory 类引用上,并分别为这两个类调用 Import 选项,以使 Eclipse 自动编写 Import 语句。

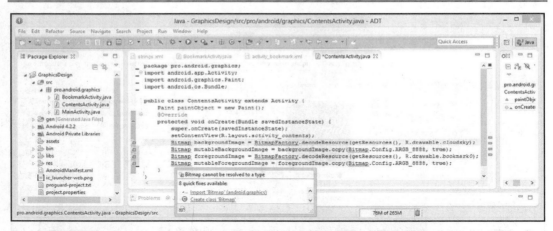

图 11-8　使用 BitmapFactory 类为 backgroundImage 和 foregroundImage 图像创建 Bitmap 对象

现在，Bitmap 对象已从/res/drawable 资源区域加载，并作为带有 Alpha 通道且 isMutable 标志设置为 true 的 32 位数据加载（复制）到内存中，以便可以在 Android Paint 和 Xfermode 操作中编辑（使用）该数据。我们将准备好使用 Paint 对象和.setXfermode() 方法来加载所选的 PorterDuff 模式，以便 Paint 对象知道我们希望它做的事情。

11.9　使用.setXfermode()方法应用 PorterDuffXfermode

Java 代码的下一行将设置 Paint 对象（名为 paintObject），以便能够使用先前介绍过的 PorterDuffXfermode 对象加载 PorterDuff.Mode.XOR 常量。这是通过调用 Paint 对象的.setXfermode()方法完成的，具体代码如下：

```
paintObject.setXfermode(new PorterDuffXfermode(PorterDuff.Mode.XOR));
```

这将使用点表示法（Dot Notation）从 paintObject Paint 对象调用.setXfermode()方法。同时，在.setXfermode()方法调用内，创建一个新的 PorterDuffXfermode 对象，并使用其参数列表将该对象设置为等于 PorterDuff.Mode.XOR 常量。

如图 11-9 所示，在输入此 Java 代码行之后，需要将光标悬停在 PorterDuffXfermode 类引用上，然后选择 Import 'PorterDuffXfermode' (android.graphics)选项，使 Eclipse ADT 自动写入该 import 语句。在写入该 import 语句之后，.setXfermode()下面的红色波浪线将消失。但是，如前文所述，我们仍需要手动编写 Import android.graphics.PorterDuff 语句，因为 Eclipse 似乎无法正确识别 PorterDuff 类。

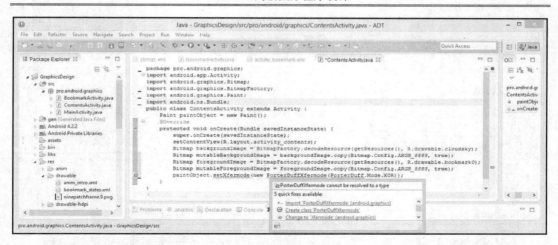

图 11-9　使用 paintObject 的.setXfermode()方法创建一个新的 PorterDuffXfermode XOR 对象

在配置完 Paint 对象之后，可以设置 Canvas 对象。

11.10　Canvas 类：为合成创建画布

Android Canvas 类是用于在显示屏上绘图的引擎。如果你熟悉游戏设计，那么肯定听说过画布（Canvas）。它是图形设计中的常用术语，不仅适用于 Android，而且适用于其他流行的编程范例，如 HTML5 应用程序。

要在屏幕上绘制图形，必须具备以下 4 个基本组件。

❑　第 1 个组件是一个 Bitmap 对象，用于在系统内存中保留像素。

❑　第 2 个组件是执行绘制指令的 Canvas（将数据写入 Bitmap 对象）。

❑　第 3 个组件是绘制的图元（Primitive）对象，如 Rect、Path、Text 或 Bitmap 对象。

❑　第 4 个组件是一个 Paint 对象，用于描述颜色、模式和样式。Canvas 渲染引擎通过图元将它们应用到 Bitmap 对象。

由此可见，在 Android 中绘图并不那么简单。

Android Canvas 类同样是 java.lang.Object 的直接子类，是 100%的原始代码。这是因为它需要专门针对 Android 操作系统进行自定义。因此，其 Java 层次结构如下：

```
java.lang.Object
  > android.graphics.Canvas
```

接下来，我们将利用 Canvas 类，因为需要它的渲染引擎功能才能对我们将要编写的演示如何混合图像的 Java 代码执行 PorterDuff 混合功能。

在 Android 中设置图像合成叠放顺序的下一步是创建供绘画用的 Canvas。这涉及创建目标合成图像，该目标合成图像将是另一个 Bitmap 对象，可以按字面提示的原则将其命名为 CompositeImage，因为它将保存合成图像。

这是使用.createBitmap()方法完成的，还需要将其与 mutableForegroundImage 对象一起加载，以便将要混合在一起的两幅图像之一加载到位。我们将使用以下 Java 编程语句来执行此操作，该语句声明了 Bitmap 对象，对其进行命名，并将其设置为与 Bitmap 类的结果相等。Bitmap 类调用了自己的.createBitmap()方法，并在函数调用内部使用了 mutableForegroundImage 参数：

```
Bitmap compositeImage = Bitmap.createBitmap(mutableForegroundImage);
```

接下来，要创建并设置 Canvas 对象，将其命名为 imageCanvas，并引用 compositeImage Bitmap 对象。这是使用 new 关键字完成的，具体代码如下：

```
Canvas imageCanvas = new Canvas(compositeImage);
```

如图 11-10 所示，我们需要将光标悬停在两个 Canvas 对象引用之一上，然后选择 Import 'Canvas'(android.graphics)选项，以便能够在 Java Activity 中使用此 Canvas 类。

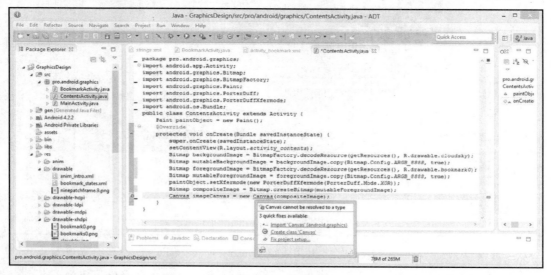

图 11-10　使用.createBitmap()方法和 imageCanvas Canvas 对象创建一个 CompositeImage Bitmap 对象

现在，我们已经设置了 Bitmap、Paint 和 Canvas 对象，可以编写一条语句，将它们结合在一起并执行合成操作。该语句需要使用 Canvas 类的.drawBitmap()方法，该方法将采用以下 4 个参数。

- ❑ 第 1 个参数是 Bitmap 对象，在本示例中就是我们要混合的其他 Bitmap 对象。
- ❑ 第 2 个参数是源矩形（Rect 对象），在本示例中为 null，因为所用的图像是源图像。
- ❑ 第 3 个参数是目标矩形，在本示例中，将使用 cloudsky.jpg 图像资产的尺寸（1000×1000 像素）创建一个新的 Rect 对象。
- ❑ 第 4 个参数是 Paint 对象，该对象在之前创建时已经被命名为 paintObject，它使用 PorterDuffXfermode 对象加载，并引用了 PorterDuff.Mode.XOR 混合算法常量。

综上所述，该语句具体如下：

```
imageCanvas.drawBitmap(mutableBackgroundImage,null,new
Rect(0,0,1000,1000), paintObject);
```

如图 11-11 所示，该语句仅出现了一个错误，那就是需要导入 Rect 类。因此可以将光标悬停在 Rect 上，然后选择 Import 'Rect' (android.graphics)选项以添加该 Import 语句，这样就可以清除红色波浪线，完成图像合成的 Java 代码。

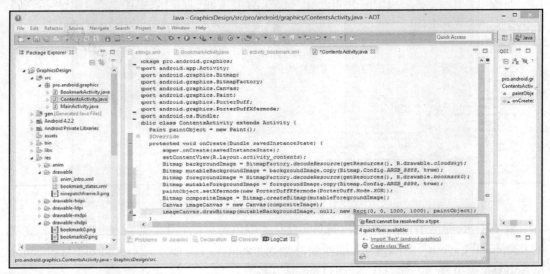

图 11-11　在 imageCanvas 对象上使用.drawBitmap()方法将 paintObject 应用于图像

现在，我们已经使用 Canvas 引擎在系统内存中设置了所有位图图像合成混合功能，但是，除非将该数据发送到 ImageView 对象中，否则我们无法在屏幕上看到其工作结果。这意味着我们需要做一些简单的 XML 标记（至少与刚才在 Android 中实现图像混合所编写的 Java 编码相比，它要简单得多），因此，接下来我们将在 XML 中设置一个<ImageView>子标签，以用于显示图像合成。

在 Eclipse ADT 的中心编辑窗格中打开 activity_contents.xml XML 定义文件，如果该文件已经打开，则选择其选项卡以进行编辑，然后添加<ImageView>子标签。

11.11　用 XML 和 Java 创建 ImageView 以显示画布

如图 11-12 所示，在第一个嵌套的子 LinearLayout 容器内的<ImageButton>子标签下，添加一个<ImageView>子标签，这会将混合合成的 ImageView 放置在 Table of Contents UI 屏幕左下角的 ImageButton 的下方。

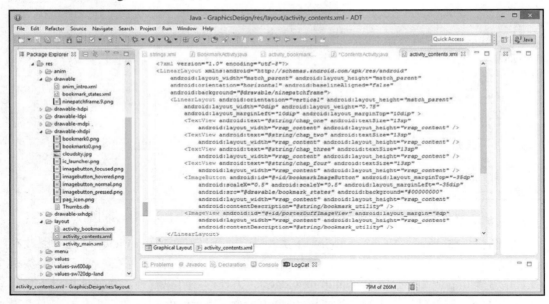

图 11-12　将 ID 为 porterDuffImageView 的<ImageView>子标签
添加到第一个嵌套的<LinearLayout>标签中

将 android:id 参数命名为 porterDuffImageView，然后为其分配 8dp 边距以达到良好的效果。确保包含所有其他必需参数，包括将 android:layout_width 和 android:layout_height 设置为 wrap_content，另外还需要 android:contentDescription 参数（这是专门为视力障碍人士设置的），它引用现有的@string/bookmark_utility 值。

由于没有使用 android:src 或 android:background 参数配置此<ImageView> UI 元素（因为要在 Java 代码中定义此元素），因此，除非在切换到 Graphical Layout（图形布局）选项卡之前，选择了<ImageView>标签或其 5 个参数之一（或将光标放在其中），否则，在切换到图形布局编辑器模式之后将无法看到它。

如果选择了任何 ImageView，那么将能够看到一个带有围绕其周边的调整柄的选择小部件，显示 ImageView UI 小部件确实包含在用户界面定义中。

现在可以实例化 ImageView 对象，如图 11-13 所示。

图 11-13　实例化名为 porterDuffImageComposite 的 ImageView Java 对象并引用 XML

如图 11-13 所示，在此 Activity 子类中尚未使用任何 ImageView 对象，因此在 ImageView 下面出现了红色波浪线。要解决该问题，可以将光标悬停在 ImageView 类引用上并选择 Import 'ImageView' (android.widget)。另外，还可以看到，我们使用以下代码为 ImageView 对象赋予了逻辑名称（porterDuffImageComposite）：

```
ImageView porterDuffImageComposite = (ImageView)findViewById
(R.id.porterDuffImageView);
```

现在，我们要做的就是将 compositeImage Bitmap 对象连接到 porterDuffImageComposite ImageView 对象，然后准备一些 Java 代码来测试一堆 PorterDuff 混合模式，这些任务相对来说都是非常简单的，因为困难的编程我们已经完成了。

11.12　通过.setBitmapImage()方法将 Canvas 写入 ImageView

单击 ADT 顶部的 ContentsActivity.java 选项卡，并添加最后一行代码，该代码将使用点表示法从 porterDuffImageComposite ImageView 对象调用.setImageBitmap()方法，并将 compositeImage Bitmap 对象作为参数传递给该方法。具体代码如下：

```
porterDuffImageComposite.setImageBitmap(compositeImage);
```

图 11-14 显示了该代码。

图 11-14　使用.setImageBitmap()方法将名为 imageCanvas 的 Canvas 对象写入 ImageView

上述语句采用了 compositeImage Bitmap 对象，该对象由 Canvas 对象用作画布，并将其映射（设置、指向、引用、连接）到 ImageView，以便在 Canvas 中发生的任何事情都显示在 ImageView 中。

现在，所有的内容都连接在一起（正确地相互引用），接下来，可以使用 Run As（运行方式）| Android Application（Android 应用程序）命令在 Nexus One 模拟器中测试 Java 代码。如图 11-15 左侧所示，XOR PorterDuff 模式在两个图像重叠的地方什么也不显示。

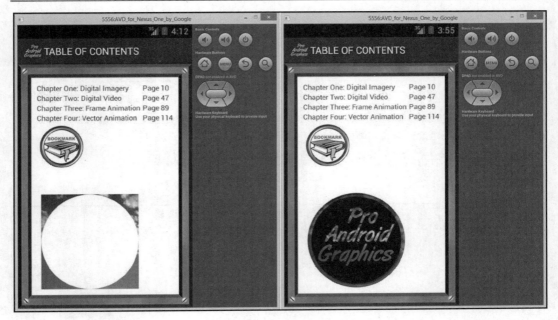

图 11-15　在 Nexus One 中测试 XOR（左）和 MULTIPLY（右）PorterDuff.Mode 常量

这也说明 XOR PorterDuff.Mode 常量正确"遵循"了 Alpha 通道，因为如果不考虑 Alpha 通道的透明度，则整个图像都将是白色的，而不仅仅是 Alpha 通道定义为不透明图像的圆形部分。

接下来，进入 Java 代码，并将 PorterDuff.Mode.XOR 常量替换为 PorterDuff.Mode. MULTIPLY 常量，然后再次使用 Run As（运行方式）| Android Application（Android 应用程序）命令来查看 MULTIPLY 混合模式如何将这两幅图像混合在一起显示，如图 11-15 右侧所示。可以清楚地看到，PorterDuff.Mode.MULTIPLY 常量也正确"遵循"了数字图像资产的 Alpha 通道数据（将其作为计算因子）。

如果你在使用 PorterDuffXfermode 类时发现其他 PorterDuff 混合模式也都"遵循"了 Alpha 通道，那么在第 11.5 节中提到的问题可能只限于 PorterDuffColorFilter 类。这意味着你可以使用 PorterDuffXfermode 类正确混合具有 Alpha 通道的图像。现在可以找出并在 ContentsActivity Java 代码中使用其他 4 种混合模式，通过实际使用这些模式，你将体会到这些混合模式的意义。

进入刚刚编写的图像合成和混合代码，然后将 PorterDuff.Mode.MULTIPLY 常量修改为 PorterDuff.Mode.OVERLAY，然后再次使用 Run As（运行方式）| Android Application（Android 应用程序）命令查看结果，如图 11-16 左侧所示。

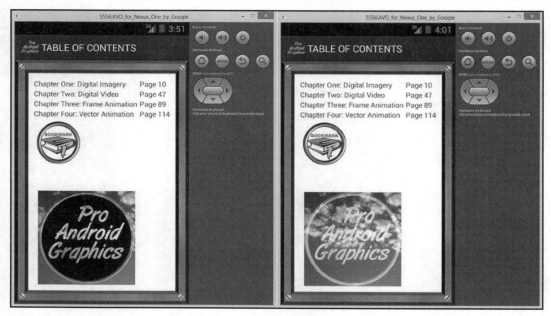

图 11-16　在 Nexus One 中测试 OVERLAY（左）和 SCREEN（右）PorterDuff.Mode 常量

可以看到，似乎同样遵循 Alpha 通道，并且 CloudSky 图像已混合到书签图像中，从而在文本区域和外围的金属圆环中产生了很细腻的效果。

接下来，我们可以尝试一下 SCREEN 混合模式。再次进入 Java 代码，并将 PorterDuff.Mode.OVERLAY 常量更改为 PorterDuff.Mode.SCREEN，然后再次使用 Run As（运行方式）| Android Application（Android 应用程序）命令查看混合结果，如图 11-16 右侧所示。

可以看到，似乎仍然遵循书签图像的 Alpha 通道，并且 CloudSky 图像已混合到书签图像中，这一次在文本区域和外围金属圆环中产生了不太细腻的效果。

如果你还记得 OVERLAY 模式类似于 SCREEN 和 MULTIPLY，则可以看到在 SCREEN 模式下书签图像的 BLACK 区域与 OVERLAY 模式下的区别为 100%（与之完全相反），这对于理解它们的工作原理应该会有所帮助。

接下来，让我们尝试一下 LIGHTEN 混合模式。再次进入 Java 代码，并将 PorterDuff.Mode.SCREEN 常量更改为 PorterDuff.Mode.LIGHTEN，然后再次使用 Run As（运行方式）| Android Application（Android 应用程序）命令查看混合结果，如图 11-17 左侧所示。

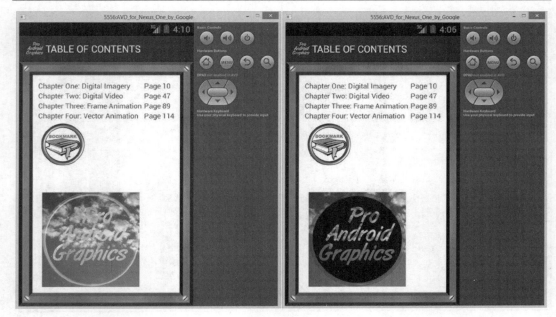

图 11-17　在 Nexus One 中测试 LIGHTEN（左）和 DARKEN（右）PorterDuff.Mode 常量

可以看到，SCREEN 和 LIGHTEN 混合模式确实非常相似，在使用 SCREEN 混合模式的情况下，文本至少是可以辨读的，而使用 LIGHTEN 混合模式后，则很难分辨。当然，该混合模式似乎确实遵循了 Alpha 通道数据，因此，PorterDuffXfermode、PorterDuff 和 PorterDuff.Mode 类看起来都是无错误的，我们在第 11.5 节中看到的问题可能仅限于 ColorFilter 类或 PorterDuffColorFilter 类。

最后，让我们看一下最后一种 Android 像素混合模式（DARKEN 模式），并了解它如何使用这两种源图像资产。

在 Eclipse 中进入 Java 代码，然后将 PorterDuff.Mode.LIGHTEN 常量更改为 PorterDuff.Mode.DARKEN，再次使用 Run As（运行方式）| Android Application（Android 应用程序）命令查看混合结果，如图 11-17 右侧所示。DARKEN 常量的作用是使前景图像（bookmark0.png）看起来像玻璃一样透明。

比较图 11-16 中的 OVERLAY 模式和图 11-17 中的 DARKEN 模式可以看到，OVERLAY 模式将 CloudSky 图像渲染到书签 UI 的金属圆环上，就好像它是一个纹理贴图（Texture Map）。纹理贴图也称为反射贴图，在 3D 中很常见。这种混合模式似乎可以使该设计元素的金属外观保持完整，并提供不错的 3D 渲染效果。另一方面，DARKEN 混合模式使这个金属圆环看起来像透明的玻璃材质。由此可见，Android 应用程序代码确实可以实现一些在 Adobe Photoshop 和 GIMP 中才能找到的特殊效果，像素混合是一个强大的工具。

11.13　小　　结

本章提供了有关 Android PorterDuff 和 PorterDuff.Mode 类以及 PorterDuffXfermode 类和 PorterDuffColorFilter 类的更多信息。

这些类可用于在 Android 中实现图像混合，包括将颜色值变化混合到图像资产中，以进行颜色或对比度校正，或使用一个图像源创建一系列图像资产，以及生成特殊效果等。

我们首先研究了像素混合和叠加模式的核心数字图像合成概念，以及开发人员如何通过这些功能使用其/res/drawable 文件夹中的图像资产来实现令人印象深刻的特殊效果。

本章详细阐述了 Android 中的核心 PorterDuff 类，该类实现了图像混合和像素叠加。此类包含了用于混合和叠加模式的核心算法，这些算法可以使用 Android 操作系统中的其他 PorterDuff 相关类调用。

本章还介绍了 PorterDuff.Mode 嵌套类，该类包含 18 个常量，我们详细解释了 18 个常量，包括每个常量的作用，以及用于混合或叠加图像源 Alpha（Sa）、源颜色（Sc）、目标 Alpha（Da）和目标颜色（Dc）像素数据值的算法公式等。

我们首先讨论了 5 种图像混合算法和一种效用算法，然后讨论了像素叠加算法，以及它们与布尔集合运算的相似之处。一旦了解了 PorterDuff.Mode 常量的意义，就可以考虑使用 PorterDuffColorFilter 类来实现像素颜色混合。

我们准备在 Android 中实现两个专用的 PorterDuff 类中的第一个，即 PorterDuffColorFilter 类。我们研究了如何使用 .setColorFilter() 方法，采用颜色值和 PorterDuff.Mode 常量作为参数值来实现此类。

本章还讨论了更高级的 PorterDuffXfermode 类，该类使得开发人员可以在其他类型的图像资产之间应用 PorterDuff 叠加模式（Xfermode）和混合模式常量。在这种情况下，我们利用了数字图像资产，因为位图图像可以提供在 Android 操作系统中生成令人印象深刻的图像合成特殊效果所必需的自由。

本章采用了手动方式，创建了大约 12 行高级 Java 代码，并添加了 XML <ImageView> 标签，从而在 GraphicsDesign 应用程序的 ContentsActivity 类中实现了数字图像混合。

在执行此操作的过程中，我们详细介绍了 Android 操作系统中所有与图形相关的主要类，包括 Bitmap、BitmapFactory、Paint 和 Canvas 类。我们解释了这些类中的每一个在 Android 中的图形功能，并通过实例演示了它们如何协同工作以实现图像混合模式，从而将不同的数字图像资产组合在一起。

我们演示了用于数字图像合成和特殊效果的 6 种主要混合模式，并通过在模拟器中查看它们的合成结果来理解这些模式的差异。

这些叠加和混合模式包括 OVERLAY、SCREEN、LIGHTEN、DARKEN、MULTIPLY 和 XOR。我们鼓励读者使用本章编写的代码尝试所有的 PorterDuff 模式，以进一步理解这些模式提供的图像处理功能。

在第 12 章中，我们将学习如何在 Android 操作系统中使用数字图像图层，以及如何在 Android 中使用 LayerDrawable 类。

第 12 章　高级图像合成：使用 LayerDrawable 类

本章将仔细研究层（Layer）在 Android 和数字图像合成中扮演的角色，以及如何在 Android 中实现 LayerDrawable 对象以增强数字图像合成功能。

可以使用 Drawable 超类的子类之一在 Android 应用程序中创建和管理图层。有一个子类专门管理层堆栈，称为 LayerDrawable 类。

图层允许执行更高级的数字图像合成，因为它可以将多个图像合成在一起，这在第 11 章有关 PorterDuff 图像混合模式的内容中已经得到证明。

Android 中的 LayerDrawable 对象其实是 "Java 对象可以由其他 Java 对象组成" 概念的一个很好的示例，因为 LayerDrawable 对象可以包含其他 Drawable 对象。在图形设计用例中，它包含的通常是 BitmapDrawable 对象，并且目标通常是创建由图像组件组成的复合图形对象。

通常这样做是为了创建特殊效果，或者是通过使用图层将图像分解成各个组成部分来优化应用程序图像资产的总数据占用空间，以便可以使用索引的色彩空间来保存每个图像资产，大大节省数据占用空间总量。例如，可以考虑将图像的组成部分（作为图层）保存到文件中，这些文件是使用 256（索引）色而不是 16777216（真彩色）色保存的，它们也能有效地提供出色的图像质量，然后将它们合成在一起，使它们看起来像是使用真彩色的图像，但实际上却是使用索引颜色资产的 LayerDrawable 对象。

12.1　LayerDrawable 对象：将图像合成提升到新的水平

本节先来简要介绍一下如何在 Android 中实现数字成像图层。在 Android 中，图层也称为 Layer Drawables，使用的是 Android 的 LayerDrawable 类。我们还将研究在 Android 应用程序和专业的 Android 图形设计工作流程中可以在哪些方面充分利用图层的优势。

总的来说，图层通常用于数字图像合成目标，许多数字图像技术人员都喜欢使用专业的数字图像软件包（如 Adobe Photoshop、GIMP 2.8.6 或 Corel 的 Painter、CorelDRAW 或 PaintShop Pro 软件包）来执行这些任务。

如前文所述，我们也可以在 Android 操作系统内获得与这些流行的数字图像合成软件包相同的合成结果，但是，这需要开发人员具有足够高级的编码能力，才能使用 XML 和 Java 编写自己的图像合成渲染管线。本章稍后将介绍一些与此相关的 Android 类和可用于完成此任务的工作流程。

请注意，这比仅使用其中一种数字图像软件包本身要困难得多，而且，如前文所述，仅凭代码本身实现可能非常复杂。

当有多个 Drawable 资产需要以高级方式组合到应用程序中以实现任何最终结果时，都可以在 Android 中使用图层。这可以是从文字叠加到图像混合，再到特殊效果应用等。开发人员可以在 LayerDrawable 图层中使用任何类型的 Android Drawable，因此它是一个非常灵活的图层系统。

需要指出的是，只要你擅长实现 Alpha 通道，就不一定要通过实现混合模式来创建有效的图像合成，这在前面的章节中已经有所体现。

Android 中的图层功能与流行的数字图像软件包（如 GIMP 2.8.6）中的图层功能非常相似。Android 图层可以指定不透明度值、使用混合模式、利用 Alpha 通道，并且具有实现特殊效果所需的其他大多数核心功能。

我们将在 Android PorterDuff 混合模式中添加 LayerDrawable 功能，因为在第 11 章中已经编写了代码来实现混合图像。

到本章结束时，你将能够把在第 11 章中学到的混合和叠加模式与 LayerDrawable 对象的图层功能结合在一起，形成一个基于 Java 的复杂的图像合成和混合渲染管线。

12.2　Android 的 LayerDrawable 类：图层的基础

Android LayerDrawable 类是 Drawable 类的直接子类，而 Drawable 类本身则是 java.lang.Object 主类的直接子类。因此，LayerDrawable 类是 Drawable 的子类，它可以实现 Drawable 类的所有功能以及特定于 LayerDrawable 类的图层管理所需的其他功能。

Android LayerDrawable 类的层次结构如下：

```
java.lang.Object
  > android.graphics.drawable.Drawable
   > android.graphics.drawable.LayerDrawable
```

Android LayerDrawable 类是其 android.graphics.drawable 包的一部分，因此，其 import 语句在逻辑上将引用 android.graphics.drawable.LayerDrawable 包的导入路径，在后面编写实现 LayerDrawable 对象的 Java 应用程序代码时将看到这一点。

LayerDrawable 类还具有一个自己的直接子类，称为 TransitionDrawable 类。第 13 章将介绍 TransitionDrawable 类，敬请关注。

LayerDrawable 对象是 Android 中的一种 Drawable 对象，可以创建和管理其他

Drawable 对象的数组。数组中的 Drawable 对象始终按其数组顺序（Array Order）绘制到屏幕上，因此，具有最大索引号（Index Number）的 Drawable 元素将始终绘制在图层叠放顺序（Layer Stack）的顶部。在实现 LayerDrawable 对象之后，你应该能准确理解其工作原理。

一般来说，可以通过使用 XML 定义文件来定义 LayerDrawable 对象，然后使用 <layer-list>父标签。每个 LayerDrawable 容器对象内的 Drawable 对象都将使用<layer-list>父标记定义，然后使用嵌套的<item>子标签来定义，在第 12.3 节创建 LayerDrawable 对象时你将看到详细的代码和过程。

LayerDrawable 类具有 6 个 XML 属性或参数，最重要的是 android:drawable 参数和 android:id 参数。android:drawable 参数允许指定 drawable 图像资产，而 android:id 参数则可以为图层指定一个 ID，以便可以在 Java 代码中引用该 ID。

其他 4 个参数是 android:top、android:bottom、android:left 和 android:right，它们可以使用像素（PX）、设备独立性像素（DIP 或 DP）、毫米（MM）、英寸（IN）或缩放像素（SP）作为度量单位来指定每一个图层的坐标或位置。这些参数的值为浮点值。当然，如果图像资产各自填充了 Drawable（并因此填充了 LayerDrawable）容器，则这些参数不是必需的。

12.3　<layer-list>父标签：使用 XML 设置层

接下来我们将继续在 Eclipse 中的 ContentsActivity.java 和 activity_contents XML 文件选项卡中进行工作，以实现图像合成中的 LayerDrawable 对象。启动 Eclipse，然后如图 12-1 所示，右击/res/drawable 文件夹，在弹出的快捷菜单中选择 New（新建）| Android XML File（Android XML 文件）命令。这将允许创建一个新的 LayerDrawable XML 文件，并将其自动放入 drawable 文件夹中。/res/drawable 文件夹用来存储可绘制资产的位置，如 9-Patch 图像资产、ImageButton 状态、帧动画以及现在的 LayerDrawable 对象定义等，它们中的每一个都与 Android Drawable 对象及其配置相关。这些配置包括帧、状态、图层、图块和其他 XML（定义如何实现一个或多个图像资产）等。

在选择 New（新建）| Android XML File（Android XML 文件）命令后，将打开 New Android XML File（新建 Android XML 文件）窗口，如图 12-2 所示。由于此前在文件夹层次结构中已经选择了 GraphicsDesign 项目的/res/drawable 文件夹，因此该窗口自动配置了 Resource Type（资源类型）为 Drawable，Project（项目）为 GraphicsDesign。现在，我们要做的就是选择 Root Element（根元素）为 layer-list，并在 File（文件）文本框中输

入文件名为 contents_layers，以表示正在为 ContentsActivity 类定义图层。

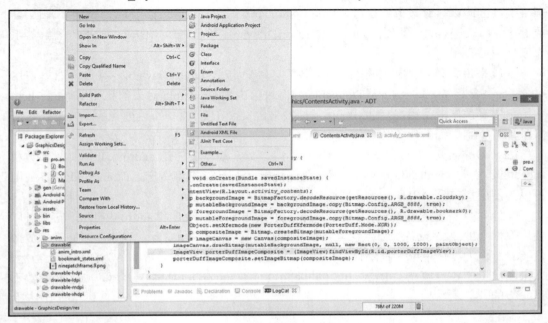

图 12-1　右击/res/drawable 文件夹，选择 New（新建）| Android XML File（Android XML 文件）命令

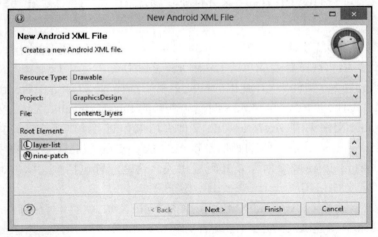

图 12-2　为新的 Android XML 文件选择 layer-list 根元素

在窗口中设置 Drawable XML 文件参数后，单击 Finish（完成）按钮，即可在 Eclipse 中央编辑窗格中看到一个新的 contents_layers.xml 文件，如图 12-3 所示。将原有的<item>

</item>子标签容器拆分为一个<item />容器，以便可以添加参数，然后输入 android:打开
辅助代码输入对话框。在该对话框中出现了前面介绍过的 6 个参数，首先可以添加
android:id 参数，以便给图层对象设置名称。

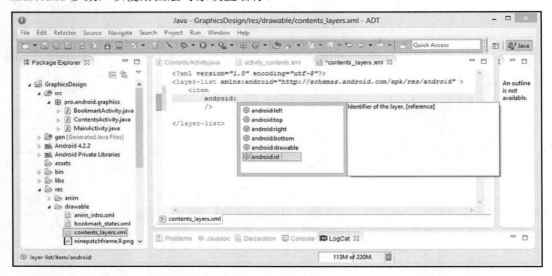

图 12-3　在<layer-list>父标签内添加<item>子标签，并输入 android:打开辅助代码输入对话框

这是我们的第一个图层，所以可命名为 layerOne，然后添加一个 android:drawable 参
数，该参数引用我们想要用作背景的 cloudsky.jpg 图像资产（它将位于图层叠放顺序的最
底层）。

一旦有了第一个图层的<item>构造，就可以复制并粘贴它以创建任意多个图层。此
时的 XML 子<item>标签应显示为：

```
<item
    android:id="@+id/layerOne"
    android:drawable="@drawable/cloudsky" />
```

请记住，通过使用@drawable 引用 cloudsky.jpg 图像资产，Android 会在一个或多个
drawable-dpi 子文件夹中找到该资产的正确分辨率密度版本。在这种情况下，由于图像具
有很好的可缩放性（这在前几章中已经有很详细的介绍），我们将仅使用一幅 1000×1000
像素的高密度分辨率资源，然后将其缩放，成为该图层的核心内容。在本示例中，我们
将其用作合成的背景图像，并使用第一个图层（也是叠放顺序中的最底层）来定义它（在
LayerDrawable XML 定义文件 contents_layers 中将该图层命名为 layerOne），如图 12-4
所示。

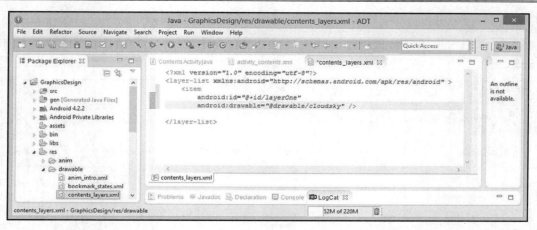

图 12-4　完成第一个图层的<item>子标签，设置 ID 为 layerOne 并引用 cloudsky.jpg 背景图像

现在，我们可以复制并粘贴第一个<item>标签，以创建第二个图层和第三个图层，在这两个图层上将分别引用 9-Patch 资产和包含 Alpha 通道的图像资产，以演示如何在 Android 中使用创建的图层进行合成。实际上，9-Patch 资产也定义了一个 Alpha 通道和填充区域。因此，在第一个示例中，我们就将尽量使用一些非常高级的图形技术。

完整选择<layer-list>父标签中的第一个子<item>标签，然后按 Ctrl+C 快捷键复制，再按 Ctrl+V 快捷键两次将其粘贴到下面，以在 LayerDrawable 对象中创建名为 layerTwo 和 layerThree 的图像合成层。第二个图层和第三个图层的 XML 标记如下：

```
<item
    android:id="@+id/layerTwo"
    android:drawable="@drawable/bookmark0" />
<item
    android:id="@+id/layerThree"
    android:drawable="@drawable/ninepatchframe" />
```

我们要做的就是编辑 ID，将它们分别更改为 layerTwo 和 layerThree，然后将引用从 cloudsky 分别修改为 bookmark0 和 ninepatchframe，如图 12-5 所示。现在可以在 Android 中查看数字图像合成工作过程的结果。

请注意，在图 12-5 中，contents_layers.xml 编辑窗格的底部没有 Graphical Layout（图形布局）选项卡，只有 XML 编辑选项卡。因此，想要在 Eclipse ADT 和 Nexus One AVD 模拟器中看到 LayerDrawable 对象，还需要执行最后一步。

contents_layers.xml 文件是一个 XML 定义文件，用于定义图像资产图层，但是你仍然需要从 ImageView 对象内部对其进行引用，以便在 Eclipse ADT 或 Android 操作系统中对其进行可视化。

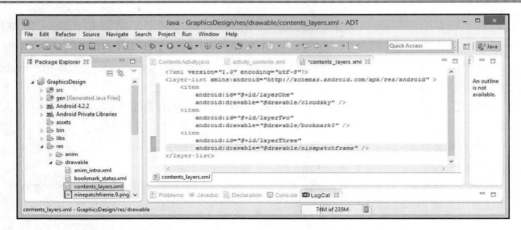

图 12-5　复制并粘贴第一个图层<item>标签以创建第二个图层和第三个图层的<item>定义

因此，接下来我们可以修改 contents_activity.xml 文件中的<ImageView>子标签，以使用 android:src 参数显示此 LayerDrawable 对象定义。可以使用以下 XML 标记添加指向 contents_layers XML 文件的源图像引用，如图 12-6 所示。

```
<ImageView android:src="@drawable/contents_layers"
    android:id="@+id/porterDuffImageView" android:layout_margin="8dp"
    android:layout_width="wrap_content"
    android:layout_height="wrap_content"
    android:contentDescription="@string/bookmark_utility" />
```

图 12-6　在<ImageView>子标签中添加 android:src 参数以引用 contents_layers.xml

现在，LayerDrawable 对象的 XML 定义已经连接，可供查看，并且在 Eclipse 集成开发环境的底部，已经能够使用 Graphical Layout（图形布局）选项卡，如图 12-6 所示。

单击 Graphical Layout（图形布局）选项卡，即可看到在 Android 中使用 LayerDrawable 类实现的数字图像合成效果。

如图 12-7 所示，我们选中了 ImageView UI 元素（这是因为在 XML 编辑窗格中，我们将编辑光标置于其边界内），现在显示了一个由 3 个图层组成的图像合成效果，在底部显示的是 cloudsky.jpg 图像，在其上面的是 bookmark0.png 图像，而在最上层的则是 ninepatchframe 9-Patch 图像资产，它们全部无缝合成在一起。

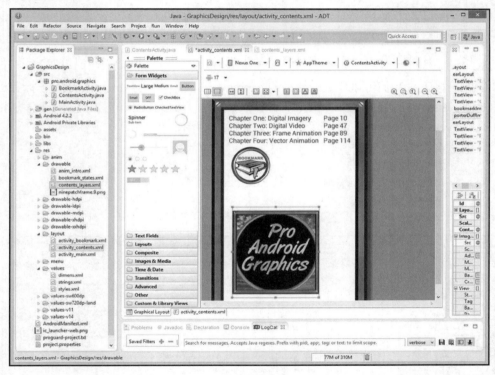

图 12-7　使用"图形布局"选项卡查看 content_layers.xml LayerDrawable 的结果

在某种程度上，这种图像合成效果看上去并不专业，因此接下来我们可以更改数字图像资产的叠放顺序，以免因合成结果周围的 9-Patch 图像资产帧的平铺而造成书签图像外围金属圆环被裁剪（覆盖）。

值得一提的是，由于图像图层叠放顺序或 LayerDrawable 对象的设置方式，这样的修改现在很容易实现。通过使用 XML 定义文件，我们已经分散了数字图像分层的图形设计，因此，我们要做的就是为第二个图层和第三个图层的子<item>标签切换两个 android: drawable 参数引用，这是很容易完成的操作。

在完成该操作之后，我们可以再次切换到图形布局编辑器，看一看不同图层叠放顺序的结果。当然，它们仍然可能与你所期望的结果不符。

现在我们来实际操作一下。单击 Eclipse 顶部的 contents_layer.xml 选项卡，然后切换回 LayerDrawable 对象的 XML 定义编辑模式，以更改第二个图层和第三个图层的子<item>标签 android:drawable 参数的图像资产引用，如图 12-8 所示。

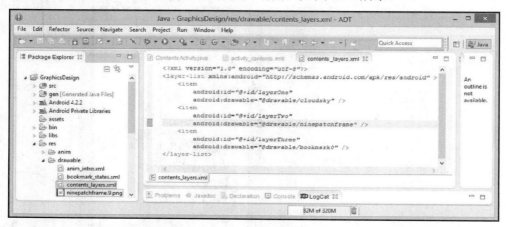

图 12-8　更改可绘制图层的顺序，以将 ninepatchframe 图像资产放置在 bookmark0 之下

这 3 个<item>子标签的最终 content_layers.xml LayerDrawable 对象定义 XML 标记如图 12-8 所示，应与以下 XML 标记结构完全相同：

```
<item
    android:id="@+id/layerOne"
    android:drawable="@drawable/cloudsky" />
<item
    android:id="@+id/layerTwo"
    android:drawable="@drawable/ninepatchframe" />
<item
    android:id="@+id/layerThree"
    android:drawable="@drawable/bookmark0" />
```

现在可以在 Graphical Layout（图形布局）选项卡中测试新的图层合成效果。由于在图 12-8 所示的 contents_layers XML 编辑窗格中无法使用该功能，因此仍需要单击 Eclipse 顶部的 activity_contents.xml 选项卡，然后单击其底部的 Graphical Layout（图形布局）选项卡，以查看修改后的内容。此时图像资产的多层组合（LayerDrawable 对象）效果将如

图 12-9 所示。

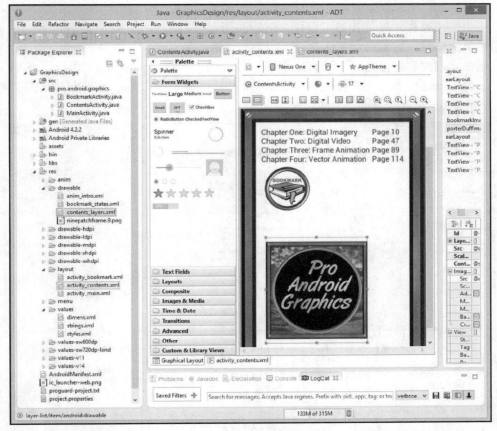

图 12-9　　使用"图形布局"选项卡查看 content_layers.xml LayerDrawable 的新结果

你可能会注意到一件事，即书签图像的圆环部分没有像你预期的那样覆盖在
ninepatchframe 图像层的顶部。认真想一想 9-Patch 图像资产的属性，它们其实已经具有
影响此特定图层叠放顺序的算法。

如果还没有明白，那么这里不妨解释得更详细一些。在第 10 章中已经介绍过，可以
使用右侧和底部的 1 像素黑色边框线段为 9-Patch 图像资产定义填充区域。该填充区域的
作用是放置你之前指定的任何内容。从本质上说，填充区域可以确保你指定的内容完整
填入，而 NinePatch 资产本身的外围边界则不会被遮盖。

这就是在图 12-9 中既可以看到完整的书签图像资产层，又可以看到 ninepatchframe
9-Patch 图像资产的原因。

那么现在问题又来了，有些人可能想知道，如何才能使圆环覆盖 9-Patch 图像资产的框架。要完成该任务，可以返回到 Draw 9-patch 实用程序，然后将底部和右侧的黑线一直延伸到图像资产的边缘，这将告诉 Android，你希望 9-Patch 资产中的内容能够与资产的图像组件及其内部空间重叠。

现在，我们应该采取的下一步操作是在 Nexus One 模拟器中测试此 LayerDrawable 并可视化结果，确保 LayerDrawable 对象与 Java 合成代码都正常有效。

使用 Run As（运行方式）| Android Application（Android 应用程序）命令，然后在 Nexus One 模拟器中启动 Android 应用程序。可以看到，在图 12-10 的左侧，LayerDrawable 渲染管线未显示在 Nexus One 模拟器中，而我们之前还在图 12-9 所示的"图形布局"选项卡中看到了正确结果，所以，这不是 XML 标记的错误（因为它在"图形布局"选项卡中是可以正常工作的），而肯定是 Java 代码有问题。

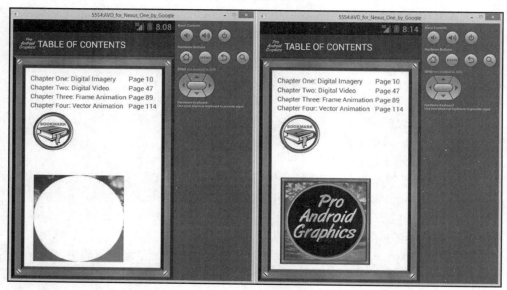

图 12-10 在 Nexus One 模拟器中运行 GraphicsDesign 应用程序以查看 LayerDrawable

单击 ContentsActivity.java 选项卡并查看 Java 代码。如图 12-11 所示，我们在代码清单底部发现了问题并将其注释掉，以便显示 XML 定义。

在 Java 代码的最后两行中，我们实例化了 ImageView 对象——该代码行仍然可以很好地显示 LayerDrawable 定义，但是，随后使用的.setImageView()方法调用则会将 Canvas 对象写入该 ImageView 中。因此，该行代码从视图中遮盖了 LayerDrawable，只要将其注释掉即可获得预期的结果，如图 12-10 右侧所示。

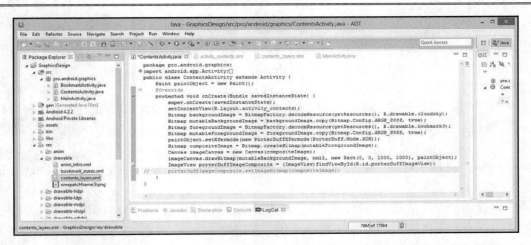

图 12-11　删除.setImageBitmap()方法调用以允许显示 LayerDrawable XML 定义

　　因此，从 Android 的处理角度来看，发生的事情是，我们以 XML 定义 LayerDrawable 并将 ImageView 对象设置为正确显示，这是我们在设计和标记编码工作中通过使用 Eclipse 中的 Graphical Layout（图形布局）选项卡确认过的结果。

　　但是，在图像合成 Java 代码中（在 ContentsActivity 中编写的），此 LayerDrawable 对象已通过编程调用被覆盖，以将 Canvas 对象的图像内容放置到该 LayerDrawable 合成文件中，至少在编码时是如此。

　　最终，我们将不得不重新编写一些代码以使用 LayerDrawable 进行合并，并了解如何提取 LayerDrawable 对象的图像图层，并将其放入 PorterDuff 图像混合管线中。目前，我们仅使用了注释功能（即在该代码行的开头放置了两个正斜杠）。当然，这会将其删除，可以暂时解决问题。我们这样做只是为了确认 LayerDrawable 确实已经在 XML 标记中正确设置，并且在当前 Java 代码中也可见。

　　下一个挑战是将 LayerDrawable 对象图层集成到 PorterDuff 混合管线中，因此，在第 12.4 节中，我们必须修改 Java 代码以实例化 LayerDrawable 对象，提取要通过 PorterDuff 混合基础结构运行的图层，将这些 Drawable 对象转换为 Bitmap 对象，并使它们可变（将它们作为 32 位图像数据放入系统内存中），然后确保它们在从 Paint 到 Canvas 的渲染周期中。

　　无论采取何种方式，这些操作都不简单。而且，正如你将在接下来的小节中看到的那样，Android 操作系统还没有 100%完善，这是使用新的操作系统和平台（如 Android）要注意的事项之一。作为一名开发人员，你必须充分利用当前可以使用的功能，至于操作系统方面的瑕疵，则只能等待系统更新，毕竟，计算机系统的错误有时是不可避免的。

　　现在，我们已经设置为可以将此 LayerDrawable 对象带入 Java 代码中，并将其与在第 11 章中编写的 PorterDuff Java 代码合并。这将展示如何在 Java 中实例化 LayerDrawable，以及如何访问 XML 定义中的各个图层。我们还将介绍如何提取在这些图层中定义的图像数据，以及如何在更高级的图像合成和混合管线中应用进一步的处理，如将这些层与 Android 的 PorterDuff 混合（或叠加）模式结合使用。

12.4　为 PorterDuff 合成实例化 LayerDrawable

我们需要在 Java 代码中做的第一件事是实例化 LayerDrawable 对象，并使用 contents_layers.xml 定义载入它以创建对象的属性，因此，请立即启动 Eclipse ADT，然后单击 ContentsActivity.java 选项卡以返回到合成代码。

在 onCreate()方法的顶部.setContentView()方法调用之后，按 Enter 键添加一行，然后添加以下 Java 代码，该代码将实例化名为 layerComposite 的 LayerDrawable 对象，然后使用 getResources().getDrawable()方法链来加载 XML 定义：

```
LayerDrawable layerComposite = (LayerDrawable)getResources()
.getDrawable(R.drawable.contents_layers);
```

如图 12-12 所示，LayerDrawable 类下方出现了红色波浪线，因此需要将光标悬停在 LayerDrawable 类引用的下方，此时 Eclipse ADT 将提示可以为你自动编写 Import android. graphics.drawable.LayerDrawable Java 语句。在完成此操作后，layerComposite 的对象名称也将出现黄色波浪线警告，因为它当前未使用，至少在你编写下一行代码之前是如此。

图 12-12　在 Java 中实例化 LayerDrawable 对象，将其命名为 layerComposite，并调用.getDrawable()方法

接下来，我们需要创建一个 Drawable 对象来保存 LayerDrawable 的内容，并使其在当前 PorterDuff 图像混合渲染管线中实现。我们在第 11 章中已经编写了此代码，并将在本章中增强它以处理 LayerDrawable 对象。

12.5　创建一个 Drawable 对象以容纳 LayerDrawable 资产

现在我们已经创建了 LayerDrawable 对象并将其加载到内存中，下一步是提取作为对象一部分的一个层，以便可以在先前创建的 PorterDuff 图像混合（或像素叠加）管线中使用，我们将进行扩展以包括对 LayerDrawable 对象（图层）的支持。

此过程的第一步是创建一个 Android Drawable 对象，并将其命名为 layerOne，如图 12-13 所示。使用此 Drawable 要做的是，将 LayerDrawable 强制转换为 Drawable 对象，然后使用.findDrawableByLayerId()方法并使用以下代码来指定要使用的图层：

```
Drawable layerOne = ((LayerDrawable)layerComposite).findDrawableByLayerId
(R.id.layerThree);
```

图 12-13　创建一个名为 layerOne 的 Drawable 对象，通过
.findDrawableByLayerId()方法强制转换 LayerDrawable

上面的代码所做的操作是，创建一个 Drawable 对象，并将其命名为 layerOne，然后将该对象设置为等于（加载）先前实例化的名为 layerComposite 的 LayerDrawable 对象，再使用点表示法调用.findDrawableByLayerId()方法，并且将本章前面定义的 layerThree

<item>的引用传递给它。

现在，layerOne Drawable 对象已经加载了要在 PorterDuff 混合管线中使用的 LayerDrawable 图层，可以继续操作。

12.6　将 Drawable 转换为 BitmapDrawable 并提取位图

要获得现有 PorterDuff 图像混合管线所需的 Bitmap 对象数据，接下来的操作是再次将此 Drawable 对象转换为 BitmapDrawable 对象。这样做是为了可以使用.getBitmap()方法从 BitmapDrawable 对象中提取 Bitmap 对象。同样，仅使用一行 Java 代码即可完成该操作。具体如下：

```
Bitmap composite = ((BitmapDrawable)layerOne).getBitmap();
```

该 Java 代码非常简明，其作用是创建一个 Bitmap 对象并将其命名为 composite，然后将 Bitmap 对象设置为等于（或加载）先前实例化的名为 layerOne 的 Drawable 对象，再使用点表示法调用.getBitmap()方法，该方法将获取 Drawable 对象中的 Bitmap（该对象现在实际上已转换为 BitmapDrawable 对象），并将该数字图像数据加载到名为 composite 的 Bitmap 对象中。如图 12-14 所示，BitmapDrawable 的下方出现了红色波浪线，因此，需要将光标悬停在该错误显示上，然后选择让 Eclipse 自动编写 Import 'BitmapDrawable' (android.graphics.drawable) Java 语句。

图 12-14　将 Drawable 对象转换为 BitmapDrawable 对象，然后使用.getBitmap()方法转换为 Bitmap 对象

现在，composite Bitmap 对象已经加载了 layerOne Drawable 对象，该对象先前已与 LayerDrawable 图层一起加载，我们最终希望在 PorterDuff 混合管线中使用该对象，现在可以继续创建可变的 Bitmap 对象（在内存中），这样就可以进行处理。

我们已经知道如何使用.copy()方法创建可变的 Bitmap 对象，并指定一个 Config. ARGB_8888 常量（称为 Bitmap 类）。为了防止你忘记了该 Java 语句的结构，现提供代码如下：

```
Bitmap mutableComposite = composite.copy(Bitmap.Config.ARGB_8888, true);
```

现在，我们已经达到了最终可变位图对象的"目标"，因此，接下来要做的就是将 mutableComposite Bitmap 对象替换为现有 PorterDuff 图像混合（和像素叠加）管线中的 mutableForegroundImage 或 mutableBackgroundImage 对象引用。

如图 12-15 所示，我们尚未执行此操作，这就是仍可以在 mutableComposite Bitmap 对象上看到黄色波浪线警告信息的原因，因为该对象当前未使用。在将它插入渲染管线中之前，该警告信息都不会消失，因此接下来我们将解决该问题。

图 12-15　使用包含 ARGB_8888 的.copy()方法创建一个名为 mutableComposite 的可变位图对象

现在可以使用 mutableComposite 对象（实际上是从 LayerDrawable 到 Drawable，到 BitmapDrawable，再到 Bitmap 的转换对象）替换 foregroundImage 和 mutableForegroundImage 对象，我们可以从 Java 代码中将其注释掉，以便仍将它们保留在 Java 中时不占用任何系

统内存。你可以在图 12-16 中看到绿色的注释操作。我们所要做的就是在每行代码的开头加上两个正斜杠，从 Android 的角度来看它们就消失了。

图 12-16　修改 CompositeImage Canvas 目标以引用 LayerDrawable mutableComposite 位图

接下来就可以修改 PorterDuff 管线以引用转换后的 LayerDrawable，然后将图层合并到图像混合的 Java 代码中。

12.7　修改 PorterDuff 管线以使用 LayerDrawable

现在让我们替换掉现有的 CompositeImage Bitmap 对象中的 mutableForegroundImage 对象（该对象已经被暂时使用双斜杠注释掉）。imageCanvas Canvas 对象引用了此对象，所以可使用以下 Java 代码行来完成此操作：

```
Bitmap compositeImage = Bitmap.createBitmap(mutableComposite);
```

这样做是将在 layerThree 的 LayerDrawable 对象中定义的可绘制图像资产（即 bookmark0.jpg 图像资产）合并到图像混合 PorterDuff 管线中。如图 12-16 所示，代码没有错误，可以在 Nexus One 模拟器中进行测试。如果算上注释掉的代码行，则仅使用 15 行 Java 代码即可实现图层支持和图像混合。

现在来看一看数字图像合成管线 Java 代码是否真的有效。使用 Run As（运行方式）|
Android Application（Android 应用程序）命令启动 Nexus One 模拟器。加载应用程序后，
单击 MENU（菜单）按钮，然后选择 Table of Contents（目录）菜单选项。

来看一下数字图像层混合和合成的结果。我们将尝试使用像素叠加模式和图像混合
模式来测试这两种模式。

如图 12-17 所示，我们在 paintObject Paint 对象中设置的 PorterDuff.Mode.SCREEN 常
量完全可以正常工作，它使用了本章前面通过 content_layer.xml 文件及其<layer-list>父标
签 XML 定义创建的 LayerDrawable 对象中的 layerThree 层。

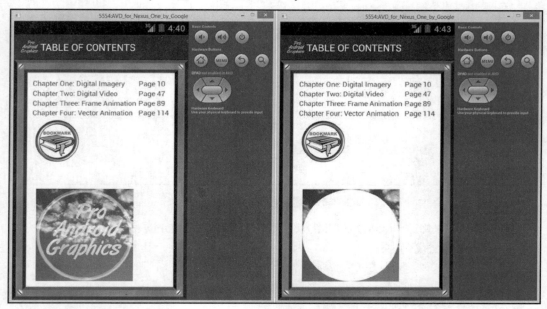

图 12-17　使用混合和叠加模式在现有 PorterDuff 管线中测试 LayerDrawable 资产

接下来，可以将此 PorterDuff.Mode 常量更改为 XOR 常量，并确保像素混合也能正
常工作。如图 12-17 右侧所示，XOR 图像的叠加模式也和预期的结果一样。因此，我们
已经使用 LayerDrawable 对象实现了图像混合和像素叠加。

如果仔细观察图 12-17 的左侧，则可能会发现 backgroundImage 背景有点问题。
cloudsky.jpg 未按比例缩放以适合 ImageView UI 显示容器（在"图形布局"选项卡预览
中就是这样的），相反，它使用的是原始的、未缩放的图像像素。因此，从 LayerDrawable
中提取的书签前景图像后面所看到的就是从 CloudSky 图像左上角（0,0）处开始的云彩。

现在可以进行一些更改，看一看是否可以找出 PorterDuff 渲染管线中合成图像资产的

缩放比例发生了变化的原因。就目前来说，找不出发生这种情况的任何明显原因，因此可以修改一下，看看能否找出端倪。

12.8　切换 LayerDrawable 图像资产：从源到目标

我们可以尝试切换源图像和目标图像，以便在.drawBitmap()方法中将 mutableComposite（强制转换的 LayerDrawable）与 paintObject 一起调用，并将 mutableForegroundImage 放入.createBitmap()方法中，调用 CompositeImage Bitmap 对象（该对象在 Canvas 对象中用作其画布表面的图像数据）。在图 12-18 中显示了这样的切换。另外要注意的是，我们已经注释掉了 backgroundImage 和 mutableBackgroundImage Bitmap 对象。

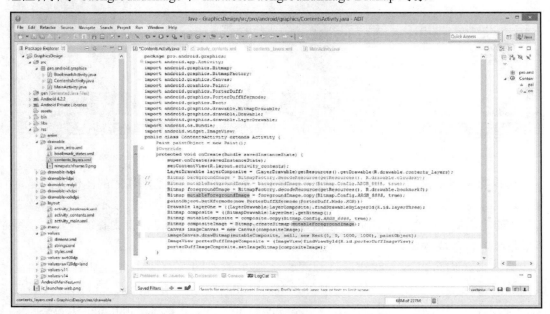

图 12-18　将 mutableComposite LayerDrawable 强制转换 Bitmap 切换到.drawBitmap()方法中

现在，取消对 foregroundImage 图像和 mutableForegroundImage 位图对象的注释，以便可以将 bookmark0 PNG 临时用于源图像和目标数字图像的合成板。这样做是为了准确、直观地看到在已编码的数字图像合成管线内的源图像板和目标图像板中使用相同图像时发生的情况。

如图 12-19 所示，可以看到两个 bookmark0 PNG 图像数据，其中一个正被缩放以适

合 ImageView UI 容器，而另一个则显示的是原始的、未缩放的源像素，其使用了图像的
原点（0，0）且无缩放。

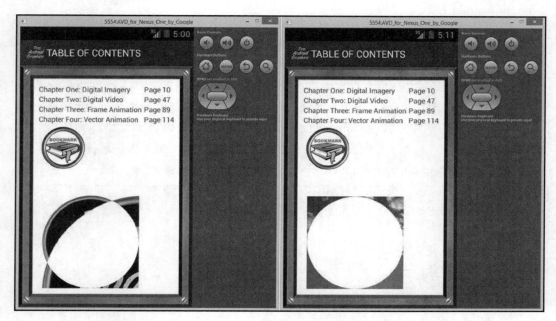

图 12-19　使用混合和叠加模式在不同的 PorterDuff 管线板上测试 LayerDrawable 资产

　　这样的区别让我们明白几件事情。一是在一个合成图像中使用相同的图像（无论是
缩放还是未缩放）时图像缩放质量的问题。缩放的效果实际上看起来很不错。二是这表
明，即使我们使用的是完全相同的图像数据，也可以通过使用 XOR 像素叠加模式来获得
一些很酷的特殊成像效果。

　　接下来我们可以做一些实验，以了解如何更改在图像合成和混合管线中引用的
LayerDrawable 对象图层。可以更改 LayerDrawable 图层以使用背景天空图层（名为
layerOne），而不是使用最上面的层（名为 layerThree，使用 bookmark0.png 作为其图像
资产）。

12.9　更改管线中使用的 LayerDrawable 图层

　　首先返回 Java 代码，然后找到.findDrawableByLayerId()方法所在的代码行，将其参

数从 layerThree 更改为 layerOne，如图 12-20 所示。

图 12-20　将.findDrawableByLayerId()方法中的参数更改为 layerOne

　　注意，这里我们并没有更改.drawBitmap()和.createBitmap()方法调用中引用的 Bitmap 对象，因为我们想要的是一次只更改一个变量并查看结果。首先要将 LayerDrawable 图层引用从 layerThree 更改为 layerOne。

　　这种变化是在处理链中的"高层"发生的，表明我们可以更改 LayerDrawable 对象层的引用，而无须接触任何图像合成、混合、绘图、叠加、画布或其他核心 Java 图像处理管线代码。

　　这样做的结果是更改背景板（背景板来自 LayerDrawable，并且是在 imageCanvas 对象的 drawBitmap()方法中被调用的）。如图 12-21 所示，在中间的渲染（OVERLAY 模式）结果中，可以看到整个 cloudsky.jpg 图像的落日余晖现在都显示在合成图像的最终渲染管线中（请仔细看，它不但有天空的云彩，还有底部的落日）。这证明 LayerDrawable 是可以缩放的，而位图合成的背景板图像则是不缩放的。

　　要了解为什么会发生这种情况，最好的方法是从 ImageView 向后梳理（在本示例中，"向后梳理"的意思就是从代码的底部向上查找原因）。我们已经知道，ImageView 在

XML（图形布局编辑器环境）中和在 Java 中（在模拟器和设备上）都可以缩放图像。因此，可以通过 ImageView 进行跟踪，然后向上梳理，直到合成渲染管线为止。

图 12-21　　使用具有混合和叠加模式的 layerOne 测试 LayerDrawable 和 PorterDuff 渲染管线

渲染代码的最后一行调用的是.setImageBitmap()方法，该方法引用了 compositeImage Bitmap 对象。调用该方法的则是 porterDuffImageComposite ImageView 对象。compositeImage Bitmap 连接到了 imageCanvas Canvas 对象（渲染引擎）中，也就是说，它将由该渲染引擎使用。

然后，imageCanvas 对象被用于调用.drawBitmap()方法，该方法引用了 mutableComposite Bitmap 对象。mutableComposite Bitmap 对象引用了从 BitmapDrawable 转换过来的 composite Bitmap，而 BitmapDrawable 又是从 layerOne Drawable 对象转换过来的。layerOne Drawable 对象是从 layerComposite layerDrawable 对象转换的，而 layerComposite layerDrawable 对象则是使用.findDrawableBylayerId()方法实例化并加载的。

因此，我们已经通过渲染管线将 ImageView 源数据追溯到 LayerDrawable 对象层的源图像，这很有意义，因为它是能够正确缩放的图像源，这意味着在管线末尾的 ImageView 对象最有可能缩放此对象。

另一方面，直接从 drawable 资源文件夹中引用图像数据的另一个 Bitmap 对象则一定

是未缩放的图像板（源）。将 PorterDuff.Mode 更改为 OVERLAY，然后使用 Run As（运行方式）| Android Application（Android 应用程序）命令进行测试，将生成图 12-21 中间的结果。左侧显示的则是 XOR 模式常量的结果。

　　接下来，将两个 Bitmap 图像的引用切换回原来的状态，在 Canvas 对象 compositeImage Canvas 图像内使用 mutableComposite，在.drawBitmap()方法调用内使用 mutableForegroundImage，而该调用又会将 paintObject Paint 对象调用（应用）到 imageCanvas Canvas 对象。

　　如图 12-21 右侧所示，切换图像板的引用会使书签图像容纳在层中，而 cloudsky 图像也会基于像素缩放。因此，我们的分析似乎是符合事实的。

　　顺便说一句，我们使用了 PorterDuff.Mode.SCREEN 常量来获得像素混合效果，可以在图 12-21 右侧的 Nexus One 模拟器中看到该效果。

　　图 12-22 显示了此图像合成管线测试方案的最终 Java 代码。

图 12-22　将 mutableComposite 切换回 compositeImage，同时
将 mutableForegroundImage 切换回.drawBitmap()

　　剩下要做的就是在 LayerDrawable 图层之外实现整个渲染管线。这里将其作为读者的一项练习，以确保每个读者都能理解整个管线以及其中的转换和引用过程。

12.10　练习：使用两个 LayerDrawable 资产

这是我们要求读者做的一个小测试，目的是帮助读者真正掌握 Android 图形包类（如 Canvas、Paint、Bitmap、Drawable、BitmapDrawable、LayerDrawable 和所有 PorterDuff 类）的使用技巧。

我们会告诉你应该如何去做，它仅涉及复制几行代码并更改一些对象名称和引用，因此，实现起来应该不会太难。

首先需要注释掉第 11 章中用于原始 PorterDuff 混合管线的 Bitmap（以及可变 Bitmap）对象。之所以这样做，是因为你将仅使用可通过 LayerDrawable 对象获得的 Drawable 数字图像数据（资产）来实现 PorterDuff 混合管线。这意味着你将要完全在此 LayerDrawable 对象中实现 PorterDuff 图像混合管线（或像素叠加管线）。

以下是此练习的操作步骤提示。

首先，使一个 Drawable layerThree 对象引用 layerThree，如下所示：

```
Drawable layerThree = (((LayerDrawable)layerComposite)
.findDrawableByLayerId(R.id.layerThree);
```

然后，复制以下代码，它们的作用是通过 LayerDrawable 的.copy()和.getBitmap()方法进行转换，以便将其从 Drawable 转换为 BitmapDrawable，再转换为 Bitmap，最后转换为可变的 Bitmap：

```
Bitmap compositeTwo = ((BitmapDrawable)layerThree).getBitmap();
Bitmap mutableCompositeTwo = compositeTwo.copy(Bitmap.Config.ARGB_8888,
true);
```

最后，在 .drawBitmap() 方法内使用 mutableCompositeTwo Bitmap 对象替换 mutableForegroundImage 对象，最终将在 PorterDuff 渲染管线中引用这两个 LayerDrawable 源图像资产。

12.11　关于 Android 中数字图像合成的一些意见和建议

首先，我们认为，Android 操作系统本身需要添加一些<layer-list> XML 属性（参数），以使通过高级方式（XML）使用图层更加容易。例如，至少应该包括 android:opacity 和 android:porterDuffMode 之类的参数，这将使通过 XML 实现静态合成管线变得非常轻松，我们前面所编写的那么多的 Java 代码就都变成不必要的了。当然，如果你需要实现一个动态的图像合成管线，则另当别论。

其次，你可能已经注意到，我们没有在 Java 代码的 LayerDrawable 中引用 9-patch layerTwo，这是因为它会使模拟器崩溃。我们的猜测是，Android 很难通过所有 Drawable 类型来转换 9-Patch，因此，需要找到一种方法来以静态方式实现 9-Patch，如使用 android:background 参数将其作为背景图片载入。

请注意，9-Patch 图像资产确实可以在 LayerDrawables 的静态（XML）实现中工作，并且符合所有 9-Patch 规则。

12.12　小　　结

本章重点讨论如何在 Android 中使用层进行图像合成，在此过程中，我们还介绍了 Android LayerDrawable 类，以及如何通过强制转换使用 Drawable 和 BitmapDrawable 类。

我们首先研究了如何将层应用于数字图像合成管线的一些核心概念，然后详细介绍了 Android LayerDrawable 类，以及该类为 Android 开发人员提供的用于在代码中实现基于层的合成管线的功能。

我们介绍了<layer-list>父 XML 标记及其子<item>标签，并且学习了使用 XML 定义文件来定义 LayerDrawable 对象的方法。我们通过 contents_layers XML 文件演示了如何定义 LayerDrawable 对象，以定义图像图层、给它们命名并为其分配图像资源，以便在 PorterDuff 渲染管线中使用。

在 Java 代码方面，我们修改了在第 11 章中编写的图像混合管线，以便将 LayerDrawable 对象添加到合成和混合管线中。我们演示了如何将 LayerDrawable 转换为 Drawable 对象，然后转换为 BitmapDrawable，再转换为 Bitmap 对象，最后转换为可变 Bitmap 对象。可变 Bitmap 对象的转换方式与第 11 章相同。

我们以多种不同的方式测试了代码，并以不同的方式将其连接起来，以准确理解合成和渲染管线中发生的事情。

最后，我们还留给读者一个练习来尝试编写实现类似功能的代码，并提出了有关 Android 图层的一些意见和建议。

在第 13 章中将学习如何在 Android 操作系统中使用数字图像过渡，以及如何在 Android 中使用 TransitionDrawable 类，这将使你能够通过图像动画将 Android 图像合成图形设计和特效工作提升到更高的水平。

第 13 章　数字图像切换：使用 TransitionDrawable 类

本章将仔细研究图像切换（Transition，也称为过渡）在 Android 和数字图像动画中扮演的角色，以及如何在 Android 中实现图像切换。切换（或者过渡）使开发人员可以增强其核心数字图像动画能力。

在 Android 应用程序中，可以使用 Drawable 超类的间接子类之一创建和管理切换。TransitionDrawable 子类专门管理图像切换，是 LayerDrawable 类的直接子类。由于我们刚刚在第 12 章中介绍了 LayerDrawable，因此本章讲解 TransitionDrawable 正合适。

TransitionDrawable 对象允许使用前两章介绍的分层和混合功能在 Android 中执行更高级的数字图像动画。因此，TransitionDrawable 对象允许开发人员以最简单的方式创建图像动画：通过使用混合或不透明度变化在两个图像层之间进行切换。换言之，就是创建切换图像显示的淡入淡出动画。

Android 中有更高级的动画形式，如位图或帧动画（有时也称为栅格动画），以及矢量或程序动画（有时也称为补间动画）。在接下来的两章中，我们将详细介绍这些内容，因为在 Android 中，这两种独特的动画形式都需要单独开辟一章来进行讲解。第 14 章将介绍帧动画的 Java 编码，第 15 章将介绍程序动画的 Java 编码。

本章将从图像切换的基础知识开始，然后专门讨论 TransitionDrawable 类。之后，我们将在 GraphicsDesign 应用程序中实现自己的 TransitionDrawable 对象，使用 XML 标记定义一个切换并通过 Java 运行。

13.1　切换：混合图像以创建运动幻觉

我们先来看一下什么是数字图像切换。在 Android 中，这些在技术上称为 Transition Drawable，而这些 LayerDrawable 对象是使用 TransitionDrawable 类构造和维护的。

我们还将研究如何在 Android 应用程序中利用图像切换来发挥最大优势，以及如何使用这些方法，为 Android 应用程序提供一些令人惊喜的图形设计结果。

我们可以使用已经在前两章中实现的数字图像合成管线的类型来实现图像切换，因此，本章内容应该很容易让你吸收到专业的 Android 图形设计工作流程中。

使数字图像资产切换编程与众不同的一个特征是，在图像合成中，混合和不透明度变量一般来说是静态的；而在图像切换的处理管线中，混合和不透明度变量在 Java 代码中运行的是一个处理循环。

图像合成管线通过这种方式动态化，使得图像资产看起来像是动画。这可能是 Google Android 开发人员创建 TransitionDrawable 类的原因，因为这样我们就可以提供流行的新媒体功能而不必自己编写代码。

图像切换仅使用两个图像资产就可以创建这种动画外观，因此，从易用性角度和数据占用空间优化的角度来看，这都是很棒的。

由于图像切换可以为应用程序提供动画功能集合，并通过相当简单的设置为我们提供动态外观，因此，在深入研究 Android 中的帧动画和程序动画之前，我们将简要介绍一下该主题。

Android 中的图像切换使用的是 LayerDrawable 对象，因为 Android 中的 Drawable 类型具有实现这种特殊效果的动画合成类型所需的特征。其中包括不透明度（Opacity）或 Alpha 混合（Alpha Blending）和位置参数（top、bottom、left 或 right），以及分配 ID 和引用 Drawable 资产资源的功能。

Android 中的图像切换可用于许多不同的目的，并且可以用于图形设计和用户界面设计工作流程的许多不同区域，因此掌握它们非常重要。

TransitionDrawable 对象本质上是 Drawable 资产，因此可以在 ImageView 和 ImageButton UI 元素的 source 参数中使用它们，或者在 ImageView 类（或子类）对象的 background（背景）中使用它们。也可以通过 Android:background 参数使用它们，以向布局容器中添加特殊效果，从而可以方便快捷地为用户界面屏幕设计添加超酷的作品。

13.2 Android 的 TransitionDrawable 类：切换引擎

Android 的 TransitionDrawable 类是 Drawable 类的间接子类，而 Drawable 类又是 java.lang.Object 主类的直接子类。TransitionDrawable 是 Android LayerDrawable 类的直接子类，而该类则是 Android Drawable 类的直接子类。

因此，作为 LayerDrawable 子类，TransitionDrawable 类实现了 LayerDrawable 类的所有功能（在第 12 章中已经了解了 LayerDrawable 类的功能）。它还实现了数字图像切换所必需的其他不透明度动画功能。这些功能都是 TransitionDrawable 类所独有的。

Android TransitionDrawable 类的层次结构如下：

```
java.lang.Object
  > android.graphics.drawable.Drawable
    > android.graphics.drawable.LayerDrawable
      > android.graphics.drawable.TransitionDrawable
```

TransitionDrawable 类也是 android.graphics.drawable 包的一部分。因此，其 import 语句引用了 android.graphics.drawable.TransitionDrawable 包导入路径。

我们将编写 Java 应用程序代码示例，以实现一个 TransitionDrawable 对象，并且与专业 Android 数字图像动画配合使用。

TransitionDrawable 对象是 Android 中的 Drawable 对象的一种，具有创建和管理两个 Drawable 对象的数组的功能，目的是在 Drawable 对象之间创建图像切换。

TransitionDrawable 类被编写为 Android LayerDrawable 类的扩展，该类旨在实现 Drawable 图像第一层和第二层之间的淡入淡出（或切换）效果。这就是它作为 LayerDrawable 子类的原因：因为它将使用 LayerDrawable 类的代码结构作为基础，然后通过其他 Java 处理（Java 循环结构）运行 LayerDrawable 属性（参数）值来添加动画效果。

可以使用<transition>父标记 XML 元素在 XML 文件中静态定义 TransitionDrawable 对象。切换中的每个 Drawable 图层都是使用嵌套的<item>子标记定义的。第 13.3 节将详细介绍这一点，以便了解如何完成此工作。

要在 Java 代码中开始图像切换，可以调用.startTransition()方法，引用 TransitionDrawable 对象的 XML 定义。你可能已经猜到，该定义在 drawable 文件夹中。

要重置 ImageView 以显示源层而不是目标（最终）层，则可以在确保用户不再查看该屏幕之后调用.resetTransition()方法，以防止图像闪烁。

13.3　<transition>父标签：在 XML 中设置切换

让我们继续在 Eclipse 中的 ContentsActivity.java 和 activity_contents XML 文件选项卡中进行操作，并在 Table of Contents（目录）Activity 屏幕中实现 TransitionDrawable 对象，以便了解如何实现此目的。

启动 Eclipse ADT 集成开发环境（IDE），然后右击/res/drawable 文件夹，在弹出的快捷菜单中选择 New（新建）| Android XML File（Android XML 文件）命令，如图 13-1 所示，打开 New Android XML File（新建 Android XML 文件）窗口。

我们将创建新的 TransitionDrawable XML 定义文件，此操作过程会自动将新创建的文件放入 drawable 文件夹中。在/res/drawable 文件夹中，存储着所有的 drawable 资源，如 LayerDrawable 图层定义、9-Patch 图像资产、ImageButton 状态、帧动画定义以及现在的 TransitionDrawable 对象定义。之后，程序动画定义也将存储在该文件夹中。

图 13-1　右击/res/drawable 文件夹，然后选择 New（新建）|
Android XML File（Android XML 文件）命令

　　需要指出的是，/res/drawable 文件夹中的每个资产都与 Drawable 对象及其定义（帧、状态、层、图块、矢量等）相关，但与实际的图像资产本身无关。当然，9-Patch 资产除外，它既是图块定义，又是一种文件格式的图像资产。实际的图像资源将放入其他 drawable-dpi 文件夹，这些文件夹就位于/res/drawable 文件夹的旁边。

　　因此，/res/drawable 文件夹中的任何 XML 定义都会自动引用这些图像资产（使用不同的分辨率密度），这些图像资产存储在 Android 的 5 个标准/res/drawable-dpi 图像和动画资产文件夹中。它们是我们使用 New Android Application（新建 Android 应用程序）系列窗口自动创建的（详见第 2 章）。

　　选择 New（新建）| Android XML File（Android XML 文件）命令后，将打开 New Android XML File（新建 Android XML 文件）窗口，如图 13-2 所示。在 Project（项目）下拉列表框中已经自动选择了 GraphicsDesign 项目，在 Resource Type（资源类型）下拉列表框中已经自动选择了 Drawable 资源类型（这是因为前面操作时右击的是/res/drawable 文件夹）。现在要做的就是选择 Root Element（根元素）为 transition，并输入 File（文件）名为 trans_contents.xml（.xml 扩展名不必输入），以表明我们正在为 ContentsActivity 类定义一个切换。

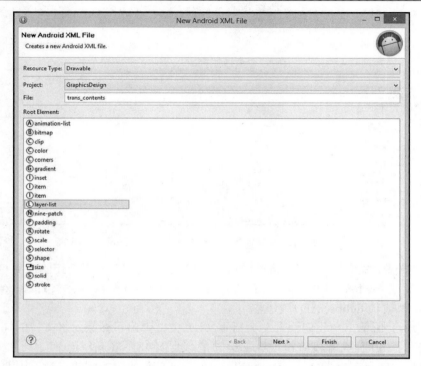

图 13-2　在 New Android XML File（新建 Android XML 文件）窗口中寻找 transition 根元素

如图 13-2 所示，我们在实现本章中的 TransitionDrawable 对象时遇到了第一个问题。你应该已经发现了，这里并没有用于<transition>的父标签（根元素），尽管它应该存在。

我们认为这是 Eclipse ADT 开发团队的疏忽，不过也不必担心。我们只需要遵循下一个最佳工作流程即可。因为 TransitionDrawable 是 Layer Drawable，所以这里可以选择<layer-list>父标签或根元素，然后在 Eclipse 编辑窗格中将其更改为<transition>父标签。因此，选择 layer-list 根元素，并将文件命名为 trans_contents.xml，然后单击 Finish（完成）按钮。

设置完 Drawable XML 文件参数后，将在 Eclipse 编辑窗格中看到新的 trans_contents.xml 文件，已经可以进行编辑。首先要做的就是将父标签（根元素）容器中的<layer-list>修改为<transition>，如图 13-3 所示。

这是一种变通处理的方式，当然接下来仍然需要避开在实现 TransitionDrawable 时遇到的障碍，我们需要确定 Eclipse ADT 对<transition>根元素缺乏支持的情况有多严重。我们发现的方法是使用左尖括号（<）工作流程，并尝试在<Transition>父标签内部显示受支持的父标记参数列表。

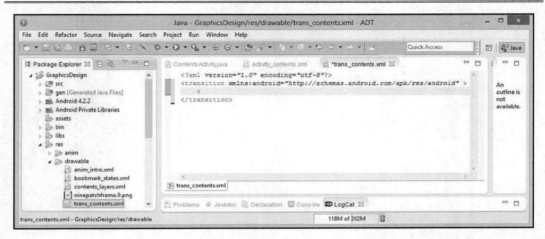

图 13-3　将<layer-list>父标签（根元素）修改为<transition>父标签

通过这样做，我们可以查看<transition>根元素选择选项是仅仅被排除在 New Android XML File（新建 Android XML 文件）窗口的 Drawable 部分之外，还是整个 TransitionDrawable 根元素支持都被从 Eclipse ADT 中排除了。

如图 13-3 所示，当我们输入左尖括号（<）尝试弹出子标签元素支持的辅助代码输入器对话框时，却什么都没有出现。幸运的是，我们知道<item>标记可用于指定图层，并且 TransitionDrawable 是 LayerDrawable 的子类，二者使用相同的参数，因此我们也可以使用手动操作来绕过该实现的第二个障碍。

由于 Eclipse 没有为我们提供自动的<item> </ item>子标签容器，因此不需要像第 12 章一样将它们拆分为一个<item />容器；我们可以手动以这种方式输入。

将第一个切换层命名为 imageSource，因为它是用于 TransitionDrawable 对象的源图像。命名时可使用 Android:id 参数。

接下来，需要添加 Android:drawable 参数，该参数将引用要用作背景（底部）的 cloudsky.jpg 图像资产（切换图像层叠放顺序的最底层）。

一旦有了 transition <item>子标签构造之一，就可以复制并粘贴它来创建另一个切换层。此时的 XML 子<item>标签应显示为：

```
<item
    android:id="@+id/imageSource"
    android:drawable="@drawable/cloudsky" />
```

请记住，通过使用@drawable 引用 cloudsky.jpg 图像资产，Android 会在一个或多个 drawable-dpi 子文件夹中找到该资产的正确分辨率密度版本。

在本示例中，由于图像具有很好的可缩放性（如你在前几章中所看到的那样），因此我们将仅使用一个 1000×1000 像素的高密度分辨率资源，并让 Android 在查找并缩放该高分辨率图像资源时知道此图像在任何情况下都能很好地缩放。

在本示例中，我们将利用 CloudSky 数字图像资产作为切换的背景图像，并使用名为 imageSource 的第一层（位于底部）对其进行定义，以用于在 trans_contents.xml 文件中定义的 TransitionDrawable 对象的 XML。

现在我们可以复制并粘贴第一个<item>标签，以便创建第二个切换层。在第二个切换层中，我们可以使用 9-Patch 图像资产，以便测试一下该资产是否可以在 TransitionDrawable 对象中使用。

我们制作的 9-Patch 图像资产具有 Alpha 通道，这个透明区域将为 TransitionDrawable 对象提供一些额外的功能（例如，在实现上的灵活性）。

完整选择并复制<transition>父标签中的第一个<item>子标签，然后将它粘贴到下面，为 TransitionDrawable 对象的 XML 定义创建 imageDestination 切换层。第一个切换对象层和第二个切换对象层定义的 XML 标记如下：

```
<item
    android:id="@+id/imageSource"
    android:drawable="@drawable/cloudsky" />
<item
    android:id="@+id/imageDestination"
    android:drawable="@drawable/ninepatchframe" />
```

如图 13-4 所示，XML 没有显示错误，现在可以进入 UI 布局容器的 XML 定义并引用这个新的 Drawable。

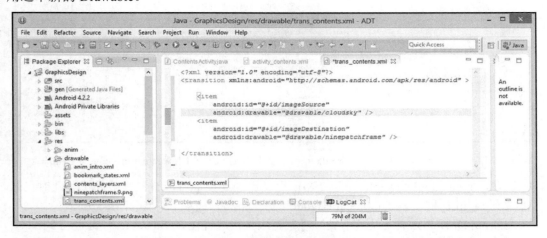

图 13-4   在 Eclipse 的 trans_contents.xml 文件中的完整的 TransitionDrawable 对象 XML 定义

　　在图 13-4 中可以看到，trans_contents.xml 编辑窗格的底部没有 Graphical Layout（图形布局）选项卡，只有 XML 编辑选项卡。这是因为 Android Drawable 对象（定义）不能直接渲染，而 View 对象（或 ViewGroup 布局容器对象）才可以直接渲染。

　　trans_contents.xml 文件只是一个定义文件，用于定义图像资产的图层，因此我们仍然需要从 ImageView 对象内部对其进行引用，以便在 Eclipse ADT 或 Android 操作系统中对其进行可视化。

　　因此，我们可以修改 contents_activity.xml 文件中的<ImageView>子标签的 android:src 参数，以显示 TransitionDrawable 对象 XML 定义。我们已将现有参数放在标记中，并编辑了指向 trans_contents.xml 文件的图像资产源引用。可通过使用以下 XML 标记（见图 13-5）来完成此更改：

```
<ImageView android:src="@drawable/trans_contents"
    android:id="@+id/porterDuffImageView" android:layout_margin="8dp"
    android:layout_width="wrap_content"
    android:layout_height="wrap_content"
    android:contentDescription="@string/bookmark_utility" />
```

图 13-5　修改<ImageView> android:src 参数以引用 TransitionDrawable trans_contents.xml

　　现在，TransitionDrawable 对象 XML 定义已经连接，可以查看其效果了。此时已经可以看到 Eclipse ADT 的 Graphical Layout（图形布局）选项卡，如图 13-5 所示。

　　Android Drawable 类（及其子类）对象无法直接可视化。Drawable 需要通过 View 类（或其子类，如 ViewGroup）或 Bitmap 类（或其子类，如 BitmapFactory）对象进行引用。

如前文所述，将它们连接起来有时可能需要进行多层引用和切换。

　　检查到目前为止的工作，然后单击 Eclipse 的 Graphical Layout（图形布局）选项卡，以便可视化已经在 Android 内部使用 XML 作为 Transition Drawable 对象（类）实现的用于切换的数字图像资产。

　　如图 13-6 所示，在 Table of Contents（目录）UI 设计底部显示的 ImageView 用户界面元素现在显示了 TransitionDrawable 图层合成的背景 cloudsky.jpg 图像资产。

图 13-6　使用 Graphical Layout（图形布局）预览引用
TransitionDrawable XML 定义的<ImageView> UI 元素

　　现在可以看到，TransitionDrawable 对象是使用 trans_content.xml 文件中的 XML 定义的，然后通过<LinearLayout> UI 容器 ViewGroup 进行引用，它使用了<ImageView> UI 小部件容器及其源图像参数，以便将 Drawable 对象加载到 View 对象中。

　　也就是说，我们仅使用 XML 标记就完成了 TransitionDrawable 对象的配置。重要的是，我们使用了低级 XML 标记定义了高级数字图像切换特殊效果，并且没有编写一行 Java 代码。当然，接下来我们需要进入 Java 编程，以构建不同的图像合成循环。

　　一旦完成 Java 实例化、导入、引用和事件处理以及所有更复杂的内容，我们就可以测试应用程序的新数字图像切换功能。

在做好了 Java 编码前的准备工作之后，我们可以进入 Eclipse 并单击中央编辑窗格顶部的 ContentsActivity.java 选项卡。

13.4　实例化 ImageButton 和 TransitionDrawable 对象

首先，我们需要添加实例化 ImageButton 对象的 Java 代码，因为我们将通过这些对象来控制触发切换，而 TransitionDrawable 对象将在 GraphicsDesign 应用程序中执行图像切换的不透明度混合动画。

第一个要实例化的是用户界面元素，即在第 9 章中设计的多状态 ImageButton。ImageButton 的实例化方式与 ImageView UI 元素对象的方式非常相似，后者已经位于 ContentsActivity.java 代码的底部，稍后我们要将其移至 onCreate()方法的上面。

可以将 ImageButton 对象命名为 transitionButton，因为它将触发 TransitionDrawable 对象以启动动画，所以这是一个合乎逻辑的名称。我们将使用下面的 Java 代码来创建、命名和加载 Java 对象，以实例化 ImageButton UI 元素对象：

```
ImageButton transitionButton = (ImageButton)findViewById
(R.id.bookmarkImageButton);
```

如图 13-7 所示，在 ImageButton 下面出现了红色波浪线，因此可以将光标悬停在代码中的 ImageButton 类引用上，然后选择 Import 'ImageButton' (android.widget)选项，让 Eclipse ADT 自动编写 Import android.widget.ImageButton 语句。

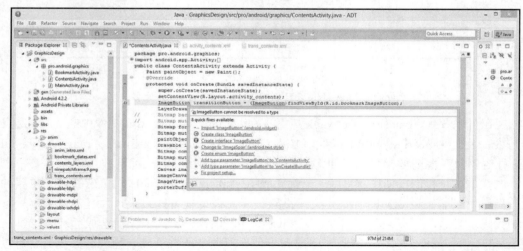

图 13-7　实例化一个名为 transitionButton 的 ImageButton 对象，并使用 findViewById 引用其 ID

接下来，我们还需要实例化 TransitionDrawable 对象。刚开始的时候，可以按最标准的方式执行此操作，就像处理 Paint 对象一样。因此，可以添加以下简短的 Java 代码，实例化（并命名）TransitionDrawable 对象。我们将在 ContentsActivity 类的顶部使用以下 Java 语句，将该对象命名为 transition：

```
TransitionDrawable transition;
```

如图 13-8 所示，该实例化语句已经添加完毕且没有显示错误。请注意，现在也可以在 Activity 子类的顶部看到 ImageButton 的 import 语句。

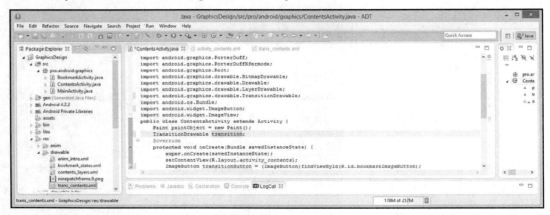

图 13-8　在 ContentsActivity.java 类的顶部实例化一个名为 transition 的 TransitionDrawable 对象

接下来需要编写的 Java 代码是用第 13.3 节中创建的 Drawable XML 定义加载 TransitionDrawable 对象。

TransitionDrawable 对象当前已声明或实例化，但却是空的（未加载或配置）。为此必须获取 Drawable（在本例中为 TransitionDrawable）对象定义。

通常可以使用.getDrawable()方法来完成此任务，该方法使用以下 Java 代码通过 transition TransitionDrawable 对象调用：

```
transition.getDrawable(R.drawable.trans_contents);
```

如图 13-9 所示，至少在 Eclipse ADT 看来，该代码没有错误。可以看到 Eclipse 中有一个警告，是因为尚未使用 transitionButton ImageButton 对象实例化。

此时，我们要执行的下一个编码步骤是将事件处理添加到 ImageButton 对象，该事件处理将消除上述警告，更重要的是，它将连接对象以触发 TransitionDrawable。

使用点表示法将.setOnClickListener()方法添加到 transitionButton ImageButton 对象的代码如下：

```
transitionButton.setOnClickListener(new View.OnClickListener()
{ 在此输入处理代码 });
```

图 13-9　通过 transition TransitionDrawable 对象调用.getDrawable()方法以引用 XML

这将调用.setOnClickListener()并使用 new 关键字和 View 类的方法在方法内部创建一个新的.OnClickListener()方法。

如图 13-10 所示，在 View 的下面出现了红色波浪线，因此需要将光标悬停在 View 类引用上，然后选择 Import 'View' (android.view)选项，以消除错误。

图 13-10　使用.setOnClickListener()方法将事件侦听添加到 transitionButton ImageButton

在图 13-11 中可以看到，即使让 Eclipse ADT 自动编写了 Import android.view.View 语句，更正了 View 下面的红色波浪线错误，但是有另一个红色波浪线错误出现，这是因为花括号内部没有任何内容，Android 希望看到在这些花括号内部实现的 onClick()事件处理方法，而目前还没有实现。

图 13-11　使用 Eclipse 弹出的解决方案对话框自动添加未实现的 onClick()方法

同样，将光标悬停在红色波浪线错误上，然后选择 Add unimplemented methods（添加未实现的方法）选项，如图 13-11 所示。Eclipse ADT 将自动编写一个 onClick()事件处理方法引导程序。

现在，我们需要做的就是添加 Java 编程逻辑，该逻辑将保留在此空的 onClick()事件处理方法中。

当用户（在软件测试阶段，这个用户其实就是开发人员）单击（在本书第 9 章中创建的）多状态 transitionButton ImageButton UI 元素时，将调用（触发或执行）添加到此事件处理方法中的代码。

当用户单击 ImageButton 时，我们想要发生的事情是由在此处设置的 TransitionDrawable 对象控制的，也就是开始播放图像切换动画，就像启动其他动画资产一样。

虽然大多数的观看者都会将 TransitionDrawable 对象（即图像切换）视为动画，但是从技术上讲，这只是图像不透明度混合的合成效果，其中的不透明度值将通过 Java 编程循环随时间缓慢变化。

因此，我们所使用的方法调用与其他动画启动方法的调用非常相似，只不过它被称为.startTransition()方法调用。这就是 onClick()事件处理方法内部的内容，它将通过已经实例化并加载的 transition TransitionDrawable 对象调用。

我们传递给该方法调用的参数是一个整数值，该值确定图像切换动画将花费多少毫秒。这也表明 Android 操作系统将图像切换视为一种动画资产，因为动画资产需要处理毫秒数，以便为开发人员提供对其动画资产的极好的定时控制。该事件处理代码如下：

```
@Override
public void onClick(View arg0) {
    transition.startTransition(5000);
}
```

如图 13-12 所示，Java 代码仍然没有错误，并且可以将与 ImageView 相关的 Java 编程逻辑移至顶部（当前位于 onCreate()方法的下面），也就是 ImageButton 和 TransitionDrawable Java 逻辑所在的位置。我们将执行此操作，以便可以在同一个位置查看到所有相关代码，这样，ImageView 的实例化和初始化代码旁边就是用于此数字图像切换实现的另外两个 Java 对象。

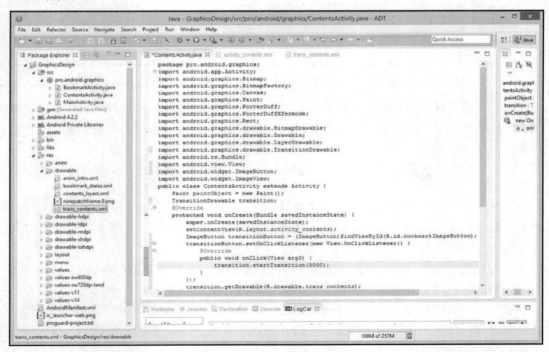

图 13-12　对 onClick()事件处理方法进行编码，以通过 transition 对象调用.startTransition()方法

因此，转到 onCreate()方法的底部，剪切并粘贴创建 ImageView 的两行代码，并将其命名为 porterDuffImageView，然后从 porterDuffImageView 对象调用.setImageBitmap()方法，并将这两行代码放置在 transition TransitionDrawable 对象调用的.getDrawable()方法的代码行之后，如图 13-13 所示。

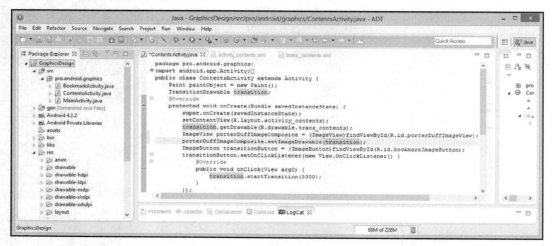

图 13-13　将 ImageView 和 transition 逻辑移到 ImageButton 上方并调用.setImageDrawable()

由于 transition TransitionDrawable 对象是 Drawable 对象类型，而不是 Bitmap 对象类型，因此需要将.setImageBitmap()方法调用更改为.setImageDrawable()方法调用，然后将 transition 对象作为 Drawable 对象（类型）进行引用，该对象现在就已经连接到了 ImageView 对象。如图 13-13 所示，代码仍然没有错误，因此可以使用 Nexus One 模拟器测试此代码。

右击 GraphicsDesign 项目文件夹，然后在弹出的快捷菜单中选择 Run As（运行方式）| Android Application（Android 应用程序）命令来启动 Nexus One 模拟器。

当单击模拟器的 MENU（菜单）按钮并选择 Table of Contents（目录）菜单项时，GraphicsDesign 应用程序崩溃了。因此，我们需要进入调查模式，找出可能导致这种情况的原因。我们将在这里指导你完成此过程，因为这是应用程序开发中的常见现象，所以我们希望你能看到工作（和思考）的过程。

我们做的第一件事是查找 Android 开发人员在线帮助文档，以了解将 TransitionDrawable 类添加到 Android 操作系统时的相关信息，这将告诉我们，运行该功能所必需的 API 级别支持。研究发现，要在 Android 中使用这些图像切换功能，必须要有 API Level 16 支持。因此，下一步操作是右击 Eclipse 中项目层次结构底部的 AndroidManifest.xml 文件，并在中央编辑窗格中打开该文件，以查看为此应用程序定义的 API 支持级别（Minimum 和 Target）。

在执行此操作时，可以看到该应用程序的最低 SDK 支持级别设置为 API Level 8，因此，需要更改<uses-sdk>子标签的参数，将 API Level 8 支持更改为 API Level 16。具体而言，就是将 android:minSdkVersion= "8"修改为 android:minSdkVersion= "16"，如图 13-14 所示。

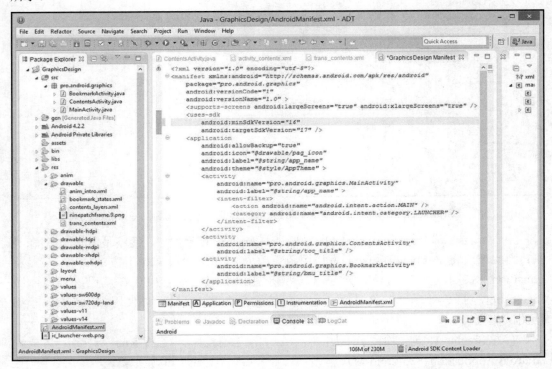

图 13-14　编辑 AndroidManifest.xml 文件以将应用程序最低 SDK 版本升级到 16 级

现在可以再次使用 Run As（运行方式）| Android Application（Android 应用程序）命令测试 GraphicsDesign 应用程序，并查看此 AndroidManifest.xml 应用程序配置参数优化是否解决了问题。

从理论上来说，这应该可以解决问题，因为 Android 操作系统内为这些图像切换所做的 SDK 设置是错误的，而现在已经更正。

当单击模拟器（硬件）MENU（菜单）按钮并选择 Table of Contents（目录）菜单项时，却仍然会遇到运行时错误，该错误使 Android 崩溃。要找出 Eclipse 在代码中未发现的错误，接下来的步骤是查看 ADT 底部的 LogCat 选项卡。

LogCat 表示与 TransitionDrawable 相关的代码行中存在错误，加载其 Drawable 资产的方式有问题。因此，我们将尝试使用另一种方法来实例化和加载此 TransitionDrawable 对象。这种方法与我们使用 ImageView 和 ImageButton 实例化所做的操作更加一致。这条新的 final 访问控制修饰符的 Java 代码将创建、命名、转换和调用两个链接在一起的方法.getResources()和.getDrawable()，所有这些操作加在一起需要使用一行很长的 Java 代码，如图 13-15 所示。

图 13-15　更改 TransitionDrawable 的实例化以使用类型转换和 getResources().getDrawable()方法

第二种方法在编写对象实例化和配置的代码方面无疑更加复杂，并且也调用了更多方法。但我们希望它可以使此图像切换功能正常运行。其实，我们并不清楚为什么最初的方法会导致代码无法正常运行，但事实是模拟器崩溃了，所以我们才通过使用第二种方法来继续尝试。

在使用以下 Java 代码实例化和配置 TransitionDrawable 的新方法中，Eclipse ADT 未发现任何错误：

```
final TransitionDrawable transition = (TransitionDrawable)
getResources().getDrawable(R.drawable.trans_contents);
```

再次使用 Run As（运行方式）| Android Application（Android 应用程序）命令启动 Nexus One 模拟器。如图 13-16 所示，现在模拟器可以正常工作了。

从新的代码来看，似乎需要首先从 TransitionDrawable 调用.getResources()方法，以获取包含 TransitionDrawable 对象定义的 Drawable 对象。然后，.getResources()方法将该 Drawable 资源对象数据传递到.getDrawable()方法调用中。由于 transition TransitionDrawable 对象是从事件处理方法内部调用的，而它在 onCreate()方法中进行了更深层的编码，因此需要使用 final 访问控制修饰符来允许 onCreate()方法调用内的 Java 代码查看在 onCreate()方法顶部声明的 transition 对象。

图 13-16　使用 Nexus One 模拟器通过不同的 Drawable 图像资产测试 TransitionDrawable

13.5　使用 .reverseTransition()方法进行乒乓切换

在完成了图像切换功能之后，接下来可以尝试修改一下代码或使用不同的图像资产，以了解可以使用 TransitionDrawable 对象实现的效果。你可能已经注意到，我们使用了 9-Patch 图像作为切换的图像资产之一，这就是我们的第一个测试——看一看 9-Patch 资产是否可以与 TransitionDrawable 对象一起使用。

如图 13-16 的中间测试结果所示，将 9-Patch 图像资产作为子对象（层）安装在 TransitionDrawable 对象中时，效果还是很好的。接下来，我们尝试一下 TransitionDrawable 对象是否也可以使用乒乓切换的方式，也就是.reverseTransition()方法调用，该方法调用可在数字图像切换中实现与乒乓动画类似的效果。有关乒乓动画的介绍，可参考第 4.6 节。

在 onClick()事件处理程序方法中，可通过使用以下 Java 代码，将.startTransition()方法调用更改为.reverseTransition()方法调用：

```
transition.reverseTransition(5000);
```

如图 13-17 所示，该代码没有错误。

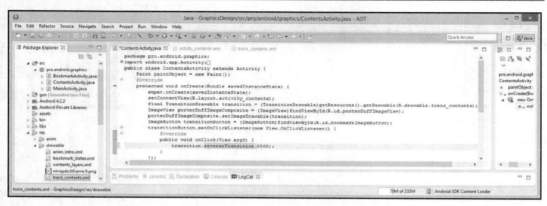

图 13-17　将.startTransition()方法调用更改为.reverseTransition()方法调用，从而实现乒乓切换效果

接下来，使用 Run As（运行方式）| Android Application（Android 应用程序）命令在 Nexus One 模拟器中测试新代码。可以看到，现在每次单击 ImageButton UI 元素时，9-Patch 的框架资产都会淡入淡出，就像乒乓动画一样。而如果使用.StartTransition()方法，则淡入淡出的效果仅在一个方向上进行（也就是说，只有淡入而没有淡出）。因此，.reverseTransition()方法调用实际上为我们提供了实现 TransitionDrawable 对象动画的很大自由度。

现在让我们再次编辑 TransitionDrawable 对象的 XML 定义，并使用常规（非 9-Patch）图像资产代替 ninepatchframe 对象。我们将编辑第二个<item>标签以引用 bookmark0.png 资产文件，而不是当前的 ninepatchframe.9.png 文件。单击 Eclipse 顶部的 trans_contents.xml 选项卡，然后进行必要的编辑。

这两个<item>子标签的最终 trans_contents.xml TransitionDrawable 对象的 XML 定义标记如下：

```
<item
    android:id="@+id/imageSource"
    android:drawable="@drawable/cloudsky" />
<item
    android:id="@+id/imageDestination"
    android:drawable="@drawable/bookmark0" />
```

编辑完成之后的结果如图 13-18 所示。

现在可以使用 Run As（运行方式）| Android Application（Android 应用程序）命令来测试将书签图像资产（bookmark0）用作切换图像的交叉淡入淡出效果。可以看到，该淡入淡出效果完美呈现在 cloudsky 背景板上。值得一提的是，使用包含 Alpha 通道的 PNG32 图像可以真正增强 Android 图像切换代码所能实现的功能，因为这样就不是简单的一幅图

像切换变成另一幅图像，而是可以获得更高级的融合切换效果。

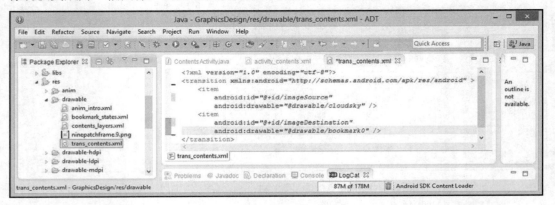

图 13-18　编辑 trans_contents.xml TransitionDrawable 定义以将目标图像更改为 bookmark0

接下来，我们还可以同时使用 ImageView UI 元素的 source（前景）和 background（背景）图像板，将图像切换与合成结合起来。

13.6　通过 ImageView 进行高级 TransitionDrawable 合成

现在可以回到 activity_contents.xml UI 布局定义文件中，编辑<ImageView>子标签，更改 android:src 参数，将原来的 ninepatchframe 图像资产用作前景图像板，然后添加一个 android:background 参数，引用 trans_contents.xml XML TransitionDrawable 对象定义，如图 13-19 所示。

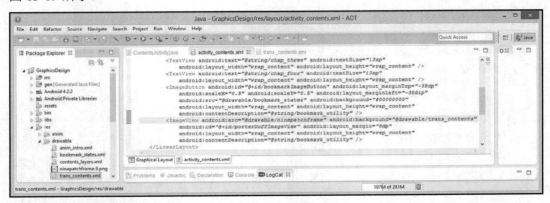

图 13-19　将 android:src 参数更改为 ninepatchframe，并将 android:background 参数更改为 trans_contents

接下来，进入 ContentsActivity.java Activity 子类编辑选项卡，并将.setImageDrawable (transition)方法调用及其参数更改为.setBackground(transition)，以便将 TransitionDrawable 对象设置为背景板（在背景板中），而不是为 ImageView 对象设置前景（源）图像板，如图 13-20 所示。

图 13-20　将 ImageView 对象的.setImageDrawable()方法调用更改为.setBackground()方法调用

现在我们来测试一下 TransitionDrawable 对象的这种更高级用法。它包含了 3 个图像资产，其中两个使用了 Alpha 通道（其中一个是 9-Patch 图像资产）。我们将所有可能的资源都交给 TransitionDrawable，看其是否可以处理，包括前景和背景图像板、9-Patch 图像资源、具有 8 位 Alpha 通道的 32 位 PNG 图像，它们都使用多状态 ImageButton 触发。

如图 13-21 所示，所有新代码和图像资产均按预期方式正常工作，使用 ninepatchframe.9.png 图像资产作为新的前景图像板，叠加了 TransitionDrawable 对象，而 TransitionDrawable 对象现在已加载在 ImageView UI 对象的背景图像板中，并在每次单击 ImageButton UI 元素时淡入和淡出。

如图 13-21 所示，TransitionDrawable 对象的动画图像资产可以用作任何 Android ImageView 类（包括 ImageButton）的前景（源图像板）图形设计元素或背景图形设计元素。因此，该功能可望在未来的 Android 应用程序图形设计中发挥出神奇的创造力。

随着本书讲解的内容越来越深入，请记住，使用正确的 XML 标记和 Java 编码结构，即可将已经学习的（和将要学习的）所有内容相互结合使用，包括图层、PorterDuff 混合和传输模式、Alpha 通道（PNG32）、9-Patch、动画和数字视频等。

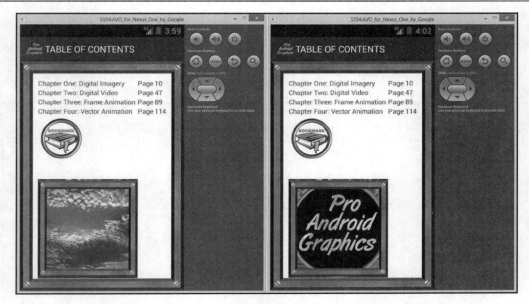

图 13-21　使用 TransitionDrawable 对象测试 ImageView 的前景和背景图像合成效果

13.7　小　　结

本章详细介绍了如何通过 TransitionDrawable 类在 Android 中使用数字图像切换功能。

我们研究了一些核心概念，包括如何使用切换来模拟数字新媒体应用程序的动画，以及切换效果是如何与基于图层的合成管线紧密相关的。

第 11 章介绍了高级图像混合，第 12 章介绍了高级图像合成，以这两章为基础，我们顺势介绍了 TransitionDrawable 及其数字图像切换功能，这实际上为接下来要介绍的帧动画和矢量（程序）动画打下了基础。TransitionDrawable 创建的是相对简单的图像切换淡入淡出效果，而帧动画和矢量动画则涵盖了更高级的 2D 动画类型，如使用两个以上的图像资源来创建 2D 动画。

本章讨论了 TransitionDrawable 类及其与 LayerDrawable 类的紧密关系，我们还介绍了 TransitionDrawable 类的.startTransition()方法调用以及.resetTransition()方法调用。

我们研究了根元素 transition XML 父标记及其<item>子标签，学习了如何使用 XML 定义文件定义 TransitionDrawable 对象，并使用 trans_contents.xml 文件定义了 TransitionDrawable 对象，以此来定义源和目标图像层。我们对图层进行了命名并为其分配了图像资产，以便在 TransitionDrawable Java 代码中对其进行引用、加载和使用。

我们打开了 Activity Java 代码，为多状态 ImageButton UI 元素实现了 TransitionDrawable 对象和事件处理程序代码。我们介绍了如何实例化 TransitionDrawable 对象，并使用 .getResources()和.getDrawable()方法加载 Drawable 图像资产数据。我们尝试使用了 9-Patch 图像资产，结果证明 9-Patch 资产在 TransitionDrawable 类框架中可以正常工作。此外，我们也尝试使用了普通的图像资产。

我们还对 TransitionDrawable 类使用了.reverseTransition()方法调用，该方法可以在源图像和目标图像之间产生来回往复的混合切换效果。

本章以多种不同的方式测试了代码，并以不同的方式连接了代码，以便准确了解图像混合切换和渲染管线中发生的事情。我们修改了 ImageView 的代码，实现了前景和背景图像板，以便可以将 3 个图像资产（其中两个使用了 Alpha 通道）与 TransitionDrawable 对象一起使用。结果表明它们可以工作正常。

在第 14 章中，我们将学习如何在 Android 操作系统中使用帧动画，以及如何在 Android 中使用 AnimationDrawable 类。

第 14 章　基于帧的动画：使用 AnimationDrawable 类

本章将仔细研究在 Android 中实现帧动画的 Java 编码问题。在本书第 3 章中，已经介绍了基于帧的动画的概念以及如何使用 XML 定义文件设置帧动画，因此，读者对于帧动画应该具备一定的基础认识。

本章的重点任务是如何仅使用 Java 代码（不需要使用 XML）来实现帧动画，这比第 3 章中为应用程序的启动屏幕实现帧动画的方法要更先进一些，因为 Java 编码的结构通常比 XML 标记要复杂得多。

使用 Java 方法进行所有操作，将使开发人员理解 AnimationDrawable 类（这是 Android 操作系统的帧动画类）中可用的方法如何通过 Android 应用程序的 Java 代码发挥作用。这样，如果要在该帧动画代码内部或围绕它添加其他 Java 代码功能，则可以使用 Java 编程语言来实现帧动画处理管线执行的所有操作。

我们这样做的原因之一是，如果你在网络上针对帧动画、程序动画、图片切换或其他与图形相关的类似 Android 主题进行搜索，那么就会发现，很多开发人员的要求都是"如何仅使用 Java 代码而不使用 XML 实现此目标"。本章内容即满足了这一要求。

14.1　AnimationDrawable 类：帧动画引擎

Android AnimationDrawable 类是 Drawable 类的间接子类，而 Drawable 类则是 java.lang.Object 主类的直接子类。AnimationDrawable 类是 DrawableContainer 类的直接子类，而 DrawableContainer 类则是 Drawable 类的直接子类。因此，AnimationDrawable 类的层次结构如下：

```
java.lang.Object
  > android.graphics.drawable.Drawable
    > android.graphics.drawable.DrawableContainer
      > android.graphics.drawable.AnimationDrawable
```

作为 Drawable 类的子类，AnimationDrawable 类实现了 Drawable 和 DrawableContainer 类的所有功能。

AnimationDrawable 类还实现了一些其他的帧动画功能，如帧资产定义、循环参数和帧显示持续时间。这些是实现帧动画所必需的，并且也是和 AnimationDrawable 类相关的。

AnimationDrawable 类也是 android.graphics.drawable 包的一部分。因此，它的 import 语句引用了 android.graphics.drawable.AnimationDrawable 包的导入路径，在编写 Java 应用程序以实现可与数字图像动画一起使用的 AnimationDrawable 对象时会看到这一点。

开发人员可以实例化 AnimationDrawable 对象，以创建单独的帧并帧动画（Frame-By-Frame Animation），通常称为帧动画（Frame Animation），有时也称为位图动画（Bitmap Animation）或栅格动画（Raster Animation）。

AnimationDrawable 对象将始终由一系列 Drawable 对象定义，然后可以用作 View 对象的背景图像板，或者在 View 或 ViewGroup 类型对象中用作前景（源）图像板。

无论使用哪个 View（ViewGroup）图像容器，都可以在图像资产中使用 Alpha 通道。如果充分利用此优势，那么将能够在包含动画的 View 对象内以及包含该 View 对象的父 View 对象内合成动画。这同样也适用于 ViewGroup 布局容器。

正如在第 3 章中所看到的那样，创建帧动画的简单方法是使用<animation-list>父标签或根元素在 XML 文件中定义动画。完成后，就可以将该动画 XML 定义（它将成为应用程序的 Drawable 资产）放置到项目/res/drawable 文件夹中，并将其设置为某个 View 对象的背景或源图像资产。要触发动画，可以调用.start()方法以运行动画。

接下来我们将使用 Java 来完成这些工作。

14.2　关于 DrawableContainer 类

由于 AnimationDrawable 类是 DrawableContainer 类的直接子类，因此继承了其所有功能。在开始编写代码以仅使用 Java 编程语言来实现帧动画之前，我们还需要花一些时间来介绍 AnimationDrawable 类。

Android 的 DrawableContainer 类是 Drawable 类的直接子类，而 Drawable 类则是 java.lang.Object 主类的直接子类。Android 的 DrawableContainer 类是 android.graphics.drawable 包的一部分。值得一提的是，你永远也不会在 Import 语句中使用它，因为它本身只是一个用于创建其他子类的类。

DrawableContainer 类的层次结构如下：

```
java.lang.Object
  > android.graphics.drawable.Drawable
    > android.graphics.drawable.DrawableContainer
```

作为 Drawable 类的子类，DrawableContainer 类实现了 Drawable 类的所有功能。

Android 操作系统中有 DrawableContainer 的 3 个直接子类。

☐ AnimationDrawable 类：本章后面将详细介绍该类。

☐ LevelListDrawable 类：创建 LevelListDrawable 类是为了使开发人员能够管理许多不同的 Drawable 对象。可以使用名为 android:maxLevel 和 android:minLevel 的参数在 XML 定义文件中为每个对象分配一个最大值和最小值。然后，使用 public boolean .onLevelChange()方法，根据已设置的级别更改 Drawable，如果在调用该方法时实际上已更改 Drawable，则该方法将返回 true 值。LevelListDrawable 的一个示例是 Android 操作系统中用于可视化硬件剩余电量的电池电量指示器。

☐ StateListDrawable 类：StateListDrawable 类允许开发人员将任意数量的图像分配给单个 Drawable，然后通过引用字符串 ID 值交换可见项。可以通过使用带有 <selector>父标签的 XML 文件来定义 StateListDrawable 对象，然后使用嵌套的 <item>元素定义 StateListDrawable 子 Drawable 对象。StateListDrawable 类具有很多 XML 参数，其中大多数是 android:state_参数，如 state_active、state_activated、state_checked、state_checkable、state_last、state_first、state_middle、state_focused 和 state_pressed 等。

DrawableContainer 本质上是 Android 所谓的助手（Helper）类。创建该类是为了包含若干个 Drawable 对象，然后可以轻松选择要使用的对象。该类并非旨在直接使用。当然，你可以将其子类化以创建自己的类，也可以使用其子类之一（指已经编写好的子类），只需在类的顶部使用方便的 Import 语句即可。

14.3 使用 Java 创建 AnimationDrawable 启动画面

在本章和第 15 章中，我们将使用由 Java 生成的动画完全替换 MainActivity.java Activity 子类初始屏幕上的动画（当前动画是使用 XML 生成的），这样，我们就可以确切地看到如何仅使用 Java 代码而完全不必使用 XML 定义文件来执行相同的帧动画和程序动画编程。

启动 Eclipse 并选中 MainActivity.java 文件，右击，在弹出的快捷菜单中选择 Open（打开）命令或直接按 F3 键将其打开，然后删除 ImageView 以及 AnimationDrawable、Animation 和 AnimationUtils 类的 import 语句（很快我们就会在新工作流程中将它们重新添加回来）。

接下来，删除该类中的所有代码语句，核心 onCreate()语句除外。可以保留 onCreateOptionsMenu()和 onOptionsItemSelected()方法，以便继续访问（测试）其他应用程序的 Activity 子类。

现在，至少在启动屏幕方面，我们将拥有一块空白板，在本章和第 15 章分别可以使用 Java 代码在这块空白板上重新创建帧动画和程序动画。

我们要做的第一件事是在 MainActivity 类的顶部声明要使用的 AnimationDrawable 对象，并将其命名为诸如 frameAnimation 之类的提示性名称，如图 14-1 所示。

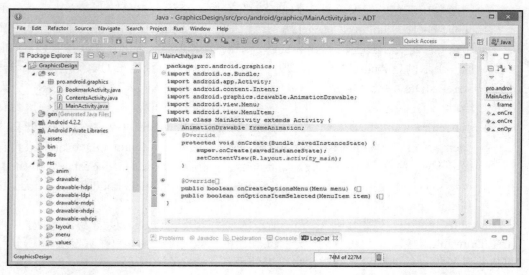

图 14-1　在 MainActivity.java 类的顶部实例化 AnimationDrawable 对象，并将其命名为 frameAnimation

可以使用以下基本的声明对象的 Java 语句：

```
AnimationDrawable frameAnimation;
```

接下来，需要创建一个名为 animStarter 的类，并在其中实现 Runnable 接口。然后，编写 run()方法，其中包含.start()方法。最后，使用 frameAnimation 对象调用.start()方法，以启动 frameAnimation AnimationDrawable 对象。

在这里我们不妨先详细了解一下 Runnable 类，然后编写此代码。

14.4　使用 Android Runnable 类运行动画

我们将利用 Java Runnable 公共接口及其 run()方法在单独的线程中运行 AnimationDrawable，以便可以异步处理 Drawable（在本示例中为 BitmapDrawable 帧）。

Java Runnable 接口并不是 java.lang.Object 主类的直接子类（就此而言，它不是一个类，而是一个接口）。Runnable 实际上与 Object 在相同的 java.lang 级别，因此它应该被称为 java.lang.Runnable 接口。Runnable 是 java.lang 程序包的核心成员，不必将其导入类中即可利用它的功能，如图 14-2 所示。

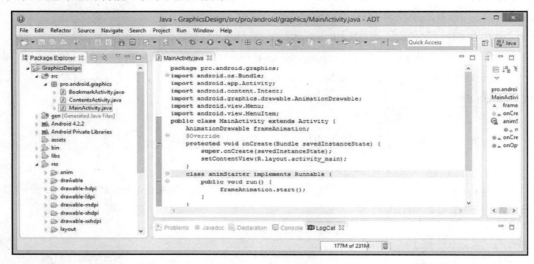

图 14-2 编写 animStarter 类的代码，实现 Runnable 接口和 run()方法（其中包括.start()方法）

Java Runnable 接口具有 10 个间接子类（除 AnimationDrawable 子类外），用于实现其接口，而其中之一恰好是 Android Thread 类。

这可能会给你一些有关 Runnable 类和 run()方法应用的线索。没错，它们可用于生成线程（Thread）。所谓线程，其实就是操作系统的进程，它们能够分配自己的单独的内存空间，有时还可以分配自己的 CPU（尤其是在多核系统硬件上），在这些进程上可以处理诸如动画、下载或视频播放（编解码器）之类的处理密集型任务。它们的特点是可以异步（Asynchronously）运行。

虽然异步意味着不同步，但更准确的表示应该是：进程不会干扰（不会被迫同步）用户界面（UI）线程中当前正在进行的处理任务。UI 线程是应用程序的主线程，并处理诸如将 UI 元素写入显示屏幕并在需要时缩放它们之类的任务（例如，如果用户将设备屏幕旋转 90°，则需要 UI 线程来处理）。

要实现 Runnable 接口并在 run()方法内调用.start()方法其实很简单，至少在 Java 代码上看起来是如此：

```
class animStarter implements Runnable {
    public void run() {
        frameAnimation.start();
    }
}
```

　　如图 14-2 所示，该代码没有错误，并且使用了在类代码顶部的 frameAnimation AnimationDrawable 声明，frameAnimation 对象调用了 animStarter 类内 run()方法中的.start() 方法，而 animStarter 类将实现 Java Runnable 接口。

　　现在我们已经拥有了可实现 Runnable 公共 Java 接口的 animStarter 类，以及用于运行（启动和播放）frameAnimation AnimationDrawable 的 run()方法，接下来我们就可以创建 setUpAnimation()方法，该方法将为.start()方法设置所需的一切，以便能够启动（播放）初始屏幕动画。

14.5　为动画创建 setUpAnimation()方法

　　在 onCreate()方法中，需要执行的第一件事是调用 setUpAnimation()方法。可使用以下 Java 代码执行此操作：

```
setUpAnimation();
```

　　如图 14-3 所示，由于该方法目前并不存在，因此 Eclipse ADT 会在该方法的下面显示红色波浪线错误。

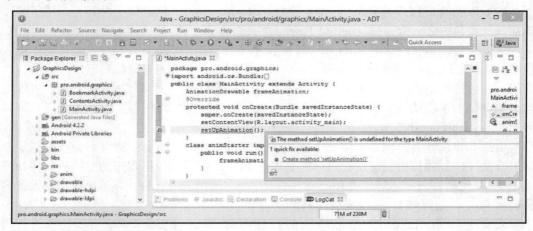

图 14-3　将 setUpAnimation()方法调用添加到 onCreate()方法中，并让 Eclipse 自动创建它

　　将光标悬停在红色波浪线上，看看是否可以让 Eclipse ADT 为我们自动编写一些代码。果然有一个 Create method 'setUpAnimation()'选项，选择该选项，Eclipse ADT 即可自动编写此引导方法的代码，这大大简化了我们的工作。

　　在 Eclipse ADT 自动编写了 private void setUpAnimation()方法之后，删除注释并将其

替换为先前删除的 ImageView 对象实例。记住，如果你忘记了如何使用 XML 定义进行实例化、命名和加载代码，则可以参考以下代码：

```
ImageView pag =(ImageView) findViewById(R.id.pagImageView);
```

如图 14-4 所示，ImageView 底部出现了红色波浪线，我们需要将光标悬停在 ImageView 类引用上，然后选择 Import 'ImageView' (android.widget)选项。

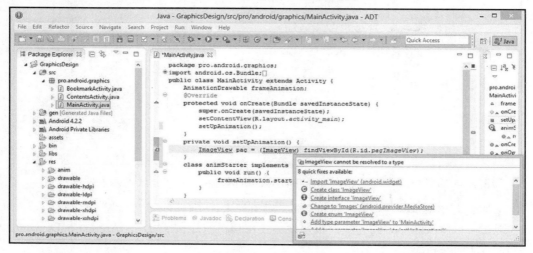

图 14-4　添加一个 ImageView 对象实例，并使用 findViewById()方法命名并加载它

现在，我们已经将 ImageView 对象设置为接收来自 frameAnimation AnimationDrawable 对象的图像输出，可以继续编写 Java 代码设置 AnimationDrawable 对象。之前我们是通过 XML 标记处理 AnimationDrawable 对象，而现在则要使用 Java 代码来执行该任务。

14.6　创建一个新的 AnimationDrawable 对象并引用其帧

首先需要初始化 frameAnimation 对象，该对象是在 MainActivity 类的顶部声明的，但尚未初始化。可以使用 new 关键字并通过 AnimationDrawable()构造函数方法创建 AnimationDrawable 对象来初始化此对象，然后将其分配给在 Activity 子类的第 1 行代码中创建的 frameAnimation 对象。这可以通过使用以下 Java 代码来完成：

```
frameAnimation = new AnimationDrawable();
```

如图 14-5 所示，该代码没有错误，并且 Java 对象现在已经实例化和构造，甚至通过 animStarter()方法触发。但是，它基本上仍然是一个空的 AnimationDrawable 对象，因此接下来还需要编写 Java 代码，以使用动画帧数据加载它。

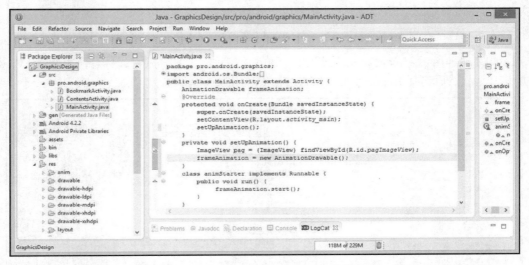

图 14-5　使用 new 关键字和 AnimationDrawable()构造函数初始化 frameAnimation 对象

请注意，在图 14-5 中，pagImageView 对象尚未使用，因此其代码前带有黄色警告标志。现在可以将其忽略，因为我们很快就会使用该对象连接（引用）AnimationDrawable，然后通过 ImageView 进行显示。

14.7　使用 AnimationDrawable 类的.addFrame()方法

现在我们已经构造了一个空的 AnimationDrawable 对象，接下来可以使用.addFrame()方法向 AnimationDrawable 对象添加帧及其持续时间，其方式与使用 XML <animation-list>父标签和<item>子标签的方式大致相同。

在.addFrame()方法调用的内部，可以使用与第 13 章相同的方法链，通过以下较长的 Java 代码构造来提取 Drawable 引用：

```
frameAnimation.addFrame(getResources().getDrawable(R.drawable.pag0), 112);
```

这会从 frameAnimation AnimationDrawable 对象调用.addFrame()方法。在.addFrame()方法内部，为了引用 Drawable 对象参数，可以使用 getResources().getDrawable()方法链来获取/res/drawable-xhdpi 文件夹中的 pag0.png 图像资产。

第二个参数是持续时间（以毫秒为单位），并且我们已经知道，第 1 帧使用 112 毫秒，其余帧则使用 111 毫秒。如图 14-6 所示，代码没有错误，可以继续操作。

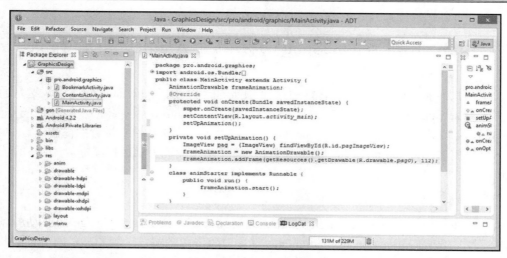

图 14-6　调用.addFrame()方法和 getResources().getDrawable()方法链以加载帧

　　现在，选择刚刚编写的整行代码，按 Ctrl+C 快捷键复制，然后按 Ctrl+V 快捷键粘贴 8 次，分别指定图像资产文件名（当然没有.png 扩展名）为 pag1.png 到 pag8.png，每个帧的持续时间值为 111 毫秒。完整的帧加载代码如图 14-7 所示。

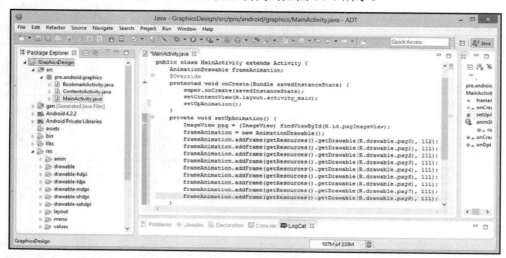

图 14-7　复制并粘贴 frameAnimation.addFrame()方法调用语句 8 次并对其进行编辑

　　接下来将配置 AnimationDrawable 循环的方式，然后将其连接到 ImageView。在此过程中，我们还需要了解 Android .post()方法调用。

14.8　使用.setOneShot()方法配置 AnimationDrawable

现在我们需要定义帧动画的循环方式，使其能无缝衔接。在 Java 代码中，这是通过使用名为.setOneShot()的方法完成的，该方法的布尔值为 true（不循环）或 false（无缝循环动画）。这类似于使用 android:oneShot 参数在 XML 定义文件中设置的内容。

可以使用此方法，通过设置 false 参数值，将动画帧设置为永远持续播放，具体的 Java 代码如下：

```
frameAnimation.setOneShot(false);
```

下一步是使用 frameAnimation AnimationDrawable 对象连接 pagImageView 动画显示 UI 小部件。frameAnimation AnimationDrawable 对象中包含将发送到要显示的 ImageView 的数据。可使用.setImageDrawable()方法，并且将 frameAnimation AnimationDrawable 对象作为参数值传递给它。具体的 Java 代码如下：

```
pag.setImageDrawable(frameAnimation);
```

输入的代码如图 14-8 所示。

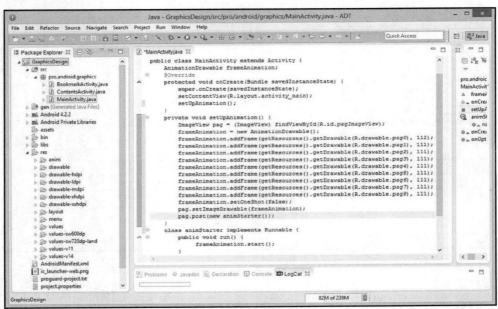

图 14-8　使用.setOneShot()方法配置 AnimationDrawable，使用.setImageDrawable()方法配置 ImageView

接下来，需要使用.start()方法启动 AnimationDrawable 对象，这意味着调用 animStarter Runnable 类的.run()方法。

这是通过使用.post()方法来完成的。.post()方法是 Android Handler 类的一部分，所以在这里还需要花点时间来了解一下.post()方法以及 Handler 类在 Android 中为我们所做的工作。

14.9　使用 Handler 类调度 AnimationDrawable

Android Handler 类也是 java.lang.Object 的直接子类，是 Java 的主要 Object 类，这使得 Handler 成为一个 Object。

Android 的 Handler 类是 android.os.Handler 包的一部分，当应用程序中有一条 Import android.os 语句时，该类就会被导入。Import android.os 语句会导入应用程序开发所需的所有与操作系统相关的功能，如 Bundle、Handler 和类似的操作系统实用程序。

Android 操作系统 Handler 类的层次结构如下：

```
java.lang.Object
  > android.os.Handler
```

Android 操作系统 Handler 对象使开发人员可以发送和处理 Runnable（或 Message）对象。Handler 对象将始终与生成 Handler 对象的应用程序 UI 线程 MessageQueue 对象关联。也就是说，Handler 实际上是 Android 线程之间的消息机制，主要的作用是将一个任务切换到指定的线程中去执行。

MessageQueue 对象将保存需要以先进先出（First In, First Out，FIFO）调度算法处理的所有处理或消息传递任务。

我们只需要为每个 Activity 子类实现一个 Handler 对象，后台线程将在其中与之通信以更新 UI 线程。

如果你想仔细研究 Android 的 MessageQueue 类及其工作方式，则可以在以下 URL 的开发者网站上找到更多信息：

http://developer.android.com/reference/android/os/MessageQueue.html

每个 Android Handler 对象的实例化都将与产生它的线程以及该父级的 Thread 和 MessageQueue 对象进行关联。这意味着当开发人员创建一个新的 Handler 时，它将绑定到父线程的 Thread 和 MessageQueue 对象，这里说的父线程通常是（但并非总是）应用程序的 UI（主）线程，正是父线程生成（或创建）了此 Handler 对象作为子线程和

MessageQueue 对象的实例化。

之后，Handler 对象会将其消息和 Runnable 传递到该 MessageQueue，当它们从该 MessageQueue 对象中出来时，以先进先出（FIFO）为基础进行处理。

Handler 的主要用途是安排 Runnable 的执行，就像我们在这里使用 AnimationDrawable 所做的那样，或者安排消息在以后的某个时刻进入处理队列。你也可以利用 Handler 对象让某些操作排队使用不同的线程执行，而不使用当前线程。

当应用程序启动、应用程序 UI 进程创建之后，其主线程（或 UI 线程）将开始运行 MessageQueue 对象。MessageQueue 对象负责管理所有 Android 应用程序 Java 类（Activity、Service、BroadcastReceiver、ContentProvider 等）和对象，以及 Activity 可能在显示屏上创建的任何窗口。

你可以创建自己的线程，这些线程将使用 Handler 与主应用程序（UI）线程进行通信。这是通过调用与以前相同的.post()方法（或 Message 对象的自定义.sendMessage()方法）来实现的，但是要从你的新线程进行调用。

任何给定的 Runnable 对象或 Message 对象最终都会安排在该 Handler 的消息队列中，然后在适当时机进行处理。

目前已创建 3 种方法来处理 Android 中的 Runnable 对象调度：.post(Runnable)、.postAtTime(Runnable, long)和.PostDelayed(Runnable, long)。

这 3 种.post(Runnable)方法的版本使开发人员可以让 MessageQueue 对象在接收到要调用的 Runnable 对象时给它们排队。在我们的应用程序示例中，Runnable 在 animStarter 类中实现，并包含 run()方法，而 run()方法又包含.start()方法。

除.post()方法外，还有.sendMessage()方法，包括.sendMessage(Message)、.sendMessageAtTime(Message, long)、.sendMessageDelayed(Message, long)和.sendEmptyMessage(int)。

它们都是与 Message 对象相关的，这和你通过在参数列表内部传递的 Message 对象所看到的一样，而不是像.post()方法那样与 Runnable 对象相关。

.sendMessage()方法还允许开发人员将包含 Bundle 对象的 Message 对象排队，Bundle 对象包含将由该 Handler 的.handleMessage(Message)方法处理的数据，而这需要开发人员实现 Android Handler 类的子类。

在理解了 Runnable 的背景知识以及 run()运行 frameAnimation.startAnimation()处理语句的方式之后，可以在 Nexus One 模拟器中测试帧动画。使用 Run As（运行方式）| Android Application（Android 应用程序）命令来启动应用程序，如图 14-9 所示，动画在应用程序启动时将永远无缝地循环播放，就像以前一样。不同的是，以前是使用 XML 标记完成的，而现在是使用 Java 代码完成的。

图 14-9　在 Nexus One 模拟器中测试 AnimationDrawable

　　现在，我们已经模拟了以前制作的帧动画，接下来还可以更进一步，学习如何使用事件处理程序触发动画，如单击 PAG 徽标开始播放动画。

14.10　设计 AnimationDrawable 以循环回到第 1 帧

　　首先，将 AnimationDrawable 设置为无缝循环一次，因为就目前而言，最后一帧并不是很平滑（至少对于徽标来说是如此）。要实现该任务，可以在代码中复制第一个 .addFrame()方法调用，并将其粘贴在最后一个.addFrame()方法调用之后，如图 14-10 所示。为了使时间保持不变，在第一个方法调用中使用持续时间值为 111（与其他帧的时间值相同），在最后一个方法调用中使用值 1（与剩余时间凑足整秒钟）。

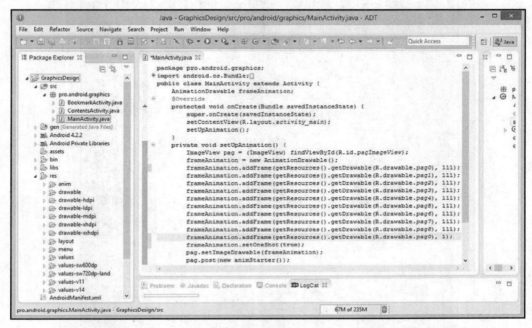

图 14-10　将.setOneShot()方法设置为 true 并添加一个结束帧，使徽标图像在动画末尾变平滑

　　这样可以确保在动画结束时将动画的第 1 帧绘制到屏幕的右方，因此 PAG 徽标看起来就像启动动画时一样。当将.setOneShot()方法设置为 false 时，这无关紧要，但是如图 14-10 所示，当将其设置为 true 时，就有必要进行该处理。

　　选择 Run As（运行方式）| Android Application（Android 应用程序）命令，应用程序启动时仔细观看，动画将循环播放一次并返回其最初的位置。

　　接下来，我们将回到永久循环动画并实现事件处理，以便可以使用单击（Click）和长按（Long-Click）事件控制动画。这样一来，如果你要实现一些有趣的功能，如动态的儿童故事书应用程序，则读者可以单击页面中的图形元素以使其产生动画（长按则可以停止动画）。当然，接下来我们将仅使用 Java 代码来完成这些工作。

14.11　添加事件处理以允许通过单击播放帧动画

　　要允许图形元素按照用户的命令（onClick）进行动画处理，开发人员需要附加一个事件处理程序到显示 AnimationAnimable 对象内容的 ImageView 上。在我们的示例中，这个所谓的图形元素是 PAG 徽标，但它其实也可以是你的水族馆儿童故事书中的一条鱼。我们可以通过在 pag 对象上调用.setOnClickListener()方法来完成此操作，如图 14-11 所示。这和之前编写的处理程序（Handler）是类似的。

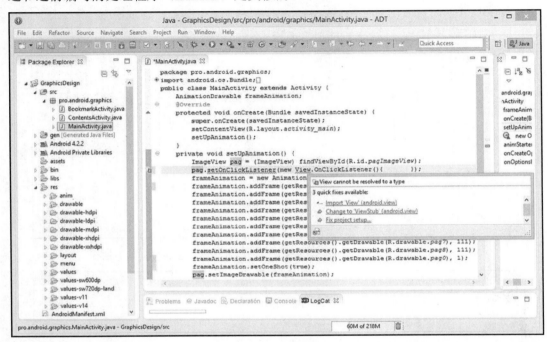

图 14-11　将.setOnClickListener()和 View.OnClickListener()方法添加到 pag ImageView

可以看到，View 的底部显示了红色波浪线，因此可以将光标悬停在 View 类引用上，然后选择 Eclipse 提供的 Import 'View' (android.view)选项，让 Eclipse 自动编写 import 语句，以消除该错误。然后我们又会看到如图 14-12 所示的红色波浪线错误，现在需要让 Eclipse 自动编写方法引导程序代码。

现在 Eclipse 已经为我们编写了 onClick()事件处理方法，如图 14-13 所示，我们可以添加可信任的 frameAnimation.start()方法调用。完成的代码如下：

```
pag.setOnClickListener(new View.OnClickListener() {
    @Override
    public void onClick(View arg0) {
        frameAnimation.start();
    }});
```

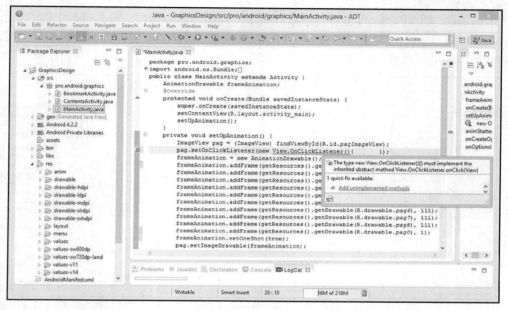

图 14-12　　使用错误弹出帮助器添加未实现的 onClick()事件处理方法

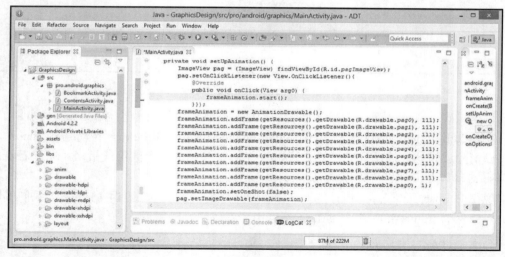

图 14-13　　在 onClick()事件处理程序中，向 frameAnimation 对象添加.start()方法调用

　　　值得一提的是，我们已经组合了这两种方法的两个大括号，以使这两种方法在同一行代码中结束，这样做也可以在代码清单中节省空间。如果你需要研究其他程序员的 Java 代码，则应该尽量适应不同的个人编码风格。毕竟，就计算机编程而言，有许多不同的

方法可以做到完全相同的事情。

　　另外，请确保将.setOneShot()方法的参数值改回为 false，以便可以让 AnimationDrawable 对象永久无缝地循环。我们需要使用 false 设置才能查看事件处理代码是否确实正确地启动（并最终停止）了。

　　接下来，可以删除实现 Runnable 的 animStarter 类，因为现在要以手动方式调用.start()（以及不久之后的.stop()）以启动 AnimationDrawable 对象。更准确地说，是我们的用户现在将使用单击和长按来控制（启动和停止）AnimationDrawable 对象。因此，就该动画而言，实际上是在使图形元素具有交互性。用户现在可以控制动画的持续时间和保持静态的时间。

　　在删除了 animStarter 类之后，我们将不显示其代码清单，因为没有任何内容。当然，你也可以将其保留在代码中，因为没有调用它，所以它其实无论如何都不会被用到。

　　但是，需要强调的是，删除任何未使用的类、方法、对象和变量是一个好习惯。开发人员应该始终进行代码简化和优化，以确保不会将应用程序的内存分配给未使用的地方，否则将是低效的。

　　接下来，我们可以复制并粘贴 onClick()事件处理代码，以创建 onLongClick()事件处理代码，如图 14-14 所示。在所有复制的代码中，需要在 Click 之前添加单词 Long，如 onLongClickListener、onLongClick 等。

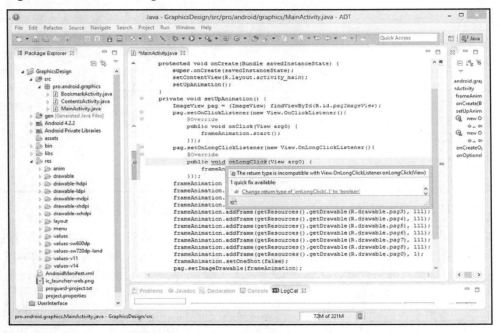

图 14-14　使用错误弹出帮助器将 onLongClick()方法的返回类型从 void 更改为 boolean

　　如图 14-14 所示，Eclipse 检测到不正确的方法修饰符，并表示可以进行修复。将光标悬停在带红色波浪线的 void 返回类型上，可以看到 Eclipse ADT 的修复提示为 Change return type of 'onLongClick()' to 'boolean'（将 onLongClick()的返回类型更改为 boolean），选择该选项即可让 Eclipse 进行修复。

　　如图 14-15 所示，此操作修复了 onLongClick()的返回类型，根据 onLongClick()事件处理方法的要求，此返回类型现在为布尔值，但是这也会引发一个新的错误，将光标悬停在该错误上，再次允许 Eclipse 进行修复。

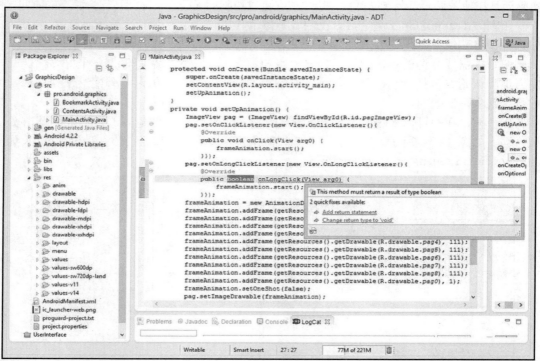

图 14-15　使用错误弹出帮助器将 return 语句添加到 onLongClick()事件处理方法中

　　错误弹出帮助器提示需要添加一个 return 语句，这是必需的，因为此时方法的类型为 boolean 并且调用实体期望返回的是 true（成功处理）或 false（失败）。如图 14-15 所示，帮助器对话框中显示的解决方案选项之一是 Add return statement（添加 return 语句），这正是我们应该选择的选项。

　　但是，当想要在启动 AnimationDrawable 对象后返回 true 值时，Eclipse 帮助器对话框添加的却是错误的 false 返回值。这再次证明没有什么是完美的，Eclipse ADT 集成开发环境当然也不是。

我们可以编辑此 false 返回值，将其更改为 true，还应该编辑复制的.start()方法调用，将其更改为.stop()方法调用，因为长按（LongClick）事件将停止已经播放的 AnimationDrawable，而另一个单击（Click）事件则应再次将其启动。onLongClick()方法中的最终 Java 代码如图 14-16 所示，它类似于以下 onLongClickListener 事件处理构造：

```
pag.setOnLongClickListener(new View.OnLongClickListener() }
    @Override
    public boolean onLongClick(View arg0) {
        frameAnimation.stop();
        return true;
    }});
```

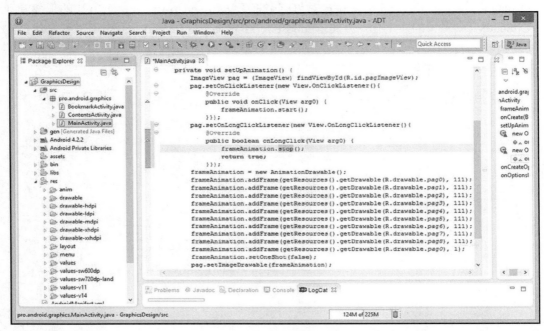

图 14-16　向 onLongClick()事件处理程序方法中添加.stop()方法调用，并将 return 更改为 true

现在，使用 Run As（运行方式）| Android Application（Android 应用程序）命令测试新事件处理的 AnimationDrawable。当应用程序启动时，单击 PAG 徽标以启动动画。到目前为止，一切都很好。接下来，长按鼠标或单击并按住鼠标一秒钟（或更长时间），将看到动画停止。但是这里有一个问题：动画并没有在第 1 帧上停止播放，这看起来并

不专业，因此，我们实际上还没有完成 Java 编码。

要解决此问题，需要做的是将 AnimationDrawable "重置"到第 1 帧，但 Android 将 .reset()方法从 AnimationDrawable 类中删除了。就帧动画而言，这是非常明显的疏忽，相信未来会添加该方法。

当用户在包含帧动画资产的 pag ImageView UI 元素上执行长按操作时，我们需要找出另一种方法来将帧动画设置回第 1 帧。

我们要尝试的第一件事是，通过 .setImageDrawable()方法调用放置用于初始化 frameAnimation 对象的语句，在 onLongClick()方法内以及在 frameAnimation.stop()方法调用后初始化 frameAnimation 对象。

如图 14-17 所示，一旦将方法调用放置在 onLongClick()嵌套方法中，用于调用 .setImageDrawable()方法的嵌套 pag 对象引用将无法在 setUpAnimation()方法的顶部看到该 ImageView 对象的实例化。因此，Eclipse ADT 将在 pag ImageView 引用下标记红色波浪线，以提示有误。

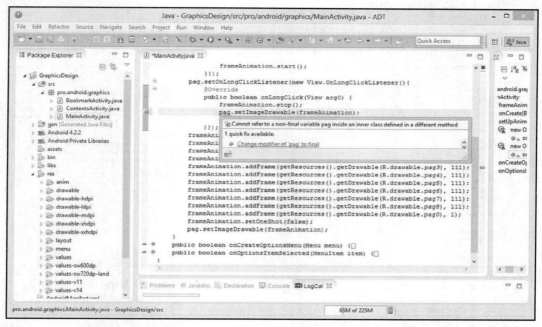

图 14-17　添加.setImageDrawable()方法调用以将动画重置为第 1 帧

如果将光标悬停在 pag 的红色波浪线上，则可以看到弹出的帮助器对话框中显示 Change modifier of 'pag' to final（将 pag 的修饰符修改为 final）。可以接受该建议，并允许 Eclipse 自动完成此建议，如图 14-18 所示。

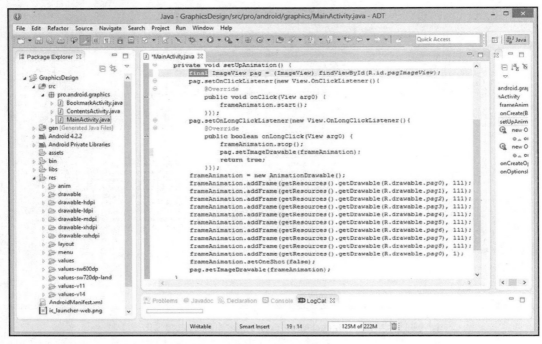

图 14-18   使用 final 访问控制修饰符设置 ImageView pag 实例化和加载 Java 语句

现在可以使用 Run As（运行方式）| Android Application（Android 应用程序）命令测试这种方法。你会注意到，尽管它在运行时不会导致应用程序崩溃，但是也没有将 AnimationDrawable 重置回我们所需要的第 1 帧。这是因为 AnimationDrawable 对象既包含正在播放（或停止）的动画帧的引用，又包含动画播放（或停止）时帧的引用。

因此，我们需要再解决其他一些问题，以实现理想的无缝动画从帧 1 开始播放到帧 1 结束的最终结果。

接下来要尝试的是将 pag ImageView 直接设置为第 1 帧的图像资产，该代码其实已经在.addFrame()方法调用中。

我们可以从 .addFrame() 方法调用的第一个参数（Drawable）部分内部复制 getResources().getDrawable()方法链代码，并将其粘贴到.setImageDrawable()方法调用中。使用以下单行 Java 代码即可完成此操作：

```
pag.setImageDrawable(getResources.getDrawable(R.drawable.pag0));
```

如图 14-19 所示，该代码没有错误，可以进行测试。

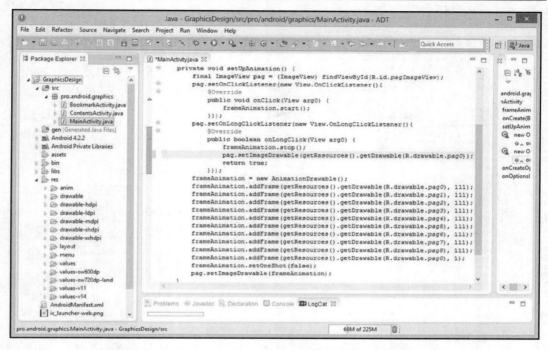

图 14-19　　更改.setImageDrawable()方法以直接引用动画的第 1 帧

现在使用 Run As（运行方式）| Android Application（Android 应用程序）命令，来看一看动画是否已经达到完美程度。该应用程序启动之后，单击 PAG 徽标可观看其动画，然后长按 PAG 徽标，可以看到动画停止并将 PAG 徽标重置为第 1 帧。到目前为止，一切都很完美。最后，我们还需要再次单击 PAG 徽标，看它是否能再次开始播放动画。如果可以，就表明我们可以正常"切换"动画。但可惜的是，再次单击并未重新启动 PAG 动画。因此，我们还需要再次返回修改代码。

让我们来考虑一下，为什么 AnimationDrawable 对象在第二次单击之后就无法再次进行动画处理呢？原因是 ImageView 不再设置为显示 AnimationDrawable 对象，而是已将其设置为直接引用 Drawable 图像资产的第 1 帧，因此需要将.setImageDrawable(frameAnimation)方法调用移至 onClick()事件处理代码的顶部。

从逻辑的角度来看，这是可以接受的，因为在被单击之前，ImageView 不应该进行动画处理。由于 AnimationDrawable 类没有.reset()方法，因此必须在 onLongClick .stop()代码结构中手动设置第 1 帧，而在 pag ImageView 的 onClick .start()代码结构中，则可以返回修改为引用 AnimationDrawable 对象，如图 14-20 所示。

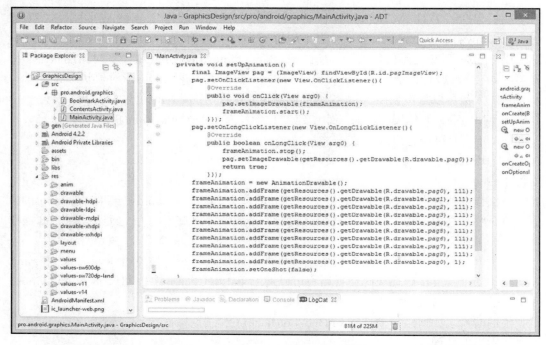

图 14-20　将 pag.setImageDrawable(frameAnimation)语句移到 onClick()事件处理程序中

再次使用 Run As（运行方式）| Android Application（Android 应用程序）命令，看一看是否完美实现了我们需要的功能。当应用程序启动时，单击 PAG 徽标，可以看到动画播放。长按动画 PAG 徽标，可以看到动画停止并重置为第 1 帧。再次单击 PAG 徽标，动画可以正常播放。

作为最终的测试过程，你可以多重复验证几次，确保程序能正常运行，这称为彻底或可靠测试。接下来，我们将仅使用 Java 代码将程序动画元素添加到帧动画处理中。

14.12　小　　　结

本章学习了如何仅使用 Java 代码（不使用 XML 标记），通过 AnimationDrawable 类中的方法和构造函数在 Android 操作系统中实现初始屏幕帧动画。

我们首先讨论了 Android 的 AnimationDrawable 类，以及它如何成为 DrawableContainer 类的直接子类。在此过程中，相信你已经理解了它包含动画帧的方式、其持续时间和循环参数，以及启动和停止帧动画的方法等。

　　我们也介绍了 DrawableContainer 类，可以使用该类来创建 Drawable 对象，这些对象包含在 DrawableContainer 对象结构中。

　　Drawable 对象的示例包括动画中的帧、AnimationDrawables 或图形对象的状态和级别等，如在 StateListDrawable 类和 LevelListDrawable 类中找到的图形对象状态和级别。

　　开发人员可以直接使用 Java 代码重新创建应用程序的启动画面动画。我们删除了所有引用 XML 定义的代码，从头开始创建了一个名为 setUpAnimation()的全新方法来设置 AnimationDrawable 对象。

　　我们还创建了一个 animStart 类，该类可实现 Runnable 接口和.run()方法，以便在应用程序启动时自动开始运行帧动画。

　　我们详细解释了 Java Runnable 接口和.run()方法，以及 Android Handler 类和.post()方法，还介绍了进程、线程对象和 MessageQueue 对象，以帮助你了解它们在 Android 操作系统中的工作方式。

　　为了创建用户交互效果，我们实现了事件处理代码，而不是使用 Runnable 和.run()自动启动动画。事件处理代码使得用户可以通过单击（Click）事件和长按（Long-Click）事件来触发动画播放和停止。

　　我们演示了如何结合循环（.setOneShot(false)）和播放一次（.setOneShot(true)）动画配置使用事件处理。

　　我们介绍了如何在 Java 中配置 AnimationDrawable 对象，以获得一次无缝循环的从第 1 帧开始播放到在第 1 帧静止的结果。我们还介绍了如何修改代码，以使动画在被长按之后返回到第 1 帧，而不会停留在当前播放的帧。

　　在第 15 章中，我们将学习如何使用 Animation 类在 Android 操作系统中实现程序动画或矢量动画。这将使你能够采用在本章中重新创建的基于 Android 数字图像的帧动画，并实现我们在第 4 章中通过 XML 创建的平移、旋转、缩放和 Alpha 程序动画特效等。这将使你的 Android 2D 动画技能获得进一步提高，因为我们将仅使用 Java 编程实现复杂的程序动画组合。

第 15 章　程序动画：使用 Animation 类

本章将详细介绍在 Android 中实现程序动画的 Java 编码方法。在本书第 4 章中，已经阐释了程序动画背后的概念，以及如何使用 XML 定义文件来设置程序动画。

本章的重点任务是实现第 4 章中的程序动画，并且仅使用 Java 代码而不使用 XML。这比第 4 章中实现程序动画的方式要先进一些，因为 Java 代码紧凑的链式代码结构通常要比 XML 标记复杂得多。

要使用 Java 方法完成创建程序动画的所有操作，则必须了解 Animation 类的方法及其 5 个子类。Animation 类是 Android 操作系统的程序动画超类。我们将学习有关该类和 Animation 对象的所有知识，以及如何仅使用 Android 应用程序的图形编程逻辑的 Java 端实现程序动画功能。

我们这样做的目的是，如果你希望在程序动画的 Java 编程管线中添加其他 Java 代码功能，则要执行的所有操作都可以使用程序动画处理管线在 Java 编程语言中 100%实现。

15.1　关于 Animation 类：程序动画引擎

Android Animation 类是 java.lang.Object 主类的直接子类，这意味着它是从头开始编码的，专门用于为 Android 操作系统提供程序动画基础。从头开始编码意味着它不基于任何其他现有代码（类、方法、接口、常量等）进行编码。

Animation 类的层次结构如下：

```
java.lang.Object
  > android.view.animation.Animation
```

Animation 类是 android.view.animation 包的一部分。因此，Animation 类的 import 语句将引用 android.view.animation.Animation 包的导入路径。

Animation 对象可实例化以创建插值矢量或程序动画。这种类型的动画不使用帧或位图，而是将数学矢量或算法应用于现有的 Drawable 对象，以实现诸如缩放（调整大小）、旋转、Alpha 混合（Alpha 通道淡化）和平移（X 和 Y 移动）之类的效果。

Animation 类是一个公共抽象类，这意味着除了最初声明 Animation 对象外，一般不会直接使用该类。创建 Animation 类的目的是创建其他子类，如在本章中将用来实现 2D 程序动画特殊效果的类。

有鉴于此，Animation 类提供了 5 个重要的直接子类，本章将详细介绍这些子类，具体包括：

- ScaleAnimation 类，用于缩放 View 对象。
- AlphaAnimation 类，用于 Alpha 混合（淡入和淡出）View（或 ViewGroup）对象。
- RotateAnimation 类，用于旋转 View 对象。
- TranslateAnimation 类，用于在屏幕上移动 View 对象。
- AnimationSet 类，该类比较复杂，因为它允许使用其他 4 种类型的 Animation 子类来创建合成动画。

AnimationSet 类和对象允许对 Animation 对象进行设置或分组，甚至建立次级分组，以形成程序动画的更复杂的层次结构，从而几乎可以实现你能想象到的任何效果。

本章将通过程序动画的编写示例详细介绍上述内容。程序动画示例将结合第 14 章中编码的帧动画，并围绕它编写程序动画代码。

我们将需要实现许多 Animation 类和上述子类对象，以供在数字图像动画中使用。在创建 Android 程序动画的整个过程中，你将熟悉要使用的每个对象。

15.2　关于 TranslateAnimation 类：用于移动的 Animation 子类

本章不会直接实现 TranslateAnimation 类，只是建议你尝试进行练习。这个 Animation 子类非常简单，所以不妨先介绍一下。

如前文所述，TranslateAnimation 类是 android.view.animation.Animation 抽象类的直接子类。此类用于为用户的 Android 设备屏幕上的 X 和 Y 坐标方向的运动设置动画。因此，它实际上非常简单，但对于各种目的（从动画元素到在用户显示屏上前后左右移动事物）都非常有用。

TranslateAnimation 类的层次结构如下：

```
java.lang.Object
  > android.view.animation.Animation
    > android.view.animation.TranslateAnimation
```

TranslateAnimation 类是 android.view.animation 包的一部分。因此，其 import 语句将引用 android.view.animation.TranslateAnimation 包的导入路径。

用来创建 TranslateAnimation 对象的构造函数方法可采用以下格式：

```
TranslateAnimation(float fromX, float toX, float fromY, float toY);
```

15.3　关于 ScaleAnimation 类：用于缩放的 Animation 子类

如前文所述，ScaleAnimation 类是 android.view.animation.Animation 抽象类的另一个直接子类。该类同样使用了 2D 空间中的 X 和 Y 坐标，但是它的作用是缩放 View 对象。ScaleAnimation 类的层次结构如下：

```
java.lang.Object
  > android.view.animation.Animation
    > android.view.animation.ScaleAnimation
```

ScaleAnimation 类也是 android.view.animation 包的一部分，其 import 语句将引用 android.view.animation.ScaleAnimation 包的导入路径。

用来创建 ScaleAnimation 对象的构造函数方法可采用以下格式：

```
ScaleAnimation(float fromX, float toX, float fromY, float toY, int pivotXType,
float pivotXValue, int pivotYType, float pivotYValue);
```

15.4　放大徽标：使用 ScaleAnimation 类

现在我们将启动 Eclipse 并将程序缩放动画添加到 PAG 徽标帧动画中，就像在第 4 章中使用 XML 所做的一样。

在 Eclipse 的中央编辑窗格中的选项卡中，打开 MainActivity.java 代码，并在 AnimationDrawable 对象声明之后立即声明一个名为 scaleZeroToFullAnimation 的 Animation 对象，如图 15-1 所示。

在图 15-1 中可以看到，由于尚未在代码中添加 Animation 类的 Import 语句，因此在 Animation 引用上出现了红色波浪线错误提示。将光标悬停到 Animation 上，然后选择 Import 'Animation' (android.view.animation)选项，以便 Eclipse ADT 自动编写 Import android.view.animation.Animation 语句。

在声明并命名了要使用的 Animation 对象之后，即可在 setUpAnimation()方法中对其进行初始化。

接下来，在 frameAnimation AnimationDrawable 初始化语句之后添加一行空格，并使用以下单行 Java 代码来初始化刚刚声明的 scaleZeroToFullAnimation 对象：

```
scaleZeroToFullAnimation = new ScaleAnimation();
```

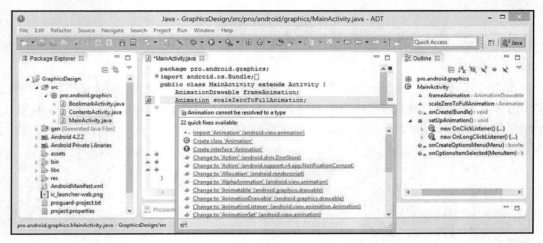

图 15-1　在 MainActivity.java Activity 的顶部声明一个名为 scaleZeroToFullAnimation 的 Animation 对象

　　正如我们在图 15-2 中看到的那样，ScaleAnimation()构造函数的底部出现了红色波浪线错误提示。

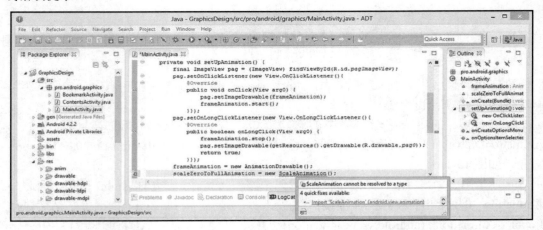

图 15-2　使用 ScaleAnimation()构造函数实例化 scaleZeroToFullAnimation 动画对象

　　为了解决该问题，可以将光标悬停在 ScaleAnimation()构造函数方法上，然后选择 Import 'ScaleAnimation' (android.view.animation)选项。

　　但是，在选择该选项之后，并不会消除此红色波浪线错误。当然，Eclipse ADT 确实会编写一个 Import 语句。

红色波浪线错误显示不会消失（实际上，所有的更改都是弹出帮助器的建议）的原因是，我们需要将参数（变量）传递到此构造函数方法中，以描述如何构造此对象（如果需要，可以先进行配置）。

我们可以添加以下浮点值：将 0（0%）和 1（100%）用于 fromX 和 toX 参数，相同的值也可以用于 fromY 和 toY 参数，如图 15-3 所示。对于 pivotX 和 pivotY 参数，则可以指定常量和浮点值 0.5f（或 50%）。请注意，这些浮点值位置也可以接受整数值并将其转换为浮点值。

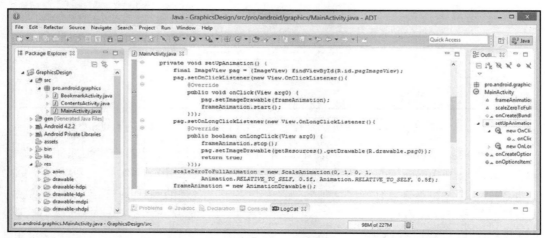

图 15-3　使用缩放变量和中心点常量配置 ScaleAnimation()构造函数方法调用

用于 X 和 Y 中心点的缩放常量是 Animation 类的 RELATIVE_TO_SELF 常量，它可以通过 Animation 类使用点表示法引用（Animation.RELATIVE_TO_SELF）。如果使用的是宽屏显示，则其代码如下：

```
scaleZeroToFullAnimation = new ScaleAnimation(0, 1, 0, 1,
Animation.RELATIVE_TO_SELF, 0.5f, Animation.RELATIVE_TO_SELF, 0.5f);
```

需要指定的下一个参数是进行缩放的持续时间，因为如果现在编译并运行应用程序，则不会发生任何事情，当然，该 Java 代码也不会使模拟器崩溃。

要指定缩放的持续时间，可以使用 Animation 类的.setDuration()方法。注意，这里应该使用的是 scaleZeroToFullAnimation Animation 对象（它是已经初始化的 ScaleAnimation 对象），具体代码如下：

```
scaleZeroToFullAnimation.setDuration(5000);
```

在上面的代码中，使用的持续时间数据值为 5000，它表示 5000ms（即 5s），如图 15-4 所示。使用该值意味着徽标缩放将持续相当长的一段时间。

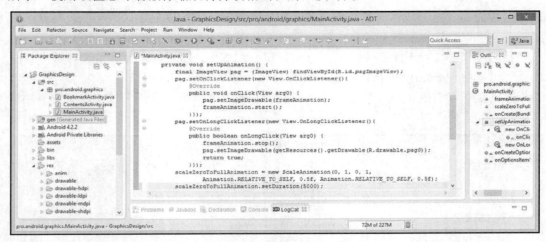

图 15-4　使用.setDuration()方法指定缩放操作的持续时间，设置为 5000ms

接下来的操作可能会让开发人员不知所措：如何将此程序动画准确地应用于帧动画？答案是使用 ImageView，因为 ImageView 将包含（保留）帧动画，但是我们将对 ImageView UI 容器本身进行程序动画处理，并在其中运行帧动画。

我们认为，开发人员尝试解决"动画类型组合"问题的趋势是尝试以某种方式将帧动画对象引用（或连接）到程序动画对象，反之亦然。

如图 15-5 所示，我们已经使用 pag.setImageDrawable(frameAnimation) Java 代码语句在 pag ImageView 对象中安装了配置的 frameAnimation AnimationDrawable，因此，现在我们将使用完全相同的 pag ImageView 对象调用.startAnimation()方法。使用以下 Java 代码语句将其连接到 scaleZeroToFullAnimation ScaleAnimation 对象：

```
pag.startAnimation(scaleZeroToFullAnimation);
```

如图 15-5 所示，Eclipse 的代码没有问题，因此可以继续进行测试，看看是否可以使用 ImageView UI 元素作为中间介质来获得影响帧动画的程序动画。

使用 Run As（运行方式）| Android Application（Android 应用程序）命令启动 Nexus One 模拟器，并运行和测试应用程序（见图 15-6）。当单击徽标时，它会立即消失在远处，然后在视线中出现动画，放大并旋转，就像第 4 章中一样。只不过，在第 4 章中，我们使用的是 XML 标记来实现这一很酷的特殊效果。而在这里，我们仅使用 Java 代码即可完成整个特殊效果。

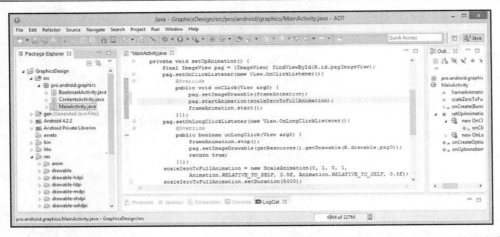

图 15-5 设置 ScaleAnimation scaleZeroToFullAnimation 动画对象以使用.startAnimation()进行缩放

图 15-6 在 Nexus One 模拟器中测试 ScaleAnimation

　　你可能想知道，为什么没有像在第 4 章中那样将某些参数添加到 ScaleAnimation 对象中？这是因为我们将在本章的后面将它们添加到 AnimationSet 中，并且这样做效率更高。了解了这些方法后，可以将它们添加到 ScaleAnimation（以本地方式）中，只需从对象名称中调用它们即可。可以在本地进行此操作以微调我们的聚合特效的组成部分，或者，如果所有组成部分都使用相同的偏移量和插值器，则可以全部使用 AnimationSet 来完成。

　　在第 4 章中，我们还添加了 Alpha 混合效果，以使这种动画来自"千里之外"的特殊效果更加逼真。可以通过在 Android 中使用 Alpha 混合来进一步淡化缩放旋转徽标来完成此操作，这在 Animation 类和程序包中也是受支持的，本章后两节将介绍该操作。

　　一旦到达屏幕上的最终静止位置，将旋转、缩放帧和矢量组合动画从 100%透明变为 100%不透明，则从远处看更加逼真。

　　接下来我们将介绍 Android AlphaAnimation 类，以便在实现具体的 Java 代码之前获得有关该类的良好技术基础，使用该类编写的 Java 代码可以使 PAG 徽标淡入淡出。

　　然后，我们将回到 Java 编码实践，使用纯 Java 帧动画和程序动画组合管线来获得编写代码的更多乐趣。

15.5　AlphaAnimation 类：用于混合的 Animation 子类

　　如前文所述，AlphaAnimation 类是 android.view.animation.Animation 公共抽象类的另一个直接子类。该动画类可用于为 View 对象实现 Alpha 混合。它通过对任何 View 对象使用 Alpha（透明度）值来做到这一点。从本质上讲，这会使它对于制作程序动画的淡入淡出效果非常有用，并且可以与其他 3 种变换类型结合使用，以创建一些非常吸引人的效果，而其本身却是很简单的。

　　AlphaAnimation 类的层次结构如下：

```
java.lang.Object
  > android.view.animation.Animation
    > android.view.animation.AlphaAnimation
```

　　AlphaAnimation 类也是 android.view.animation 包的一部分，其 import 语句引用了 android.view.animation.AlphaAnimation 包导入路径。

　　我们将使用 AlphaAnimation 对象进一步增强缩放的特殊效果，以使徽标看起来比刚刚实现的缩放动画的距离更远。

　　与具有 8 个参数的 ScaleAnimation()构造函数方法相比，用来创建 AlphaAnimation 对象的构造函数方法更简单一些。AlphaAnimation 构造函数方法将采用以下格式：

```
AlphaAnimation(float fromAlpha, float toAlpha);
```

从技术上讲，Alpha 通道混合操作通常不像运动（平移）、旋转或缩放操作那样可归类为动画的变换类型。在涉及 3D 软件包的情况下尤其如此，因为 3D 中对象的混合是通过应用材质和不透明度纹理贴图以及类似操作来处理的。

但是，由于某些原因，Android 操作系统在使用了 3 个基本变换操作的情况下，也将 Alpha 混合分组，这实际上提供了比 2D 变换更多的图像合成功能。

也就是说，Alpha 与这些变换操作的结合将非常有用，因此，本章将介绍这 4 项变换以及 AnimationSet 分组操作。

15.6　制作 PAG 徽标淡入效果：使用 AlphaAnimation 类

现在回到 Eclipse 并进入 MainActivity.java 选项卡，然后在 Activity 子类的顶部添加一个 Animation 对象，如图 15-7 所示。将对象命名为 alphaZeroToFullAnimation，然后进入要编码的 setUpAnimation()方法，并在 scaleZeroToFullAnimation 对象附近（上方或下方）添加对象实例化语句。

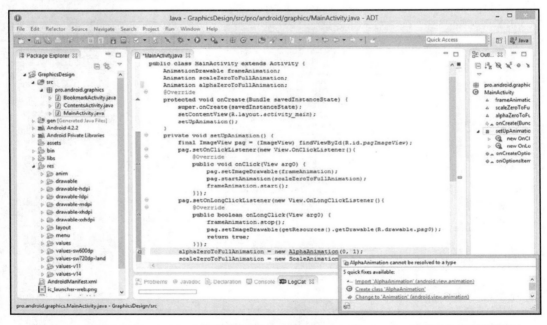

图 15-7　使用 AlphaAnimation()构造函数添加 alphaZeroToFullAnimation 动画对象实例化语句

除了使用 AlphaAnimation()构造函数方法而不是 ScaleAnimation()构造函数方法外，

alphaZeroToFullAnimation动画对象实例化语句与scaleZeroToFullAnimation对象实例化的语句基本相同。它使用以下 Java 编程语句，结果如图 15-7 所示：

```
alphaZeroToFullAnimation = new AlphaAnimation(0,1);
```

可以看到，在 AlphaAnimation 的底部出现了红色波浪线错误提示，因此，需要将光标悬停在代码中已调用的 new AlphaAnimation()构造函数（和类）上，然后选择 Import 'AlphaAnimation' (android.view.animation)选项，以在 Activity 子类代码列表的顶部为该类生成 Import 语句。这将清除代码中的所有错误标志。

现在可以添加.setDuration()方法调用，以设置 5s 的 Alpha 混合淡入时间。

该项设置的方式与缩放动画类似，使用 alphaZeroToFullAnimation 对象调用.setDuration()方法即可，代码如下：

```
alphaZeroToFullAnimation.setDuration(5000);
```

如图 15-8 所示，我们的 Java 代码似乎没有错误（至少到目前为止没有），并且可以将 AlphaAnimation 构造的alphaZeroToFullAnimation Animation对象附加到pag ImageView对象上。

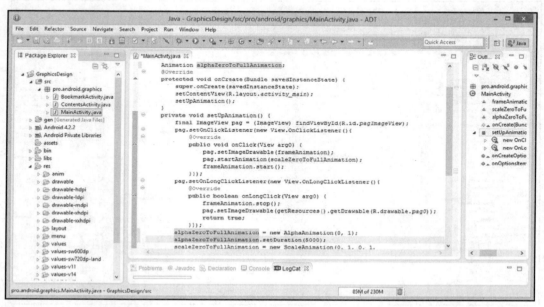

图 15-8　将 alphaZeroToFullAnimation 对象配置为不透明度为 0～100%，并调用.setDuration(5000)

现在需要进入 onClick()事件处理代码构造，并像 scaleZeroToFullAnimation 对象一样，通过 pag ImageView 对象调用.startAnimation()方法，其 Java 代码如下：

```
pag.startAnimation(alphaZeroToFullAnimation);
```

如图 15-9 所示，我们的代码仍然没有错误，因此可以在 Nexus One 模拟器中测试代码。这里我们感兴趣的是，在有多个.startAnimation()方法调用的情况下是否可以正常工作。如果不能，又该如何指定方法调用的优先级，以处理（启动）多个程序动画对象。

使用 Run As（运行方式）| Android Application（Android 应用程序）命令，在 Nexus One 模拟器中启动应用程序。当徽标出现时，单击它以启动帧动画和程序动画对象构造，在 Java 处理管线中我们同时设置了它们。

如图 15-9 所示，我们特意在同一个截屏画面中突出显示了 alphaZeroToFullAnimation 操作。在测试时，应仔细观察 PAG 徽标的大小（缩放比例），以确定它是否在混合、缩放或同时进行混合和缩放。

图 15-9　使用 alphaZeroToFullAnimation 从 pag ImageView 对象中调用.startAnimation()方法

紧盯屏幕观察，你可能会看到正在发生混合，但是没有进行缩放，如图 15-10 所示。如果是这样，则意味着在代码中写入的最后一个.startAnimation()方法调用正在执行。

这意味着系统跳过了 ScaleAnimation 对象的处理，或者虽然启动了它，但是立即将其替换为 AlphaAnimation 对象中包含的 Alpha 混合操作。无论是哪一种解释，都说明我们同时只能调用一个程序动画.startAnimation()方法，这意味着我们必须实现 AnimationSet

对象才能组合程序动画类型。

图 15-10　在 Nexus One 中测试缩放和 Alpha 动画

　　这本身也是顺理成章的事情，只是出于我们的好奇心，以及作为在关于 Android 操作系统中的程序动画和帧动画管线的整个学习和探索过程的一部分，无论如何，我们还是必须尝试一下，以确切地了解这些类和方法可以达到的效果。在经过了上述尝试之后，现在是我们引入 AnimationSet 讨论的最佳时机，然后，我们再返回去讨论 RotateAnimation 类，将该程序动画对象实现为 AnimationSet 对象。

　　由于需要实现 AnimationSet 类并构造一个 AnimationSet 对象，因此，我们有必要花一些时间来研究该类，以详细了解其功能，并从技术上理解为什么需要使用它。

15.7　AnimationSet 类：创建复杂的动画集

如前文所述，AnimationSet 类是 android.view.animation.Animation 公共抽象类的另一个直接子类。该动画类用于将其他 4 种动画子类"分组"为"集合"，以便创建更复杂的多变换动画，以应用于 View 对象。

因此，AnimationSet 对象将表示动画子类（ScaleAnimation、AlphaAnimation、RotateAnimation、TranslateAnimation 等）对象的逻辑分组，这些对象旨在同时并行播放。

从本质上讲，这使得该程序动画类对于创建复杂的动画很有用，而这些动画不能单独使用任何其他 Animation 子类来实现。这 4 个变换在概念上都相当基础，但是通过结构化组合，它们几乎可以完成你可以想象的任何效果。

AnimationSet 类的层次结构如下：

```
java.lang.Object
  > android.view.animation.Animation
    > android.view.animation.AnimationSet
```

AnimationSet 类也是 android.view.animation 包的一部分。因此，其 import 语句引用了 android.view.animation.AnimationSet 包的导入路径。

通过使用（父）AnimationSet 对象（类），可以将每个单独的（子）Animation 对象指定的程序变换组合为一个统一的动画变换。

如果 AnimationSet 对象设置了其子级也设置的属性（如 duration 或 startOffset），则为 AnimationSet 父对象设置的值将始终覆盖其子级 Animation 对象的值。

重要的是，要理解 AnimationSet 从 Animation 变换继承参数的方式，反之亦然。在 AnimationSet 对象中设置的某些参数或属性将影响整个 AnimationSet 对象。有些参数将被下推，然后应用于子对象的变换，而有些则被忽略。因此，开发人员在使用这些 AnimationSet 对象时需要了解在哪里应用某些参数比较合适。

duration、repeatMode、fillBefore 和 fillAfter 参数（也称为属性）在 AnimationSet 对象上设置时将被下推到所有子变换。解决此问题的方法是始终在 Animation 对象内以本地方式设置这些参数，并且永远不要在父 AnimationSet 对象中设置这些参数。如果开发人员以这种方式处理，则 Android 不会下推任何事情，而且对于在程序动画处理管线中将在何处应用参数，也就不会有任何困惑。

AnimationSet 完全忽略了 repeatCount 和 fillEnabled 参数或属性，因此，如果希望正确访问它们，则可以始终按本地方式将这些参数应用于每个 Animation 对象。

另一方面，可以将 startOffset 和 shareInterpolator 参数应用于 AnimationSet 对象。请注意，startOffset 也可以在本地应用，以通过将延迟引入循环周期或开始动画的时间来微调动画的时序。

因此，一个良好的经验法则是以本地方式应用变换参数，而不是在 AnimationSet 对象级别应用，除非它是 shareInterpolator 参数，该参数显然是有意在分组级别的操作中使用的，因为这是我们唯一可以在程序动画中"共享"事物的方法（其名称中就带有 share）。因此，请记住：始终以本地方式设置变换参数。

我们在本书第 4.7 节中也介绍过类似的动画集参数设置知识，区别在于第 4.7 节中介绍的是 XML 标记，而这里介绍的是 Java 编码。

15.8　为 PAG 徽标动画创建 AnimationSet

让我们回到 Eclipse ADT 和 MainActivity.java 选项卡，并使用下面的 Java 代码在 Activity 子类的顶部添加 AnimationSet 对象实例化语句，如图 15-11 所示：

```
AnimationSet pagAnimationSet = new AnimationSet(true);
```

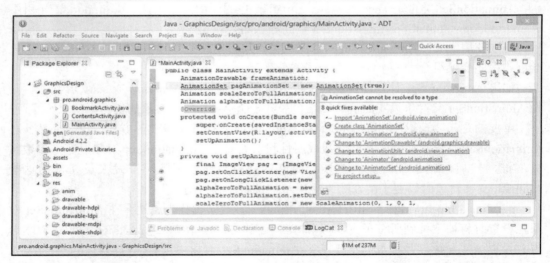

图 15-11　在 MainActivity 类的顶部创建名为 pagAnimationSet 的新 AnimationSet 对象

如你所见，在 AnimationSet 底部出现了红色波浪线，因此需要将光标悬停在 AnimationSet()构造函数上，并选择 Import 'AnimationSet' (android.view.animation)选项，让

Eclipse ADT 在类的顶部自动编写 Import 语句。

将 AnimationSet 对象命名为 pagAnimationSet 并将其设置为 true，这将在此构造函数
方法的参数列表中指定应将 AnimationSet 对象的 shareInterpolator 标志设置为 true。

此 shareInterpolator 参数用于指定是否希望其父 AnimationSet 对象的子 Animation 对
象共享为 AnimationSet 对象设置的 Interpolator 常量。

在本示例中，我们确实希望这样做，因为我们希望缩放、混合和旋转程序动画以完
全相同的方式进行操作。因此，我们在构造函数参数列表（项目）中传递了一个 true 值，
因为此父 AnimationSet 对象中的所有 Animation 子对象都应"共享"与该 AnimationSet
关联的相同 Interpolator 常数。

如果在 Animation 对象中使用了.setInterpolator()方法，并传递了一个 false 值，则每
个 Animation 都将使用自己的 Interpolator。

下一步将使用.addAnimation()方法调用将 ScaleAnimation 和 AlphaAnimation 子对象添
加到新的父 AnimationSet 对象中。使用以下代码，即可向 Java 方法中添加两个 Java 代码
语句，以便从 pagAnimationSet 对象调用该方法，并为每个 Animation 对象传递对象名称：

```
pagAnimationSet.addAnimation(scaleZeroToFullAnimation);
pagAnimationSet.addAnimation(alphaZeroToFullAnimation);
```

如图 15-12 所示，该 Java 代码没有错误，现在可以使用左侧边缘中的加号（+）按钮
来展开 pag.setOnClickListener()代码块的代码，以打开该事件处理方法的代码。

图 15-12　使用.addAnimation()方法将 ScaleAnimation 和 AlphaAnimation 对象添加到 AnimationSet

现在可以删除第二个.startAnimation()方法调用，并将第一个方法更改为引用新的父 pagAnimationSet 对象。这使我们可以将两个 ScaleAnimation 和 AlphaAnimation 对象"连接"到一个 AnimationSet 对象构造中，然后使用单个.startAnimation()方法对其进行调用，如图 15-13 所示。

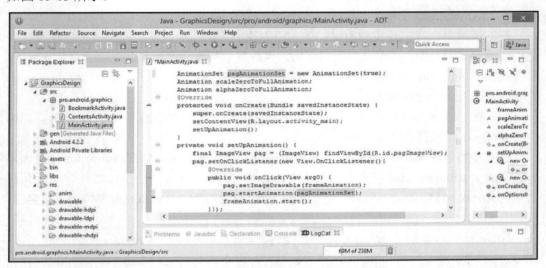

图 15-13　　更改 pag ImageView 对象的.startAnimation()方法以引用 pagAnimationSet

现在可以再次使用 Run As（运行方式）| Android Application（Android 应用程序）命令来测试应用程序。启动 Nexus One 模拟器，按照目前的编码，此应用程序将使模拟器崩溃。

Eclipse 在代码中找不到任何语法错误，因此我们需要仔细排查 Animation 处理管线，以确定可能发生错误的地方。我们看到的唯一可能的问题是，在使用 new 关键字及其构造函数方法初始化子动画对象之前，要将它们添加到父动画集对象中。

因此，我们首先可以尝试从 pagAnimationSet AnimationSet 对象中剪切并粘贴调用 .addAnimation()方法的两行代码，将它们放在实例化并配置 ScaleAnimation 和 AlphaAnimation 的 4 行 Java 代码的下面。

如果这确实是问题所在，那么将再次证明代码顺序的重要性，它与编写正确的 Java 代码语句同样重要。为了产生正确的对象和事件处理管线，必须同时具有正确的 Java 代码和正确的 Java 代码处理顺序。

如图 15-14 所示，目前 Java 代码仍没有错误，因此可以再次在 Nexus One 模拟器中测试 Java 代码，并尝试使 GraphicsDesign 应用程序再次运行。

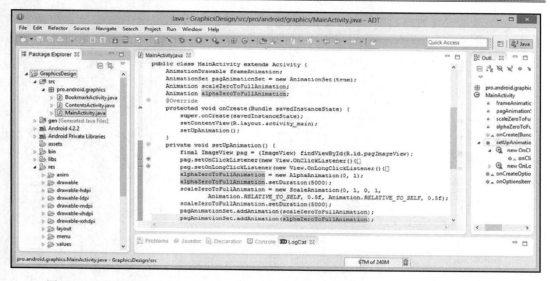

图 15-14　在实例化 AlphaAnimation 和 ScaleAnimation 之后移动.addAnimation()方法调用

使用 Run As（运行方式）| Android Application（Android 应用程序）命令启动 Nexus One 模拟器，并在 PAG 徽标出现后单击它，使其产生运动。

按照目前的编码方式，此应用程序已可以正常工作，并且通过 AnimationSet 对象实现的缩放和混合动画可以很好地协同工作。

现在，我们已经实现了基本的缩放和混合动画，可以添加其他选项，以控制运动类型以及现已成功创建（和调试）的 AnimationSet 的初始时间。

我们先从方法调用开始，该方法调用允许根据使用点表示法调用的对象来微调 Animation 对象或 AnimationSet 对象的开始时间。

该方法调用称为.setStartOffset()，它需要一个以整数表示的毫秒值。由于我们实际上并不需要 AnimationSet 对象的 StartOffset，因此在这里我们将通过使用微不足道的四分之一秒（即 250ms）参数值将其包含在其中，这只是为了展示如何在 Java 代码中实现该值。

使用以下基本 Java 编程语句，即可为 pagAnimationSet 对象附加一个.setStartOffset(250) 方法调用：

```
pagAnimationSet.setStartOffset(250);
```

如图 15-15 所示，该代码没有错误，并且可以将其他 AnimationSet 参数添加到此 AnimationSet 对象。例如，下一步要添加的 Acceleration Motion Interpolator 常量。

如果愿意，可以使用 Run As（运行方式）| Android Application（Android 应用程序）命令来确保代码可以正常运行，不会使 Nexus One 模拟器崩溃。但是，由于缩放比例和

混合设置最初设置为零,因此能否直观地看到此四分之一秒的 startOffset 延迟是值得怀疑的,也就是说,这样的 startOffset 值其实只是为了演示微调功能。

图 15-15　使用.setStartOffset()方法将动画 StartOffset 添加到 pagAnimationSet 对象中

现在可以添加一个 ACCELERATE Interpolator 常量,在 Java 中,这是通过 AccelerateInterpolator 类及其 AccelerateInterpolator()构造函数方法调用来完成的。

首先调用 pagAnimationSet AnimationSet 对象的.setInterpolator()方法,然后在该方法内部使用 new 关键字调用 AccelerateInterpolator()构造函数,以此调用 AccelerateInterpolator 对象,其 Java 代码如下:

```
pagAnimationSet.setInterpolator( new AccelerateInterpolator() );
```

请注意,我们在上面的方法调用参数区域内的 Java 代码语句的两端各使用了几个空格字符,这样做是为了使其更具可读性。这不会影响 Java 语句的编译,但是在截图中则保留了更紧凑的版本。

在图 15-16 中可以看到该 Java 代码。另外,AccelerateInterpolator()构造函数方法的底部出现了红色波浪线,将光标悬停在 AccelerateInterpolator 上,选择 Eclipse ADT 建议的选项,即可在 MainActivity 类的顶部添加 Import android.view.animation.AccelerateInterpolator 语句,消除该错误。

使用 Run As(运行方式)| Android Application(Android 应用程序)命令,在 Nexus One 模拟器中测试该代码,结果证明它可以完美运行,如图 15-17 所示。

图 15-16　使用.setInterpolator()方法将动画 AccelerateInterpolator 添加到 pagAnimationSet 对象

图 15-17　在 Nexus One 中测试 AnimationSet

15.9　RotateAnimation 类：用于旋转的 Animation 子类

如前文所述，RotateAnimation 类是 android.view.animation.Animation 公共抽象类的另一个直接子类。

RotateAnimation 类的层次结构如下：

```
java.lang.Object
  > android.view.animation.Animation
    > android.view.animation.RotateAnimation
```

RotateAnimation 类是 android.view.animation 包的一部分，其 import 语句引用了 android.view.animation.RotateAnimation 包的导入路径。

该动画类可用于实现 View 对象的 2D 旋转，这种旋转将在 X-Y 平面上进行。因此，从技术上讲，这意味着围绕 Z 轴进行旋转。也就是说，RotateAnimation 对象是围绕中心点原点（Pivot Point Origin）实现 Z 轴旋转，而原点则是由开发人员使用 X 和 Y 坐标设置的。

除中心点原点外，还必须使用一个 range（范围）指定旋转量，该范围从 rotate from（旋转起始）角度开始，通常是零或正常 View 定位，然后以 rotate to（旋转到）角度结束，如 90°（顺时针）、−90°（逆时针）、180°（上下翻转），或者本示例中的 360°，这表示 View 对象（ImageView）完全无缝地旋转。

因此，RotateAnimation 程序动画类可用于旋转 View，将它们上下左右翻转。如果需要使用较短的持续时间值来实现这种效果，则可以快速完成。

可以将此 RotateAnimation 程序动画类与其他 3 种程序动画对象类型结合使用，以创建令人印象深刻的特殊效果，而不管该类单独使用时看起来是多么简单。

用来创建 RotateAnimation 对象的构造方法类似于已经实现的 8 参数的 ScaleAnimation() 构造方法。RotateAnimation() 构造函数方法将利用以下高级旋转规范格式：

```
RotateAnimation(float fromDegrees, float toDegrees, int pivotXType, float
pivotXValue, int pivotYType, float pivotYValue);
```

15.10　旋转 PAG 徽标：使用 RotateAnimation 类

最后，我们可以添加 RotateAnimation 对象，并完成在本书第 4 章中通过 XML 标记实现的动画（这里实现的是 Java 版本的动画）。

打开 Eclipse，单击 MainActivity.java 选项卡，在顶部的缩放和 Alpha 动画对象之后添加一个 Animation 对象声明，并将其命名为 rotateZeroToFullAnimation，如图 15-18 所示。

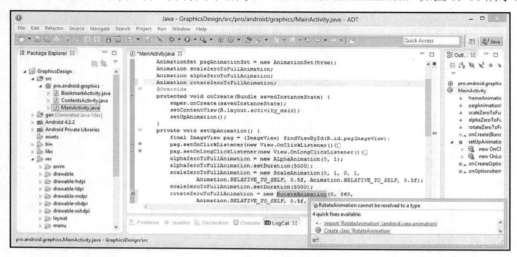

图 15-18　添加 rotateZeroToFullAnimation 动画对象声明和 new RotateAnimation()构造函数

接下来，关闭事件侦听器代码块，以便可以看到所有实例化代码（如图 15-18 的底部所示），并使用以下 Java 代码添加 RotateAnimation 对象实例化语句：

```
rotateZeroToFullAnimation = new RotateAnimation(0, 360,
Animation.RELATIVE_TO_SELF, 0.5f, Animation.RELATIVE_TO_SELF, 0.5f);
```

然后，调用 RotateZeroToFullAnimation 对象的.setDuration()方法，现在该方法已被初始化，并使用以下代码传递给它 5000ms（即 5s）的值：

```
rotateZeroToFullAnimation.setDuration(5000);
```

最后，使用.addAnimation()方法，通过以下 Java 代码将此 rotateZeroToFullAnimation Animation 对象添加到 pagAnimationSet AnimationSet 对象，如图 15-19 所示：

```
pagAnimationSet.addAnimation(rotateZeroToFullAnimation);
```

由于所有偏移计时和运动插值参数都是在父 AnimationSet 对象级别设置的，因此不必担心任何这些全局参数，这是创建高级 AnimationSet 程序动画管线的优势之一。

现在可以测试 AnimationSet 对象程序动画了，看它是否有效，是否复制了在第 3 章和第 4 章中所做的一切，但是现在仅使用 Java 代码。

使用 Run As（运行方式）| Android Application（Android 应用程序）命令来运行 Nexus One 模拟器，然后单击 PAG 徽标，并仔细观察它的旋转、淡入淡出和缩放等动画效果，如图 15-20 所示。

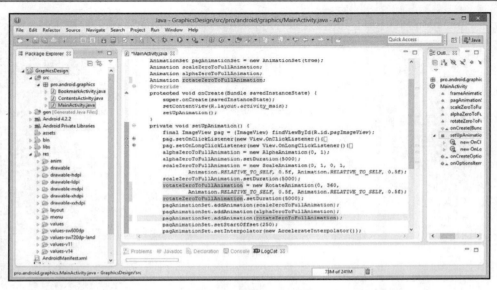

图 15-19　使用 duration、degree 和 pivot 配置 RotationAnimation，
并使用.addAnimation()方法添加到 AnimationSet

图 15-20　在 Nexus One 模拟器中测试 pagAnimationSet

现在我们已经实现了与第 3 章和第 4 章中相同的 XML 标记和参数，这展示了仅使用 Java 代码构造来创建 View Animation 管线对象的方式，并且证明了它可以更轻松地（同时）实现帧动画和程序动画。

接下来，我们将为你提供一些练习，以便你能熟悉本书所介绍的类和方法。

15.11　使用 Android Runnable 类运行 AnimationSet

在第 14 章中，我们利用了 Java Runnable 公共接口及其 run()方法在单独的线程中运行 AnimationDrawable。我们编写了方法，以便应用程序可以异步处理帧动画 Drawable 对象（在该示例中为 BitmapDrawable 帧）。

作为一项练习，现在要求注释掉事件处理方法，并重新实现 animStarter 类，以实现 Runnable 公共 Java 接口和 run()方法，并加载 onClick()事件处理程序中的代码，以便在应用程序启动时自动启动帧动画和程序动画。注意，别忘了调用第 14 章中的.setImageDrawable()方法。

15.12　为 AnimationSet 创建一个 TranslateAnimation 对象

我们要留下的第二个练习是向当前 AnimationSet 对象添加一个移动组件，使动画从屏幕上更高的位置开始，然后沿 Y 轴向下移动，同时发生缩放和淡入，以使动画看起来像是从天上掉下来。

为此，你需要像我们编写其他变换对象时一样，在类的顶部声明一个名为 translateSkyToZero 的动画对象，然后使用 new 关键字初始化该对象，并使用构造方法配置其参数列表。

确保使用.addAnimation()方法调用和 translateSkyToZero 值将新的 TranslateAnimation 对象添加到 AnimationSet 对象中，以将该新的 Animation 对象作为参数传递给.addAnimation()方法，这会将其添加到 AnimationSet 对象复杂的动画定义中。

最后，在添加（连接）TranslateAnimation 对象之后，还可以尝试从 AnimationSet 对象调用其他一些方法，如在本书第 4 章中实现过的.setRepeatMode()或.setRepeatCount()方法。

15.13　小　　结

本章学习了如何仅使用 Java 代码而不使用 XML 标记，通过使用 Animation 类及其 5 个子类（ScaleAnimation、AlphaAnimation、AnimationSet、RotateAnimation 和 TranslateAnimation）的方法和构造函数在 Android 操作系统中实现启动屏幕程序动画。

我们首先讨论了 Android 的 Animation 类及其如何成为 java.lang.Object 主类的直接子类，这意味着它实际上是从头开始编写的，目标是给 Android 操作系统提供矢量动画（也就是程序动画）。

其次，我们研究了 TranslateAnimation 子类及其如何允许开发人员以动画方式围绕 X-Y 屏幕空间移动 View 对象。

然后，我们讨论了 ScaleAnimation 子类及其如何允许开发人员在 X-Y 2D 屏幕内缩放 View 对象，并研究了同时设置 TranslateAnimation 子类和 ScaleAnimation 子类程序动画的情况下它们的工作方式。

接下来，我们研究了 AlphaAnimation 类及其如何允许开发人员向程序动画包中添加 Alpha 混合。我们还讨论了如何使用相对简单的构造方法对 View 对象实现淡入或淡出效果，并且同时对其进行其他动画处理。

回到 Java 编码中，我们添加了另一个 Animation 对象来定义 AlphaAnimation 目标，并尝试实现对.startAnimation()方法的两个串行调用。该尝试失败了，但是它也使我们意识到了 AnimationSet 类的作用。

在详细阐述了 AnimationSet 类的基础知识之后，我们又回到了 Eclipse ADT 中，开始实现更高级的 Java 程序动画编程。我们创建了 AnimationSet 动画组管线来实现复杂的程序动画，并且仅使用 Java 编程逻辑进行了此操作。

在 AnimationSet 开始正常工作之后，我们还介绍了使用 RotateAnimation 类和构造函数方法向动画集中添加旋转，然后使用.addAnimation()方法调用将其添加到 AnimationSet 中，这使创建复杂组合动画变得更加容易。学习到此时，你应该已经非常擅长在 Android 应用程序中使用 Animation 类及其功能子类。

最后，我们使用 Java 代码实现了与本书第 3 章和第 4 章中使用 XML 实现的帧动画和程序动画组合序列完全相同的效果。在此基础上，我们还留下了两项练习，要求你尝试将 TranslationAnimation 对象添加到 AnimationSet 动画集，并重新实现 animStarter 类，使应用程序自动启动徽标动画。

在第 16 章中，我们将着重于对 Android Drawable 类进行更深入的探索，因为我们已经了解并利用了其许多子类来实现动画和混合以及其他与图形相关的非常高级的 Android 编程。这将使我们达成对 Android 中 Drawable 类和对象的全面理解。由于 Drawable 类和对象是 Android 操作系统中图形设计和实现的基础，因此非常重要。

第 16 章　高级图形：掌握 Drawable 类

本章将对 Android 操作系统中的 Drawable 类进行更深入的研究，因为该类是 Android 操作系统中所有与图形相关的对象的基础。

通过前面各章节的学习，相信你已经对 Android 中的各种高级 Drawable 对象类型有了较为深入的了解，并且已经不同程度地使用过它们，那么现在是时候让我们全面了解一下这些对象的基础类了，我们还将深入探索可在 Android 操作系统中使用的 Drawable 对象的其他一些类型。

到目前为止，有很多不同类型的 Drawable（如 Shape Drawable），我们基本上没有介绍过，这主要是由于本书讨论的重点在于数字图像、数字视频、2D 动画、混合和切换等，对于矢量插图（形状）、字体（文本对象）或渐变等则较少涉及。但事实上，对于 Android 高级图形设计而言，矢量插图同样是一个热门话题，因此本章将进行详细介绍。

这也是我们确定要给 Android 中的 Drawable 类专门开辟一章的原因之一，我们的目的是可以确保讨论到所有不同类型的 Drawable 子类和对象，因为它们会以各种方式影响图形设计。

你还将在本章中了解到与 Android 专业图形设计直接相关的其他重要 Android 类，这些类与 Drawable 类及其许多子类一起使用，其中包括 Shader 和 BitmapShader 类、Rect 和 RectF 类、InputStream 类和 ShapeDrawable 类。另外，本章还将强化你对 Bitmap、Paint 和 Canvas 类的理解和应用技巧。

16.1　Android Drawable 资源：Drawable 对象的类型

Android 具有十多种不同类型的 Drawable 资源，开发人员可以将它们应用于 Android 应用程序图形设计管线。当你阅读到本书这一部分时，相信你已经对这些更高级的 Drawable 对象类型有一定的了解，并且具有一些实际应用经验，因此，本章的目的是确保你掌握与 Drawables 有关的 Android 中可用的一切内容。

Android 中的 Drawable 资源是可绘制到用户显示屏上的图形的基础概念，开发人员可以使用.getDrawable()之类的方法调用进行检索，也可以通过 XML 定义进行应用，当然，还需要加上 android:icon、android:background 或 android:src 之类的参数。

Android 中有许多不同的 Drawable 对象类型，如 Bitmap（位图）、9-Patch、Layer（层）、State（状态）、Level（级别）、Animation（动画）、Transition（切换）、Shape（形状）、Scale（缩放）、Rotate（旋转）、Inset（插入）、Clip（剪辑）、Picture（图片）、Paint（绘画）和 Color（颜色）等。

在此我们将简要介绍一下 Android 中这些主要的 Drawable 对象类型，并确切了解它们的用途。这样做的目的是让你（作为一名专业图形设计师）对 Android 中可用的功能有更广泛的了解。我们将首先介绍前面已经使用过的 Drawable 类型，然后介绍一些新颖而有趣的 Drawable 类型。

1．BitmapDrawable 对象

BitmapDrawable 使用 PNG、JPG 或 GIF 格式的数字图像资源，用被称为位图（Bitmap）的像素阵列填充 Drawable 对象。在本书第 11 章中，已经详细介绍了在构建图像合成和混合管线的过程中如何将 Drawable 转换为 BitmapDrawables。

2．NinePatchDrawable 对象

如第 10 章所述，NinePatchDrawable 对象利用的是 PNG32 图像文件格式，并使用了 1 像素的黑色边框区域对其进行自定义，以创建可缩放的 X 和 Y 区域，从而允许基于图像资产内容设计从 X 或 Y 维度动态调整图像尺寸。NinePatch 对象图像资产使用特殊的文件命名形式，即文件名加上.9.png 扩展名。它也可以使用 PNG24（真彩色，无 Alpha通道）和 PNG8（索引颜色）格式。

3．LayerDrawable 对象

如第 12 章所述，LayerDrawable 对象允许其他类型的 Drawable 对象的集合，这些对象可用于分层合成。这些 Drawable 对象是使用 LayerDrawable 对象的数组顺序绘制的，因此，具有最大索引的子图层元素将在顶部绘制。

4．TransitionDrawable 对象

如第 13 章所述，我们可以使用 XML 文件定义 TransitionDrawable 对象，以便在两个 Drawable 图像资源之间实现淡入淡出效果。

5．AnimationDrawable 对象

如第 14 章和第 3 章所述，可以通过 XML 标记或 Java 代码使用 AnimationDrawable 对象来定义一系列帧，这些帧按照开发人员使用参数指定的效果来形成 2D 帧动画资产，然后进行播放。可以使用 Animation 对象进一步处理 AnimationDrawable 对象，以应用矢量（算法）变换。

6．StateListDrawable 对象

StateListDrawable 对象通常可使用 XML 文件定义，该 XML 文件引用了一系列突出显示不同功能状态的位图图形图像资产。在本书第 9 章中，介绍了如何创建一个多状态的 ImageButton UI 元素，该功能即利用了状态，UI 元素为每个按钮状态（例如，鼠标悬停、按下或获得焦点时）实现了一个不同的图像。

7．LevelListDrawable 对象

LevelListDrawable 对象通常可使用 XML 文件定义，该 XML 文件可加载一个 Drawable 对象，由该 Drawable 对象管理许多备用 Drawable 对象，每个对象都分配有在运行时使用的最小值和最大值，以确定 LevelListDrawable 当前引用的级别。

8．InsetDrawable 对象

InsetDrawable 对象是使用 XML 文件定义的，该 XML 文件定义了 Drawable XML 资产，该资产按指定的 DIP 距离在另一个 Drawable 对象内创建插入物，当 View 对象需要一个背景 Drawable 并且该 Drawable 小于 View 对象的实际边界时，该功能很有用。

9．ClipDrawable 对象

ClipDrawable 对象是使用 XML 文件定义的，该 XML 文件定义了一个 Drawable 对象，该对象可在 ClipDrawable 对象的当前级别值的基础上实现另一个 Drawable 上的剪切平面（Clipping Plane）或区域。通常使用它来创建特殊效果或实用工具，如进度条。

10．ScaleDrawable 对象

ScaleDrawable 对象也可以使用 XML 文件定义，该 XML 文件指定一个 Drawable 对象，该对象可根据 ScaleDrawable 对象的当前级别值更改另一个 Drawable 对象的缩放比例。

11．ShapeDrawable 对象

ShapeDrawable 对象是通过 XML 文件定义的，该 XML 文件定义了几何形状。形状定义还可以包括其他嵌套形状、边框、颜色或渐变等。从本质上讲，ShapeDrawable 对象为 Android 操作系统提供了矢量绘图功能，这是在一些矢量绘图软件（如 Freehand、Illustrator 或 InkScape）中才可以看到的功能。

由于数字插图是新媒体中的热门话题，因此，接下来将详细介绍 Shape 和 ShapeDrawable 对象。

12．Color Drawable 对象

在详细讨论 ShapeDrawable 对象之前，还值得一提的是，任何 Color（颜色）资源（通常是在 Colors.xml 文件中定义的）也可以通过使用 XML 定义内部的引用而当作 Drawable 对象。

例如，在创建 StateListDrawable 对象时，可以为 android:drawable 属性引用一种颜色资源，这使它成为一种 Color Drawable 资产。

这可以通过在 XML 标记内的 View 对象标记中使用以下参数来完成：

```
android:drawable = "@color/green"
```

接下来，就让我们看一下如何通过使用 XML 标记和 shape 根元素创建 ShapeDrawable 对象并在 Android 中创建矢量插图。在 Android 中创建矢量插图后，我们将更详细地介绍 Android 中的 Shape 和 ShapeDrawable 类。由于在第 15 章中介绍了矢量动画，因此在本章中讨论静态矢量图像也算是顺理成章。

16.2　创建 ShapeDrawable 对象：XML <shape>父标签

启动 Eclipse，右击 GraphicsDesign/res/drawable 文件夹，然后在弹出的快捷菜单中选择 New（新建）| Android XML File（Android XML 文件）命令，如图 16-1 所示。

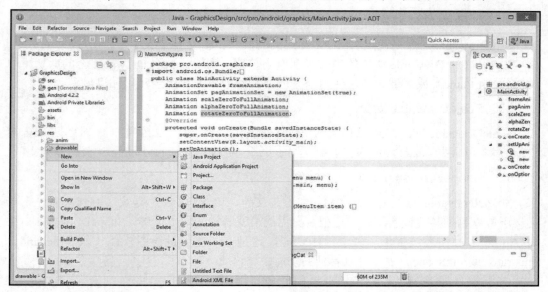

图 16-1　创建一个新的 Android XML 文件，以便可以创建 ShapeDrawable 对象的 XML 定义

在 New Android XML File（新建 Android XML 文件）窗口中，输入 File（文件）为 contents_shape，然后选择 Root Element（根元素）为 shape，这将使其成为 ShapeDrawable XML 定义文件，如图 16-2 所示。

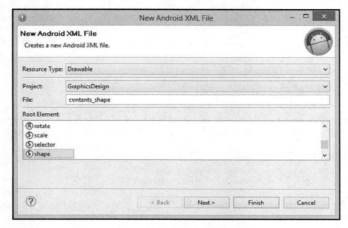

图 16-2　使用 New Android XML File（新建 Android XML 文件）

窗口创建<shape> Drawable XML 定义文件

注意，由于之前我们右击了 GraphicsDesign 项目中的/res/drawable 文件夹，因此 Eclipse 能够自动推断出 Resource Type（资源类型）和 Project（项目）。

选择完成后，单击 Finish（完成）按钮以创建 ShapeDrawable XML 定义文件。

在 Eclipse 的中央编辑窗格中打开 ShapeDrawable XML 定义文件后，将光标置于 xmlns:android 参数的末尾，按 Enter 键换行，然后输入 android:，以弹出辅助代码输入对话框，其中包含可与此标记一起使用的所有参数，如图 16-3 所示。选择 android:shape 选项，双击即可将其添加为<shape>父标签的参数。

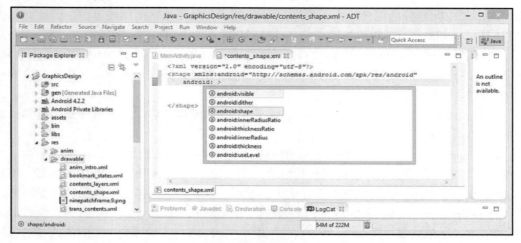

图 16-3　添加 android:shape 参数来定义 ShapeDrawable 使用的形状

当参数出现时，在引号内添加 shape（形状）类型为 oval（椭圆）。

接下来，将光标放在<shape>父标签容器内的下方空行上，可以在此处开始添加嵌套标记或子标记。

输入"<"字符，以调用 Eclipse 辅助代码输入对话框，其中包含可与 shape 根元素一起使用的所有子标签，如图 16-4 所示。

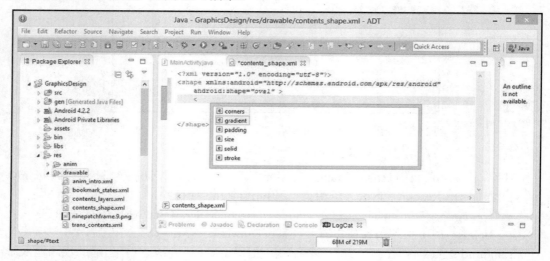

图 16-4　将<gradient>子标记添加到<shape>父标签以使用渐变颜色填充 ShapeDrawable 对象

这里我们有必要了解一下可以应用的不同类型的渐变，以及如何设置渐变色谱的外部、内部和中间部分的颜色。由于椭圆形没有角，并且纯色显得比较单调，因此此示例中我们将<gradient>子标签添加到<shape>父标签中。

选择 gradient（渐变）选项，然后双击，将<gradient>子标签添加到 ShapeDrawable XML定义中。注意，Eclipse 仅会添加子标签的<gradient 部分，因此还必须输入一个空格和一个结束标签（/>），以补全该标记。

在完成此操作后，可以将光标放在<gradient 开放标签之后，然后按 Enter 键换行，Eclipse 将自动缩进。

输入 android:，以显示可与<gradient>标签一起使用的参数列表。如图 16-5 所示，一共有 9 个参数，本节操作将会使用到其中的 7 个参数。双击 android:startColor 参数，将其添加到<gradient>标签中，接下来将开始为椭圆形的 ShapeDrawable 对象配置渐变颜色。

将 android:startColor 参数设置为十六进制颜色值#FF0000，这是 100%的红色通道，将 android:centerColor 参数设置为十六进制颜色值#FFFF00，这是 100%的黄色（红色加绿色）。对于 android:endColor 参数，可以设置为十六进制颜色值#00FF00，这是 100%的绿色，这些颜色可以很好地渐变融合。

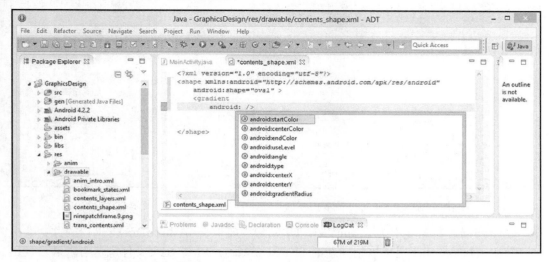

图 16-5　使用 android:调出<gradient>标签的所有参数选项

接下来，还需要设置 android:centerX 和 android:centerY 参数。在本示例中，将它们均设置为形状的正中间（50%），即使用浮点值 0.5 来指定渐变调用的中心点。

在添加完这 5 个参数后，即可产生线性（默认）红色、黄色和绿色值渐变的椭圆形的 XML 定义，它将与以下 XML 标记块完全相同：

```
<? xml version="1.0" encoding="utf-8" ?>
<shape xmlns:android=http://schemas.android.com/apk/res/android
    android:shape="oval" >
    <gradient
        android:startColor="#FF0000"
        android:centerColor="#FFFF00"
        android:endColor="#00FF00"
        android:centerX="0.5"
        android:centerY="0.5" />
</shape>
```

如图 16-6 所示，该标记是无错误且无警告的，还可以使用 Eclipse ADT 中的 Graphical Layout（图形布局）选项卡来测试 ShapeDrawable 定义。

在切换到 Graphical Layout（图形布局）选项卡之前，必须先在 activity_contents.xml 选项卡中打开并进行编辑，因此，在/res/layout 文件夹中右击 activity_contents.xml 文件，然后在弹出的快捷菜单中选择 Open（打开）命令。

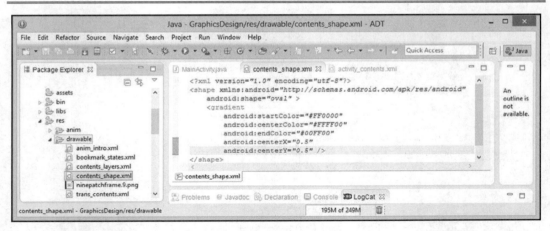

图 16-6   在<gradient>子标签中添加开始、中心和结束颜色以及中心点参数

由于布局容器定义中的 ImageView UI 元素当前未引用 ShapeDrawable，因此需要更改 NinePatchDrawable 引用以指向新的 ShapeDrawable XML 定义文件。这可以通过使用以下 XML 标记将 android:src 参数更改为@drawable/contents_shape 的值来完成：

```
android:src = "@drawable/contents_shape"
```

可以将 android:background 参数保留为当前配置状态，以便在背景板中使用位图资源时，可以看到 Android 如何抗锯齿处理（像素平滑）其矢量插图。

如图 16-7 所示，ImageView 用户界面对象现在引用了两种不同类型的 Drawable 资源，即 ShapeDrawable 和 TransitionDrawable。这两个 Drawable 资源都使用 XML 标记来定义其图像资产，因此，尽管在 TransitionDrawable 对象 XML 定义中引用了它们，但现在 ImageView UI 元素中并未直接引用任何图像资产。

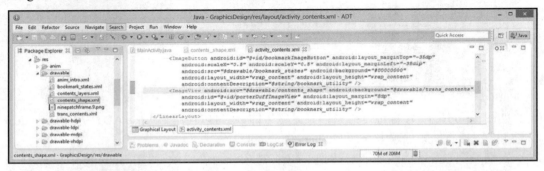

图 16-7   编辑 activity_contents.xml UI 定义以便将<ImageView>标签更改为引用 contents_shape

实际上，如果你想查看在第 13 章中创建的 TransitionDrawable 在 ShapeDrawable 矢量

图的后面提供的图像切换效果，则可以在此过程中随时使用 Run As（运行方式）| Android Application（Android 应用程序）命令进行测试。这里我们不再进行测试，因为本章有很多内容需要讨论。当然，你自己是可以这样做的，因为这是一个很有意思的体验，既可以通过使用 AVD 模拟器进行更多的练习，又可以看到 Android 在合成位图图像（Transition Drawable）和矢量图像（Shape Drawable）图形设计元素时所做的工作。

重新配置 ImageView 源图像参数后，单击 Graphical Layout（图形布局）选项卡，这样就可以查看到目前为止 ShapeDrawable 对象的 XML 定义的结果，如图 16-8 所示。

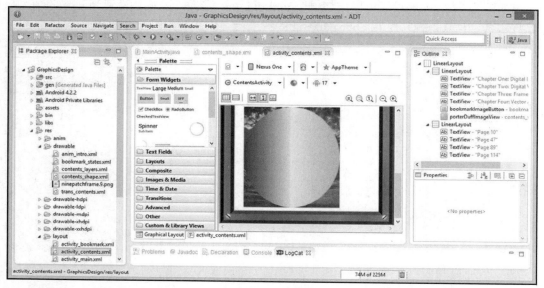

图 16-8　使用 Graphical Layout（图形布局）选项卡预览椭圆形 ShapeDrawable 和线性渐变效果

可以看到，ShapeDrawable 对象在 Graphical Layout（图形布局）选项卡中完成了渲染，并且可以很好地混合颜色。另外，椭圆形 ShapeDrawable 的边缘与背景板中的 cloudsky.jpg 图像是完全抗锯齿的。

在使用<gradient>标签时，有必要尝试的下一件事是使用另一种类型的渐变。目前，Android 操作系统中存在 3 种不同类型的渐变。默认使用的是线性渐变（Linear Gradient），图 16-8 中显示的就是线性渐变。因此，如果要实现 LinearGradient 渐变类型，则无须使用 android:type 参数进行专门的设置。

实际上，正如本章后面所述，LinearGradient 对象根本就不是渐变类型，而是 Shader 子类之一。

Android 操作系统中的另一种渐变类型是由 SweepGradient 类（Shader 子类）创建的

扫描渐变（Sweep Gradient），可以将其视为绕时钟盘面进行扫描，默认从 3 点钟的位置开始。最后，还有一个 RadialGradient 类，可以创建径向渐变（Radial Gradient），该渐变从 ShapeDrawable 的中心开始并向外辐射。

需要注意的是，如果未将 android:centerX 和 android:centerY 参数指定的 ShapeDrawable 的中心设置为使用 0.5（或 50%）的值，则不论设置的 X 和 Y 居中坐标在哪里，径向渐变（Radial Gradient）都将从该点向外辐射。这使得开发人员可以控制径向渐变的起始位置，从而控制特殊效果的类型。

如图 16-9 所示，我们可以添加一个 android:type 参数，并将其设置为 sweep 值，以查看此设置及其各种常量对 ShapeDrawable 对象会有什么不同的渐变效果。

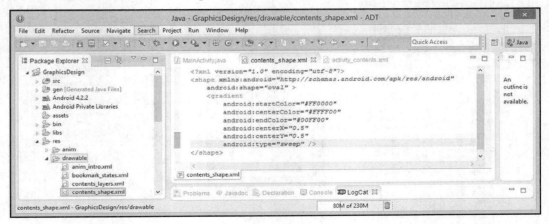

图 16-9　通过 android:type 将<gradient>从默认的线性类型更改为扫描类型

请注意，由于将 X 和 Y 居中参数（centerX 和 centerY）设置为 ShapeDrawable 的中间（0.5），因此，扫描渐变将居中于椭圆内。但是，与径向设置一样，如果要获得不同的扫描效果，则可以将值更改为 0.0～1.0 的任何值。

在添加 android:type = "sweep"参数后，即可单击返回 activity_contents.xml 选项卡，然后单击底部的 Graphical Layout（图形布局）选项卡以预览带有 sweep 类型参数的新 ShapeDrawable 对象，如图 16-10 所示。

最后，我们还可以尝试为 android:type 参数实现径向常量并生成一个径向渐变，以便可以直观地看到这种类型渐变的效果。

请记住，径向 android:type 常量实际上是引用 Android RadialGradient 类，该类是 Shader 子类。稍后我们将介绍有关 Shader 类和子类的信息。

使用 android:type = "radial"参数时，还需要添加一个相关参数，即 android:gradientRadius 参数，该参数指定的是径向渐变的半径。不必奇怪，径向渐变确实只需要指定半径。

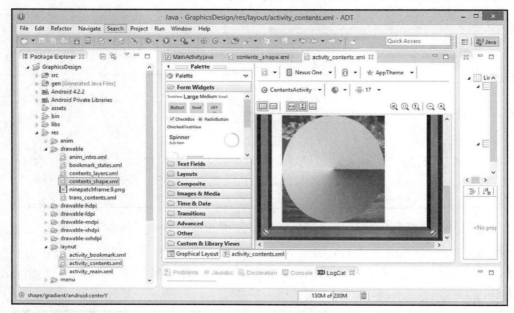

图 16-10　使用 Graphical Layout（图形布局）选项卡预览椭圆形 ShapeDrawable 和扫描渐变效果

　　正如我们看到的那样，如果你尝试使用径向类型的渐变而不先设置 android:gradientRadius 参数，则 Eclipse 将抛出错误（但不是突出显示的错误）。

　　你也可以尝试删除此参数，然后按 Ctrl+S 快捷键保存 XML 标记，以便 Eclipse 对其进行评估。这将使得 Eclipse 在底部的 Error Log（错误日志）选项卡中提供这些错误消息。

　　因此，现在我们添加两个参数（这是在 ShapeDrawable 对象内部实现径向渐变所需的），即使用 android:gradientRadius 参数实现渐变半径，使用 android:type = "radial"参数实现径向渐变，其 XML 标记如下：

```
<gradient
    android:startColor="FF0000"
    android:centerColor="FFFF00"
    android:endColor="00FF00"
    android:centerX="0.5"
    android:centerY="0.5"
    android:gradientRadius="100"
    android:type="radial" />
```

　　在上面的标记和图 16-11 中都可以看到，我们在 android:gradientRadius 参数中使用了 100 的整数值。稍后你也可以自己尝试不同的设置，从 0（完全不产生渐变）开始，到 5（在中心的一个颜色点），直到 100 或更大。你进行的实验越多，获得的经验就越多。

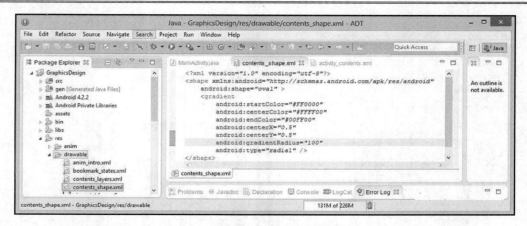

图 16-11　添加 android:gradientRadius 参数，以便可以实现 android:type = "radial"

将 android:gradientRadius 参数设置为 100 将产生如图 16-12 所示的径向渐变三色分层效果，其中大约 35%的径向渐变是红色，15%是黄色，而 50%是绿色。较大的数字将产生更多的红色。

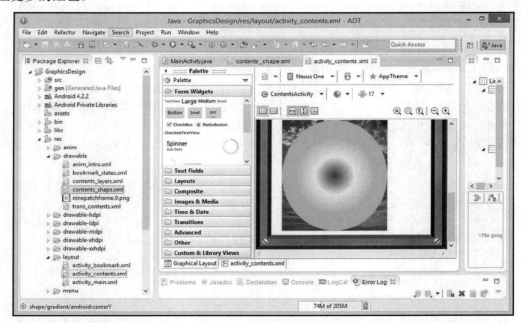

图 16-12　使用 Graphical Layout（图形布局）选项卡预览椭圆形 ShapeDrawable 和径向渐变效果

单击 Eclipse 顶部的 activity_contents.xml 选项卡，然后单击底部的 Graphical Layout

（图形布局）选项卡以查看结果，如图 16-12 所示。

接下来，可以在 ShapeDrawable 中添加另一个子标签属性（stroke 标记），以便在该 ShapeDrawable 的外围添加一些细节。

如图 16-13 所示，将光标停放在 android:type = "radial" />行的末尾，按 Enter 键换行，Eclipse 将自动缩进，输入左尖括号（<），以打开带有所有子标签选项的辅助代码输入对话框，并在底部选择 stroke（笔触）标记选项，双击以插入<stroke>子标签。

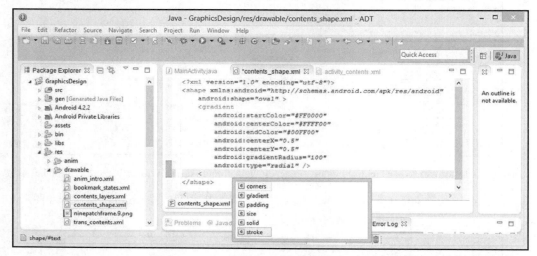

图 16-13　输入左尖括号（<），以打开一个带有可在<shape>中使用的子标签的辅助代码输入对话框

接下来，输入 android:，以打开 Eclipse ADT 辅助代码输入对话框，其中包含此<stroke>标签支持的 4 个参数，本示例将实现这 4 个参数，以便可以精确地可视化这些笔触选项。

android:color 参数指定的是笔触颜色，可以将其设置为黑色以便提供漂亮的深色边框。

android:width 参数指定环绕周边的笔触粗细。本示例将使用 5dip 的设置，以使椭圆形周围的笔触高度可见。

还有两个参数可添加虚线效果，以使椭圆形的径向渐变的周边看起来像齿轮。android:dashWidth 定义了虚线的宽度，本示例将其设置为 4dip。android:dashGap 定义了每个虚线点之间的间隙，本示例将其设置为 3dip。

```
<stroke
    android:color="#000000"
    android:width="5dip"
    android:dashWidth="4dip"
    android:dashGap="3dip"  />
```

如图 16-14 所示，我们已经利用了 4 个<stroke>参数，并且 XML 标记被评估为无错误和无警告。

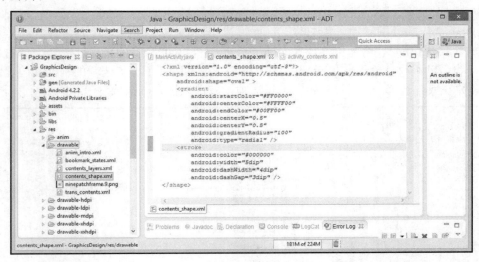

图 16-14　添加<stroke>标签的 android:color、android:width、android:dashWidth 和 android:dashGap 参数

单击 activity_contents 选项卡将其激活，然后单击其底部的 Graphical Layout（图形布局）选项卡，即可看到如图 16-15 所示的结果。

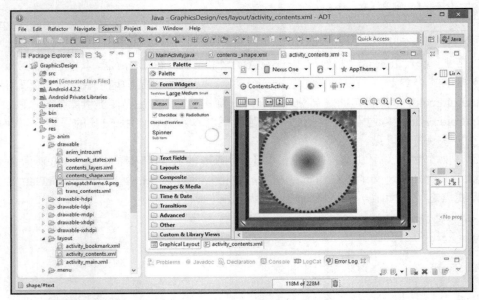

图 16-15　使用 Graphical Layout（图形布局）选项卡预览椭圆形 ShapeDrawable 和<stroke>的虚线设置

16.3　Android Drawable 类详解

Android Drawable 类是 java.lang.Object 主类的另一个直接子类，这表明该 Drawable 类是专门为定义 Android 操作系统的图形对象而设计的，因此，非常有必要对它进行详细介绍。

Android Drawable 类的层次结构如下：

```
java.lang.Object
  > android.graphics.drawable.Drawable
```

Android 的 Drawable 类属于 android.graphics.drawable 包。因此，Drawable 类的 import 语句将引用 android.graphics.drawable.Drawable 包作为其类导入路径。

Drawable 类是 public abstract（公共抽象）类。这种类型的访问修饰符对（Access Modifier Pair）表示，除了最初声明 Drawable 对象或用于创建子类（如将在本章中使用和创建的类）之外，不得直接使用该类。

Drawable（类或对象）是 Android 操作系统选择用来表示某种图形对象的术语。它的本意是"可以被绘制的"，因此，我们合理猜测，使用该术语的基础是"可以被绘制的东西统称为 Drawable 对象"。Android 喜欢为操作系统组件和功能创建自己的术语，如 Activity（活动）、Receiver（接收者）等都是这一做法的产物。

通过本书的学习你将看到，当我们（在内存中）需要某种类型的图形相关对象资源时，处理的就是 Drawable 对象。当我们希望在显示器上绘制内容时，需要实例化 Drawable（或其子类 Drawable 类型之一，如 BitmapDrawable）。

Drawable 类代表 Android 中图形设计的基础，旨在提供用于处理基础图形资源的通用 API。正如我们在第 16.1 节中所看到的那样，在 Android 中可以使用许多不同类型的 Drawable 对象，该图形资源可以采用多种形式。

Android 中的 Drawable 对象没有任何接收事件的功能，也不允许与用户进行任何交互。如果要实现上述功能，则由 View 对象处理，通常是一个 ImageView，它将在其中"包含"（或引用）Drawable 对象，该 Drawable 对象可能位于 foreground 参数（该参数指定前景的源图像板）中，也可能位于 background 参数（该参数指定背景图像板）中，当然，也可以只是一个简单的 ARGB 颜色值（纯色背景）。

Drawable 主类为其他类型的 Drawable 子类提供了 5 个功能方面的支持，包括 Drawable 对象的 padding（填充）、boundaries（边界）、animation（动画）、state control（状态控制）和 level（级别）。

事实上，本书已经详细阐述了其中的一些概念。例如，使用 Drawable 类的.getPadding()方法将从 Drawable 对象返回 padding（填充）值（如果适用），这样就可以获得 Drawable 对象中内容放置的信息。

例如，旨在用作 Button UI 小部件的图形框架的 Drawable 对象（如 NinePatchDrawable 对象）就需要返回一个填充 Rect 值，该值可将文本标签准确地放置在 Button UI 元素中的 NinePatchDrawable 资产内。该.getPadding()方法使用 Rect 对象作为其参数，其代码如下：

```
yourDrawableObjectNameHere.getPadding(Rect);
```

本书还讨论了 AnimationDrawable（帧动画）对象。任何 Drawable 子类都可以通过使用 Drawable 类中的两个嵌套类之一来"回调"其父类以支持动画。

对于要在其中创建动画 Drawable 对象（该对象将扩展 Drawable 类）的任何子类，都应该实现此 Drawable.Callback 接口。

子类可以通过.setCallback(Drawable.Callback)方法调用来支持该接口，以便动画可以在 Drawable 子类中正常运行。最简单的方式是使用对 Drawable 的.setBackgroundDrawable()方法的调用（不使用自定义 Drawable 对象）。

我们研究了多状态 ImageButton 对象和类似的 Drawable，它们考虑了 UI 元素或图形的状态，以便将 Drawable 资产设置为引用并显示正确的图像资产。

Drawable 类包含一个.setState()方法，该方法允许 Drawable 子类告诉 Drawable 对象，它可以精确地创建每个 Drawable 资产需要绘制的状态。例如，当鼠标悬停时、当 UI 元素获得焦点或被选中时。

支持设置状态的 Drawable 对象将基于状态或状态更改信息来修改其源图像。在本书第 9 章中，我们创建了具有 4 个不同按钮 UI 状态的 ImageButton Drawable，这其实就是多状态的 Drawable 对象。

Drawable 对象还可以使用.setLevel()方法响应不同的级别。此方法允许 Drawable 对象响应任何控制器，该控制器可以发送级别信息以准确触发显示哪个 Drawable 资产。级别对于与 Android 硬件配合使用特别有用。例如，如果硬件支持该功能，则可以使用它实时显示电池电量等。

Drawable 类还可以通过使用.setBounds()方法来支持边界（Boundaries）。当你需要告诉 Drawable 对象绘制的位置以及在屏幕上的大小时，该方法非常有用。在第 16.4 节创建自定义 Drawable 子类（ImageRoundingDrawable 类）时，就会利用到.getBounds()方法。

Android 开发人员可以使用.getIntrinsicHeight()或.getIntrinsicWidth()方法找出任何给定 Drawable 对象的首选大小。

16.4　创建自定义 Drawable：ImageRoundingDrawable

现在回到 Eclipse 并创建自定义 Drawable 子类，以便我们可以确切地了解它是如何完成的。右击 GraphicsDesign 项目的/src 文件夹，然后在弹出的快捷菜单中选择 New（新建）| Class（类）命令以创建新类，如图 16-16 所示。

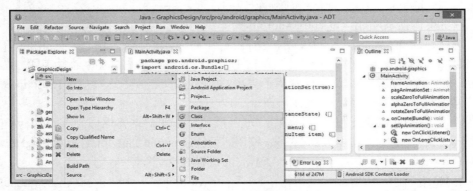

图 16-16　右击项目的/src 文件夹，然后选择 New（新建）| Class（类）命令以创建新类

这将弹出 New Java Class（新建 Java 类）窗口，如图 16-17 所示，并且将自动填充 Source folder（源文件夹）文本框，这是因为我们之前是通过右击 GraphicsDesign/src/文件夹调用的该窗口。

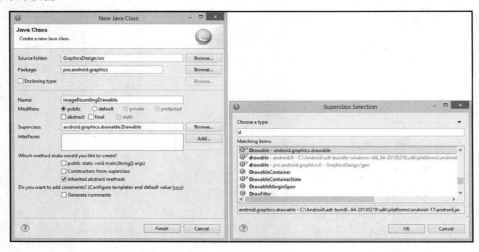

图 16-17　输入类名称为 ImageRoundingDrawable，然后选择 android.graphics.drawable.Drawable 超类

单击 Package（包）文本框右侧的 Browse（浏览）按钮，然后从系统所提供列表的底部选择 pro.android.graphics Java 包。

在 Name（名称）文本框中，输入 Drawable 子类名称为 ImageRoundingDrawable，并保持 Name（名称）文本框下方 Modifiers（修饰符）中 public（公共）单选按钮的选中状态。

接下来，单击 Superclass（超类）文本框右侧的 Browse（浏览）按钮。这将打开 Superclass Selection（超类选择）窗口，如图 16-17 右侧所示，可以在其中搜索 Drawable 超类。

在 Superclass Selection（超类选择）窗口的顶部，将看到 Choose a Type（选择类型）文本框，可用作搜索功能，以缩小 Android 操作系统的数百个类的搜索范围。

如图 16-17 所示，输入字母 d，然后找到 Drawable 类引用，该引用将指定其 android.graphics.drawable 包的来源。当单击 Drawable 类引用时，包的来源信息将显示在该类的右侧，用于确认这是否是你希望子类化的 Drawable 超类。这类似于在 Eclipse 弹出辅助代码输入对话框中详细列出软件包来源的方式。

找到并选择 Drawable 超类后，单击 OK（确定）按钮，这将返回到 New Java Class（新建 Java 类）窗口，单击 Finish（完成）按钮即可创建 public class ImageRoundingDrawable extends Drawable 引导代码，以及 4 个 Drawable 子类的方法。

如图 16-18 所示，Eclipse 自动编写了 20 多行 Java 代码，其中包含一个空的 public class ImageRoundingDrawable extends Drawable 引导 Drawable 子类框架，接下来我们将在这个初始框架上构建 Drawable 子类。

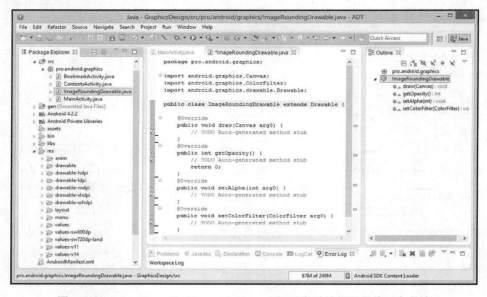

图 16-18　ImageRoundingDrawable Drawable 子类引导代码及其 4 个方法

在图 16-18 中可以看到，除 package 语句外，还提供了 3 个 import 语句，它们用于支持 Drawable 子类中的类（扩展）和方法（参数对象），具体包括 Canvas、ColorFilter 和 Drawable 类，本书前面的章节已经详细介绍了这些类。

接下来，可以看到 ImageRoundingDrawable 类声明，并且在其中有 4 个@Override 方法，如果实现了这些方法，那么它们将覆盖 Drawable 超类中存在的相同方法。

在本示例中，我们将对其中的两个方法——draw()和 getOpacity()进行升级，以实现自定义 Java 代码，控制 Drawable 对象的不透明度，并确切指定将其绘制到 Canvas 的方式。

至于另外两个方法——setAlpha()和 setColorFilter()，我们将不会实现它们，因为本示例中的 ImageRoundingDrawable 不使用这两个方法。

接下来，我们将开始添加对象声明并为自定义 Drawable 子类构建构造函数类。首先要声明一个 Paint 对象，因为稍后将使用它在 Canvas 对象上绘制位图。

16.5　创建用于绘制 Drawable 画布的 Paint 对象

在 ImageRoundingDrawable 类定义的代码中，首先要添加 Paint 对象变量声明。这是通过使用以下简单的 Java 代码语句完成的：

```
private Paint paintObject;
```

在这里我们使用的是 private 访问控制，以便只有 ImageRoundingDrawable 类可以访问和利用这个即将自定义的 Paint 对象。

如图 16-19 所示，在 Paint 底部出现了红色波浪线错误提示，因此可以将光标悬停在其上，然后选择 Import 'Paint' (android.graphics)选项以导入 Paint 类，该类是 android.graphics 包的一部分。完成此操作后，即可开始实现 ImageRoundingDrawable()构造函数方法，该方法将利用此 Paint 对象以及 Canvas 和 Bitmap 类（在第 11 章中已经介绍过这两个类）。

现在，我们需要声明 ImageRoundingDrawable()构造函数方法。如图 16-20 所示，这里需要使用与 ImageRoundingDrawable 类名称完全相同的名称，并且指定 public 访问控制修饰符，这样做的目的是使 GraphicsDesign 项目和包中的其他类可以对其进行访问。还需要使用 sourceImage Bitmap 对象作为传递到方法中的参数，该参数允许指定要进行圆角处理的图像。创建此空构造函数方法的代码如下：

```
public ImageRoundingDrawable(Bitmap sourceImage){在此输入构造函数代码}
```

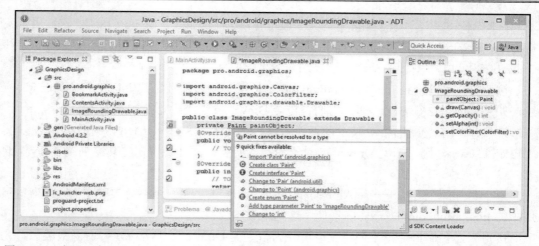

图 16-19　声明一个名为 paintObject 的专用 Paint 对象，以在 ImageRoundingDrawable()构造函数中使用

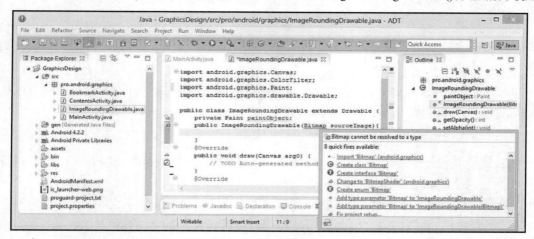

图 16-20　创建带 sourceImage Bitmap 对象参数的公共 ImageRoundingDrawable()构造函数方法

　　如图 16-20 所示，由于 Bitmap 底部出现了红色波浪线，因此需要将光标悬停在 Bitmap 类引用上，然后选择 Import 'Bitmap' (android.graphics)选项。请注意，类顶部的 Paint 对象的 import 语句就是在上一步中执行相同的工作过程后得到的。

16.6　Android Shader 超类：用于绘图的纹理贴图

　　在创建 BitmapShader Shader 对象之前，不妨先来了解一下 Android Shader 类，因为

即将使用的 BitmapShader 类是其子类之一。

Android 的 Shader 类是 java.lang.Object 主类的另一个直接子类，这表示 Shader 类是专门为定义 Android 操作系统的纹理贴图（或着色器）对象而设计的（Shader 本身就是"着色器"的意思），因此，在使用它之前有必要详细介绍一下。

Android Shader 类的层次结构如下：

```
java.lang.Object
  > android.graphics.Shader
```

Android 的 Shader 类属于 android.graphics 包。因此，在应用中如果使用了 Shader 类，则导入语句将引用 android.graphics.Shader 包作为正确的类导入路径。

Shader 类是一个公共类，它具有几个间接子类，其中就包括 BitmapShader（下文将会使用到它）和在本章前面已经使用过的 3 个渐变类：LinearGradient、SweepGradient 和 RadialGradient。

Shader 类用于创建在绘图（Paint）操作期间生成水平彩色渲染的对象。可以通过调用.setShader()方法将任何 Shader 子类（对象）添加到 Paint 对象中。

在使用.setShader()方法为 Paint 对象配置了 Shader 对象之后，使用该 Paint 对象绘制的任何 Canvas 对象都将使用从该 Shader 对象获取的颜色信息在画布上进行绘图。

Shader 类还有一个称为 Shader.TileMode 的嵌套类，该类提供了平铺模式（Tile Mode）常量，开发人员可以在声明其 Shader 对象时使用它们。由于这是一个非常重要的嵌套类，因此接下来我们将详细介绍它。

16.7　Shader.TileMode 嵌套类：Shader 平铺模式

Android 的 Shader.TileMode 类是一个 public static final enum（公共静态最终枚举）类，并且是 java.lang.Object 主类的 java.lang.Enum 直接子类中的另一个子类，该子类提供了枚举常量（Enumerated Constant），可用于相关的 Java 类。在这里，相关的 Java 类就是指 Shader 类及其子类，本章将实现许多这样的类。

这意味着 Shader.TileMode 嵌套类是专门为定义纹理（或着色器）平铺模式常量而设计的。Shader.TileMode 枚举类的层次结构如下：

```
java.lang.Object
  > java.lang.Enum<E extends java.lang.Enum<E>>
    > android.graphics.Shader.TileMode
```

Shader.TileMode 嵌套类属于 android.graphics 包。因此，Shader 类的 import 语句足以

访问 TileMode 常量，并引用 android.graphics.Shader 包和类名称作为其类导入路径，在实现带 Shader.TileMode 常量的 BitmapShader 时将看到这一点。

在 Android 操作系统中，当前有 3 个 TileMode 常量可以定义纹理贴图或着色器，分别是 CLAMP、MIRROR 和 REPEAT。

如果着色器绘图超出其原始边界，则 TileMode.CLAMP 将复制图像边缘颜色。使用 Bitmap 对象时，这可能看起来有些奇怪，因此，如果你预计到会超出边界，则可能需要一个 1 像素的纯色边框（非常类似于 NinePatch 中使用的边框）。CLAMP 模式实质上是指零平铺或不平铺该图像。

TileMode.MIRROR 将以水平和垂直方式重复着色器图像。此模式将以交替方式翻转或镜像图像图块。这样做是为了使相邻的图像图块永远不会出现所谓的"缝隙"。因此，即使我们使用的并不是旨在用于平铺的图像，使用 MIRROR 常量进行的图像平铺结果也将是无缝的。如果我们能有意识地进行一些数字图像资产的设计，那么该模式还可以创建一些很酷的万花筒效果。

TileMode.REPEAT 同样将以水平和垂直方式重复着色器图像。它与 TileMode.MIRROR 模式的区别在于，它不会交替镜像，而是简单平铺。开发人员可以使用 Adobe Photoshop 或 GIMP 2.8 之类的软件设计要无缝平铺的图像。请注意，MIRROR 也适用于无缝图像图块，因此，你可以预览这两个常量的效果，以选择其中最满意者。

16.8　BitmapShader 类：使用位图的纹理映射

在进入创建 BitmapShader Shader 对象的具体操作之前，不妨先来了解一下 Android 系统中的 BitmapShader 类。

Android BitmapShader 类是 Shader 类的直接子类，这意味着 BitmapShader 类可以从其 Shader 超类继承所有的功能、方法和常量等。

Android BitmapShader 类的层次结构如下：

```
java.lang.Object
  > android.graphics.Shader
    > android.graphics.BitmapShader
```

Android 的 BitmapShader 类也属于 android.graphics 包。因此，BitmapShader 类的 import 语句将引用 android.graphics.BitmapShader 包作为其类导入路径。

BitmapShader 类是一个公共类，它将创建一个 Shader 对象，该对象可用于在要应用到 Canvas 对象的 Paint 对象中绘制一个 Bitmap 对象作为纹理贴图。通过设置适当的

TileMode 常量（CLAMP、REPEAT 或 MIRROR），可以平铺此 Bitmap 对象。

值得一提的是，可以在 X 轴上使用与 Y 轴不同的常量。例如，可以在水平方向上使用 MIRROR，在垂直方向上使用 REPEAT，从而实现对图像平铺的精细控制。

BitmapShader()构造函数方法将使用以下格式指定作为 Bitmap 对象的源图像以及 X 和 Y 轴的 Shader.TileMode 常量：

```
BitmapShader(Bitmap bmpName, Shader.TileMode Xconstant, Shader.TileMode Yconstant)
```

接下来，我们将在 ImageRoundingDrawable 子类中实现 Shader 对象。

16.9　为 Drawable 对象创建和配置 BitmapShader

在 ImageRoundingDrawable() 构造函数方法的顶部，可以使用以下语句声明 BitmapShader 对象，并将其命名为 imageShader，如图 16-21 所示。

```
BitmapShader imageShader;
```

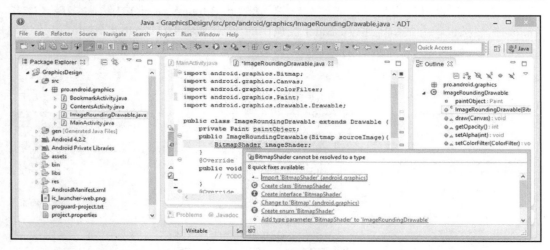

图 16-21　声明 BitmapShader 对象并将其命名为 imageShader 以在构造方法中使用

在图 16-21 中可以看到，在 BitmapShader 底部出现了红色波浪线，因此，需要将光标悬停到 BitmapShader 上，然后选择 import 'BitmapShader' (android.graphics)选项，使得 Eclipse 自动编写 BitmapShader 的导入语句。

如前文所述，BitmapShader 对象用于保存 Bitmap 对象，并将告诉 Android 如何在 Paint

对象中应用或渲染 Bitmap 对象图像资产，而 Paint 对象的作用则是控制如何将图形绘制或应用到 Drawable 对象的 Canvas 上。

着色器（Shader）的概念在 3D 渲染领域最为普遍。在 3D 渲染中，着色器是纹理贴图处理的一个组成部分，它会在 3D 网格或线框对象上放置皮肤或表面，从而使其具有了实体外观，而不再是网格或线框外观。

BitmapShader 对象执行的是相同的表面贴图过程，只不过它处理的仅仅是 2D 而不是 3D，它会将 2D 图像资源应用到 Paint 表面。你可以将 Paint 对象视为一支虚拟画笔，而着色器的信息则可以指定如何绘制 Bitmap 对象，或者更准确地说，将其映射到生成的 Canvas 对象的 2D 表面。

接下来，需要实例化 imageShader BitmapShader 对象，并为其配置源图像资源，以及提供平铺常量，告诉它如何按着色器对象的 X 和 Y 2D 坐标平铺图像。

在本示例中，我们为 X 和 Y 维度使用的 TileMode 常量值是 CLAMP，并在 BitmapShader() 构造函数方法内部的 Shader 类中调用这些值，同时使用 Java new 关键字调用 BitmapShader() 构造函数方法。

鉴于 sourceImage Bitmap 对象已作为主要参数传递到 ImageRoundingDrawable() 构造函数方法中，因此可以将其作为第一个参数传递到此 BitmapShader() 构造函数方法中，然后，还需要按以下方式指定通过 Shader 类调用的 X 和 Y 维度 TileMode 常量（其值均为 CLAMP），如图 16-22 所示：

```
imageShader = new BitmapShader(sourceImage, Shader.TileMode.CLAMP,
Shader.TileMode.CLAMP);
```

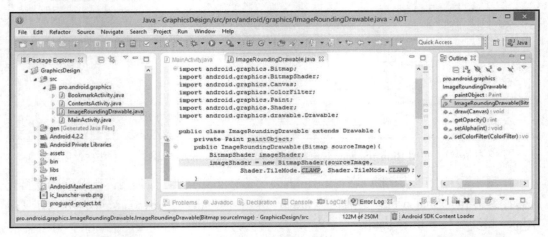

图 16-22　实例化 imageShader BitmapShader 对象并使用 sourceImage 和平铺常量进行配置

　　有趣的是，在图 16-22 中可以看到，即使实例化并配置了 imageShader BitmapShader 对象，Eclipse IDE 仍未将该对象视为已被使用。

　　对象已经声明，甚至已经实例化（加载）和配置，但却仍然被视为未被使用。这就是在 imageShader 底部出现了黄色波浪线的原因，在对该对象进行实际操作之前，黄色波浪线都不会消失。有些善于思考的读者可能会奇怪，为什么我们已经"使用"了在上一行代码中声明的 imageShader，但是仍然存在关于该对象仍未使用的警告。实际上，从技术上讲，对象实例化并不意味着它已被使用。如果你仔细考虑一下，这倒也是很合乎逻辑的。

　　imageShader BitmapShader 对象已经实例化并配置完毕，现在我们可以将焦点转移到 paintObject Paint 对象的设置上。首先，必须使用 new 关键字实例化 Paint 对象。由于前面已经使用语句（private Paint paintObject;）声明了它，因此，可以使用一条简短的 Java 语句来完成此操作：

```
paintObject = new Paint();
```

　　现在，我们已经正确声明并实例化了一个名为 paintObject 的 Paint 对象，可以通过它调用方法以对其进行配置。这里首先要设置的是 AntiAliasing（抗锯齿）标志，可以使用.setAntiAlias()方法将其设置为 true（即启用抗锯齿功能）。这是一个相当简单但重要的步骤，因为它可以提供高质量的视觉效果。其语句如下：

```
paintObject.setAntiAlias(true);
```

　　如图 16-23 所示，现在已经创建了 BitmapShader 对象和 Paint 对象，并将它们配置为所需的方式（即设置了图像平铺模式和抗锯齿效果）。

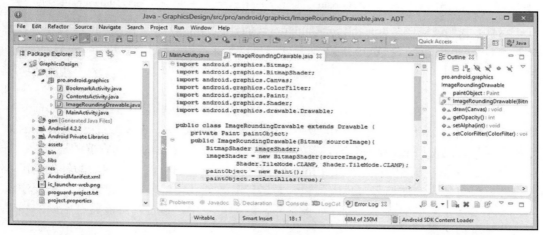

图 16-23　实例化 paintObject 并将.setAntiAlias()方法设置为 true 以启用抗锯齿功能

接下来，要做的事情是通过先前介绍过的.setShader()方法将 BitmapShader 对象连接到 Paint 对象。

这可以通过从 Paint 对象调用.setShader()方法，并将 BitmapShader 对象作为配置参数来实现，如图 16-24 所示。通过 paintObject 对象调用.setShader()方法，并设置 imageShader 参数的 Java 代码如下：

```
paintObject.setShader(imageShader);
```

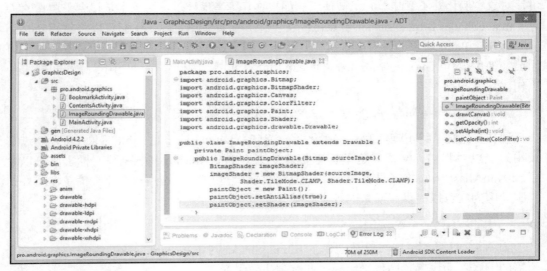

图 16-24　使用.setShader()方法将 paintObject Paint 对象连接到 imageShader BitmapShader 对象

这样，我们就完成了 ImageRoundingDrawable()构造函数方法的 Java 编码。接下来，还需要为 Drawable 子类实现 draw()方法，以便它可以在屏幕上绘制 ImageRoundingDrawable。我们已经编写过 draw()方法引导代码，因此只需将 Java 代码添加到该方法中并使其绘制即可。

由于本示例使用的是 CLAMP 平铺模式，并且不想复制图像的边缘像素（如前文所述，CLAMP 模式实质上是指零平铺或不平铺图像），因此，在 draw()方法中要完成的第一件事就是通过使用 getBounds()方法调用来获取容纳 Drawable 对象的容器的边界。

对于这些 get 方法调用（如 getBounds()方法）来说，它们有一个很大的好处是可以获得开发时可能没有的信息（也就是说，是运行时才能获得的信息），因此，需要注意的是，不要指定它们的固定单位（如像素），因为每个用户设备都可能具有不同的物理显示分辨率规格。

在这种情况下，如果想要使用 getBounds()方法获取保存 ImageRoundingDrawable 的容器的边界信息，则可以在现有类（BookmarkActivity.java）中的 ImageView 对象中使用背景图像板。

由于该 ImageView 对象是使用 XML 参数设计的（目的是使其自身符合用户的设备屏幕），因此，我们需要找出该 ImageView 的宽度和高度值。该 ImageView 使用了MATCH_PARENT 参数，这样它就能够在整个屏幕上显示其内容。因此，至少在本示例这个特定的 UI 设计中，getBounds()方法调用等同于获取 BookmarkActivity.java Activity子类显示屏幕区域的总（全屏）宽度和高度数据值。

由于没有声明变量来保存这些宽度和高度数据值，因此我们将使用一行 Java 代码针对每个宽度和高度尺寸进行这些工作。可以声明数据类型为整型（integer），将变量命名为 canvasW 和 canvasH，然后将这些变量设置为等于使用.width()和.height()方法获得的数据值。注意，需要使用基于点表示法的方法链，从 Drawable 类 getBounds()中调用这些方法。

具体的 Java 代码如下：

```java
int canvasH = getBounds().height();
int canvasW = getBounds().width();
```

如图 16-25 所示，canvasH 和 canvasW 变量尚未实现，因此它们的底部将出现黄色波浪线警告。当我们定义绘图区域时将解决该问题。

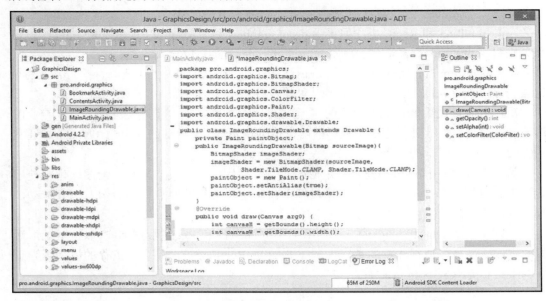

图 16-25　为 Drawable 子类实现一个公共的 void draw()方法和名为 arg0 的 Canvas 对象

接下来，我们将使用 RectF 类定义可绘制区域。

16.10　Android Rect 和 RectF 类：定义绘图区域

在编写矩形绘图区域对象的代码之前，需要先了解一下 Android 的 Rect 和 RectF 类。从根本上讲，这两个类的主要区别是：Rect 类使用整数值定义 Rect（矩形）对象，而 RectF 类则使用浮点（实数）值定义 RectF 对象。

也就是说，由于使用整数与实数所产生的差异，这两个类的方法彼此不同。这主要是由于在这些不同（数字）类型的方法中执行计算时涉及的数学代码不同。

Android Rect 和 RectF 类是 Java 主类 java.lang.Object 的直接子类。因此，它们其实就是为在 Android 中实现矩形区域而创建的。

这些区域最常用于图形，并且经常在使用 Paint 和 Canvas 类进行绘图的操作中使用。

Android Rect 和 RectF 类的层次结构如下：

```
java.lang.Object
  > android.graphics.Rect


java.lang.Object
  > android.graphics.RectF
```

Android Rect 和 RectF 类均属于 android.graphics 包。Rect 和 RectF 类的 import 语句将分别引用 android.graphics.Rect 或 android.graphics.RectF 包导入路径。

在 ImageRoundingDrawable 类的 draw()方法中，将利用 RectF 类支持 4 个浮点坐标，这 4 个浮点坐标共同定义了创建矩形对象的边界。

矩形对象是使用像素坐标定义的 4 个边缘（左、上、右、下）定义的。对于专业图形设计师来说，更准确的方法是使用前两个值(left, top)定义矩形的左上角（原点），通常为(0,0)，它代表屏幕的原点。

第二组值(right, bottom)则定义矩形的右下角目标，这和我们平时在绘图软件中使用矩形工具绘制矩形是一样的，先使用鼠标单击确定左上角的原点，然后向右下方拖动，到目标位置时释放鼠标，即完成了矩形的绘制。

可以使用.width()和.height()方法调用直接访问 Rect 和 RectF 数据字段，以检索矩形对象的宽度或高度。值得注意的是，大多数 Rect 或 RectF 类方法不会检查你的值是否为正确的(left, top, right, bottom)顺序。

16.11　定义 RectF 对象并调用.drawRoundRect()方法

在熟悉了 Android 的 Rect 和 RectF 对象之后，即可继续完成 draw()方法。我们需要定义并实例化 RectF 对象，然后调用所需的实际绘制方法。可以利用到目前为止我们已经熟悉的 RectF、Paint、Canvas 和 Shader 对象来实现此目的。也许你会觉得这有点复杂，但是，如果你能以正确的顺序完成这一切（哪怕在脑海中梳理一遍也可以），那么你就会恍然大悟，原来这样做非常合乎逻辑。

我们的具体思路是：声明 RectF 对象，将其命名为 drawRect，然后使用 new 关键字和 RectF()构造函数方法，前面已经介绍过，RectF()方法的参数是(left, top, right, bottom)，左上角是(0,0)，也就是屏幕的原点，目标位置则在右下角。

至于目标右下角的位置，则可以通过.getBounds().width()和.getBounds().height()方法来获得，这在前面已经编写过代码，它们分别被存储在 canvasW 和 canvasH 整数变量中。

因此，可以使用以下 Java 代码来完成上述任务，如图 16-26 所示：

```
RectF drawRect = new RectF(0.0f, 0.0f, canvasW, canvasH);
```

图 16-26　创建一个名为 drawRect 的 RectF 对象，并使用
Drawable 对象的宽度和高度边界对其进行配置

接下来，可以使用名为 arg0 的 Canvas 对象（该方法第一个参数遵照了 Eclipse ADT 的命名约定）来调用 Canvas 类的绘制方法，该方法将执行图像的圆角操作。在处理不透明度之后，即可完成创建自定义 Drawable 的操作。

要从 arg0 Canvas 对象中调用 Canvas 类的.drawRoundRect()方法，需要具有 drawRect RectF 对象、X 和 Y 圆角值（较大的值会产生更圆的角），最后还需要 paintObject Paint 对象。在准备好这些之后，即可使用以下 Java 代码编写此方法调用，如图 16-27 所示：

```
arg0.drawRoundRect(drawRect, 50, 50, paintObject);
```

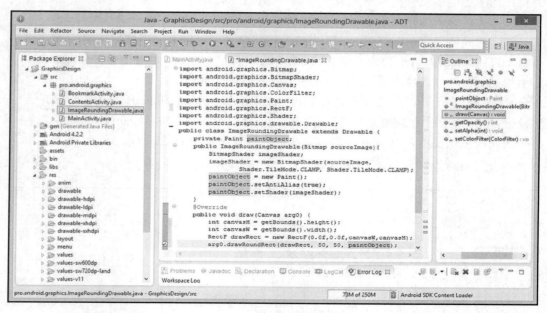

图 16-27　通过名为 arg0 的 Canvas 对象调用.drawRoundRect()方法

在图 16-27 中还可以看到，我们单击了方法调用内的 paintObject 变量，以突出显示 paintObject 声明、实例化、配置和 Shader 对象连接的链条。之所以这样做，是为了使你可以更清晰地可视化此重要进度。

我们需要实现这些空方法，类需要利用这些空方法将功能添加到自定义 Drawable 子类中。在本示例中，需要将 Drawable（对象）子类的 getOpacity()方法返回值更改为不透明（即数据值为 255），而不是透明（数据值为 0）。

你可能会奇怪，为什么 Eclipse ADT 会将 getOpacity()方法返回的数据值默认设置为 0（透明）？这还真的无法给出准确答案，可能是因为大多数开发人员都希望为其 Drawable 子类对象返回完全透明数据值（这其实也令人怀疑）。

如图 16-28 所示，我们将 getOpacity()方法的返回值由默认的 0 更改为 255。这可以通过在 getOpacity()方法内使用以下语句完成：

```
return 255;
```

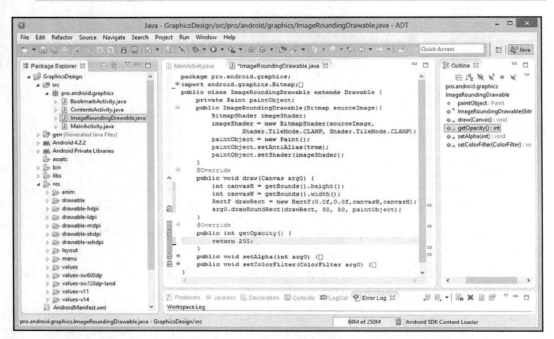

图 16-28　实现 ImageRoundingDrawable 的 getOpacity()方法并返回完全不透明的数据值

如图 16-28 所示，现在的 Java 代码没有任何错误，并且新的 ImageRoundingDrawable 类现在已经完成，不再显示黄色波浪线。

在完成了 ImageRoundingDrawable 类 Drawable 子类的创建之后，我们还需要在 activity_bookmark.xml 中进行一些细微的调整，这是 BookmarkActivity.java 类（Activity 子类）的 XML 定义。我们将编辑第一个 ImageView UI 元素，其中包含 cloudsky 图像资产，并将前景板 android:src 图像引用更改为背景板 android:background 图像引用。

在/res/layout 文件夹中找到 activity_bookmark.xml 文件，然后右击，在出现的快捷菜单中选择 Open（打开）命令（或在选中文件之后按 F3 键）。

如图 16-29 所示，在第一个<ImageView>标签中，通过将 XML 中的 android:src 更改为 android:background，可将源图像引用更改为背景图像引用。由于它们都将引用 cloudsky.jpg 图像资产，因此图像内容实际上并没有变化，而只是将图像资产从 ImageView 容器的前面板切换到后面板。

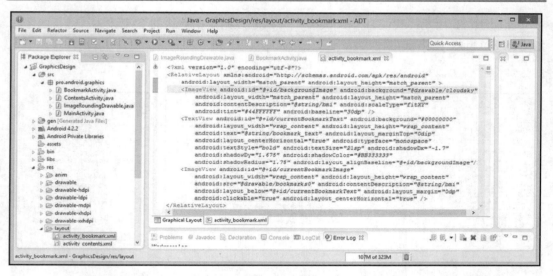

图 16-29　编辑 activity_bookmark.xml 定义文件以便在背景板上使用 cloudsky 图像资产

接下来，还需要在 BookmarkActivity 类中实例化此 ImageView 对象，因为当前 Java 代码仅实例化了第二个 currentBookmarkImage ImageView。

在.setColorFilter()方法调用之后添加一行代码，以实例化该 ImageView 对象，使用以下 Java 代码将其命名为 backgroundImage：

```
ImageView backgroundImage = (ImageView)findViewById
(R.id.backgroundImage);
```

如图 16-30 所示，Eclipse 会以黄色波浪线警告我们尚未实例化 backgroundImage 对象。你可以忽视该问题，因为很快我们将使用该 ImageView 对象调用一个关键方法，以便能够实现新的 ImageRoundingDrawable 类和对象。

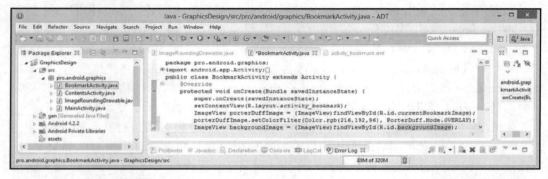

图 16-30　在 BookmarkActivity.java 文件中实例化另一个名为 backgroundImage 的 ImageView 对象

接下来，我们将使用 InputStream Java.IO 类从 cloudsky.jpg 图片资源中读取原始数据（像素），因此，在实际使用该类之前，有必要详细了解一下该类。

16.12　Java InputStream 类：读取原始数据流

Java InputStream 类是 Java 主类 java.lang.Object 的直接子类。InputStream 是 java.io 包的一部分，正如其名称所示，java.io 包处理的是输入和输出。InputStream 类处理输入，而对应的输出类则是 OutputStream。

Java InputStream 类的层次结构如下：

```
java.lang.Object
  > java.io.InputStream
```

Java InputStream 类属于 java.io 输入和输出实用程序包。Java IO InputStream 类的 import 语句将引用 java.io.InputStream 包的导入路径。

之所以要创建 InputStream 类（及其对象），是为了向开发人员提供其应用程序可读取的原始数据字节的源。

大多数应用程序都将利用输入流，这些输入流可使用文件系统读取数据。InputStream 还可以使用 getInputStream()方法调用来通过网络读取原始数据，或者访问位于系统内存中的字节数组中的数据。

可以使用 getResources()方法来调用.openRawResource()方法，以此加载 InputStream 对象（该对象将被命名为 rawImage），这也是常用的处理数据的方法。

可使用以下 Java 代码来完成全部操作，如图 16-31 所示：

```
InputStream rawImage = getResources().openRawResource(R.drawable.
cloudsky);
```

可以看到，在 InputStream 的底部出现了红色波浪线，所以需要将光标悬停在其上，选择 Import 'InputStream' (java.io)选项，以便 Eclipse ADT 自动编写导入 java.io.InputStream 的语句，消除该错误。

接下来要做的是将像素信息的 rawImage 数据流转换为更易于处理的 Bitmap 对象。可以使用 BitmapFactory 类及其.decodeStream()方法来完成此操作。

首先，需要声明一个 Bitmap 对象，并将其命名为 sourceImage；然后，将其设置为等于.decodeStream()方法调用的结果，该方法将从 Android 的 BitmapFactory 类中调用。我们将使用 rawImage 对象作为该方法调用的参数。

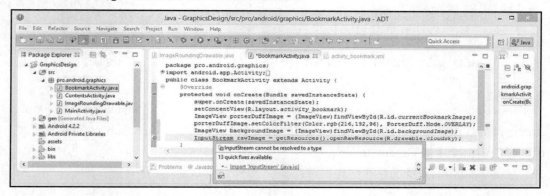

图 16-31　实例化一个名为 rawImage 的 InputStream 对象，
并通过 getResources()方法加载 cloudsky 图像

使用以下 Java 代码即可完成上述操作，如图 16-32 所示：

```java
Bitmap sourceImage = BitmapFactory.decodeStream(rawImage);
```

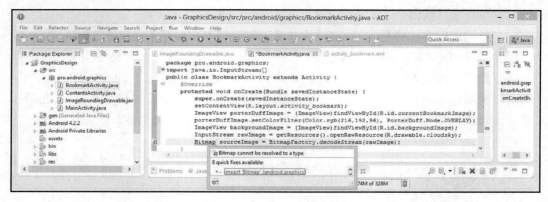

图 16-32　创建一个名为 sourceImage 的 Bitmap 对象，并使用
BitmapFactory 类的.decodeStream()方法加载 rawImage

如图 16-32 所示，在 Bitmap 底部出现了红色波浪线，因此，需要将光标悬停在对 Bitmap 类的引用上，并选择 Import 'Bitmap' (android.graphics)选项，以便 Eclipse 在 BookmarkActivity.java 顶部自动编写必要的 import 语句。

一旦所有 Java 代码都准备就绪，就可以编写最后的 Java 代码行了。这将实例化 ImageRoundingDrawable 对象，将其放置在 backgroundImage ImageView 对象的背景图像板中，并将图像数据作为其数据（对象）参数传递给它。

完成这些操作后，即可查看 ImageRoundingDrawable 类是否正常运行。Java 代码的最后一行将通过 backgroundImage ImageView 对象调用.setBackground()方法。

在.setBackground()方法调用内，将使用 new 关键字来实例化 ImageRoundingDrawable 对象，并使用构造函数方法以及 sourceImage Bitmap 对象作为其唯一的传入参数。

使用以下 Java 代码行即可完成所有操作，如图 16-33 所示：

```
backgroundImage.setBackground(new ImageRoundingDrawable(sourceImage));
```

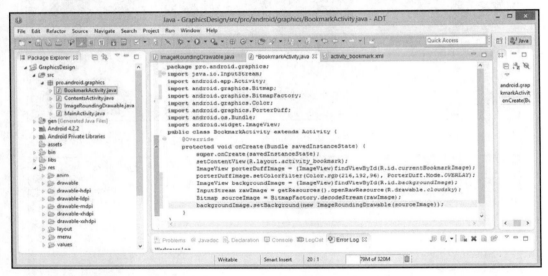

图 16-33　通过.setBackground()方法使用 sourceImage 对象构造一个新的 ImageRoundingDrawable 对象

现在可以使用 Run As（运行方式）| Android Application（Android 应用程序）命令在 Nexus One 中查看结果。

在图 16-34 左侧的屏幕中看到的是第一次尝试运行 ImageRoundingDrawable 类的结果，当时对于落日余晖图像（cloudsky）使用的仍然是 android:src 参数，而不是使用背景板，所以 ImageRoundingDrawable 被遮盖住了。

这里其实还显示了一个 PorterDuff.Mode.SCREEN 常量，在原始代码中，该常量未能体现 currentBookmarkImage 的 Alpha 属性。由于这看起来不够专业，所以我们改为使用 PorterDuff.Mode.MULTIPLY 常量（见图 16-35），该常量提供了更显专业的最终结果，如图 16-34 右侧所示。

图 16-34　使用不同的图像板在 Nexus One 模拟器中测试 ImageRoundingDrawable 类

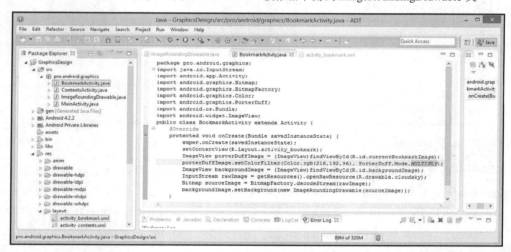

图 16-35　使用自定义 Drawable 将 PorterDuff.Mode 更改为 MULTIPLY，以获得更加专业的合成结果

<h1 style="text-align:center">16.13　小　　结</h1>

本章演示了如何使用 Drawable 类在 Android 中创建自定义 Drawable 对象。我们首先

详细阐释了 Android 中可用的所有不同类型的 Drawable 对象，以及如何在 XML ShapeDrawable 对象定义文件中使用<shape>父标签创建自定义 ShapeDrawable 对象。

我们讨论了一些可以在<shape>父标签内使用的子标签，包括<gradient>标签（它可以定义不同类型的渐变，实际上这介绍的是 Shader 对象类型），以及<stroke>标签（它可以在 ShapeDrawable 对象周围创建边框）。

在此过程中，我们还介绍了其他一些重要的图形类，包括与 Paint 类一起使用的可创建纹理贴图的 Shader 类，用于创建矩形对象的 Rect 和 RectF 类，以及用于导入原始数据流的 InputStream 类等。

在阐释了所有重要的 Android Drawable 类之后，本章还演示了如何通过在 Eclipse ADT 中使用 New（新建）| Class（类）命令来创建自定义 ImageRoundingDrawable 类 Drawable 子类。

我们创建了一个 ImageRoundingDrawable()构造函数方法，并利用 Paint、Bitmap、Shader 和 Canvas 类，将自定义类型的 Drawable 对象添加到 Android 操作系统。

本章介绍了 Android Shader 类和 Shader.TileMode 嵌套类及其平铺模式常量，并在代码中实现了这些常量。我们详细介绍了 Shader 的 BitmapShader 子类，以及如何使用它将 Bitmap 图像资源用作着色器。

在第 17 章中，我们将着重讨论 Android 的 Paint 和 Canvas 类，以及如何允许用户使用 onDraw()方法在其屏幕上实时绘制图形。

第 17 章 交互式绘图：交互式
使用 Paint 和 Canvas 类

本章将学习如何通过 Android 设备的触摸屏实时交互使用 Android Paint 和 Canvas 类。我们将使用 OnTouchListener()方法和类来实现触摸屏事件处理。本章还介绍如何使用户以交互方式实时绘制在其 Android 设备的屏幕上。

首先，本章将详细阐释 Android MotionEvent、List、ArrayList 和 Context 类，并提供有关 Android Paint 和 Canvas 类的更多信息。我们还将专门研究 Android 中的 onDraw()方法，并讨论如何在 Android 操作系统中绘制用户的显示功能。

其次，本章将创建自定义 View 子类，并命名为 SketchPadView，然后使用此 View 子类创建 SketchPad Activity，该 Activity 允许用户在屏幕上创建自己的图形设计。

然后，我们将演示如何通过 Android 的 onDraw()方法使用 Canvas 和 Paint 类。在本章的第一部分中将会介绍这些基础信息，并展示 Android 如何允许开发人员创建自定义图形应用程序。

在研究了允许开发人员创建图形应用程序的这些核心类和方法之后，我们将创建自己的 SketchPad Utility。在本章的这一部分中，我们将介绍一些需要利用的辅助类和方法，以使 Canvas 绘图功能与应用程序的用户互动。

最后，我们将创建自定义视图，并使用 Canvas、Paint、Context、List、ArrayList 和 Context 类在其上进行绘图。

17.1 Android onDraw()方法：在屏幕上绘图

在自定义 SketchPadView 子类上进行绘图时，最核心或最关键的功能是重写 View 子类的 onDraw()方法，在 SketchPadView.java 类中实现自己的版本。我们将在本章的稍后部分创建自定义 SketchPadView 子类。

onDraw()方法仅包含一个参数，该参数是一个 Canvas 对象，通常命名为 canvas。自定义 SketchPadView 子类可以使用此 Canvas 对象来允许用户在 View 的表面上绘图。

在第 17.2 节中你将看到，Canvas 类定义了许多.draw()方法，可用于绘制颜色、文本、形状、顶点、位图、路径、点或任何其他类型的 Drawable 图形对象。

开发人员可以在 onDraw()实现中使用这些方法来创建自定义绘图应用程序，以及其他任何可以想象到的应用，如交互式填色图书。

如前文所述，在调用 onDraw()方法之前，必须先声明并实例化 Paint 对象。

Android 的 android.graphics 程序包和图形设计框架将绘图和显示功能分为以下两个独立的功能区域：

❑　在哪里绘制图形，这是由 Canvas 对象定义的。

❑　在 Canvas 对象上绘制什么，这是由 Paint 对象定义的。

对于 Android 来说，这样做是很明智的，因为开发人员只需使用寥寥几行 Paint 和 Shader 代码就可以将图像克隆（Image Cloning）添加到 SketchPad 实用工具。

在开始对 SketchPad Activity 子类和 SketchPadView View 子类进行编码以便为用户实现显示器上的自定义绘图功能之前，我们还有必要再介绍一下 Canvas 和 Paint 类，以便你掌握一些基础信息。如果你打算精通 Android 操作系统中的图形，则需要熟悉这两个核心类。你还可以访问 developer.android.com 网站以获取更多信息。

17.2　Android Canvas 类：数字工匠的画布

Android 的 Canvas 类是 java.lang.Object 类的直接子类，这表明 Canvas 类是专为在 Android 操作系统中提供图形应用程序所使用的画布对象而设计的。

因此，Android Canvas 类的层次结构如下：

```
java.lang.Object
  > android.graphics.Canvas
```

Android 的 Canvas 类属于 android.graphics 包。因此，在 Canvas 类的 import 语句中将引用 android.graphics.Canvas 包路径。

Canvas 类是一个公共类，并且具有两个嵌套的子类，它们负责处理特殊的高级画布特征，具体如下：

❑　Canvas.EdgeType 子类，它允许为 Canvas 对象指定一种特殊类型的边缘。

❑　Canvas.VertexMode 子类，它允许 Canvas 使用顶点模式。在使用 OpenGL ES 3.0 的 3D 操作中通常使用顶点。

Canvas 类包含所有与 Android 操作系统.draw()相关的方法调用。为了在 Canvas 对象上绘制图形，需要为绘制操作至少实现以下 4 个基本组件。

❑　Bitmap 对象：用于包含图像的像素。

❑　Canvas 对象：将实现.draw()方法调用，以修改 Bitmap 对象。

❏ 用作绘图图元的对象：如 RectF 对象、Bitmap 对象（这两个对象在本书前面的示例中已经使用过）、Path 对象或 Text 对象。

❏ Paint 对象：用于为要执行的绘制操作指定颜色、图像和样式。

还有一些更主流的.draw()相关方法调用，包括：

❏ .drawCircle()方法：使用该方法将允许用户使用 5 像素（初始设置）的笔触粗细在屏幕上进行绘图。

❏ .drawRoundRect()方法：该方法在第 16 章中已经介绍过，可以绘制圆角矩形。

❏ .drawBitmap()方法：在第 11 章中有该方法的应用示例。

更多实用的.draw()相关方法还包括：

❏ .drawPoints()：绘制点。

❏ .drawColor()：绘制颜色。

❏ .drawLines()：绘制线条。

❏ .drawPath()：绘制路径。

❏ .drawTextOnPath()：沿着路径绘制文本。

❏ .drawPaint()：使用指定的 Paint 填充整个画布的位图。

❏ .drawText()：绘制文本。

❏ .drawVertices()：绘制顶点。

❏ .drawArc()：绘制圆弧。

❏ .drawRGB()：使用指定的 RGB 值填充整个画布的位图。

在 Canvas 类中有二十多个与.draw()相关的调用方法，可以在 onDraw()方法实例中实现它们。例如，在后面的 SketchPadView View 子类中逐个尝试一下，这也是了解其具体功能的好方法。

通过实验，你可以观察每个方法调用的作用以及实现方式。这样，你还可以了解到更多有关 Android 图形的知识，同时获得相关的 Java 编码经验。

17.3　Android Paint 类：数字工匠的画笔

就像 Canvas 类一样，Android Paint 类也是 java.lang.Object 类的直接子类，这意味着 Paint 类是专门为与 Android 操作系统一起使用而设计的，目的是定义在图形应用的 Canvas 对象中使用的 Paint 对象。

Android Paint 类的层次结构如下：

```
java.lang.Object
  > android.graphics.Paint
```

Android 的 Paint 类属于 android.graphics 包。因此，在应用程序中使用 Paint 类时，import 语句将引用 android.graphics.Paint 包路径。

Paint 类是一个公共类，其中包含样式和颜色信息，这些信息将向 Canvas 对象描述如何绘制几何图形、文本或位图。

Paint 类具有 6 个嵌套子类。当开发人员需要为其主要的 Paint 对象配置定义指定特殊的 Paint 对象特性时，将使用嵌套的子类。具体如下：

❑ Paint.Align 类：这是一个枚举（Enum）类，因此，它使用常量来指定.drawText() 方法调用与 Text 对象的对齐方式，这里的对齐是相对于正在绘制的 Canvas 对象（最终是 View 对象）内的 X 和 Y 坐标而言的。Paint.Align 的默认设置为 LEFT 常量，其他两个常量为 RIGHT 和 CENTER。

❑ Paint.Cap 类：该嵌套子类也是枚举（Enum）类，Cap 常量允许开发人员为线条（描边笔触）和路径（2D 曲线）的起点和终点指定视觉外观。默认值为 BUTT 常量，其他两个常量为 ROUND 和 SQUARE。Cap 的意思是"帽子"，所以，Paint.Cap 嵌套子类的作用实际上就是给线条的两端加上修饰形状。BUTT 常量不使用修饰，因此它会紧贴连接线或曲线，提供近乎无缝连接的效果；ROUND 常量会在线条两端加上圆角形状，而 SQUARE 常量添加的则是方形，如图 17-1 所示。

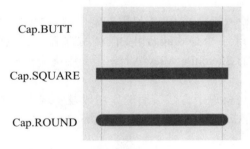

图 17-1　在线条两端虚线之外即添加的 Cap 修饰，Cap.BUTT 表示无修饰

❑ Paint.FontMetrics 类：顾名思义，该类是字体度量类，可用于描述字体属性。它有 5 个常量（没有默认值），分别是 ascent、bottom、descent、leading 和 top。根据 Android 开发人员文档，这些常量都不是大写的。

❑ Paint.FontMetricsInt 类：该类与 Paint.FontMetrics 类密切相关，它可以为调用者提供 Integer 数据类型的 FontMetrics 数据值，这实际上是 Paint.FontMetrics 类的一种"简便"方法。

❑ Paint.Join 类：这是一个枚举（Enum）类，允许开发人员确切指定沿路径描边时其线段和曲线段将如何连接。默认常量是 MITER，它以锐角在相交的地方连接曲线或直线的外边缘。BEVEL 常量将在连接的外边缘提供直线相交，而 ROUND 常量则将使用圆弧连接边缘。

❑ Paint.Style 类：这是一个枚举（Enum）类，允许开发人员使用预定义的常量 FILL、STROKE 或 FILL_AND_STROKE 来指定对画布上的 Shape 图元进行填充（FILL）、描边（STROKE）或填充和描边同时进行（FILL_AND_STROKE）。默认的 Paint.Style 常量为 FILL。

Paint 类还定义了 11 个常量，允许开发人员配置 Paint 对象本身。这些都采用了开关或标志的形式，开发人员可以根据希望应用程序的图形渲染管线消耗多少图形处理能力（开销）来打开（true）或关闭（false）这些常量，其中大多数与字体支持或质量有关。

可以通过使用常量启用（使用 true 布尔值）或禁用（使用 false 布尔值）以下每个图形处理功能。默认情况下，它们处于关闭状态。

❑ ANTI_ALIAS_FLAG 常量：提供了可用于启用抗锯齿功能的标志，由于它是一种占用大量系统资源（内存和处理器周期）的算法，因此，默认情况下该标志处于关闭（禁用）状态。

❑ DEV_KERN_TEXT_FLAG 常量：提供一个标志，可用于为字体（文本对象）启用设备端字距调整。字距调整是给定字体定义内各个字符之间的间距。

❑ DITHER_FLAG 常量：提供一个用于启用抖动的标志。抖动也是默认关闭的功能，因为它还涉及要实现的处理和内存资源。当设备在少于 24 位（真彩色）的显示颜色环境中运行时（如索引颜色的 256 色空间），即可考虑启用该功能。

❑ FAKE_BOLD_TEXT_FLAG 常量：提供一个标志，允许开发人员启用算法加粗的粗体文本，该算法默认也是禁用的，因为它需要使用系统资源，这与很多其他算法是一样的。当 Text 对象所引用的字体在当前安装在 Android 操作系统中的字体定义文件中没有粗体定义时，该算法可以提供 Text 对象（字体）的粗体效果。

❑ FILTER_BITMAP_FLAG 常量：允许开发人员设置一个启用位图过滤（Bitmap Filtering）的标志，该标志默认情况下处于禁用状态。该常量使开发人员可以打开双线性插值（Bilinear Interpolation），也称为双线性过滤（Bilinear Filtering），这仅比 Adobe Photoshop 中原始的双立方插值或 GIMP 中的立方插值算法降低了一阶。默认情况下将其关闭，因为它会占用大量处理器资源，但是，如果以质量为目标，那么它将为应用程序提供更好的缩放结果。

❑ LINEAR_TEXT_FLAG 常量：允许开发人员设置将启用线性文本（Linear-Text）的标志。该常量设置一个标志，禁用 Text 对象的系统缓存，尤其是其字体定义。

这允许字体绕过系统字体缓存，并直接显示在显示屏上。

❑ STRIKE_THRU_TEXT_FLAG 常量：允许开发人员设置标志，以启用称为删除线文本的功能。所谓"删除线"，就是使水平线从中间穿过 Text 对象包含的内容。例如，在表示折扣价时，就可以在原价上使用删除线效果。这些算法提供了字体定义所缺少的增强功能，但是也会降低应用程序的运行速度。

❑ SUBPIXEL_TEXT_FLAG 常量：允许开发人员设置标志，以启用子像素文本的呈现，这实质上相当于文本的抗锯齿功能，并可以在低 DPI 硬件设备上使文本看起来更加清晰。默认情况下，该常量也处于关闭状态，因为它需要占用大量处理器资源。对于当今市场上所有高 DPI 显示器，以及超精细的点间距来说，通常不需要使用此功能，尤其对于 sans-serif 字体系列而言更是如此。

❑ UNDERLINE_TEXT_FLAG 常量：允许开发人员设置标志，以使 Text 对象带有下画线。这类似于前面用于加粗的 BOLD 和用于删除线的 STRIKE_THRU 常量，因为它可以支持没有下画线功能的字体。有些思维敏捷的读者可能会问，为什么没有 ITALIC_TEXT_FLAG 常量呢？我的理解是，用于斜体文本的算法会占用大量资源，或者无法做到不同字体的完善处理。

❑ HINTING_OFF 和 HINTING_ON 常量：它们可提供子像素文本提示选项常量，供开发人员在使用.setHinting()方法时应用。字体提示（Font Hinting）是一项高级功能，通常与子像素文本渲染和抗锯齿功能结合使用。

字体提示也称为字体指示（Font Instructing），旨在以较低的屏幕分辨率提供更高质量的视觉效果。在大多数同时具有高分辨率和高密度（精细点距）的 Android 设备上，此常量有些多余。

现在，我们已经比较全面地介绍了 onDraw()方法、Paint 类和 Canvas 类，是时候进行一些 Java 编码的实际操作了。

由于我们将要创建一个 SketchPad 实用程序，因此，首先需要修改几个应用程序 XML 和 Java 文件，并创建几个新的 Java 类。

具体而言，我们需要执行以下操作：

（1）在 MainActivity.java 主屏幕上添加一个新的菜单项。

（2）创建一个新的 SketchPad Activity 子类和 SketchPadView View 子类。

（3）使用<activity>标签将 SketchPad Activity 类添加到 AndroidManifest.xml 文件中。

（4）在 strings.xml 中添加一个 String 常量 XML 定义。

（5）在 main.xml Menu XML 定义文件中添加一个 MenuItem <item>标签。

（6）在 onOptionsItemSelected()方法中添加一个 case 语句和新的 Intent 对象。

（7）从头开始编写 SketchPad 和 SketchPadView 类，或者使用 New（新建）| Class

（类）命令新建类。

总之，接下来需要执行大量的操作，请务必梳理清楚思路。

17.4 为 SketchPad 设置 GraphicsDesign 项目

需要对 GraphicsDesign 应用程序的 MainActivity.java Activity 子类进行的第一个操作是添加一个名为 The PAG SketchPad 的 MenuItem 对象。打开项目的/res/menu 文件夹，右击 main.xml 文件，然后在弹出的快捷菜单中选择 Open（打开）命令，或者在选中文件之后按 F3 键。复制并粘贴第二个 bookmark_utility <item>标签，然后对其进行编辑，以创建一个 ID 为 sketchPad 的第三个 MenuItem 对象定义。

如图 17-2 所示，该 XML 标记应如下所示：

```
<item android:id = "@ + id/sketchPad"
    android:orderInCategory = "300"
    android:showAsAction = "never"
    android:title = "@string/sketchPad_utility" />
```

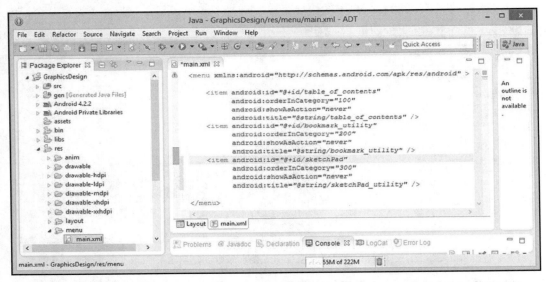

图 17-2　使用/res/menu 文件夹中的 main.xml 文件将 PAG SketchPad Utility 添加到应用程序菜单

由于引用了名为 sketchPad_utility 的 String 常量，因此下一步需要进入/res/values 文件夹中的 strings.xml 文件，并添加<string>标签以定义此常量，以便在菜单标题或标记中使用。接下来可以编写该代码。

如图 17-3 所示，我们在 string.xml 文件中添加了<string>标签，并将其命名为 sketchPad_utility，其文本值为 The PAG SketchPad。

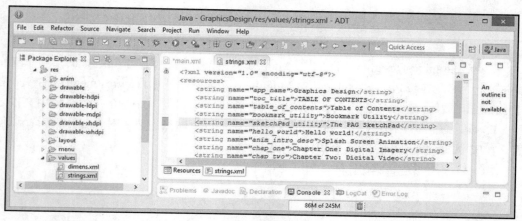

图 17-3　将 PAG SketchPad 菜单项的<string>标签添加到/res/values 文件夹的 strings.xml 文件中

右击/src 文件夹，然后在弹出的快捷菜单中选择 New（新建）| Class（类）命令，创建 SketchPad Activity 子类的框架，如图 17-4 所示。

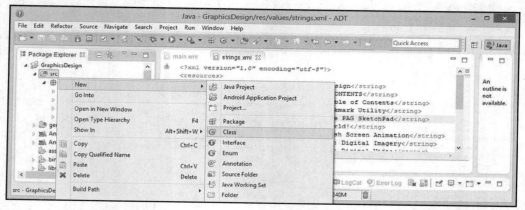

图 17-4　右击/src 文件夹，使用 New（新建）| Class（类）命令创建自定义 Activity 子类 SketchPad.java

确认 Package（包）文本框中指定的是 pro.android.graphics 包。在 Name（名称）文本框中，将新类命名为 SketchPad，然后单击 Superclass（超类）右侧的 Browse（浏览）按钮，在出现的 Superclass Selection（超类选择）窗口中输入 a，然后在列表中选择 android.app.Activity 超类，如图 17-5 所示。

图 17-5　命名新的 Java 类为 SketchPad，并选择其超类为 android.app.Activity

接下来，需要在 SketchPad.java 引导代码中添加 onCreate()方法。可以使用以下标准 onCreate() Java 方法代码：

```
@Override
public void onCreate(Bundle savedInstanceState) {
    super.onCreate(savedInstanceState);
}
```

如图 17-6 所示，在 Bundle 底部出现了红色波浪线，因此，需要将光标悬停在 Bundle 类引用上，然后选择 Import 'Bundle' (android.os)选项，以便让 Eclipse 自动将其 import 语句添加到新 SketchPad.java 类的顶部。

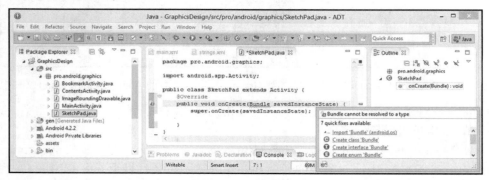

图 17-6　将 onCreate()方法添加到新的 SketchPad Activity 子类中，并导入 Bundle 类

现在我们有了一个空的 SketchPad.java Activity 子类，该子类将不会引发任何错误或异常，并且在目前绝对不会执行任何操作，可以继续将该类添加到应用程序 AndroidManifest 和 Menu 对象 XML 定义文件中。

右击位于项目文件夹层次结构底部附近的 AndroidManifest.xml 文件，然后选择 Open（打开）命令，也可以选中文件后按 F3 键。

你应该还记得，需要通过使用<activity>标签以及 android:name 和 android:label 参数来声明要在 Manifest 中使用的 Activity。

这里有一个最简单快捷的方法，就是复制当前位于 AndroidManifest.xml 文件中的 Activity 声明的最后一个标签，因此，请整体选择 BookmarkActivity <activity>标签，按 Ctrl+C 快捷键进行复制，然后将光标停放在它下面的一行，按 Ctrl+V 快捷键粘贴，再使用以下 XML 标记对其进行编辑，使其指向新的类，如图 17-7 所示：

```
<activity android:name = "pro.android.graphics.SketchPad"
          android:label = "@string/sketchPad_utility" />
```

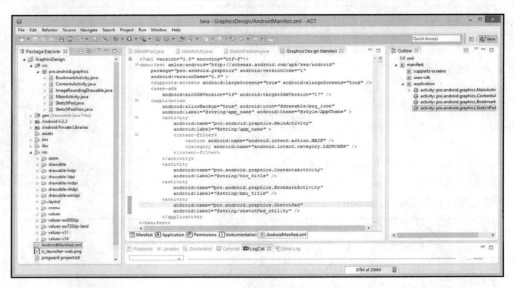

图 17-7　将 SketchPad <activity>定义添加到 GraphicsDesign 项目的 AndroidManifest.xml 文件中

请注意，对于 Activity 子类标签，我们使用的是相同的菜单标签<string>常量，该常量显示在 Activity 的顶部。

对于 MenuItem 对象来说，需要回到 MainActivity.java 类，并为先前在 main.xml 文件中创建的第三个 MenuItem 对象添加一个 switch 语句 case 条目以及 Intent 声明和实例化，以便使该 MenuItem 起作用并能够调用新的 SketchPad.java Activity，虽然该 Activity 目前还不会做任何事情。

具体操作方法是：右击/src 文件夹中的 MainActivity.java 文件，在弹出的快捷菜单中选择 Open（打开）命令将其打开以进行编辑，然后在 onOptionsItemSelected()方法中复制最后一条 case 语句，将其粘贴到下方，并且对其进行编辑，以创建一个新的 SketchPad Intent，使它能够调用新的 SketchPad.java Activity。

该 case 语句应引用在 main.xml 文件中定义的 sketchPad MenuItem XML <item>标签，为 SketchPadUtility 创建一个名为 intent-spu 的新 Intent，并将当前 Activity（使用 this 关键字）以及 SketchPad.class 引用作为参数传递给它。然后，通过以下 Java 代码从当前 Activity 对象调用.startActivity()方法：

```
case R.id.sketchPad:
    Intent intent_spu = new Intent(this, SketchPad.class);
    this.startActivity(intent_spu);
    break;
```

如图 17-8 所示，代码没有错误。现在可以开始创建 SketchPadView.java View 子类了，该类是一个核心，它可以为将要编写的交互式图形管线执行所有繁重的任务。当然，在编写这个交互式图形管线时，需要使用到许多新的 Android 和 Java 类。

图 17-8　将引用 SketchPad.class 的 Intent 添加到 onOptionsItemSelected()方法的 case 语句中

接下来，我们将如前文所述创建一个 SketchPadView 类，该类将扩展 View 类并实现 OnTouchListener 类，以便可以使用合适的 View 子类框架，对 Canvas 和 Paint 对象执行 onDraw()方法调用。

17.5　创建自定义 View 类：SketchPadView 类

右击/src 文件夹，然后在弹出的快捷菜单中选择 New（新建）| Class（类）命令——就像创建 SketchPad.java 类的操作一样（见图 17-4）。此时将打开 New Java Class（新建 Java 类）窗口，如图 17-9 所示。在 Name（名称）文本框中将新类命名为 SketchPadView，然后选择 Superclass（超类）为 android.view.View，添加 Interface（接口）为 android. view.View.OnTouchListener，最后单击 Finish（完成）按钮。

图 17-9　将新的自定义 View 类命名为 SketchPadView，选择超类为 android.view.View，添加
Interface（接口）为 android.view.View.OnTouchListener

这将在 Eclipse ADT 编辑器中自动编写和打开 SketchPadView 引导 Java 文件。一般认为，Eclipse 使用其 New Java Class（新建 Java 类）窗口生成的代码应该是无错误的，但是，在本示例中，这种常识被打破了，如图 17-10 所示，在 SketchPadView 类定义的底部出现红色波浪线。

如果将光标悬停在该错误上，则 Eclipse ADT 会提示 Must define an explicit constructor（必须定义显式构造函数），也就是说，希望开发人员使用与类名称完全相同的名称来实现该类的构造函数方法（请参见图 17-11），而这正是接下来我们要执行的操作，因此，实际上不需要为此错误消息而烦恼。

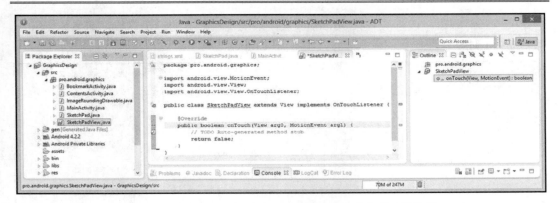

图 17-10　在 Eclipse 中检查 SketchPadView 公共类引导代码

如图 17-11 所示，Eclipse 提供了为我们编写引导的构造函数方法的代码，并带有其 Context 对象参数以及最有可能的 Import 语句。现在可以单击第一个 Add constructor（添加构造函数）选项。

图 17-11　添加 SketchPadView(Context)构造函数方法引导代码以消除
SketchPadView 类的红色波浪线错误提示

如图 17-12 所示，现在我们已经在本章中编写了第二个不会执行任何操作的 Java 类（实际上都是由 Eclipse 自动编写的），该类的主要目标是无错误的代码，次要目标是实际执行某些操作的代码和可在所有设备上运行的代码，最终目标是作为产品销售出去。

现在来看一下这个无错误的 SketchPadView 类及其 OnTouch()方法，该方法将采用 View 对象和 MotionEvent 对象作为参数，并返回 false 值。Eclipse 以此方式进行编码，可能是因为该方法当前不执行任何操作，因此，在该特定用例中，从技术上讲，false 是正确的（表示在此方法调用期间未执行操作）。稍后，我们需要将此返回值更改为 true。

SketchPadView()方法则更有趣，因为它将创建并设置使用该类创建的 SketchPadView

自定义 View 对象。该方法只有 Android 操作系统传递给它的一个参数，即名为 context 的 Context 对象。现在我们就来详细了解一下 Context。

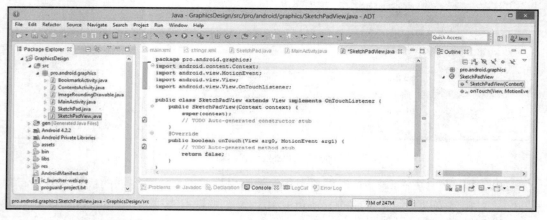

图 17-12　检查 SketchPadView()构造函数方法、super(context)调用和 Context Import 语句

17.6　Android Context 类详解

与 Paint 和 Canvas 类一样，Android 的 Context 类是 java.lang.Object 类的直接子类。Context 类是专门为在 Android 应用程序中使用而设计的，目的是定义在应用程序中使用的 Context 对象。

Android Context 类的层次结构如下：

```
java.lang.Object
  > android.content.Context
```

Android 的 Context 类属于 android.content 包。因此，在应用程序中使用此 Context 类的 import 语句将引用 android.content.Context 包路径。

Context 类是一个公共抽象类，其中包含应用程序的上下文信息。Context 对象中包含的信息可用于描述与应用有关的所有信息（这些信息与 Android 操作系统相关），并且可以将应用正确连接在一起。

本质上，Context 对象允许引用它的应用程序组件在应用程序的结构中看到它自身。Context 类中包含二十多个与.get()相关的方法，这些方法都允许访问特定于应用程序的系统配置或应用程序结构，甚至可以访问应用程序资源或信息。

从某种意义上说，Context 对象代表了你眼前无法"看到"的一切。因此，Context

对象为引用它的组件提供了一个接口，以获取有关应用程序环境的"全局"信息。

Context 类允许访问与应用程序相关的资源和自定义类。Context 类具有实现对应用程序级操作的"向上调用"的方法。这样的示例包括启动 Activity 子类、广播应用程序范围内的消息、发送和接收 Intent 对象或启动 Service 对象的处理。

现在，你应该理解为什么 Android 为此类及其构造的对象选择了 Context 名称（Context 本身就有"上下文"或"背景环境"的意思）。在我们创建 View 子类的示例中，可以看到一个很好的 Context 用例，这就是要在创建 SketchPadView View 子类之前专门开辟一个小节来讨论 Context 对象的原因。

在本示例中，我们可以通过使用类声明中的 extends 关键字扩展 View 类来创建自定义 View。前文还介绍过，我们必须提供一个构造函数方法（即 SketchPadView(Context) 方法），该构造函数方法采用 Context 对象作为其参数。这样一来，在实例化自定义 View 后，还必须传入包含应用程序上下文的 Context 对象，这是因为自定义 View 子类需要访问 View 使用的应用程序资源、类、主题和其他类似的应用程序配置详细信息。

实际上，创建 View 子类是一个关于 Context 对象应用的完美示例，它很好地解释了为什么需要将 Context 对象传递到构造函数方法中。每个 Context 对象均具有由 Android 操作系统设置的各种数据字段，以描述应用程序参数，如显示尺寸或屏幕密度，或与 View 对象一起使用的操作系统主题（如果已定义）。

接下来，我们可以仔细看看 Context 类公开的一些关键方法，通过它们也可以了解到 Context 对象可能包含哪些数据。

❑ 访问应用程序信息：
➢ .getApplicationInfo()
➢ .getApplicationContext()
❑ 获取应用程序资源：
➢ .getAssets()
➢ .getResources()
➢ .getSharedResources()
➢ .getText()
➢ .getString()
➢ .getContentResolver()
❑ 访问程序包信息：
➢ .getPackageName()
➢ .getPackageManager()

- ➢ .getPackageCodePath()
- ➢ .getPackageResourcePath()
- ❑ 访问应用程序设置：
  - ➢ .getTheme()
  - ➢ .getWallpaper()
- ❑ 访问数据路径设置：
  - ➢ .getDatabasePath()
  - ➢ .getExternalFilesDir()
  - ➢ .getFileStreamPath()
  - ➢ .getDir()
  - ➢ .getFilesDir()
  - ➢ .getCacheDir()

　　这些方法调用的共同点是，它们都使任何有权访问 Context 对象的开发人员能够引用应用程序资源。

　　换句话说，Context 对象将与之关联的组件与其他应用程序环境的所有组件和资源挂钩。可以将其视为类似于组件的 AndroidManifest 定义。

　　Context 类是 Android 中更高级的类之一，因此，如果你在开发的早期阶段不太了解 Context 对象，也不必过于担心。

　　作为一名专业的 Android 程序员，只要你能从概念上理解上下文，以及为什么需要向 Android 操作系统提供上下文，那么你就应该能够在 Android 操作系统的专业图形设计工作中有效地利用它。

17.7　配置 SketchPadView()构造函数方法

　　在理解了 Context 对象的作用之后，即可在类的顶部创建一个名为 paintScreen 的 Paint 对象（将在构造函数方法中使用该对象），然后编写其代码。

　　如图 17-13 所示，在 Paint 底部出现了红色波浪线，因此需要将光标悬停在 Paint 上，然后选择 Import 'Paint' (android.graphics)选项，由 Eclipse 自动编写 Import 语句消除该错误，这样就可以开始编写构造函数方法了。

　　由于 Eclipse 已经编码了"super(context);"语句，将当前上下文传递给 View 超类，因此，我们需要添加的下一条语句是从当前上下文调用.setOnTouchListener()方法并传递当前上下文作为其参数。

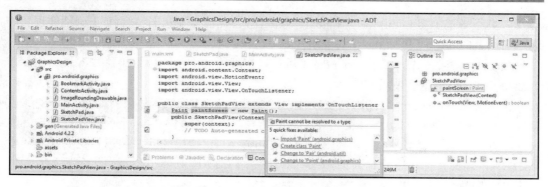

图 17-13　声明并实例化用于在 Canvas 对象上进行绘制的 paintScreen Paint 对象

只需要一行很简短的 Java 代码即可完成该任务，我们将使用 Java 的 this 关键字。在第一个用例中，引用 this 对象，该对象是在声明和实例化 SketchPadView 类时创建的。

this 对象（关键字）调用.setOnTouchListener()方法，并使用以下 Java 代码再次传入 this 对象（关键字）作为参数：

```
this.setOnTouchListener(this);
```

如图 17-14 所示，该语句不会生成任何错误警告。

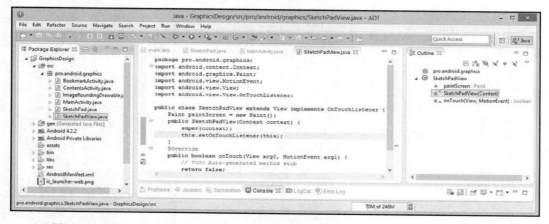

图 17-14　使用 this.setOnTouchListener(this)方法将 OnTouchListener 设置为当前上下文

第二个 this 代表一个（即将实例化的）SketchPadView 对象（类），以及它在整个结构环境中的上下文。也就是说，这里的（this）Context 既包含对象（类）定义本身，又包含对象纳入整个应用程序基础结构的上下文。

请记住，提供 Context 的目的是使 Android 可以将所有内容正确连接在一起。因此，开发人员不必过于担心 this（即 Context）会做什么，相反，需要注意如何正确地实现（传递或引用）Context（包括 this、对象引用和 Context）。

接下来，需要配置 paintScreen Paint 对象以实现绘图的抗锯齿效果，并将其颜色设置为系统 Color 类常量（使用 CYAN）。

在 Adobe Photoshop 等图形图像软件中设置颜色模式时，有一种用于四色打印的颜色模式为 CMYK，其中 C 就是指 CYAN，表示青色。如果你记不住这个单词，可以告诉你一个很好的双关语记忆法。我们知道，像 Eclipse ADT 这样的软件被称为集成开发环境（IDE），因此，你可以对别人说，在 IDE 中使用 CYAN 时要小心。为什么呢？因为一不小心它们就会组合成 CYANIDE（剧毒氰化物）。

使用以下两行 Java 代码，通过从 Paint 对象中调用.setAntiAlias()和.setColor()方法即可配置 Paint。

```
paintScreen.setAntiAlias(true);
paintScreen.setColor(Color.CYAN);
```

请注意，在图 17-15 中，输入了 Android Color 类，然后输入了句点字符后，Eclipse 将弹出一个辅助输入颜色的 ColorPicker Helper 对话框，其中包含所有可能的值，这些值在 Android 操作系统中可以用作颜色常量。该对话框对我们熟悉各种颜色常量很有帮助。

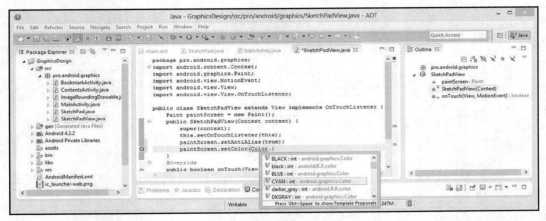

图 17-15　使用方法调用配置 paintScreen Paint 对象的抗锯齿效果和 CYAN 颜色常量

在 SketchPadView()构造方法中，需要进行的下一项设置是确保显示 View（Activity）屏幕时，用户可以使用 SketchPadView 对象。可以通过使 View 具有焦点来实现此目的。这是通过调用 setFocusable()方法完成的。因为我们使用的是 Android 触摸模式和 OnTouchListener()事件处理，所以还必须调用 setFocusableInTouchMode()方法，以确保已覆盖所有内容。具体代码如下：

```
setFocusableInTouchMode(true);
setFocusable(true);
```

如图 17-16 所示，代码没有任何错误，SketchPadView()构造函数方法已经实现，并设置了 SketchPadView 自定义 View 对象向上传递其 Context 来处理 Touch 事件，对所有绘制的像素进行抗锯齿处理，使用 CYAN Color 常量等，最后还将 View 设置为 Focusable 以及 FocusableInTouchMode。

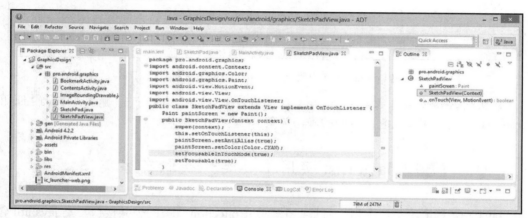

图 17-16　通过调用 setFocusable(true)和 setFocusableInTouchMode(true)配置 SketchPadView Focus

接下来，需要使用浮点数值精度编写一个名为 Coordinate 的简单类，以保存 X、Y 像素坐标数据对。

17.8　创建坐标类以跟踪触摸 X 和 Y 点

当用户使用手指在屏幕上画图时，会不断地从 OnTouchListener()方法中输出像素坐标，但是，在实现 List 和 ArrayList 对象以保存像素坐标之前，我们还需要编写 Coordinate 类的代码。Coordinate 类的代码非常简单，实际上，它有可能是最短的 Java 类，仅需使用 32 个文本字符即可编写完成整个 Coordinate 类，如下所示：

```
class Coordinate { float x, y; }
```

该类使用 float 或浮点数值精度为点（像素）的屏幕位置或坐标存储 X 和 Y 位置数据值，从而为触摸屏上的单个像素或点提供了一个 Coordinate 对象。如图 17-17 所示，该类没有显示任何错误。

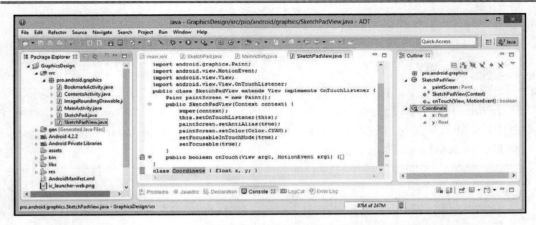

图 17-17　创建 Coordinate 类以提供一个浮点 X 和 Y 数据对来跟踪鼠标/触摸点

在实现 ArrayList 对象 Coordinate List 构造之前，我们不妨先来了解一下 Java List 和 ArrayList 类的作用以及它们之间的确切关系。

17.9　Java List 实用工具类：获取有序集合

Java List 构造不是一个类，而是一个实现 Collection <E>的公共接口，是 java.util 包的一部分。

Java List 公共接口的层次结构如下：

```
java.util.List <E>
```

Java List 接口属于 java.util 包。因此，在应用程序中使用此 List 接口时，其 import 语句将引用 java.util.List 包。

List 公共接口是一个集合（Collection），用于维护其各个数据元素的顺序。此列表中的每个元素都包含一个索引（Index）。

可以使用索引访问每个 List 元素，第一个索引编号为 0。一般来说，List 将允许开发人员插入重复的元素。这与使用数据集合 Set 类不同，在数据集合 Set 类中，每个数据元素都必须唯一。

17.10　Java ArrayList 实用工具类：集合列表数组

Java ArrayList 类是一个公共类，它将扩展 AbstractList <E>并实现 Serializable（可序

列化）、Cloneable（可克隆）和 RandomAccess（随机访问）接口。

因此，Java ArrayList 实用工具类的层次结构如下：

```
java.lang.Object
 > java.util.AbstractCollection <E>
  > java.util.AbstractList <E>
   > java.util.ArrayList <E>
```

Java ArrayList 类属于 java.util 包。因此，在应用程序中使用 ArrayList 类时，其 import 语句将引用 java.util.ArrayList 包路径。

ArrayList 类（或对象）是 List 接口的实现，它是使用数组实现的。这有点像在系统内存中存储数据库，因为它具有类似于数据库的操作，如添加、删除和覆盖元素，就像数据库对记录的处理一样。

在数组对象内允许使用所有类型的数据对象，包括空（null）对象。可以使用.add() 方法将 Coordinate（点的 X、Y 浮点数据对）类 Java 对象添加到 ArrayList 对象。

ArrayList 是用于 List 实现的一个不错的选择。

17.11　创建一个 ArrayList 对象以保存触摸点数据

将光标停放在 paintScreen 对象实例化的正下方，按 Enter 键添加新行，然后在 SketchPadView 类的上面添加一行代码，使用 new 关键字创建一个 ArrayList 来建立用于坐标值的 coordinates ArrayList 对象，如图 17-18 所示。

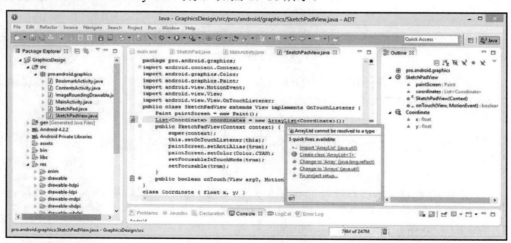

图 17-18　使用 new 关键字创建名为 coordinates 的 ArrayList<Coordinate>对象

要编写的 Java 代码如下：

```
List<Coordinate> coordinates = new ArrayList<Coordinate> ();
```

这样做是根据 Coordinate 类实例化一个新的 ArrayList 对象，并将其命名为 coordinates，因为它将包含用户（随着时间的推移）触摸屏幕的坐标，坐标值以 Coordinate 对象列表的形式出现，在代码中指定为 List<Coordinate>。

如图 17-18 和图 17-19 所示，在 ArrayList 和 List 的底部都出现了红色波浪线，因此，需要将光标悬停在 ArrayList 类上，然后选择 Import 'ArrayList' (java.util)选项，以消除 ArrayList 的错误显示；用同样的方法，将光标悬停在 List 类上，然后选择 Import 'List' (java.util)选项，以消除 List 类底部的红色波浪线错误提示。

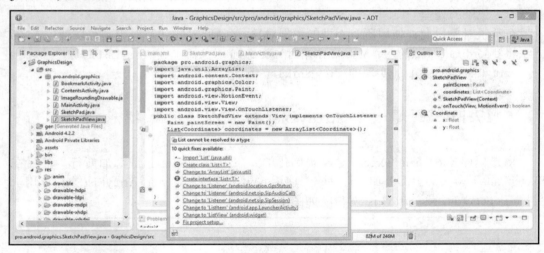

图 17-19　使用光标悬停调用 Eclipse 弹出的辅助对话框以从 java.util 包导入 List 类

现在，我们已经拥有了用于创建 onDraw()方法的代码基础结构，可以着手实现该方法了。onDraw()方法将包含 SketchPadView View 子类的处理核心。

17.12　实现.onDraw()方法：绘制画布

要实现 onDraw()方法，首先要将框架放置在适当的位置，以容纳 Java 处理逻辑。

这可以通过在 SketchPadView()构造函数方法的下面编写以下方法声明和参数列表来完成，如图 17-20 所示。引导 Java 代码的方法如下：

```
public void onDraw(Canvas canvas){在此处编写绘画处理管线的代码}
```

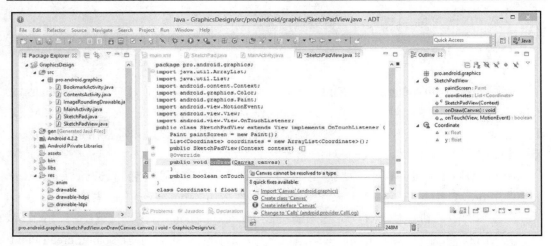

图 17-20　创建一个名为 public void onDraw()的空方法，并传入名为 canvas 的 Canvas 对象

现在可以将光标悬停在方法声明中的 Canvas 类（对象）上，然后选择 Import 'Canvas' (android.graphics)选项，以消除 Canvas 底部的红色波浪线错误提示。

要编写绘画处理管线的代码，可以考虑使用 for 循环来处理 X、Y 坐标。因此，接下来，我们可以编写这个 for 循环代码由刚刚创建的 coordinates ArrayList 中的数据进行控制，而在 for 循环代码内部，则将通过名为 canvas 的 Canvas 对象调用.drawCircle()方法进行绘图，如图 17-21 所示。

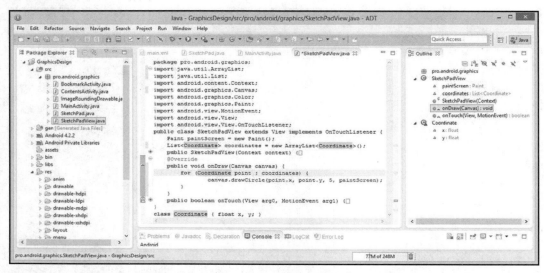

图 17-21　创建一个 for 循环，读取 coordinates ArrayList 对象，并使用点数据调用.drawCircle()方法

这是使用以下 for 循环 Java 代码处理构造完成的：

```
for(Coordinate point : coordinates) {
  canvas.drawCircle(point.x, point.y, 5, paintScreen); }
```

在后面编写 OnTouchListener()触摸事件处理程序方法时，我们将使用 Coordinate 类实例化一个 point 对象（第 17.13 节将介绍该操作），这样就可以完成 SketchPadView View子类的 Java 编码。而在目前，上述代码实际上是使用此 for 循环结构内的 coordinatesArrayList 数组的内容作为此 for 循环的计数器。

在 for 循环花括号内有一条功能强大的 Java 语句，它可以通过名为 canvas 的 Canvas对象调用.drawCircle()方法，该对象作为参数或属性传递到 onDraw()方法中。

在本示例中，.drawCircle()方法被设置为在 point.x 和 point.y 坐标位置绘制一个直径为 5 像素的圆。该圆其实就是我们的画笔设置，它还使用了我们创建的 paintScreen Paint对象的设置集合。

17.13　创建 OnTouchListener()方法：事件处理

接下来，我们可以使用左侧的减号图标将暂时不使用的方法折叠起来，同时使用左侧的加号图标展开 onTouch()方法调用，如图 17-22 所示。

图 17-22　在 onTouch()事件处理方法内构造指向新 Coordinate 对象的点

可以看到，每次处理用户触摸屏幕的事件时，我们要做的第一件事就是使用 new 关键字实例化一个名为 point 的 Coordinate 对象：

```
Coordinate point = new Coordinate();
```

17.14　Android MotionEvent 类：Android 中的移动数据

Android MotionEvent 类是一个公共类，它扩展了 InputEvent 并实现了 Parcelable（可打包）接口。

Android MotionEvent 类的层次结构如下：

```
java.lang.Object
  > android.view.InputEvent
    > android.view.MotionEvent
```

Android MotionEvent 属于 android.view 包，这就是在 SketchPadView View 子类中使用它的原因。也因为如此，在应用程序中使用该 MotionEvent 类时，import 语句将引用 android.view.MotionEvent 包路径结构。

MotionEvent 是可用于报告 Android 操作系统中的移动的对象。这种移动可能来自用户在 TouchMode 中的手指，也可能来自鼠标、轨迹球、NavKey、LightPen、游戏控制器、3D 轨迹球或其他任何可以生成移动事件的类似 Android 硬件。

MotionEvent 对象可以保存绝对或相对移动数据，以及其他类型的相关数据。加载到 MotionEvent 对象数据结构中的数据最终取决于生成此移动数据流的硬件设备类型。

MotionEvent 对象使用动作代码（Action Code）和一组坐标轴值（Axis Values）对移动数据进行编码。除非用户使用的是 3D 控制器，否则这里的坐标轴值通常指的就是 X 和 Y 轴的值，本章中的应用程序就是如此。

动作代码将指定自上一个 MotionEvent 之后发生的状态更改。例如，触摸点（Pointer）在单击（Down）之后又释放（Up）。

坐标轴值描述了坐标位置以及其他移动属性，这些都是在第 17.15 节我们将要从 arg1 MotionEvent 对象中提取的值。

现在的 Android 设备可以同时跟踪多个移动数据。某些 Android 硬件支持 MultiTouch（多点触摸）显示器，可以为用户的每根手指广播一个移动数据流。产生移动数据流的各个手指和其他对象称为触摸点（Pointer）。

在我们的 SketchPad 应用程序中，没有使用 MultiTouch 移动数据，因为 AVD 模拟器当前不支持该数据。

　　MotionEvent 对象包含有关当前正在使用的所有触摸点的信息，即使自 Android 操作系统提交最近一个 MotionEvent 对象以来，其中一些触摸点尚未移动。

　　Android MotionEvent 类定义了若干种可用于访问坐标位置以及触摸点的其他属性的方法，其中包括我们将要使用的.getX()和.getY()方法。

　　MotionEvent 类的其他方法可以从 MotionEvent 对象提取更详细的数据，主要方法包括：

- ❑　.getAction()
- ❑　.getFlags()
- ❑　.getOrientation()
- ❑　.getSize()
- ❑　.getAxisValue()
- ❑　.getDeviceId()
- ❑　.getSource()
- ❑　.getMetaState()

　　MotionEvent 方法将采用 pointer 索引（Index）作为参数，而不使用 pointer 的 ID 值。MotionEvent 对象中包含的每个触摸点的 pointer 索引的范围比.getPointerCount()方法返回的值小 0～1。由于要实时处理绘画处理管线中的大量数据，因此在处理 MotionEvent 对象时必须使用数组。

　　单个触摸点数据在 MotionEvent 对象中出现的顺序是未定义的。因此，触摸点的 pointer 索引可能会从一个 MotionEvent 对象更改为另一个。但是，只要触摸点保持活动状态，则该触摸点的 pointer ID 将始终保持不变。

17.15　处理移动数据：使用.getX()和.getY()方法

　　如图 17-23 所示，一旦创建了一个名为 point 的 Coordinate 对象来保存浮点 X 和 Y 值，即可调用.getX()或.getY()方法，从 MotionEvent 对象结构中提取 X 和 Y 坐标数据。这些数据已经传递到 onTouch()事件处理方法中。具体而言，是通过 arg1 MotionEvent 对象传入 onTouch()方法的。

　　现在，我们已经创建了 point Coordinate 对象，并为其加载了 X 和 Y 坐标值，可以使用 ArrayList 类的.add()方法将该 point(X, Y)对象添加到 coordinates ArrayList 对象，该对象是在 SketchPadView 类的上面一行创建的，如图 17-24 所示。

　　这是通过以下简洁的代码来实现的：

```
coordinates.add(point);
```

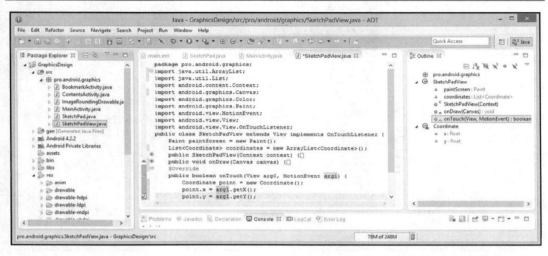

图 17-23　在名为 arg1 的 MotionEvent 对象上调用.getX()和.getY()方法以设置 point 对象的数据值

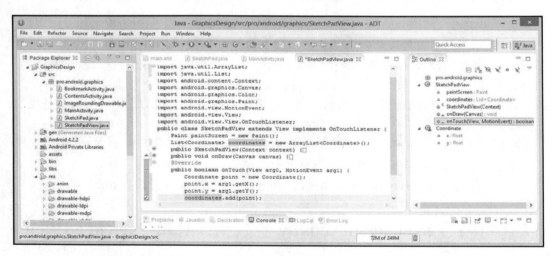

图 17-24　使用 ArrayList 类.add()方法将名为 point 的 Coordinate 对象添加到 coordinates 数组

现在，我们已经将此 MotionEvent 的坐标数据添加到 coordinates ArrayList 对象，接下来可以调用 View 类方法，然后由该方法更新屏幕显示并将 true 值返回给调用实体，让它知道 MotionEvent 对象的数据处理已完成。

因此，在 onTouch()方法中，要编写的下一行代码是 invalidate()方法调用，如图 17-25 所示。调用 invalidate()方法将触发自定义 View 对象的刷新。

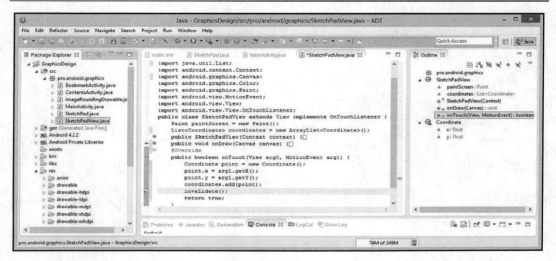

图 17-25　在处理 XY 数据之后，调用 View 类的 invalidate()方法更新 SketchPadView 对象

　　从本质上讲，调用 invalidate()方法意味着将使用最新的可用图形数据重绘显示屏幕。

　　invalidate 的本意是证明某东西错误或使其作废，因此，该方法的命名可能是指示 Android 操作系统使 View 对象中当前显示的内容无效，除此之外我们几乎找不到将此方法命名为 invalidate 的理由。该方法表示我们希望 Android 使用已经提取到帧缓冲区中的新信息来执行显示屏刷新操作。当然，这不是操作系统中最直观的方法调用，但是我们只要知道它会做什么即可，这实际上就是用户在绘图。

　　帧缓冲区（Framebuffer）是保存在系统内存（如 Canvas 对象）中的 2D 区域，其尺寸与显示屏相同，用于构成最终将绘制到屏幕的图形。

　　最后，别忘记将 onTouch()方法末尾的 return 语句中的 false 更改为 true。

17.16　编写 SketchPad Activity 的代码：使用 SketchPadView

　　现在需要创建一个名为 SketchPadView 的新型 View 对象。如图 17-26 所示，单击窗口顶部的 SketchPad.java 选项卡，然后声明一个名为 sketchPadView 的 SketchPadView 对象，以使用 SketchPadView。

　　我们要对 sketchPadView 对象做的第一件事就是使用构造函数方法并通过 new 关键字对其进行实例化，如下所示：

```
sketchPadView = new SketchPadView(this);
```

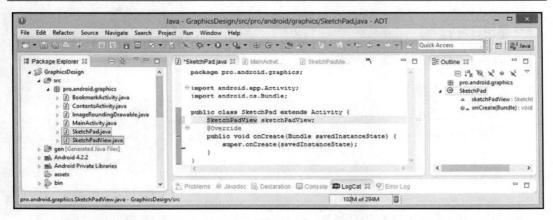

图 17-26　在 SketchPad.java Activity 的顶部声明一个名为 sketchPadView 的 SketchPadView 对象

在图 17-27 中可以看到，我们传递了 SketchPadView(Context context)构造函数方法所需的 Context 对象（this）。如前文所述，Context 对象（通过 this 关键字表示）包含了描述 SketchPad.java Activity 类如何纳入 GraphicsDesign 应用程序的信息。

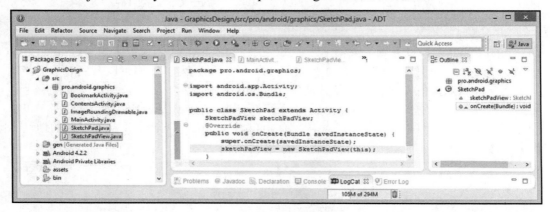

图 17-27　使用 onCreate()内的 SketchPadView()构造函数实例化 sketchPadView 对象

接下来，我们需要告诉 Activity 的 ContentView 对象想要显示的内容。这些内容通常会设置为 XML UI 布局定义。在本示例中，我们可以将其设置改为显示 sketchPadView SketchPadView 对象，如图 17-28 所示。

这是通过使用 setContentView()方法将 sketchPadView 对象传递到 ContentView 对象来完成的，如以下 Java 代码所示：

```
setContentView(sketchPadView);
```

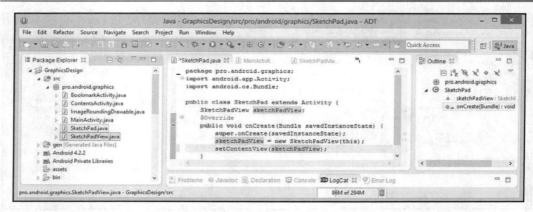

图 17-28　将 SketchPad Activity 子类的 ContentView 设置为 sketchPadView SketchPadView 对象

接下来需要做的是为用户激活 SketchPad Activity 屏幕表面，以便它将 MotionEvent
对象发送到 onTouch()事件处理方法。

为此，我们可以通过 sketchPadView 对象调用.requestFocus()方法，以便从 Android
操作系统请求 View 的焦点。这可以使用以下 Java 代码完成（见图 17-29）：

```
sketchPadView.requestFocus();
```

在图 17-29 中可以看到，我们单击了 Eclipse IDE Java 代码窗口中的 sketchPadView
对象引用之一，以便它突出显示窗口中的对象。这样做是为了让你可以看到对象的声明
和实例化（以棕褐色突出显示）及其使用（以灰色突出显示）。在黑白印刷的图书上，
可能无法区分棕褐色和灰色，这里一共出现了 4 个 sketchPadView 对象引用，前两个以棕
褐色突出显示，后两个以灰色突出显示。你也可以在本书"译者序"部分提供的地址下
载本书的彩色图像版本。

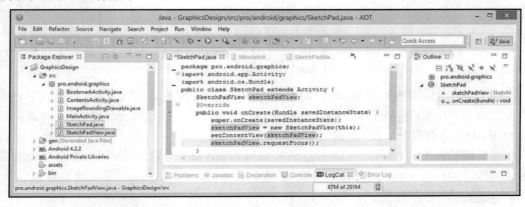

图 17-29　使用 sketchPadView 对象调用.requestFocus()方法来获得触屏焦点

要将此 SketchPad 实用程序添加到 GraphicsDesign 应用程序中，剩下的最后一步是在 Eclipse 的 Nexus One 模拟器中测试该应用程序。

17.17　测试 SketchPad Activity 类：手写 PAG 徽标

右击 GraphicsDesign 项目文件夹，然后在弹出的快捷菜单中选择 Run As（运行方式）| Android Application（Android 应用程序）命令以启动 Nexus One 模拟器。当出现应用程序主屏幕时，单击模拟器右上方的 MENU（菜单）按钮（第二排的第二个按钮），打开选项菜单，选择 The PAG SketchPad 菜单项，即可启动 SketchPad Activity 子类。

单击并按住鼠标左键，模拟手指在屏幕表面的触摸操作，书写单词 pag。

如图 17-30 所示，GraphicsDesign 应用程序中的这个新增功能运行良好，在屏幕截图的右侧可见，鼠标移动得越快，则 5 像素圆形（这是我们定义的画笔）之间的空间越大，所以，运笔的快慢可以在屏幕上直观地显示出来。

图 17-30　在 Nexus One 模拟器中测试 PAG SketchPad Activity 并手写 PAG 徽标

虽然测试效果不错，但是仍有很多改进空间。例如，可以通过实现一些只有在专业图像编辑软件包（如 Adobe Photoshop 或 GIMP）中才能找到的功能，让该 SketchPad 实用工具更上一层楼。在本示例中,我们选择使用的功能之一是克隆工具,该工具允许选择要变成画笔源的图像,然后使用该图像的像素数据进行绘制。如果可以在 SketchPadView 中实现类似的功能,那么它将比基本的青色绘图更加令人印象深刻(而且也很实用)。

17.18　使用位图源进行绘图:实现 InkShader

从本质上来说,要使用位图源进行绘图,则必须为笔(或手指)创建一个 InkShader,这需要在图形管线构造中使用更多的类。

我们需要做的第一件事是通过使用 BitmapFactory 类及其.decodeResource()方法调用来创建 paintImage Bitmap 对象。

在此 BitmapFactory.decodeResource()方法调用中,将嵌套另一个 getResources()方法调用,并且引用 R.drawable.cloudsky 图像资产。具体代码如下:

```
Bitmap paintImage = BitmapFactory.decodeResources(getResources(),
R.drawable.cloudsky);
```

如图 17-31 所示,我们将此代码放置在 paintScreen 对象实例化代码之后,以便将 paintScreen 和 paintImage 对象保持在一起,这样做可以使代码更加清晰易读。

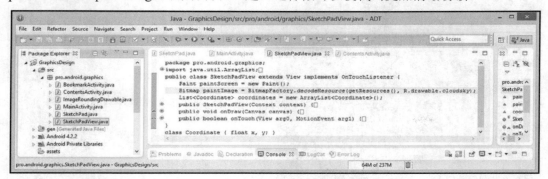

图 17-31　通过使用 BitmapFactory.decodeResource()方法调用来创建 paintImage Bitmap 对象

现在我们已经有了一个 paintImage Bitmap 对象,可以从中克隆彩色像素数据,接下来要做的是创建 Shader 代码。

可以使用 BitmapShader 类来创建 inkShader 对象,方法是使用 new 关键字实例化一个 BitmapShader 对象,并且传递 paintImage 作为 Bitmap 对象参数,对于 X 和 Y 轴参数则使用 Shader.TileMode.CLAMP 常量,如图 17-32 所示。

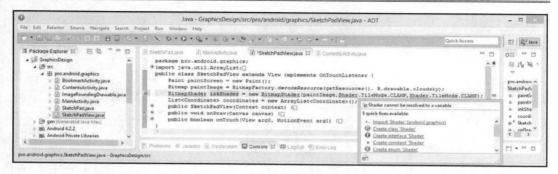

图 17-32　使用 new 关键字和 BitmapShader()构造函数创建一个 inkShader BitmapShader 对象

完成此 inkShader 配置的 Java 代码如下：

```
BitmapShader inkShader = new BitmapShader(paintImage,
Shader.TileMode.CLAMP, Shader.TileMode.CLAMP);
```

如图 17-32 和图 17-33 所示，在 Shader 和 BitmapShader 的底部均出现了红色波浪线错误警告，因此，需要分别将光标悬停在 Shader 和 BitmapShader 类引用上，并各自选择 Import 'Shader' (android.graphics)选项和 Import 'BitmapShader' (android.graphics)选项，让 Eclipse 自动编写从 android.graphics 包中导入 Shader 和 BitmapShader 类的代码。

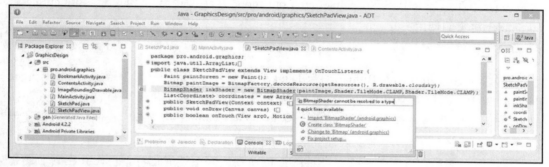

图 17-33　将光标悬停在 BitmapShader 类引用上，选择 Import 选项，
让 Eclipse 自动编写导入 BitmapShader 类的代码

接下来，可以使用 Bitmap 图像源来可视化绘画。为了突显效果，这里有必要将画笔描边宽度由比较纤细的 5 像素更改为更宽的 25 像素，这和我们在 GIMP 或 Adobe Photoshop 之类的软件中的操作是一样的，只不过这里是通过 Java 代码进行。

如图 17-34 所示，单击 Eclipse 代码窗口中的 onDraw()方法代码块旁边的加号图标，展开该方法的代码，以便可以编辑 for 循环及其内部的 canvas.drawCircle()方法调用代码。

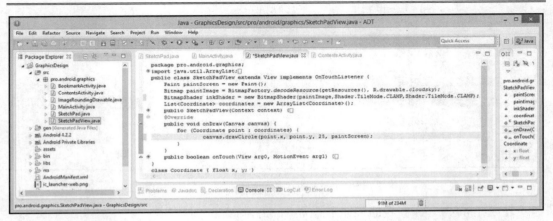

图 17-34　在 onDraw()方法的.drawCircle()调用中，将画笔笔触的宽度从 5 像素更改为 25 像素

将第 3 个数据参数从值 5 更改为值 25，以使该方法调用类似于以下 Java 语句：

```
canvas.drawCircle(point.x, point.y, 25, paintScreen);
```

完成此操作后，即可连接 inkShader BitmapShader。

单击减号图标将 onDraw()方法折叠起来，再单击加号图标展开 SketchPadView()构造函数方法。使用以下代码将 paintScreen.setColor()方法调用替换为设置 BitmapShader inkShader 对象的调用：

```
paintScreen.setShader(inkShader);
```

这会将包含 paintImage Bitmap 对象的 inkShader BitmapShader 对象连接到 paintScreen Paint 对象中，而该对象又在 onDraw()方法中用于创建画笔，并将其变成克隆工具。如图 17-35 所示，代码没有显示任何错误，因此，就像在 GIMP 中一样，我们已经可以使用 25 像素的笔触通过 Canvas 对象表面克隆 cloudsky.jpg 图像资产了。

从本质上来说，这看起来像是要擦除白色（默认）系统屏幕背景色，并在其后面暴露出 cloudsky 图像。但是，事实并非如此。实际上，用户是使用 Bitmap 图像源作为画笔绘制到白色画布表面的。

选择 Run As（运行方式）| Android Application（Android 应用程序）命令以启动 Nexus One 模拟器，测试着色器绘制管线。

单击模拟器上的 MENU（菜单）按钮，然后选择 The PAG SketchPad 菜单项，即可启动 SketchPad.java Activity 子类，现在可以使用 Nexus One 模拟器测试新代码。

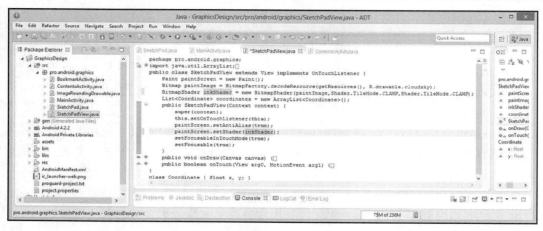

图 17-35　将 paintScreen.setColor() 方法调用更改为 paintScreen.setShader(inkShader) 方法调用

当出现白屏时，可以使用鼠标模拟手机上的手指绘图。可以看到现在的笔触要粗得多，并且笔触所到之处都会显示图像，就好像是使用 Shader 和 BitmapShader 类从 Bitmap 对象中剔除一些像素颜色数据，如图 17-36 所示。

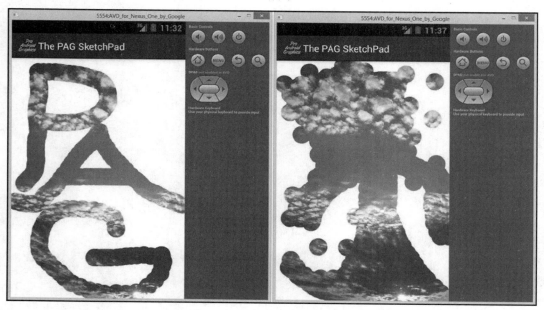

图 17-36　使用 Nexus One 模拟器测试 InkShader 画笔和图像克隆功能

17.19　小　　结

本章演示了如何结合使用 onDraw()方法、Paint 类和 Canvas 类，在 Android 中创建自定义 SketchPad 图形程序。

本章首先分别深入讨论了 onDraw()方法、Canvas 类和 Paint 类，然后编写了在画布上绘图的代码，以学习如何使用 Paint、Canvas、onDraw()和 onTouch()以及其他一些关键类来创建交互式图形应用程序。

在学习过程中，我们还详细介绍了其他一些重要的图形类，包括用于在 Android 操作系统中提供操作内容的 Context 类，以及用于创建坐标数据集合（列表）与数组的 List 和 ArrayList 类。

我们还介绍了有关 MotionEvent 类的更多信息，该类在 Android 操作系统和交互式应用程序（在本章示例中为 SketchPadView View 子类）中用于移动跟踪和触摸事件数据处理。我们还演示了如何创建自定义 View 子类，就像在第 16 章中创建自定义 Drawable 子类一样。

在第 18 章中，我们将讨论数字视频编辑和优化问题。

第 18 章　使用 VideoView 和 MediaPlayer 类播放视频

本章将详细讨论 Android VideoView、Uri 和 MediaPlayer 类的使用，以及数字视频资产分辨率的优化，以便在具有不同物理显示屏分辨率和像素间距规格的众多 Android 设备上获得更好的视频播放体验。

我们还将针对一系列数字视频播放数据速率或比特率进行优化，以适应从单核到四核甚至更高的处理器能力（目前已经有八核设备可用，如华为 P40 Pro）。

首先，我们将仔细研究数字视频资产生命周期的各个阶段，以熟悉 Android MediaPlayer 数字视频播放引擎的各种方法调用。

其次，我们将介绍 Android MediaPlayer 类及其嵌套类，它们使开发人员可以实现侦听器（Listener），这些侦听器将在数字视频播放生命周期的不同阶段运行需要的自定义 Java 代码。我们还将在应用程序代码中实现 Listener 嵌套类之一，通过在视频中设置视频循环参数使数字视频资产无缝循环。

此外，我们还将介绍如何使数字视频资产缩放以适应不同的宽高比。

最后，我们将按 10 种不同的行业标准设备屏幕分辨率优化数字视频资产，包括 WVGA、WSVGA、伪高清（1280×720）或真高清（1920×1080）等。

18.1　视频的生命：视频播放生命周期的各个阶段

在深入研究 VideoView 和 MediaPlayer 类之前，不妨先来了解一下数字视频资产在 Android 操作系统内部经历的不同阶段。

从表面上看，播放数字视频看起来很简单，只要单击"播放"/"暂停"、"快进"/"快退"或"倒带"之类的按钮即可。诚然，这些步骤也属于整个过程的一部分。但是，该过程其实还有一些"幕后"步骤。例如，允许 Android 操作系统将视频资产加载到内存中，为其设置参数以及其他更多的系统级注意事项，最终实现最佳的用户体验。

当实现 VideoView 时，还需要实现 MediaPlayer 对象，以便通过 URI 对象引用播放与此资产相关联的数字视频资产。

首次实例化 MediaPlayer 对象但不执行任何操作时，MediaPlayer 对象处于闲置状态。

通过 Uri.parse()或.setDataSource()方法调用使用 URI 对象后，MediaPlayer 对象将进入所谓的初始化状态。稍后我们将详细介绍 Android URI 类。

在已经初始化的 MediaPlayer 对象状态和已经启动的 MediaPlayer 对象状态之间有一个中间状态，称为已经准备好的 MediaPlayer 对象状态。使用 MediaPlayer.OnPreparedListener 可以访问此状态。MediaPlayer.OnPreparedListener 是一个嵌套类，下文将会详细介绍，并在应用程序的 Java 代码内部进行实际使用。

一旦 MediaPlayer 对象已初始化（加载数据完成），并且已经准备好（配置完成），即可开始播放。一旦进入播放状态，即可随时使用.stop()方法调用停止播放，或使用.pause()方法调用暂停。这 3 个视频状态应该是你最熟悉的。

MediaPlayer 对象状态的最终类型是播放结束状态，这意味着视频资产将停止播放。当然，如果对 MediaPlayer 对象的.setLooping()方法调用设置了 true 布尔值，则视频将继续无缝循环。

MediaPlayer 对象还支持.start()和.reset()方法，这些方法可以根据 Java 编程逻辑的需要随时重新启动和重置 MediaPlayer 对象。

最后，还有一个.release()方法，该方法将调用 MediaPlayer 对象的结束状态，这将结束 MediaPlayer 对象的生命周期并将其从内存中删除。

还有其他嵌套类，可以让你"侦听"错误（MediaPlayer.OnErrorListener），以及 MediaPlayer 的其他状态，如何时达到播放完成状态（MediaPlayer.OnCompletionListener）。在下文详细介绍 MediaPlayer 类时，将会做进一步的解释。

18.2　视频的存放位置：数据 URI 和 Android 的 Uri 类

在研究 MediaPlayer 类之前，必须先理解 URI 是什么，以及 Android 为开发人员提供了哪些 URI 对象和 Uri 类。

URI 的全称是统一资源标识符（Uniform Resource Identifier），冠名"统一"是因为它是一个标准，称之为"资源"是因为它引用了应用程序将要使用的数据，而命名为"标识符"则是因为它标识了应用程序可以获取数据的数据路径。

URI 有 4 个部分。以一个完整的 URI（HTTP://www.apress.com/data/files/video.mp4）为例，可分解如下：

- ❏　URI 模式，在本示例中为 HTTP://。
- ❏　域名，在本示例中为 www.apress.com。
- ❏　路径，在本示例中为/data/files。

❑　数据对象，通常是某种文件，在本示例中为 video.mp4。

Android Uri 类是 java.lang.Object 主类的直接子类。在 Java 编程语言中也有一个 Uri 类，但是在这里我们讲解的是 Android 开发，因此仅讨论 Android Uri 类。此外，还存在一个 java.net.Uri 类。但是，我们建议你仅使用该类的 Android 特定版本，因为它适合与 Android 操作系统一起使用。

Android Uri 类的层次结构如下：

```
java.lang.Object
  > android.net.Uri
```

Android Uri 类属于 android.net 软件包，从而使其成为用于通过网络访问数据的工具。因此，在 Android 应用程序中使用 Uri 类时，import 语句将引用 android.net.Uri 程序包路径。

Android Uri 类是一个公共抽象类，具有 30 多个方法，允许开发人员使用 URI 对象（和数据路径引用）。

Android Uri 类允许开发人员创建提供不可变（Immutable）URI 引用的 URI 对象。对于"不可变"的概念，其实我们已经接触过了，例如，将 Bitmap 对象放置到系统内存中，那么该 Bitmap 对象就是不可变的。想要让 URI 数据路径引用不可变，则需要使用 Android 的 Uri 类对其执行相同的操作。

URI 对象引用包括一个 URI 说明符以及一个数据路径引用，也就是 URI 的://后面的组成部分。相应地，Uri 类将负责以符合 RFC 2396 技术规范的方式构建和解析引用数据的 URI 对象。

为了优化 Android 操作系统和应用程序性能，Uri 类很少执行数据路径验证。这意味着未定义用于处理无效数据输入的行为。也就是说，面对无效的输入规范，Uri 类非常宽容。

因此，作为开发人员，你必须非常小心自己的工作，因为 URI 对象将返回垃圾而不是抛出异常，除非你使用 Java 代码另行指定。至于是否要进行错误捕获和数据路径验证，这取决于开发人员在其代码内的工作。

18.3　Android MediaPlayer 类：控制视频播放

在本书第 2 章中简要介绍了 MediaPlayer 和 MediaController 类，本节将深入讨论 MediaPlayer 核心媒体播放器类，以便你可以更好地在 GraphicsDesign 应用程序的 MainActivity.java 类中利用它。

Android MediaPlayer 类是 java.lang.Object 主类的直接子类，这表示 Android 的 MediaPlayer 类是专门为提供 MediaPlayer 对象而设计的。

因此，Android MediaPlayer 类的层次结构如下：

```
java.lang.Object
  > android.media.MediaPlayer
```

MediaPlayer 类属于 android.media 包。因此，在应用程序中使用 MediaPlayer 类时，其 import 语句将引用 android.media.MediaPlayer 包路径。

MediaPlayer 类是一个公共类，具有 9 个嵌套类。其中 8 个嵌套类提供了回调，用于确定有关 MediaPlayer 视频播放引擎的操作的信息。第 9 个嵌套类 MediaPlayer.TrackInfo 则用于返回视频、音频或字幕轨道元数据信息。

可以实现回调的嵌套类包括：

❑ MediaPlayer.OnPreparedListener：使开发人员可以在第一次开始播放之前配置 MediaPlayer 对象。

❑ MediaPlayer.OnErrorListener：可以响应（处理）错误消息。

❑ MediaPlayer.OnCompletionListener：可以用于在视频资产播放完成后运行其他 Java 语句。

❑ MediaPlayer.OnSeekCompletedListener：在查找操作完成时调用。

❑ MediaPlayer.OnBufferingUpdateListener：调用它可以获取通过网络流式传输的视频资产的数据缓冲状态。

❑ MediaPlayer.OnVideoSizeChangedListener：用于侦听视频大小变化。

❑ MediaPlayer.OnTimedTextListener：在定时文本可显示时使用，较少使用。

❑ MediaPlayer.OnInfoListener：用于显示有关某些视频媒体的信息或警告，较少使用。

18.4　Android VideoView 类：视频资产容器

Android MediaPlayer 和 VideoView 类实际上已经结合在一起，因此，本节将研究如何将这两个类牢固地链接在一起，以便你能够更深入地理解访问 VideoView 对象中 MediaPlayer 资产的最佳方法。

Android VideoView 类是 Android SurfaceView 布局容器类的直接子类，而后者又是 Android View 类的直接子类，View 类又是 java.lang.Object 主类的直接子类。

因此，Android VideoView 类的层次结构如下：

```
java.lang.Object
  > android.view.View
    > android.view.SurfaceView
      > android.widget.VideoView
```

Android VideoView 类属于 android.widget 包，这使它成为用户界面元素或小部件。因此，在 Android 应用程序中使用 VideoView 类时，import 语句将引用 android.widget. VideoView 作为其包路径。

VideoView 类是一个公共类，具有二十多个方法调用或回调，人们会认为这是 MediaPlayer 类的一部分，而实际上，它们也确实已经在 Java 代码的层面深度结合。

由于在第 18.3 节中已经介绍了一些回调侦听器，因此本节将介绍一些更重要和实用的方法调用，以使你能熟悉它们，在自己的视频播放应用程序中实现任何扩展数字视频功能。

❑ 关于 MediaPlayer 状态，有一些很简单的方法调用，例如：
  ➢ .pause()
  ➢ .resume()
  ➢ .start()
  ➢ .stop()
  ➢ .suspend()
  ➢ .stopPlayback()
❑ 设置视频播放控制器和路径的方法调用，例如：
  ➢ .setMediaController()
  ➢ .setVideoURI()
  ➢ .setVideoPath()
❑ 获取视频播放信息和查询当前是否正在播放的方法调用，例如：
  ➢ .getDuration()
  ➢ .getCurrentPosition()
  ➢ .getBufferPercentage()
  ➢ .getAudioSessionId()
  ➢ .isPlaying()
❑ 确定 MediaPlayer 的功能的方法调用，例如：
  ➢ .canPause()
  ➢ .canSeekBackward()
  ➢ .canSeekForward()
❑ 从 View 类继承的一些标准的事件处理方法调用，例如：
  ➢ .onTouchEvent()
  ➢ .onKeyDown()

> ➢　　.onTrackballEvent()
> ❑　一些专门的方法调用，例如：
> ➢　　.resolveAdjustedSize()
> ➢　　.onInitializeAccessibilityEvent()

18.5　使用 MediaPlayer 类：无缝循环播放视频

要学习如何使用 VideoView 窗口小部件来实现 MediaPlayer，真正有效的方式是实际编写 Java 代码和 XML 标记。接下来，就让我们进入实战模式，编写代码并优化视频，然后为视频资产添加多分辨率支持。

在本书第 2 章中已经创建了数字视频，但是在随后的各章中又将其禁用了，这样做是为了在浏览动画、合成和混合等效果时，不会产生背景视频的视觉干扰，也不会产生额外的处理开销。现在可以将这 7 行代码放回到 MainActivity 类的 onCreate()方法中，以便在初始屏幕上的 PAG 徽标后面播放。如图 18-1 所示，我们将这 7 行代码放置在.setUpAnimation()方法调用之后，在后面的图 18-5 的左侧，你将看到它正常播放。

图 18-1　将第 2 章中的视频播放 Java 代码添加到当前的动画启动代码中

接下来，我们希望它在徽标后面无缝循环，而不需要出现数字视频的 UI 控件。为此，我们需要注释掉 3 行代码，如图 18-2 所示。这 3 行代码的作用是创建 MediaController 对象并连接到 VideoView 对象。

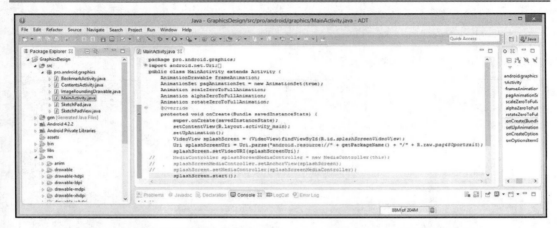

图 18-2　从数字视频播放中删除 MediaController UI 控件，以准备循环播放

要预览视频播放效果，可以使用 Run As（运行方式）| Android Application（Android 应用程序）命令。可以看到，尽管只使用了剩下的 4 行代码，但该数字视频资产仍然能够正常播放，尽管只有一次。这表明，为了使数字视频资产在应用程序中播放（一次），只需要很少的代码即可。

使数字视频在 Android 操作系统中循环播放的最快（也是最简单）的方法是使用带有 true 参数的.setLooping()方法。由于 MediaController 不提供此功能（这也是合情合理的，因为视频如果永远循环播放，根本就没必要使用 MediaController 对其进行控制），因此我们需要使用能够支持该方法的 MediaPlayer 类。

按照常规思路，你可能会认为，我们需要声明、实例化和构造一个 MediaPlayer 对象，然后通过该对象调用.setLooping()方法，这固然可行，但其实有一种更简便的方法可以获取在 VideoView 对象内播放的 MediaPlayer 对象的引用。

这可以通过在第 18.3 节中介绍的嵌套类之一来完成。由于我们只是想设置一下循环参数，因此，可以用来实现此目的的逻辑嵌套类是 MediaPlayer.OnPreparedListener()嵌套类。

使用此嵌套类，即可在确定视频最佳播放方式的同时设置循环参数。这很好理解，因为在 Android 准备视频时，就应该是设置参数（如循环参数）的绝佳时机。MediaPlayer 的准备阶段其实也可以视为它的配置阶段。

要完成上述操作，可以通过 splashScreen VideoView 对象调用.setOnPreparedLister()方法，然后在该方法调用中，使用 MediaPlayer.OnPreparedListener()引用实例化一个新的嵌套类（使用 new 关键字）。

执行此操作的 Java 语句如下：

```
splashScreen.setOnPreparedListener(new MediaPlayer.OnPreparedListener()
{Override});
```

代码添加位置如图 18-3 所示。

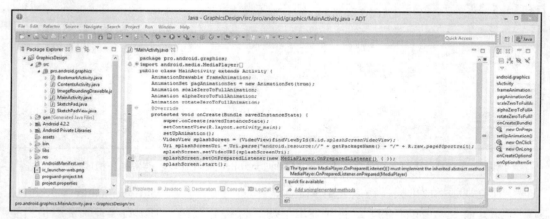

图 18-3 将 .setOnPreparedListener() 方法添加到 splashScreen VideoView 对象以设置视频播放循环参数

如图 18-3 所示，在 MediaPlayer.OnPreparedListener() 底部出现了红色波浪线错误提示，Eclipse 提供了自动编写未实现的方法引导代码的功能，因此，可以选择 Add unimplemented methods（添加未实现的方法）选项，不得不说，这样的功能对开发人员来说特别友好。

在 public void onPrepared(MediaPlayer arg0) 方法结构内，添加 .setLooping(true) 方法调用。可以看到，在本示例中，我们毫不犹豫地命名了传递给方法的 splashScreenMediaPlayer MediaPlayer 对象，因此，如图 18-4 所示，此时的方法调用语句如下：

```
splashScreenMediaPlayer.setLooping(true);
```

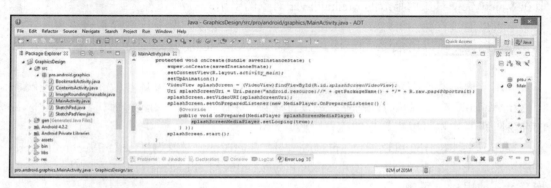

图 18-4 编写 onPrepared() 方法的代码以公开 MediaPlayer 对象，并在其中调用 .setLooping() 方法

现在使用 Run AS（运行方式）| Android Application（Android 应用程序）命令进行测试，如图 18-5 所示，数字视频将无缝循环。

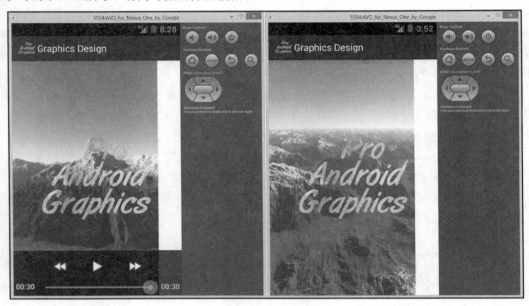

图 18-5　在 Nexus One 模拟器中的启动画面，左侧显示了
MediaController 播放控件，右侧为无缝循环播放效果

如果你在网上寻找用于循环播放视频的解决方案，则会看到大量建议，都是告诉你使用 MediaPlayer.OnCompletionListener()嵌套类，在视频播放结束时再调用.start()方法。这样当然也可以，但是，我们认为本示例采用的方法更加简单，需要操作系统做的事情更少，对内存的占用更低，并且不太可能引起内存泄漏。总之，这应该是将视频设置为无缝循环播放的正确方法。

接下来，我们将修改 XML UI 布局容器代码和 UI 小部件，使该数字视频资产非均匀缩放，以适应用户显示屏宽高比的细微差异。该 3D 虚拟世界视频类似于本书前面使用的落日余晖（cloudsky.jpg）图像资产，在不按原始宽高比缩放时感觉不到明显的失真，因此是按这种方式进行缩放的良好资产。

18.6　设置视频资产缩放以适应任何屏幕宽高比

接下来我们就看一看如何更改 XML 用户界面定义，以允许数字视频资产缩放，从而适应略有不同的屏幕宽高比。

　　注意，我们这里讨论的是适应略有不同的屏幕宽高比，而不是变化巨大的宽高比。例如，在本示例中的视频是一个纵向视频，想要让它进行不对称缩放以适应横向的宽屏并且仍然不失真，那显然是不现实的。对于宽屏，我们的解决方案是开发多种 16：9 或 16：10 长宽比的视频资产，以满足更多的 Android 设备物理分辨率规格，而不是简单地缩放。下文将会更深入地讨论该问题。

　　回到本示例，我们可能会沿某个轴缩放 10%左右，这样的不对称缩放并不是那么引人注目，至少在本示例中使用的 3D 虚拟世界视频内容不会出现明显的失真。当然，在第 2 章中我们也已经说过，当视频的内容是某人在发表演讲时，这种失真可能会非常明显。

　　右击项目/res/layout 文件夹中的 activity_main.xml 布局定义，在出现的快捷菜单中选择 Open（打开）命令，或者在单击选择该文件之后按 F3 键将其打开。

　　现在编辑<FrameLayout>容器的父标签，将单词 Frame 修改为 Relative，使之转换为<RelativeLayout>容器，如图 18-6 所示。注意，开始标记和结束标记都要修改，因此一共需要修改两处。

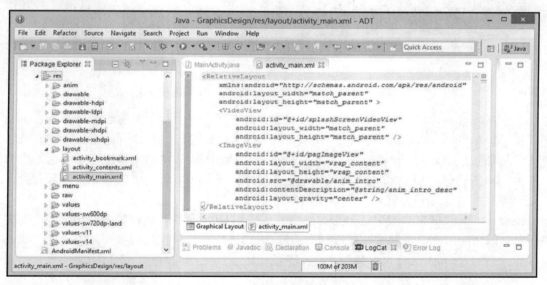

图 18-6　将<FrameLayout>父容器标签更改为<RelativeLayout>父容器标签

　　现在使用 Run As（运行方式）| Android Application（Android 应用程序）命令进行测试，也可以单击底部的 Graphical Layout（图形布局）选项卡进行预览，看一看在使用不同类型的用户界面布局容器（ViewGroup）时 UI 布局结果是否相同。

如图 18-7 的最左侧所示，<ImageView>子标签 UI 小部件中的参数与<RelativeLayout>父标签容器类型不兼容。因此，必须首先对该子标签及其参数进行一些修改，以使其能再次正确居中。

图 18-7　调整子标签参数以优化时，在 Nexus One 中测试新的<RelativeLayout>

让我们仔细研究一下图 18-6 中<ImageView>子标签中的参数，看一看是否可以找到问题根源。我们知道，id、src 以及 layout_width 和 layout_height 都是布局容器的标准配置，不会有问题；而基于图像的 UI 元素都需要 contentDescription，这也不会有问题。因此，问题只能出在 layout_gravity = "center"身上，正是它与<RelativeLayout>不兼容。从概念上来说，<RelativeLayout>不支持 gravity（重力），因为<RelativeLayout>中的 UI 小部件都是相对于彼此布置的。

因此，删除最后一个参数在 Android 之后的:layout_gravity = "center"部分，然后再次输入冒号，这将调用 Eclipse ADT 的辅助代码输入对话框，如图 18-8 所示。

正如你在<RelativeLayout>布局容器长长的参数列表中看到的那样，确实存在一个不同的标签，可用于将<ImageView> UI 窗口小部件子标记在其<RelativeLayout> UI 布局父标签内居中对齐。在<RelativeLayout>容器中要实现的正确参数是 android:layout_centerInParent 参数，其布尔值为 true。

现在使用 Run As（运行方式）| Android Application（Android 应用程序）命令进行测

试，可以看到这个问题已经解决，PAG 徽标再次居中，视频也正常在其后面无缝循环，如图 18-7 中间截屏所示。

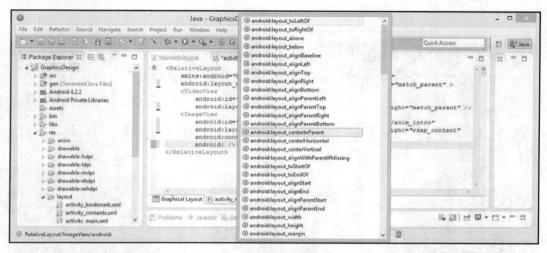

图 18-8　将<ImageView> layout_gravity = "center"参数更改为 android:layout_centerInParent 参数

接下来要弄清楚的问题是如何实现如图 18-7 右侧截屏所示的视频填满 View 的缩放效果。

让我们回到 Eclipse RelativeLayout 参数辅助代码输入对话框中，找出其中哪些参数（有几十个）可以达到最终结果，并提供可以在任何分辨率和任何方向上都可以使用的参数，这样我们就能够继续创建视频资产目标，并告诉 Android 在不同设备上使用的内容（即按物理分辨率和方向自动切换使用的资产）。

为了使视频缩放以适应整个屏幕，需要在<VideoView>子标签中添加一个参数。我们要做的是将<VideoView>容器与<RelativeLayout>容器对齐，该容器对于 X 和 Y 维度都已使用 MATCH_PARENT 常量进行配置，这使得<RelativeLayout>父标记充满整个显示屏幕。

值得一提的是，即使在<VideoView>子标签中也设置了 MATCH_PARENT 常量，Android 也会遵循数字视频资产的长宽比，因此必须找到其他参数来替代此行为并缩放视频（在本例中为 X 维度），以遮盖显示在视频后面的默认背景白底。

将光标停放在<VideoView>结束标签（/>）前面，按 Enter 键添加一行，然后输入 android:（注意，别忘记输入英文冒号），打开 Eclipse 辅助代码输入对话框，再输入字母 a，筛选以 a 开头的可用参数，如图 18-9 所示。

此时可以看到 4 个 alignParent 参数，它们可用于<VideoView>，使其与父级<RelativeLayout>的每个边缘匹配。虽然我们希望有一个简便的 alignParentAll 或 alignParent

参数，以便不必编写 4 个参数即可达到最终结果，但遗憾的是并没有这样的参数，所以我们需要分别执行 4 次类似的操作。

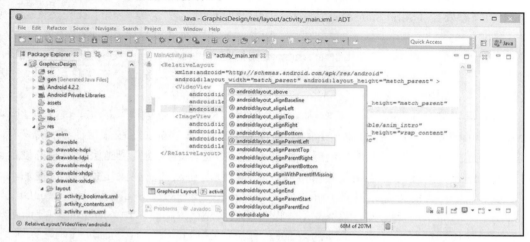

图 18-9　使用 Eclipse 辅助代码输入对话框查找 4 个 android:layout_alignParent 参数

如图 18-9 所示，我们已选择第一个 alignParentLeft 参数，双击此参数将其插入子标签，并将其值设置为 true。接下来，执行相同的工作过程，依次添加 alignParentTop、alignParentRight 和 alignParentBottom 参数，将其值均设置为 true。

如图 18-10 所示，4 个参数均已设置完毕，并且标记都没有错误，因此现在可以使用 Run As（运行方式）| Android Application（Android 应用程序）命令进行测试，可以看到视频会不对称缩放并在 PAG 徽标后面播放。在模拟器中，视频在填充容器时实际上可以更加流畅地播放，这可能是因为它没有要渲染的白底。

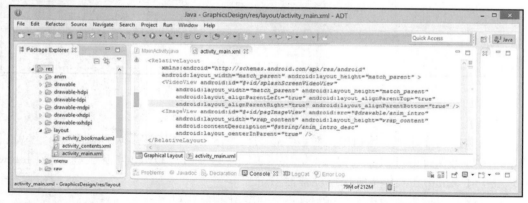

图 18-10　为 android:layout_alignParent 参数添加 4 个边的对齐参数以缩放<VideoView>适应屏幕

　　需要特别注意的是，你可能需要拥有配置较为高端的计算机才能顺畅地在模拟器中播放视频。我们所使用的计算机拥有 8 核 CPU，64 位 3.4GHz 工作站，16GB DDR3 1333 RAM 和固态硬盘（Solid State Disk，SSD），但有时仍然无法获得理想的 Eclipse AVD 模拟器性能。

　　这是因为 AVD 需要虚拟化整个 Android 硬件和软件环境。它仅使用软件模拟来执行此操作，这会占用大量的存储空间以及大量的处理周期。也就是说，在优化运行此开发软件包中 AVD 模拟器部分的代码时，可能还有一些改进的余地。

　　如果可以将 Android 开发工作站设置为使用 3.8GHz（或更快）的 64 核 128 线程 AMD 64 位 CPU，具有 32GB 甚至 64GB 的 DDR4 2400 或 2666（现在非常便宜）的内存，那么你的模拟器环境将变得更加流畅。如果希望模拟器快速启动，请确保使用固态硬盘。固态硬盘的读写速度比普通硬盘要快得多，它可以使所有软件（和操作系统）快速启动。

　　接下来，让我们看看你需要了解的另一个 VideoView 参数。android:keepScreenOn 参数将使用户的显示屏免受大多数 Android 设备积极实施的"超时节电"功能的影响（该功能是为了延长给定充电周期的电池的寿命）。你可以在 Eclipse ADT 的辅助代码输入对话框中看到此参数，如图 18-11 所示，还可以看到一个淡黄色的描述信息窗口，当单击要了解的参数时，即可弹出该窗口。

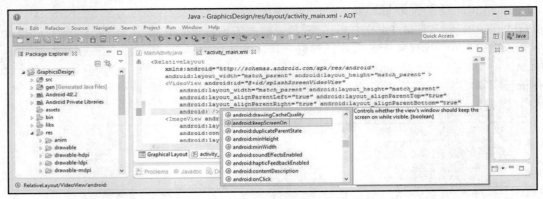

图 18-11　　使用 Eclipse ADT 的辅助代码输入对话框查找并
了解 VideoView 对象的 android:keepScreenOn 参数

　　在淡黄色的描述信息窗口中，对该参数的说明是，当 VideoView 可见时，该参数将使用户的屏幕保持打开状态（背光）。它还说明了该参数是布尔值，因此可以使用 true 值来表示让 Android 操作系统保持屏幕显示。

　　接下来，我们需要为更多目标设备分辨率优化视频资产。

18.7　优化视频资产分辨率目标的范围

我们将完成对 WVGA 800×480 视频资产的优化。由于 VGA 使用的是 640×480 分辨率，因此，再增加 160 像素的宽度，即可获得 WVGA 分辨率，该分辨率在 Android 智能手机和平板电脑中非常受欢迎，因为它具有合理的屏幕尺寸和（几乎）足够的像素，可以为终端用户提供出色的图形质量。因此，考虑将该图形视频数字资产用于图形应用程序是一个很好的解决方案。现在就来优化 800×480 横向视频资产。

启动 Sorenson Squeeze Pro 视频应用程序，然后单击在第 2 章中创建的 480×800p Android 预设。如图 18-12 的最左侧所示，在将其选中之后，单击面板左下角中间的按钮，也就是左数第 3 个按钮，其提示为 Creates a copy of the selected item（创建选定项目的副本），这样可以创建该编解码器预设的副本，我们将以它为基础创建适合 WVGA 横向版本的另一个预设。通过该方法创建新的预设（特别是使用类似数据速率设置的预设）会更加容易。

图 18-12　创建 800×480p 横向数字视频编解码器预设

我们要做的第一件事是提供正确的 Name（名称）和 Desc（描述），因此可以将新预设命名为 Android800×480p（此处 p 代表逐行扫描，而不是像素），并添加对 Android 800×480 Landscape 的描述，如图 18-13 右侧所示。其他设置都是相同的，因为两个预设之间的数据是相同的，只是翻转了 90°（即从纵向显示模式旋转到横向显示模式）。

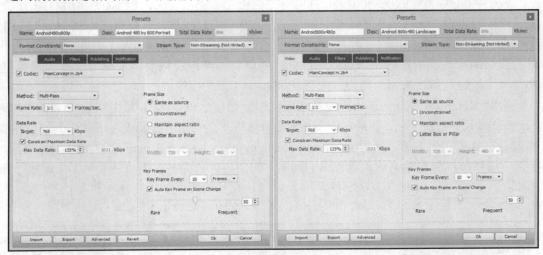

图 18-13　使用 768kbps～1Mbps 数据速率和高质量编解码器的 Android WVGA 视频编解码器预设

逐行扫描（Progressive Scan）视频是一种将视频的每一行按顺序一次写入显示屏的视频。与逐行扫描相对的是隔行扫描（Interlaced Scan），老式电视机采用的就是隔行扫描方式，在第一次扫描时写入偶数行，在第二次扫描时写入奇数行，这也是老式电视机会闪烁的根本原因。

请确保数据速率从 768kbps（3/4Mbps）到 1Mbps，并且设置 Key Frames（关键帧）为每秒 10 个关键帧（即 10FPS），Frame Size（帧大小）为 Same as source（和源视频相同）。

在设置新的 WVGA 预设后，单击 OK（确定）按钮创建该预设，然后便可以进入 VirtualDub 并创建 AVI 源文件。

双击快捷方式图标启动 VirtualDub 1.9，然后选择 File（文件）| Open Video File（打开视频文件）命令。在打开的对话框中，导航至系统硬盘，找到 PAG800 渲染的 BMP 文件序列的第一帧并将其选中。在加载 400 帧的 3D 渲染后，使用 File（文件）| Save AVI As（将 AVI 另存为）命令将 AVI 格式视频保存到/AVIs 目录中，就像在第 2 章中所做的一样。如果需要重新了解此操作过程，请返回查看第 2 章中的文本或屏幕截图。在图 18-14 中即

显示了 VirtualDub 软件，并且已经将 800×480 的 WVGA 横向视频加载到其用户界面中。

图 18-14　将 WVGA 横向视频帧加载到 VirtualDub 中以创建未压缩的 AVI 文件

在导出 PAG800×480.avi 文件后，即可返回 Squeeze Pro 9 并应用新的预设。导入 PAG800×480 视频文件，然后单击 Apply（应用）按钮，应用为其创建的预设。在 Squeeze 中设置完成后，单击 Squeeze It（压缩）按钮开始压缩过程，可以通过 MainConcept 编解码器和 MPEG-4 H.264 视频编码算法将 WVGA 预设设置应用于 AVI 原始帧数据。

在生成 AVI 文件之后，可以使用一些数学运算来查看是否获得了在第 2 章中获得的 480×800 纵向文件版本的出色压缩效果。现在可以看到，其压缩后的文件大小比具有相同像素数的横向版本的大小少了 35KB。这意味着我们仍获得 99.2%的压缩率，或者反过来理解，MP4 数据文件是原始全帧未压缩 AVI 源文件大小的 0.8%。其源文件与 PAG480×800.AVI 文件的大小完全相同（450MB），因为它们实际上具有相同数量的像素和帧。

现在，我们拥有适合中等分辨率（中等 DPI 或 MDPI）、具有 WVGA 分辨率以及 4 英寸至 7 英寸 LED 或 LCD 显示屏设备的数字视频资产。

接下来，不妨先处理 LDPI 或低 DPI 屏幕的问题，这样我们就可以集中精力处理更主流的高清 Android 设备和 NetBook（1024 像素）分辨率设备的资产。

在继续新操作之前，请注意最后一点：800×480 分辨率并不是真正的 16∶9 宽屏宽高比。要计算此值，可使用 800/16=50，而 50×9=450，因此，真正的 16∶9 宽高比是 800×450 分辨率，对于许多 Android 设备而言，这不是常见的物理屏幕（像素）分辨率。由于 480/50=9.6，因此，800×480 分辨率实际上代表的是 16∶9.6 的宽高比，或者说，它是 16∶9 和 16∶10 这两个宽高比之间 60%的位置。

18.8　使用 16∶9 低分辨率 640×360 数字视频资产

下一个分辨率还将使用 VGA 640×480 分辨率来创建其宽屏分辨率版本，这意味着在宽度上不变，而在高度上则减去 120 像素，最终将获得 640 像素的宽度和 360 像素的高度，并产生 16∶9 的宽高比。其计算方式是：640/16=40，而 40×9=360，因此，640×360 是流行的 16∶9 HD 宽高比的低分辨率版本。

回到 Squeeze，使用第 18.7 节中介绍过的操作流程来复制 Android480×800p 预设，以创建 Android360×640p 预设，用于较低分辨率的 Android 设备。此类设备包括 HDPI 手表（它的屏幕是 2 英寸的，但是分辨率为 640 像素，计算结果为 640/2=320DPI，因此是 HDPI）和 5 英寸屏幕的平板电脑（它的屏幕是 5 英寸的，但是分辨率同样为 640 像素，计算结果为 640/5=128DPI，因此是 LDPI）等。

右击创建的 WVGA 预设的副本，然后在弹出的快捷菜单中选择 Edit（编辑）命令，打开 Presets（预设）对话框。如图 18-15 左侧所示，输入预设 Name（名称）为 Android360×640p，Desc（描述）为 Android 360×640 Portrait，然后就可以设置数据速率和相关参数了。

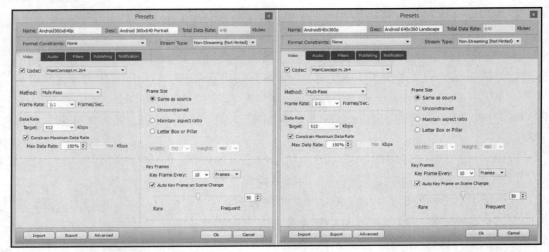

图 18-15　Android 360×640p 视频编解码器预设，使用 512～768kbps 数据速率和高质量编解码器

在 Data Rate（数据速率）下，将 Target（目标）设置为 512kbps，Max Data Rate（最大数据速率）设置为 150%，即 768kbps。

在 Presets（预设）对话框的右侧，可保留原有设置不变，以匹配分辨率和每秒使用的关键帧数。完成 Portrait（纵向）预设后，即可返回并创建 Landscape（横向）预设。

18.9　使用上网本分辨率 1024×600 数字视频资产

超便携式上网本产品一度广受欢迎，其分辨率为 1024×600 像素，这和 SVGA 分辨率相近。SVGA 代表的是 Super VGA，其分辨率为 800×600 像素。因此，如果在宽度上再增加 224 像素，则产生的就是 Wide Super VGA（WSVGA）显示分辨率。

上网本具有 10.1 英寸的屏幕，这意味着它是 LDPI（即每英寸 1024/10=102 像素），有一些智能手机和平板电脑采用的也是 1024×600 分辨率，但是它们的屏幕仅有 4 英寸或 5 英寸，这意味着它们处于 HDPI 240 像素/英寸的屏幕密度范围内。

1024×600 分辨率的宽高比不是 16∶9，因为 1024/16=64，而 64×9=576，因此，1024×576 才是真正的 16∶9 宽高比。由于 600/64=9.375，因此，1024×600 实际上代表的是 16∶9.375 宽高比，或者说，它是 16∶9 和 16∶10 这两个宽高比之间 3/8 的位置。

右击创建的 WVGA 预设的副本，然后在弹出的快捷菜单中选择 Edit（编辑）命令，打开 Presets（预设）对话框。如图 18-16 左侧所示，在 Name（名称）文本框中将该预设命名为 Android600×1024p，然后输入 Desc（描述）为 Android 600×1024 Portrait。

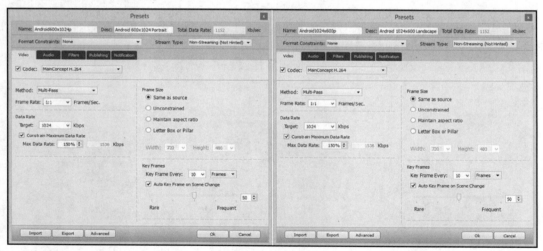

图 18-16　Android WSVGA 视频编解码器预设，使用 1～1.5Mbps 数据速率和高质量编解码器

在 Data Rate（数据速率）下，将 Target（目标）设置为 1024kbps，Max Data Rate（最大数据速率）设置为 150%，即 1536kbps。

在 Presets（预设）对话框的右侧，可保留原有设置不变，以匹配分辨率和每秒使用的关键帧数。完成 Portrait（纵向）预设后，即可返回并创建 Landscape（横向）预设。

18.10　使用低高清分辨率 1280×720 数字视频资产

大约十年或更早之前，第一个进入数字领域的高清分辨率就是所谓的"伪高清"，其分辨率是 1280×720 像素。此分辨率具有足够的像素（将近 100 万）以提供清晰的视频内容，但该像素数量却不至于使处理器或数据传输带宽陷入困境。这也是一个真正的16∶9 宽高比，因为 1280/16 = 80，而 80×9=720。

使用此分辨率的设备包括一些平板电脑设备。对于使用该分辨率的平板电脑来说，如果它具有 5.5 英寸的屏幕，则它是 240DPI 屏幕密度的 HDPI 设备；如果它具有 8 英寸的屏幕，则它是 160DPI 屏幕密度的 MDPI 设备；对于更大的 10 英寸平板电脑来说，则属于 120DPI 的 LDPI 屏幕密度类别。

右击创建的 WVGA 预设的副本，然后在弹出的快捷菜单中选择 Edit（编辑）命令，打开 Presets（预设）对话框。如图 18-17 左侧所示，在 Name（名称）文本框中将该预设命名为 Android720×1280p，然后输入 Desc（描述）为 Android 720×1280 Portrait。

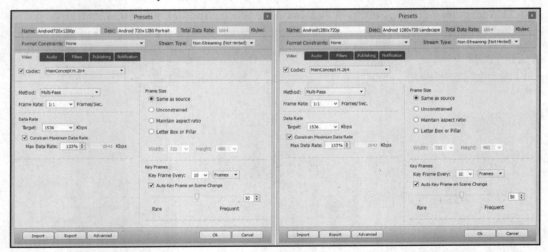

图 18-17　使用 1.5～2Mbps 数据速率和高质量编解码器的 Android 伪高清视频编解码器预设

在 Data Rate（数据速率）下，将 Target（目标）设置为 1536kbps，Max Data Rate（最大数据速率）设置为 133%，即 2048kbps。

在 Presets（预设）对话框的右侧，可保留原有设置不变，以匹配分辨率和每秒使用的关键帧数。完成 Portrait（纵向）预设后，即可返回并创建 Landscape（横向）预设。

最后，我们将为 iTV 或高端平板电脑创建真高清预设集。

18.11　为 iTV 使用真高清 1920×1080 数字视频资产

大约十年或更早之前，出现了第二种进入数字领域的高清（High Definition，HD）分辨率，这就是业界所谓的"真高清"，其分辨率为 1920×1080 像素。此分辨率也是精确的 16：9 宽高比，并具有超过 200 万的足够像素，可以提供非常清晰的视频播放效果。由于真高清分辨率具有太多的像素，因此它可能会使一个弱（如单核）处理器陷入处理瓶颈问题，并且还可能使较小的数据传输带宽不堪重负。

使用该 HD 分辨率的设备包括 iTV（交互式电视机）以及 Kindle Fire HD，后者实际上是在 8.9 英寸屏幕上采用真高清 16：10 1920×1200 分辨率，这使其更接近 240DPI 屏幕密度的 HDPI 设备。对于 iTV 来说，其屏幕尺寸决定了 DPI，所以这次我们换一个方向进行计算。1920/240=8，因此 8 英寸宽的 iTV（对角线为 11 英寸，电视产品标称的屏幕尺寸均指对角线尺寸）是 HDPI；而 1920/160=12，因此 12 英寸宽的 iTV（对角线为 16 英寸）是 MDPI；而 1920/120=16，因此 16 英寸宽的 iTV（对角线为 20 英寸）是 LDPI。由此可见，大多数 iTV 都是 LDPI。

右击创建的 WVGA 预设的副本，然后在弹出的快捷菜单中选择 Edit（编辑）命令，打开 Presets（预设）对话框。如图 18-18 左侧所示，在 Name（名称）文本框中将该预设命名为 Android1080×1920p，然后输入 Desc（描述）为 Android1080×1920 Portrait。

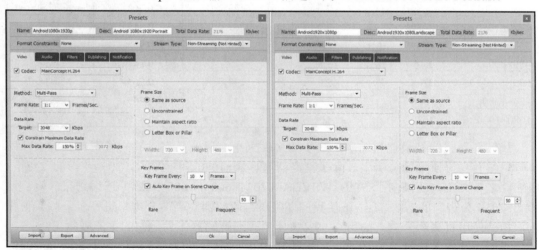

图 18-18　使用 2～3Mbps 数据速率和高质量编解码器的 Android True HD 视频编解码器预设

在 Data Rate（数据速率）下，将 Target（目标）设置为 2048kbps，Max Data Rate（最大数据速率）设置为 150%，即 3072kbps。

在 Presets（预设）对话框的右侧，可保留原有设置不变，以匹配分辨率和每秒使用的关键帧数。完成 Portrait（纵向）预设后，即可返回并创建 Landscape（横向）预设。

现在，我们已经生成了所有 MPEG-4 数字视频资产，可以看到所获得的压缩率，并确定哪种压缩率最适合应用程序。

18.12　分析目标分辨率的压缩结果

我们已经使用未压缩的 AVI 文件创建了压缩的 MP4 文件，可以来计算一下压缩比和结果文件百分比，以查看哪种分辨率可获得更好的压缩结果。表 18-1 收集了计算结果。可以看到，更高的分辨率会带来更好的结果。在做出决定时，还可以查看一下数字视频资产文件的大小。

表 18-1　行业标准的硬件屏幕分辨率、原始数据大小、压缩后的数据大小和压缩比等统计

分　辨　率	原始数据/MB	压缩后的大小/MB	压　缩　比	结果文件百分比	屏　幕　方　向
640×360	270	2.5	108：1	0.93%	横向
800×480	450	3.8	119：1	0.84%	横向
1024×600	720	5.0	143：1	0.70%	横向
1280×720	1080	7.5	143：1	0.70%	横向
1920×1080	2430	9.9	243：1	0.41%	横向
360×640	270	2.5	108：1	0.93%	纵向
480×800	450	3.8	119：1	0.84%	纵向
600×1024	720	5.0	143：1	0.70%	纵向
720×1280	1080	7.5	143：1	0.70%	纵向
1080×1920	2430	10	243：1	0.41%	纵向

我们要寻找的是最佳压缩率、最小的文件大小，以及具有足够的像素，在放大或缩小时仍具有良好质量的分辨率。除了真高清（1920×1080 和 1080×1920）获得的 243：1 压缩比之外，我们还倾向于 5MB WSVGA（1024×600 和 600×1024）压缩结果。真高清 1920×1080 分辨率的 243：1 结果使我们怀疑该编解码器对高清分辨率进行了一些其他优化，相信使用真高清分辨率的用户 99%将使用该编解码器作为他们的主流视频工具。

我们还倾向于选择 WSVGA，这是因为 1024 向上可以放大 2 倍达到 1920（或 2048）分辨率，它本身又接近 1280，同时还可以高质量地缩小到任何其他分辨率；加上大多数

Android 设备的精细点距（这些设备通常是 HDPI），这将隐藏任何缩放伪像；最后，它的大小仅为 5MB，对于拥有 400 帧的 3D 动画来说，每帧仅 13KB。

按最大 50MB 的 Android APK 文件大小限制计算，5MB 的视频文件仅占文件总大小的 10%，因此它对于初始屏幕背景视频板来说是相当合理的。

值得一提的是，还可以让应用程序访问最多两个额外的外部数据文件，每个文件的最大容量为 2GB，因此，如果应用程序有大量的本地视频，那么只要优化视频得当，这就不是问题。

关于 1024×600 目标分辨率，还可以再尝试一项操作，即使用在本章介绍过的操作流程创建高质量（High Quality，HQ）预设，具体方法如下：选择 1024×600 预设，使用底部的复制图标复制该预设，然后右击它，在弹出的快捷菜单中选择 Edit（编辑）命令，打开 Presets（预设）对话框。在 Name（名称）文本框中将该预设命名为 Android1024×600p_HQ。在 Data Rate（数据速率）下，将 Target（目标）设置为 1200kbps，Max Data Rate（最大数据速率）设置为 170%，即 2048kbps。

现在可以看一看使用这些较高的质量设置会使当前的 5MB 文件大小增加多少数据开销。

导入未压缩的源数据 PAG1024×600.avi，并将此新的编解码器预设应用于它，然后单击 SqueezeIt（压缩）按钮以压缩 MP4 文件。如果这个更高质量视频设置的压缩结果在 6MB 以下，则 Android 将拥有可放大或缩小的高质量视频数据源。

在后面的图 18-23 中可以看到，该 MP4 的容量为 5.878MB，因此，我们可以在较低（目标）端提供更高的质量。也可以使用 1250kbps 或 1280kbps 的目标数据速率来确保即使在像素较大且有明显伪影的大型（LDPI）屏幕上观看视频时也没有可见的伪影。

1024×600 的目标分辨率应该可以很好地放大到 1280×720 或 1920×1080，尤其是在 HDPI 屏幕（这是正常的）上，因为在 HDPI 屏幕上，像素是如此之小，甚至根本看不到伪像。回忆一下你参加过的车展或贸易博览会，当你近距离观看某个展台或主舞台上巨大的 LED 广告牌时，像素看起来很明显，视觉效果比较糟糕；但是当你远距离观看时，相同的多媒体内容看起来非常鲜明而清晰。较小点距的显示器在今天已经比比皆是，所以该目标分辨率完全可以获得非常好的视觉效果。

在表 18-1 中可以看到，Sorenson Squeeze 的压缩比最高可以达到 243∶1，表明它可以通过较小的数据占用空间提供令人惊叹的视频质量，并且使用的还是较旧的 MPEG-4 编解码器。当然，使用新的 WebM 视频编解码器还可能提供更好的结果（也可能提供相同或较差的结果，具体取决于视频内容）。

要想知道视频使用 WebM 编解码器进行压缩时究竟会获得更好还是更差的结果，除了实际进入 Squeeze 并通过编解码器运行未压缩的 AVI 源文件以查看结果之外，没有其他方法。接下来我们就将介绍该方法。

18.13　使用 WebM VP8 编解码器压缩伪高清视频

现在回到 Sorenson，尝试使用 Sorenson Squeeze Pro 随附的预设，处理高清 1280×720 分辨率和 2000kbps 的视频。右击此预设，在弹出的快捷菜单中选择 Edit（编辑）命令修改编解码器预设，以使用 Target（目标）1536kbps 数据速率，再使用最大 2048kbps 数据速率。WebM 编解码器不像 MPEG-4 编解码器那样支持数据速率范围，因此需要测试两个数据速率。

我们要在此处完成的工作是，查看与使用 Squeeze 的 MainConcept MPEG4 H.264 编解码器相比，是否可以获得更小的数据占用空间。如果它可以显著降低数据占用空间，则可以考虑使用 WebM 格式；如果不是，则应使用 MPEG4 格式，因为支持 MPEG-4 视频格式的 Android 操作系统版本（2.3 之前的版本）更多。

启动 Sorenson Squeeze，然后单击左上角的 Import File（导入文件）按钮，打开名为 PAG1280×720.avi 的未压缩的 AVI 文件，如图 18-19 所示。

图 18-19　加载未压缩的源 PAG1280×720.avi 文件

加载未压缩的 AVI 数据后，即可应用创建的 WebM 预设，该预设使用 1536kbps 的低端（目标）数据速率，如图 18-20 左侧所示。单击 Squeeze It（压缩）按钮即可使用 WebM 编码进行压缩。

然后，创建一个新的预设或编辑现有的预设以创建 2048kbps 的高端（最大）数据速率预设，并将其应用于未压缩的源，然后单击 Squeeze It（压缩）按钮创建 WebM 文件的 2048kbps 数据速率版本，这样可以看到正在获得哪一种数据占用空间优化。

再强调一遍，WebM 仅支持"静态"或一元（单个）数据速率，而不支持 MPEG-4 编解码器的 Max Data Rate（最大数据速率）范围，因此需要分别创建低端和高端目标数据速率预设，并运行两次压缩过程。其实通过图 18-20 的 Data Rate（数据速率）设置也可以看出它们的区别。

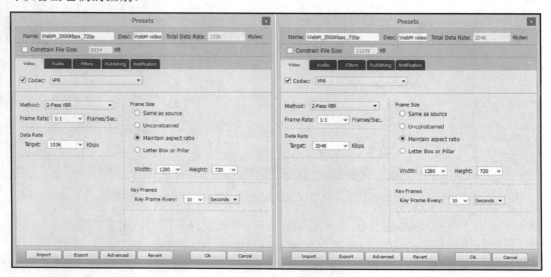

图 18-20　创建 1536kbps 目标数据速率 WebM 预设和 2048kbps 目标数据速率 WebM 预设

在表 18-1 中可以看到，使用 MPEG-4 编解码器在伪高清和真高清之间获得的压缩比差异巨大（伪高清为 143：1，而真高清为 243：1）。有鉴于此，我们也可以尝试在 WebM 编解码器上使用真高清视频源，看一看是否能获得相同的结果。

18.14　使用 WebM VP8 编解码器压缩真高清视频

找到 1080p 的 Squeeze WebM 编解码器预设，如图 18-21 所示，将 Target（目标）数

据速率修改为 3072kbps 或 3Mbps，并选择 Method（方法）为 2-Pass VBR，它表示 2 遍可变比特率（2-Pass Variable Bit-Rate），是优化设置。在 Frame Size（帧大小）部分，选中 Maintain aspect ratio（保持宽高比）单选按钮。

　　按同样的方式再创建一个预设，将 Target（目标）数据速率修改为 2048kbps，其他设置保持不变，如图 18-21 所示。

图 18-21　为 WebM 编解码器创建真高清视频压缩预设，数据速率分别为 3072kbps 和 2048kbps

　　接下来，单击 Squeeze 左上角的 Import File（导入文件）按钮，找到并载入未压缩的源文件 PAG1920×1080.avi，以便可以压缩 WebM True HD 视频资产。

　　将 3072kbps WebM 预设应用于该真高清源数据，然后单击 Squeeze It（压缩）按钮并生成 WebM 版本的数字视频数据。

　　在后面的图 18-23 中可以看到，应用该预设压缩产生的视频文件将需要 14MB 的数据占用空间，因此接下来我们可以使用 2048kbps 编解码器预设再次压缩真高清源 AVI，看是否可以获得更小的数据占用空间结果。

　　将 2048kbps WebM 预设应用于真高清源数据，然后单击 Squeeze It（压缩）按钮并生成 WebM 版本的数字视频数据。

　　此数据速率设置压缩的结果是一个 8MB 的文件，考虑到这是一个拥有 400 帧的 3D 图像（每帧 6.22MB），实际上就是将近 2.5GB 的数据被压缩为仅 8MB，这实在是一个了不起的压缩结果（参见图 18-22）。

图 18-22　导入未压缩的 PAG1920×1080.avi 真高清 AVI 文件并对其应用 WebM 预设

我们在 Opera 浏览器中播放了 WebM 视频（该浏览器支持 WebM 视频），结果非常流畅。因此，对于真高清视频资产（尤其是要流式传输的资产），我们会选择 WebM 编解码器和预设，而不考虑 MPEG-4 格式，但是，如果需要将数据托管到外部媒体服务器上，则可能仍然需要找到一种同时提供这两种格式的方法。

最后，作为一项总结，我们可以来看一下生成的所有 38 个源文件、数据文件和项目文件，如图 18-23 所示。此列表的顶部是.sqz Squeeze 项目文件，在这些文件下，按视频 X 轴数字排序的是 10 种不同的视频资产文件分辨率，以及它们的未压缩 AVI 文件、压缩后生成的 MPEG-4 文件和 WebM 文件。

如果你想计算压缩比数据，则进行一些简单的数学计算即可（使用源文件的大小除以结果文件的大小）。要计算结果文件的百分比，则将分子和分母反过来即可。

在表 18-1 中已经完成了大多数的计算，方便你随时查看和参考数据占用空间优化结果。

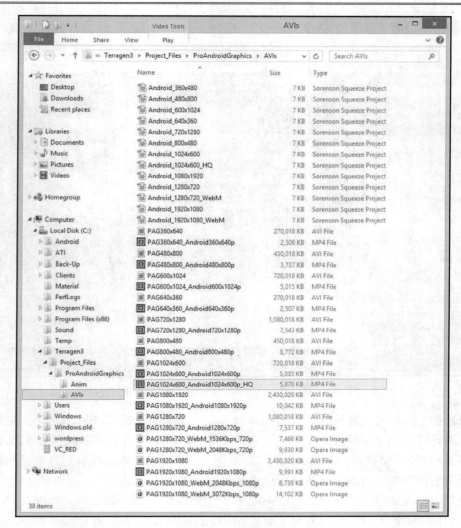

图 18-23　在 Windows 资源管理器中显示的压缩结果文件

18.15　小　　结

本章介绍了如何使用 MediaPlayer，它包含在 VideoView UI 对象中。我们仔细阐释了 Android 中的 MediaPlayer、Uri 和 VideoView 类，并介绍了它们各自的功能以及它们如何协同工作，以使我们能够找到数字视频资产，加载到内存中，执行读取、播放和循环等操作。

　　我们介绍了如何通过使用 OnPreparedListener 嵌套类来获取 MediaPlayer 对象引用，如何使用 MediaPlayer 嵌套类 MediaPlayer.OnPreparedListener 设置视频的无缝循环播放，这是更加简便的方法。

　　本章详细描述了数字视频的数据占用空间优化工作流程，并确定了 5 种目标分辨率，可以覆盖 95%的主流 Android 设备屏幕分辨率（使用物理像素）。

　　除了低分辨率的 640×360 像素之外，我们将 WVGA 的分辨率目标设置为 800×480 像素，WSVGA 的分辨率为 1024×600 像素，伪高清分辨率为 1280×720 像素，真高清分辨率为 1920×1080 像素，最后两个恰好也是视频（电视）广播标准。

　　我们详细演示了为这些分辨率的纵向和横向版本设置编解码器预设，并设置标准数据速率，以使视频大小与预期的播放设备相匹配。我们查看了生成的视频文件大小，并通过压缩比等指标确定哪些结果最适合应用程序的目标 Android 设备。

　　在第 19 章中，我们将介绍使用 HTTP 协议通过 Internet 传输数字视频资产的用例。如果你有太多的数字视频无法在应用程序中使用本地资产模式，则可以考虑使用视频压缩和数据流传输，利用网络带宽在线播放视频。

第 19 章 从外部媒体服务器流式传输数字视频

本章将讨论 Android VideoView、Uri 和 MediaPlayer 类的高级应用，具体而言，就是使用在 Android 应用程序外部托管的数字视频。

在用户的 Android 设备上播放视频时，如果首次播放是通过 Internet 传输视频资产数据（即通过代码配置在线播放，边下载边播放）的，则通常被称为流式（Streaming）数字视频。使用来自远程数字视频媒体服务器的视频的另一种方法是，在开始播放之前，先将数字视频资产下载到本地。

流式（Streaming）和本地（Captive）视频播放方式有很大的不同，因为流式播放将网络连接用作数字视频数据流的源，并将 Android 应用程序用作流传输（或下载）视频数据的播放引擎（数据接收者）。

要在用户等待视频资产下载时向他们提供反馈，需要实现一个进度对话框，因此，本章将介绍 Android 的 ProgressDialog 类。该类允许实现一个进度对话框，该对话框将提醒用户他们正在下载视频，并使用进度动画提供有关该下载的信息，如正在下载的内容。

在本章的后面，还将使用 Squeeze 优化 480×800 数字视频资产，以利用 WebM 编解码器和文件格式。

最后，本章还将详细介绍 Android 的 Display 和 WindowManager 类，因为需要使用它们来检测用户当前的屏幕方向。

19.1 设置 Manifest Internet 权限

在通过应用程序全面使用 Internet 之前，Android 操作系统会首先要求开发人员在 AndroidManifest.xml 文件中声明一个 INTERNET 权限常量。这可以通过使用 Android <uses-permission>子标签以及 INTERNET 常量来完成，其 XML 标记行如下：

```
<uses-permission android:name="android.permission.INTERNET" />
```

上述权限标志位于 AndroidManifest.xml 文件的顶部，在<uses-sdk>规范之后（参见图 19-1），它将通知 Android 操作系统，应用程序打算访问在用户设备之外的流式数据或其他内容。

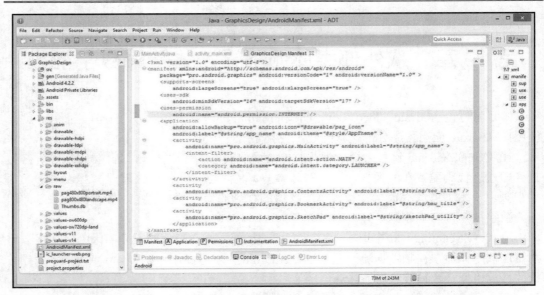

图 19-1　将<uses-permission>子标签添加到 AndroidManifest.xml 文件中，
并且设置其值为 android.permission.INTERNET

　　之所以有必要这样做，是因为需要通知 Android 操作系统，当心潜在的安全漏洞。将硬件设备放到公共网络（如 Internet）上后，可能会受到第三方（如黑客）的破坏。这就是我们将大多数 3D 内容开发工作站保留在专用私有网络上的原因，专用私有网络未连接到外界，因此对于外界来说是不可见和不可访问的。相同的概念也可以应用于用户的 Android 设备。

19.2　使用远程视频：HTTP URL 和 URI

　　Android 操作系统内部的内容（对于视频来说，位于/res/raw 文件夹中）通常将使用 android.resource:// URI 路径引用，因为此内容将始终位于 Android 操作系统的 R 或 resource（资源）区域中。

　　数据库内容在 Android 中使用的术语是 content provider（内容提供者），它使用 content:// URI 路径引用。本书讲述的内容是 Android 专业图形图像设计，与 Android 数据库设计基本无关，因此你不会在本书中看到 content:// URI 这样的路径引用位置。话虽如此，但是多掌握一些知识总是好的。

　　如果要使用 Web 服务器托管数字视频资产，则需要将 android.resource://更改为我们更熟悉的用于表示超文本传输协议模式的 HTTP://。这意味着要利用流式数字视频其实很简单，只需要升级当前的应用程序代码即可。具体而言，就是更改在 splashScreenUri 对象声明和配置行中传递给 Uri.parse()方法调用的参数，如图 19-2 所示。新 Java 代码应类似于以下 Java 代码语句：

```
Uri splashScreenUri =
Uri.parse(HTTP://www.e-bookclub.com/pag480x800portrait.mp4);
```

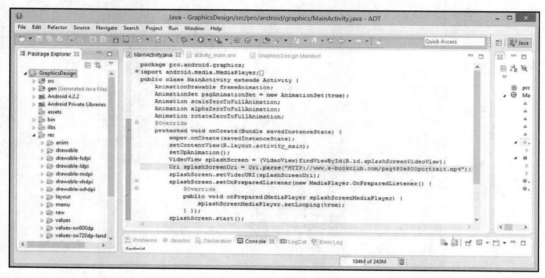

图 19-2　将内部视频资产的 URI 引用更改为外部 HTTP 视频资产引用

　　这是需要对第 18 章中编写的代码进行的唯一更改，目的就是将数字视频资产从 Web 媒体服务器流传输到 Nexus One 模拟器（或 Android 硬件测试设备）。

　　如图 19-3 所示，由于每一帧都需要通过 Internet 传输，MPEG-4 数字视频资产将从 Web 服务器逐帧流向 Nexus One 模拟器 AVD。我们利用了较慢的 Internet 连接来确认这一点，因为每个帧都是通过 Internet 进入模拟器的，所以视频只能逐帧显示而不是流畅播放。

　　整个视频流通过 Internet 传输并加载到系统内存后，该视频的任何后续循环都将以与从内存中播放本地视频相同的速率进行回放而不再卡顿。

　　如果在流传输播放一次视频之后，后续循环播放时你仍然觉得它比在 Android 设备硬件上的速度慢，那么请别忘记我们在第 18.6 节中的解释——Android 设备不需要像 AVD 模拟器那样模仿自己并运行应用程序（正因为如此，其性能较弱）。

　　接下来，我们将介绍如何在 Internet 上预加载数字视频资产，以确保用户能够流畅地播放视频，提升欣赏体验。

图 19-3　在 Nexus One 模拟器中流传输 pag480×800portrait.mp4 视频

19.3　使用 ProgressDialog 类：显示下载进度

　　Android 有一个称为 ProgressDialog 的类，该类使开发人员可以轻松地向用户显示目前正在进行视频下载，以防止用户误以为应用程序已经"挂起"，让用户确信在他们等待期间，程序正在后台执行某些任务（下载数据）。

　　Android ProgressDialog 类是 AlertDialog 类的直接子类，因此它是 Android 操作系统的 AlertDialog 对象的一种特殊类型。AlertDialog 类本身是 Dialog 类的子类，用于创建 Dialog 类，而 Dialog 类又是 java.lang.Object 主类的子类。

　　因此，Android ProgressDialog 类的层次结构如下：

```
java.lang.Object
  > android.app.Dialog
```

```
> android.app.AlertDialog
  > android.app.ProgressDialog
```

ProgressDialog 类以及 Android 中所有其他类型的 Dialog 类都属于 android.app 软件包，因为它以某种方式成为每个应用程序的一部分。在应用程序中使用 ProgressDialog 类（或对象）时，import 语句将引用 android.app.ProgressDialog 包路径。

ProgressDialog 类是一个公共类，它允许应用程序实现进度对话框，该对话框将显示动态进度指示器和可选的文本消息。具有动态效果的进度指示器将使用转轮指示视频下载进度，这几乎成了视频下载的标配。

在下文中使用的转轮指示器（Spinning Wheel Indicator）是 ProgressBar 对象的默认指示器类型。进度指示器的另一种类型是水平进度条指示器（Horizontal Bar Indicator），它将显示在任何给定时间已完成下载的百分比。

ProgressDialog 对象还可以实现一个 View 对象以代替文本消息。这意味着，你可以使用在本书第 18 章中学到的知识来设计自己的图形或动画资产，然后将其设置为非常出色的视觉进度对话框。

在 ProgressDialog 对象中只能使用文本消息或 View 对象。就目前而言，两者不能同时使用。当然，如果必须同时使用，则可以采用一种变通的方法，即在 View 对象中实现文本（drawable），这对于 Android 专业图形图像设计者来说很容易实现。

要取消 ProgressDialog 对象，可以按手机上的"后退"键，或者在 ProgressDialog 对象之外的屏幕区域点击一下。

顺便提一下，水平进度条的数字范围是 0～10000。

19.4　在 GraphicsDesign 应用程序中实现 ProgressDialog

我们将在当前的流传输数字视频代码库中实现一个 ProgressDialog 对象，以便可以显示视频预加载操作。首先要声明一个 ProgressDialog 对象，并通过以下代码将其命名为 downloadProgress：

```
ProgressDialog downloadProgress;
```

如图 19-4 所示，在 ProgressDialog 的底部出现了红色波浪线错误提示，因此，需要将光标悬停在对 ProgressDialog 类的引用上，然后选择 Import 'ProgressDialog' (android.app) 选项，以便 Eclipse ADT 可以自动编写 Import 语句。

接下来，我们需要确保在下载完成之前，视频不会开始播放。看起来这似乎涉及很多复杂的代码：需要查看下载进度，并在判断下载完成之后才开始播放视频。但实际上，这只要将.start()函数调用从它目前的位置移至 onPrepared()方法的内部即可。

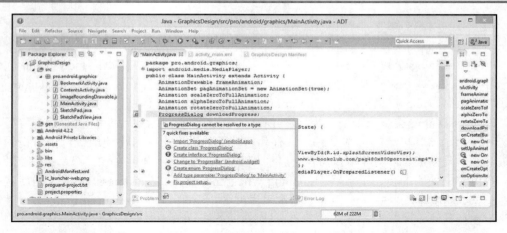

图 19-4　在 MainActivity 类的顶部声明一个名为 downloadProgress 的 ProgressDialog 对象

我们要做的是，一旦准备好，就开始播放数字视频。在本示例中，"准备好"意味着将视频加载到系统内存中，在这种情况下，显然也意味着已经完全下载。因此，接下来需要完成以下操作：剪切 splashScreen.start();代码行，然后将其粘贴到 onPrepared()方法内（在第 18 章中，该行代码编写在 onPrepared()方法外），紧接在.setLooping()方法调用之后，如图 19-5 所示。

图 19-5　将.start()方法调用语句剪切并粘贴到 onPrepared()方法的
内部，以便视频在下载完成后才开始播放

在图 19-5 中可以看到，splashScreen 的底部出现了红色波浪线错误提示，这是因为，在 onPrepared()方法中对.start()方法放置一个 splashScreen 对象引用时，Activity 子类很难找到它，因为 VideoView 对象隐藏在代码（嵌套）层次结构的更下方。

如果将光标悬停在该红色波浪线错误提示上，则会看到建议使用最终访问修饰符（final Access Modifier），以便可以在 MainActivity 类中的任何位置看到（找到或引用）splashScreen VideoView 对象。

这是一种解决方案，但可能还需要一点额外的内存来实现，因此，我们可以先来尝试另一种不同的方法：将 VideoView 对象的声明、命名和配置语句从 onCreate()方法内部移至类的顶部，以便与 ProgressDialog 和 Animation 声明关联到一起。

图 19-6 显示了我们对 splashScreen 红色波浪线错误的修改方式，这和在图 19-5 中选择 Change modifier of 'splashScreen' to final（将 splashScreen 的修饰符更改为 final）选项其实是一样的，只不过在这种方式下，VideoView 对象对于 MainActivity Activity 子类中的每个方法都是可见的。如果需要，则此类中的所有方法都可以访问该对象。

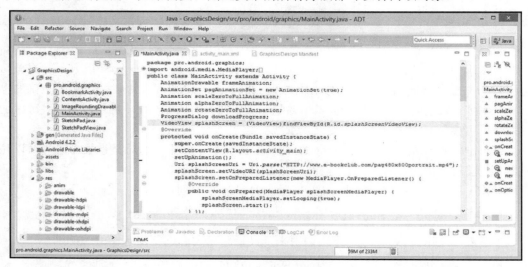

图 19-6　将 VideoView 声明和配置语句放置到 MainActivity 类的顶部

现在可以进入实例化和配置 ProgressDialog 对象的工作过程，以便可以使用它来通知用户正在下载视频文件。请记住，不要让用户茫然无知地等待，这永远不是一个好的用户体验指标。

将光标停放在 setUpAnimation()方法调用之后，按 Enter 键添加一行，并使用 new 关键字实例化 ProgressDialog 对象，代码如下：

```
downloadProgress = new ProgressDialog(this);
```

插入的代码如图 19-7 所示。

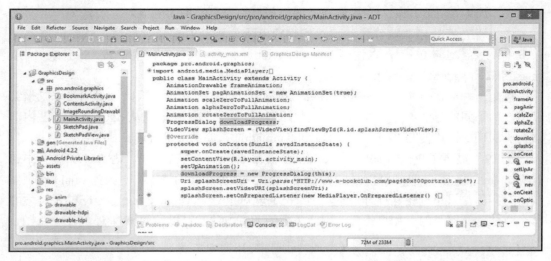

图 19-7　　使用 new 关键字和 this Context 对象实例化 downloadProgress ProgressDialog 对象

在本示例中，我们使用了 this 关键字作为参数将当前 Activity 子类的 Context 对象传递到此 ProgressDialog()构造函数方法中，这为 ProgressDialog 对象提供了所需的正确的上下文，使得它知道何时（在何处）弹出并显示其消息。有关 Context 对象和 this 关键字的更多信息可参见第 17.6 节。

在实例化 downloadProgress ProgressDialog 对象后，即可开始对其进行自定义，以完成你希望它对应用程序执行的操作。

首先，使用.setTitle()方法调用为 ProgressDialog 对象创建标题，代码如下：

```
downloadProgress.setTitle("Terragen 3 Virtual World Fly-Through Video");
```

接下来，使用.setMessage()方法调用来定义显示在动态进度指示器旁边的消息：

```
downloadProgress.setMessage("Downloading Video from Media Server...");
```

如图 19-8 所示，这些 Java 代码均无错误。

除了对话框标题和消息之外，还可以继续设置一些其他标志，以定义 ProgressDialog 对象的功能。我们要控制的第一个功能是用户可以取消（Cancel）此对话框，或者在视频从远程媒体 Web 服务器下载完成之后，该对话框应自行消失。

这可以通过使用.setCancelable()方法（设置布尔值为 false）来完成。如图 19-9 所示，如果输入 ProgressDialog 对象名称（downloadProgress），然后输入句点字符，则可以弹出辅助代码输入对话框，显示所有可用的方法。

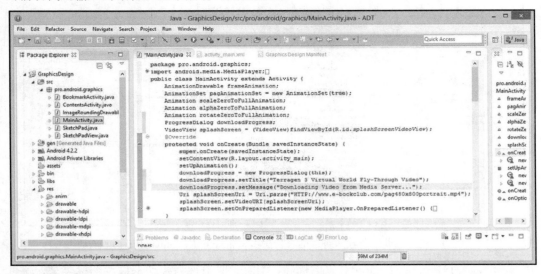

图 19-8　使用.setTitle()方法调用设置对话框标题，同时使用.setMessage()方法调用设置对话框消息

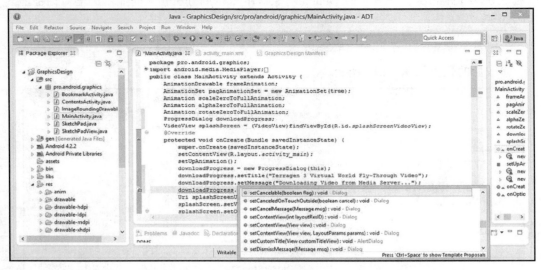

图 19-9　使用 downloadProgress 对象名称和句点字符来打开可用方法列表

可以使用相同的工作过程来查找.setIndeterminate()方法调用，并将其也设置为布尔值 false，如图 19-10 所示。将 indeterminate 进度设置为 false 将提供一个旋转的进度条，这是下载视频时常见的指示器。

图 19-10　使用辅助代码输入对话框来查找和添加.setIndeterminate(false)方法调用

一旦配置了 ProgressDialog 对象的标题、消息、取消行为和动态进度图标类型，就可以通过 downloadProgress ProgressDialog 对象调用.show()方法，从而显示进度对话框，其代码如下：

```
downloadProgress.show();
```

完成后的代码如图 19-11 所示。

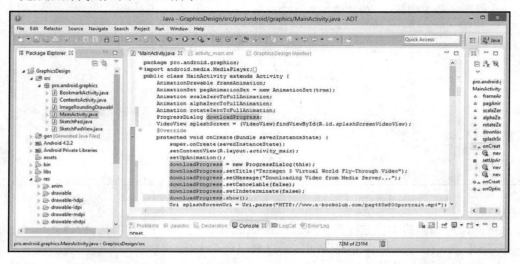

图 19-11　使用.show()方法调用显示 downloadProgress ProgressDialog 对象

在图 19-11 中可以看到，我们单击了代码中的 downloadProgress 对象，一共突出显示了 7 个 downloadProgress 对象，其中前 2 个分别是声明和实例化语句，其突出显示颜色为黄褐色，其余 5 个为配置语句，使用了灰色突出显示。

接下来需要处理的是，一旦视频下载完成，就从屏幕上删除 ProgressDialog 对象。这是通过 onPrepared()方法完成的，这就像.start()方法调用一样，其原因也大致相同：在知道视频已在系统内存中准备好并且可以播放之后，就应该知道是时候从用户的屏幕上删除该 ProgressDialog 对象了。

通过使用 downloadProgress ProgressDialog 对象的.dismiss()方法调用，即可从屏幕上删除 ProgressDialog 对象。该操作应在 onPrepare()方法内执行，具体位置应在将视频循环值设置为 true 之后，但在实际开始视频播放周期之前。

因此，可以将光标停放在.setLooping()方法调用语句末尾，按 Enter 键添加一行，然后输入以下 Java 代码：

```
downloadProgress.dismiss();
```

输入的代码行如图 19-12 所示。

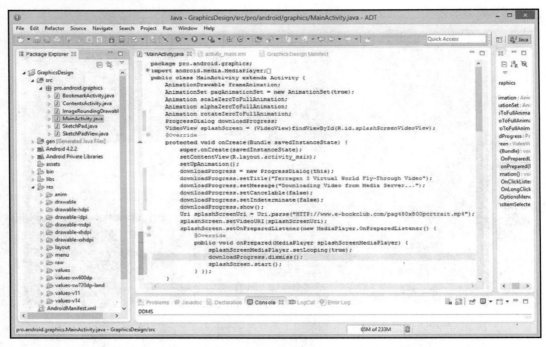

图 19-12　在 onPrepared()方法内使用.dismiss()方法删除 downloadProgress 对象

现在可以在 Nexus One 模拟器中测试新的 ProgressDialog 对象以及声明、命名、实例化和配置它的 Java 代码。

19.5　测试进度对话框：处理编译器错误

右击 GraphicsDesign 项目文件夹，然后在弹出的快捷菜单中选择 Run As（运行方式）| Android Application（Android 应用程序）命令，以启动 Nexus One 模拟器。加载后，它将自动启动应用程序。当然，如果是第一次启动模拟器，那么可能需要滑动屏幕以解锁，就像使用真正的 Android 设备一样。

在图 19-13 中可以看到，新添加（或重新配置）的 Java 代码可能有误，并且屏幕上出现了崩溃消息：Unfortunately, Graphics Design has stopped（糟糕，Graphics Design 程序已经停止）。单击消息下方的 OK（确定）按钮，返回到 Eclipse ADT IDE，然后在 LogCat 错误日志选项卡中进行检查，看是否可以确定需要修改哪些内容才能使应用程序再次运行。在图 19-13 中，还显示了另一些你将遇到的应用程序错误，不过不必感到沮丧，因为最终都会解决。

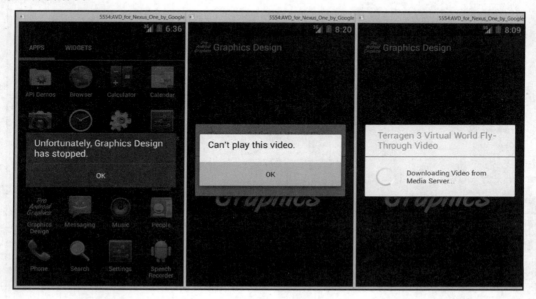

图 19-13　在 Nexus One 模拟器中进行测试以及一些可能遇到的错误

要在 Eclipse ADT IDE 中腾出足够的空间来查看 LogCat 选项卡的内容，可以将光标放在图 19-14 中 IDE 底部所示的分隔线上，然后单击并向上拖动，以扩展该选项卡的显示空间。

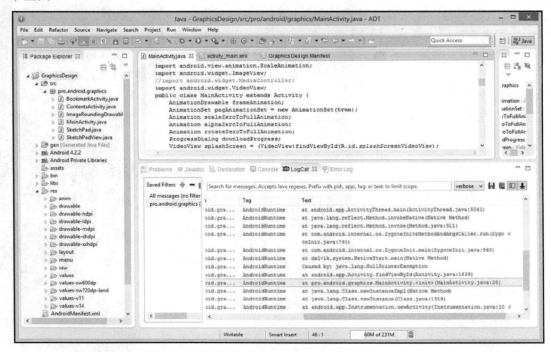

图 19-14　调出 IDE 的 LogCat 选项卡部分，并为代码寻找合理的行号（28）

如图 19-14 所示，此时出现了大量的红色代码。如果你愿意并且有钻研精神，可以逐行研读，不过更好的方法是查找代码行号，这样能比较快地判断出错误。鉴于我们手动编写的代码并不多，所以这并不是一个很困难的操作。请记住，如果出现了错误，那么很可能是你编写的代码出了问题，而不是 Android 系统。

我们很快找到了 MainActivity.java 代码行 28，并在图 19-14 中突出显示了该行。它表示对象之一的初始化<init>存在问题，并且该问题发生在代码的第 28 行。这对应的是我们放在类顶部的 VideoView 对象的声明和配置。如前文所述，当时 Eclipse 建议的是使用 final 访问修饰符，不过我们因为它需要额外的内存而选择了其他方法。事实上，我们现在仍固执地认为不需要使用 final。不用担心，这个问题很快就会解决。

单击编辑窗口左侧的加号图标展开 import 语句部分，从顶部的类代码开始数 28 行，可以发现此行是 VideoView 对象实例化代码行，因此，这正是必须修改的代码行。

当然，我们要尝试的第一件事是采用 Eclipse 的建议，即在此代码行之前使用 final

访问修饰符，并将其放回 onCreate()方法中的 setContentView()方法调用之后。

　　我们的分析思路是，之所以会出现这个初始化问题，是因为我们试图访问的
splashScreenVideoView(ID) UI 元素是 activity_main.xml UI 定义的一部分，而它却出现在
该 UI 定义被引用之前（引用 UI 定义的语句是 setContentView(R.layout.activity_main);）。

　　因此，为了测试代码是否可以正常工作，我们将该行代码放在了 setContentView()方
法调用之下，如图 19-15 所示。至少就目前来看，将 VideoView 剪切并粘贴到类的顶部
是一个致命的错误。

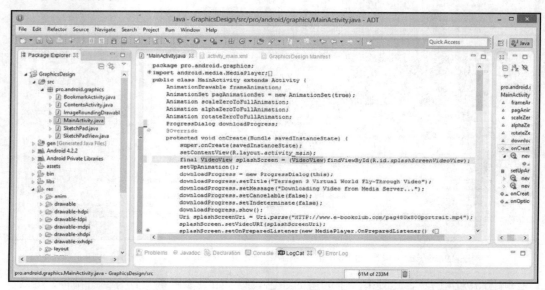

图 19-15　　使用 final 访问修饰符并将 VideoView 声明和配置放在 onCreate()内

　　进行此更改后，使用 Run As（运行方式）| Android Application（Android 应用程序）
命令再次进行测试，发现这确实是问题所在。但是，正如前文所述，我们的固执让我们
不服输，并且我们仍然想找到一种无须对 VideoView 对象使用 final 访问修饰符即可解决
问题的方法。因此，让我们找出完成此任务的下一个方式。

　　如果仔细看一下有问题的代码行，你会发现它相当笨拙，其实也可以改为使用两行
代码进行编写，如下所示：

```
VideoView splashScreen;
splashScreen =(VideoView)findViewById(R.id.splashScreenVideoView);
```

　　笨拙代码通常比较冗长，至少在本示例中是这样，而这恰恰是使我们无须使用 final
访问修饰符关键字（和额外的内存）即可对 VideoView 对象进行编码的原因。有时候，

固执（或者美其名曰"坚持"）也会带来一些额外的好处，它会引导开发人员找到使用更少内存和高级功能的聪明解决方案。就像生活一样，编程有时候会遇到困难，这时你可以休息一下，然后以崭新的思路重新审视你的决定。

前面已经解释过，编译器抛出错误的原因是，我们试图使用 setContentView()方法在引用 UI 定义之前初始化 VideoView 对象。

VideoView UI 对象的结构是在 activity_main.xml 文件中使用 XML 定义的，并且在实际引用此数据之前，必须使用 setContentView()方法调用来使该 UI 定义发挥作用。

由于 setContentView()方法会将该 XML 定义放入内存中（放入 ContentView 对象中），因此，在引用该 View（ViewGroup）定义内的所有内容之前，必须存在该行代码。

但是，我们仍然可以在顶部声明 VideoView 对象（与 ProgressDialog 和 Animation 等对象一起）以在类中使用，只要当时不尝试使用该 VideoView XML 定义加载它即可。要实现此 VideoView 对象填充（即通过 XML 进行定义），需要等到位于 onCreate()方法内部以及设置 ContentView 对象的语句之后。修改后的最终代码如图 19-16 所示，该代码没有任何错误，并且在 Nexus One 模拟器中也可以正常运行。

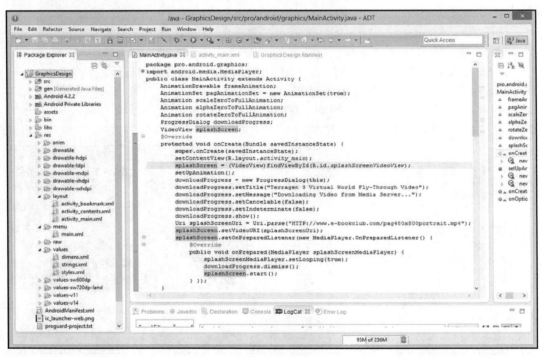

图 19-16　以有效且不需要 final 访问修饰符的方式设置 VideoView 对象

在图 19-13 的中间，显示了一个错误屏幕，提示无法播放视频文件。图 19-13 右侧则显示了应用程序正常运行时的屏幕视图。

出现中间屏幕 Can't play this video（无法播放此视频）错误消息的原因有两个。一是文件格式不兼容（MPEG-4），当然，在本示例中，事实并非如此，因为我们使用的是在第 18 章中压缩的视频文件，并且该文件可以正常播放。二是使用的 Internet 连接太慢或当前数据传输出现问题。由于某些原因，网络运行速度也许会很慢，这可能是由于高峰时段的流量过大，或是路由器问题（正在维修或升级）导致 Internet 必须重新路由其流量。网络问题不取决于开发人员，幸运的是大多数情况下我们的网络是稳定的，能够提供流畅的数据流。

为了确保使用正确的文件格式，并且可以同时使用 MPEG-4 H.264 AVC 和 WebM VP8 视频编解码器（和文件格式），接下来将以 pag480×800portrait 文件为例，介绍为 Nexus One 模拟器创建 WebM 数字视频资产的过程。

19.6　使用 WebM VP8 视频编解码器流传输数字视频

让我们回到 Squeeze 并创建 480×800 视频资产的 WebM 版本（已经有未压缩的 AVI 源视频可以使用，所以不必重复创建视频的过程）。

在 Squeeze 的左侧，可以看到一个 WebM(.webm)，旁边带有向右箭头。单击此箭头，打开 WebM 预设，找到 WebM_480p 预设，然后复制它或右击并在弹出的快捷菜单中选择 Edit（编辑）命令以创建自定义 Android_WebM_480×800p 编解码器预设，如图 19-17 所示。

图 19-17　创建以 768kbps 预设的 WebM 480×800p 编解码器预设并压缩 480×800p.webm 资产

在本示例中，可以使用与 MPEG-4 目标数据速率相同的每秒 3MB 或 4MB，因此将 Data Rate（数据速率）参数设置为 768kbps，并选中 Frame Size（帧大小）中的 Same as source（与源相同），至于 Key Frames（关键帧）则保留默认值。

在 Name（名称）文本框中将该预设命名为 Android_WebM_480×800p，输入 Desc（描述）为 Android WebM，然后单击 OK（确定）按钮以创建新的预设，如图 19-17 左侧所示。

返回 Squeeze 后，单击左上角的 Import File（导入文件）按钮，然后导航到未压缩的 PAG480×800.avi 文件并加载它。单击刚刚创建的新预设，再单击预设面板右下角的 Apply（应用）按钮，以将其应用于刚导入的源 AVI 文件。

现在可以单击 Squeeze It（压缩）按钮，将新的编解码器预设应用于 AVI 文件以创建 WebM 文件。你会注意到，生成的文件大小非常接近 MPEG-4 文件大小，大约为 3.8MB。

现在需要使用修改后的 URL 修改应用程序中的代码以引用新文件，设置 Uri 对象的 Java 代码如下所示：

```
Uri splashScreenUri = Uri.parse(HTTP://www.e-bookclub.com/
pag480x800portrait.webm);
```

代码修改结果如图 19-18 所示。

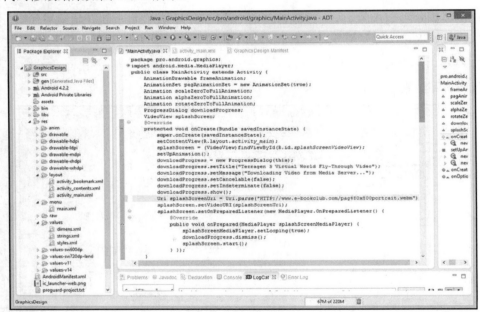

图 19-18　将 URI 引用设置为指向 pag480×800portrait.webm 视频文件而不是.mp4 文件

在模拟器中测试该应用程序时，视频将下载并完美播放。完成下载之前的截图可参见图 19-13 的右侧图片，视频播放外观可参见图 19-3。

　　WebM 编解码器很可能被设计为在低带宽情况下更有效地工作，因此，尽管此视频资产的 MPEG-4 和 WebM 版本之间的数据文件大小几乎相同，但是 WebM 的播放似乎更流畅，质量更高。

　　这也可能正是 WebM 编解码器的开发团队尝试实现的目标。Google 拥有最初由 ON2 开发的编解码器和其背后的技术，这也是为什么 WebM 属于 Android 和 Chrome 的一部分的原因。由于数据速率是静态的（相对于 MPEG-4 允许的最大目标范围），因此很容易推测，其严格的设置参数应该是针对低带宽网络的。

19.7　使视频播放应用知悉方向

　　接下来，将展示如何利用在本书中创建的视频资产的纵向和横向版本。

　　这涉及稍微改变实现 Uri 对象的方式，因为现在我们将在 for 循环或 switch(case)循环语句中设置 Uri 位置定义，因此，需要做的第一件事就是将 Uri 对象声明移动到 MainActivity 类的顶部。

　　这需要删除刚刚在图 19-18 中处理过的 Uri 代码行。我们将重新开始编写代码，并简化该代码行，仅声明一个对象，具体代码如下：

```
Uri SplashScreenUri;
```

代码编写结果如图 19-19 所示。

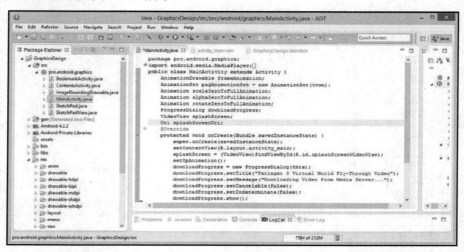

图 19-19　将名为 splashScreenUri 的 Uri 对象声明放在 MainActivity 类代码的顶部

现在，当我们将 Uri 对象定义放在 OnCreate()方法内，并且使用 switch 循环 case 语句时，也不怕找不到它了，无论引用 Uri 对象的语句在哪里，都可以看到 Uri 对象。仔细想一想，这和第 19.5 节为了不使用 final 访问修饰符而改写 splashScreen VideoView 声明其实是一个思路。由此可见，认真解决一个棘手问题，往往会带给我们超额的收益。

我们将根据每个 case 语句的比较常量来设置 Uri 对象路径，一旦 switch 语句确定了常量，则将在 splashScreenUri Uri 对象上调用 Uri.parse()方法，而这得益于 splashScreenUri 对象现在可以全局访问。

19.8 Android Display 类：物理显示特征

Android 有一个称为 Display 的类，使开发人员可以从应用程序代码中实时访问显示器的特征。接下来我们还将介绍几个相关的类，包括 DisplayManager 类、DisplayMetrics 类、Surface 类、WindowManager 类和嵌套类。

Android Display 类是 java.lang.Object 主类的直接子类，因此它是专门创建用来提供显示信息的。Android Display 类的层次结构如下：

```
java.lang.Object
  > android.view.Display
```

Display 类属于 android.view 包，因为 Android 中的任何 View 本质上都可以视为硬件显示器的子级。在应用程序中使用 Display 类（或对象）时，其 import 语句将引用 android. view.Display 包路径。

Display 类是公开的最终类，用于提供有关像素大小、像素密度、旋转（纵向或横向）和显示刷新率等各种信息，这些都是应用程序可能需要使用的。

Android 应用程序有两个显示区域术语。较大的区域称为实际显示区域（Real Display Area），而内部则是应用程序显示区域（Application Display Area）。

实际显示区域数据将最接近于指定用户的物理硬件规格。该数据包括有关当前显示部分的信息，该部分包含的内容包括系统装饰，其中一些不在应用程序的控制范围之内。

值得一提的是，如果 Android WindowManager 出于任何给定的原因而模拟较小的显示区域，则实际显示区域可能会小于显示器的物理（硬件）规格。如果需要此顶级实际显示区域，则可以利用.getRealSize()和.getRealMetrics()方法调用来获取其他 DisplayMetrics。下文很快就会介绍 Android WindowManager 和 DisplayMetrics 类。

另一方面，应用程序显示区域将指定包含应用程序窗口的显示部分，不包括任何系统装饰屏幕空间。应用程序显示区域将小于实际显示区域，因为 Android 会减去系统 UI

元素（如 Android 操作系统状态栏）所需的空间。

开发人员最常使用以下方法调用来查找其应用程序的显示特性：

❑　.getSize()

❑　.getRotation()

❑　.getRectSize()

❑　.getMetrics()

在接下来的示例中，我们将使用.getRotation()方法调用，以知悉用户是以纵向还是横向观看其设备，从而知道要播放的视频。

19.9　Android DisplayManager 类：管理显示

Android 还具有一个称为 DisplayManager 的类，该类使开发人员可以管理所有显示，包括可能附加到用户 Android 设备上的任何其他显示（如手机投屏）。

Android 的 DisplayManager 类是 java.lang.Object 主类的另一个直接子类，因此它也是专门为向 Android 操作系统的开发人员提供显示硬件管理功能而创建的。Android Display 类的层次结构如下：

```
java.lang.Object
  > android.hardware.display.DisplayManager
```

Display 类属于 android.hardware.display 包，因为它提供了对 Android 设备显示硬件的管理的访问权限。由于 Android 设备在屏幕尺寸、像素密度、屏幕方向、刷新率以及其他显示硬件特性之间存在巨大差异，因此需要在显示硬件与操作系统软件之间架起一座桥梁，这些差异需要量化并纳入交互式图形设计编程逻辑管线中。

在应用程序中使用 DisplayManager 类（或对象）时，其 import 语句将引用 Android.Hardware.Display.DisplayManager 包路径。

DisplayManager 类是公开的最终类，用于管理主要 Android 设备显示器以及可能与 Android 设备一起使用的任何外部连接的显示器的属性。

如果你熟悉术语第二屏幕（Second Screen）或诸如 MiraCast 之类的技术，或者类似于将手机内容上传到本地大屏幕上这样的 iTV 类型的技术，即可创建该 Android 类来允许这些技术与你的应用程序一起使用。

DisplayManager 具有一个嵌套类，即 DisplayManager.DisplayListener 公共接口，该类可让你的应用程序监听显示硬件配置的更改，例如，将外部演示文稿显示连接到 Android 设备或进行无线访问时。

DisplayManager 还具有一个常量：DISPLAY_CATEGORY_PRESENTATION，该常量用于标识被认为适合用作演示文稿显示的第二屏幕。

要实现该类，需要通过调用.getSystemService()方法来获得此对象的实例，该方法将使用一个参数引用 DISPLAY_SERVICE 常量，而常量又是使用 WindowManager 类从 Context 对象调用的。

在接下来的示例中，我们将使用 WindowManager 接口、Display 对象、Context 对象和 DisplayManager 类的.getSystemService()方法来获取用户的显示旋转角度。

19.10　Android WindowManager 接口：管理窗口

Android 操作系统具有称为 WindowManager 接口的窗口管理接口。WindowManager 接口是实现 ViewManager 接口的公共接口。ViewManager 接口允许添加和删除 Activity 子类的子 View。

Window 也是一种 View。

通过 WindowManager 接口，应用程序可以与 Android 操作系统窗口管理器进行通信，后者是 Android 低级（Linux）操作系统窗口或显示层的一部分。此较低层将在基础（低）级别上将 Linux 操作系统内核与运行 Linux 内核的 Android 设备的硬件连接。众所周知，Android 操作系统是在开源 Linux 内核之上运行的。

如果你熟悉 Linux，则应该习惯使用窗口管理器，它可以切入或切出 Linux 操作系统，给人一种全新的外观和感觉（换句话说，就是 Linux 操作系统的新 UI 设计）。

WindowManager 对象的每个实例都引用给定 Display 对象的一个实例。如果希望获取用于不同显示的 WindowManager 对象，则需要利用.createDisplayContext(Display)方法调用来获取该 Display 对象的 Context 对象。然后，利用.getSystemService(Context.WINDOW_SERVICE)方法调用来获取 WindowManager，第 19.11 节将详细介绍该操作。

如果要使用外部显示器显示窗口，则最简单的方法是创建一个 Presentation 对象。Presentation 类将自动获取该显示的 WindowManager 和 Context。Presentation 类是 Android Dialog 类的子类。

Android WindowManager 接口是以下软件包的一部分：

```
java.lang.Object
  > android.view.WindowManager
```

WindowManager 类属于 android.view 包，因为它通过实现 ViewManager 公共接口提

供对 View 管理的访问。在应用程序中使用 WindowManager 类（或对象）时，其 import
语句将引用 android.view.WindowManager 包路径。

WindowManager 接口具有以下 3 个嵌套类：

❑ WindowManager.LayoutParams：顾名思义，这是布局参数嵌套类，其中包含用
作标志的所有常量，可为应用程序提供当前 Window 对象的配置方式信息。

❑ WindowManager.BadTokenException：当应用程序尝试添加一个 View 对象而其
WindowManager.LayoutParams 令牌无效时，该嵌套类将抛出异常。

❑ WindowManager.InvalidDisplayException：当应用程序试图通过第二屏幕对象调
用.addView(View, ViewGroup.LayoutParams)方法却找不到该对象（该对象不存
在）时，该嵌套类会抛出异常。

19.11　设置 Display 对象以确定设备旋转

现在，让我们充分利用第 19.8 节～第 19.10 节介绍的所有新知识来继续完成第 19.7
节提出的任务：使视频播放应用知悉屏幕的方向。这对于当前的流传输视频应用程序来
说是一件很重要的事情。

我们最终要实现的效果是，通过使用 WindowManager 和.getSystemService()方法调用
轮询 Display 对象，以确定显示屏幕的旋转矢量（0、90、180 或 270），使得应用程序可
以获取用户手中的 Android 设备的旋转方位角，然后我们再使用此信息以正确的方向流传
输数字视频资产。

在 downloadProgress.show()方法调用之后，我们要做的第一件事就是声明一个 Display
对象并将其命名为 rotationDegrees。之所以命名为 rotationDegrees，是因为将使用此对象
来找出用户正在使用的设备旋转方位角（Device Rotational Declination）。

可以将此对象设置为等于当前应用程序的 Context 对象，使用 WindowManager 调用
.getSystemService()方法，并在该方法内调用 Context 对象的 WINDOW_SERVICE 常量，
然后通过该编程构造调用.getDefaultDisplay()方法。这是一段非常笨拙的 Java 代码，具体
如下：

```
Display rotationDegrees =
((WindowManager)getSystemService(Context.WINDOW_SERVICE))
.getDefaultDisplay();
```

该代码的显示如图 19-20 所示。

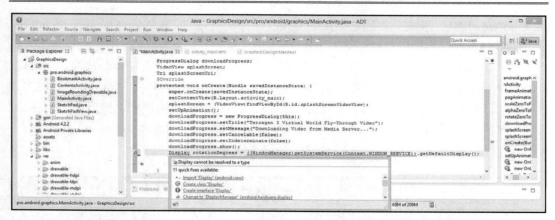

图 19-20　编写名为 rotationDegrees 的 Display 对象，注意导入 android.view.Display 类

这会使用默认（主）显示屏幕的特征加载 rotationDegrees Display 对象，其中的特征之一就是其当前旋转角度，而该特征也将为我们提供其当前方向（纵向或横向）。

如图 19-20 所示，在 Display 的底部出现了红色波浪线错误提示，因此，需要将光标悬停在 Display 类引用上，然后选择 Import 'Display' (android.view)选项，使得 Eclipse ADT 能自动编写 Display 类的导入语句。

如图 19-21 所示，Eclipse 修复了 Display 底部的红色波浪线错误，但是，WindowManager 的底部仍然有红色波浪线。

图 19-21　确定剩余的错误。可以看到，Eclipse ADT
并不提供自动编写 WindowManager 导入语句的功能

将光标悬停在 WindowManager 上，你以为会像其他类一样看到 Import 'WindowManager'

(android.view)选项,但是,实际上显示的却仅有一条警告信息:WindowManager cannot be resolved to a type(WindowManager 无法解析为一种类型),如图 19-21 所示。

显然,Import 语句就能轻松解决此引用问题。Eclipse 之所以未提供此选项,很可能是因为 WindowManager 是接口而不是类。因此,我们必须手动编写一个 Import 语句。

如图 19-22 所示,向上滚动到 MainActivity.java 代码清单的顶部,然后单击 Import 语句左侧的加号图标以将其展开。最后,为 WindowManager 添加以下 Import 语句:

```
import android.view.WindowManager;
```

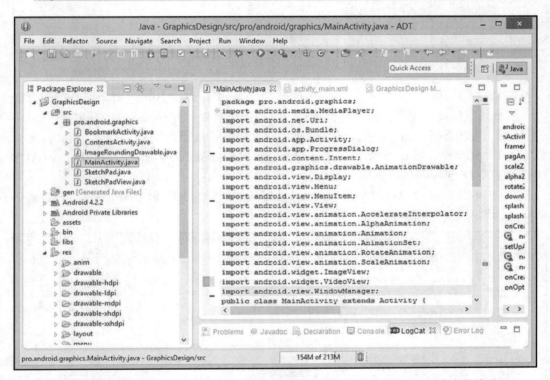

图 19-22　编写 import android.view.WindowManager 语句以消除 Display 对象中的错误

现在再来仔细看一下图 19-22,数一数 Activity 子类的所有 Import 语句,不知不觉之间,我们已经导入了 20 个不同的类,它们分别用于实现动画、视频流传输、进度对话框以及其他复杂图形设计管线。这长长的 Import 语句列表体现了编程的不易,但同时它也是我们进步的阶梯。

在添加了 WindowManager 的导入语句之后,可以按 Ctrl+S 快捷键保存文件,此时

Eclipse 将重新评估错误消息。如图 19-23 所示，WindowManager 的错误提示消失了，但是 Context 的底部出现了红色波浪线。

图 19-23　添加 Import android.content.Context 语句以消除红色波浪线错误提示

将光标悬停到 Context 上，选择 Import 'Context' (android.content)选项，以便 Eclipse 自动编写使用该类所需的 Import 语句，如图 19-23 所示。

完成上述操作后，该代码将无任何错误，Display 对象将正确声明和命名，并载入用户当前的主 Android 设备的默认显示信息。

接下来，我们需要介绍一下 Android Surface 类，因为后面的 switch case 循环中将会用到。

19.12　关于 Android Surface 类

Android 还有一个称为 Surface 的类，该类使开发人员可以直接访问源内存缓冲区。该缓冲区的作用是将 Android 设备屏幕上的内容绘制到物理硬件本身。因此，需要访问它才能确定 Android 用户握持设备的方式（向左转、向右转甚至上下颠倒）。

Android Surface 类是 java.lang.Object 主类的另一个直接子类，专门创建该类是为了提供此接口给显示屏界面，开发人员有时确实会需要使用到它。此外，Surface 类还扩展了 android.os.Parcelable 接口。

Android Surface 类的层次结构如下：

```
java.lang.Object
  > android.view.Surface
```

Surface 类属于 android.view 包，因为它将直接访问并且会影响 View 对象中的内容（具体取决于你的代码）。在应用程序中使用 Surface 类（或对象）时，其 import 语句将引用 android.view.Surface 包路径。

Surface 类是一个公共类，它包含一个嵌套类，称为 Surface.OutOfResourcesException 类。当你尝试引用的 Surface 对象无法被创建、调整大小、旋转或以你试图在图形处理代码管线中实现的其他方式进行操作时，该类将抛出异常。

Surface 类还有一个公共构造函数方法，使开发人员可以使用 SurfaceTexture 对象创建一个 Surface 对象。这是通过以下形式完成的：

```
Surface(SurfaceTexture surfaceTextureName)
```

Surface 类有 4 个关键常量，以确定用户握持 Android 设备的方式。这些 ROTATION 常量不仅可以确定是以纵向还是横向模式使用 Android 设备，还可以确定设备旋转的方向。

与 Android 中的许多其他事物一样，这 4 个常量是按钟表的 3 点、6 点、9 点和 12 点进行定位的。正因为如此，它们分别被命名为 ROTATION_0、ROTATION_90、ROTATION_180 和 ROTATION_270。

接下来，就让我们在实际示例中了解 Surface.ROTATION 常量的用法。

19.13   使用.getRotation()方法调用来驱动 switch 循环

在创建和配置 Display 对象之后，可以添加一个 switch 循环（case 语句），检测用户 Android 设备当前的旋转或方向（纵向或横向）。

switch 语句将评估 rotationDegrees Display 对象调用.getRotation()方法的结果，该方法调用将返回 4 个 Surface.ROTATION 常量之一。switch 将使用 case 结构，基于返回的常量将 splashScreenUri Uri 对象的引用值设置为正确的视频资产。其代码如下：

```
switch(rotationDegrees.getRotation()){
case(Surface.ROTATION_0):
    splashScreenUri = Uri.parse(HTTP://www.e-bookclub.com/
pag480x800portrait.webm);
    break;
case(Surface.ROTATION_90):
```

```
    splashScreenUri = Uri.parse(HTTP://www.e-bookclub.com/
pag800x480landscape.webm);
    break;
}
```

如图 19-24 所示，在 Surface 底部出现了红色波浪线错误提示，因此，需要将光标悬停在对 Surface 类的引用上，然后选择 Import 'Surface' (android.view)选项。

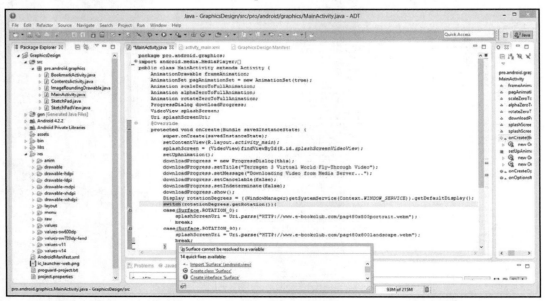

图 19-24　编写 switch 语句以评估 Display 对象调用.getRotation()方法的结果

ROTATION_0 常量表示 Android 设备未旋转，ROTATION_90 常量则表示 Android 设备已向左旋转，由此可见，仅有上面两个常量是不够的，还需要增加对 ROTATION_270 常量（表示设备已向右旋转）和 ROTATION_180 常量（表示设备已经上下颠倒）返回值的 case 语句，以确保 case 语句将处理.getRotation()方法调用返回的每个结果。

如果处理了 Surface 类常量中的每个常量，则无须在 switch 语句中添加任何默认的 return 语句，因为该语句的评估机制中已经包含了 100%的可能值。因此，可以使用以下 Java 代码将最后两个 case 语句添加到 switch 构造中（见图 19-25）：

```
case(Surface.ROTATION_180):
    splashScreenUri = Uri.parse(HTTP://www.e-bookclub.com/
pag480x800portrait.webm);
    break;
```

```
case(Surface.ROTATION_270):
    splashScreenUri = Uri.parse(HTTP://www.e-bookclub.com/
pag800x480landscape.webm);
    break;
```

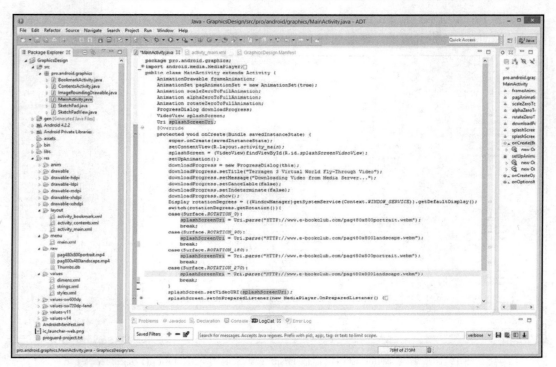

图 19-25　将 4 个屏幕旋转方向添加到 switch 语句以涵盖 0、90、180 和 270 值

现在需要测试该代码，看它是否可以按照预期方式工作。

19.14　以纵向和横向测试流视频

右击 Graphics Design 项目文件夹，然后在弹出的快捷菜单中选择 Run As（运行方式）|
Android Application（Android 应用程序）命令，查看代码是否可以在 Nexus One 模拟器
中正常运行。

一旦纵向版本的数字视频成功流式输到应用程序中，你可以将模拟器切换到横向模
式，以查看代码是否能获取 WSVGA 数字视频资产的正确版本（横向版本）。

要将模拟器切换到横向模式，可使用 Ctrl+F11 快捷键。如图 19-26 所示，应用程序将从媒体服务器获取正确的视频数据。

图 19-26　使用 Ctrl+F11 快捷键将 Nexus One 模拟器旋转 90°到横向模式

实际上，我们曾经遇到了如图 19-13 所示的 Can't play this video（无法播放此视频）错误。如果你足够仔细，就会在图 19-25 所示的代码中发现，我们已经复制了 URL 引用并将视频文件名中的 portrait 更改为 landscape，但是并没有相应地将分辨率从 480×800 更改为 800×480。俗话说"魔鬼藏在细节中"，这句话用来形容应用程序编程真是再合适不过了。在弄清楚了是这个"魔鬼"导致横向版本无法播放之后，我们很快就解决了它。现在，应用程序在两个方向上都能正常工作。

在搞清楚这个错误之前，我们还曾经将文件扩展名从.webm 更改为.mp4，以查看这是否是问题所在，如图 19-27 所示。无论如何，测试两种受支持的格式始终是一个好主意，因此我们特意提供了此截屏图片。现在你应该看到，我们消除了所有错误。

如图 19-28 所示，所有艰苦的工作都是值得的，因为 Terragen 3 虚拟世界穿越动画在横向模式下令人印象非常深刻。

在旋转 Android 设备（在本示例中为模拟器）时，播放的数字视频资产能够在纵向和横向版本之间来回切换的原因是，每次用户设备方向更改时，Android 都会重新启动 Activity 子类，因此，onCreate()方法中的 switch 代码也将重新评估 rotationDegrees. getRotation()返回的 Surface.ROTATION 常量，并使用 case 语句基于该常量值播放适用于纵向或横向屏幕的正确的视频资产。

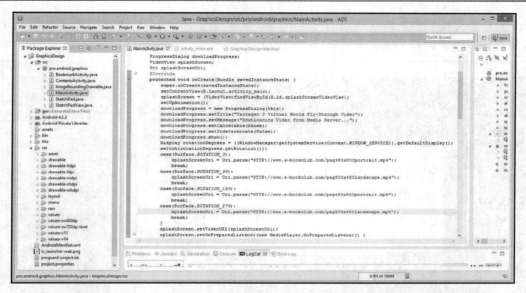

图 19-27　最终代码显示 MPEG-4 资产名称和经过校正的横向分辨率

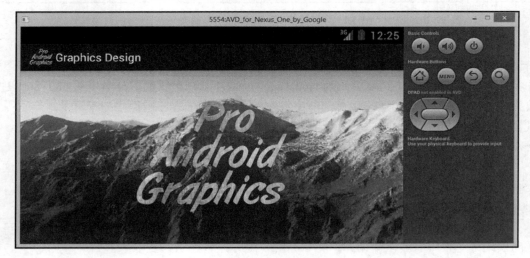

图 19-28　在 Nexus One 中以横向模式播放 Terragen 3 虚拟世界穿越动画

19.15　关于在 Android 中使用数字视频的一些注意事项

如果开发人员希望数字视频媒体资产能够与给定的 Android 硬件配置同步,则考虑到在 Android 应用程序中播放视频资产的范围因素，会遇到很多复杂的问题，这是因为给定显示器中的物理像素数量变化会很大，并且刷新率和设备的默认方向以及用户选择的设备固定方向也有很大的不同。

如果要优化数字视频以减小文件大小，则刷新率将是最不必担心的问题。Android 目前正在使用 API Level 19 进入视频游戏市场，并将其屏幕缓冲区更新和触摸屏数据更新速度增加了 60FPS 的刷新率。因此，如果你在优化的数字视频资产中使用 10FPS、15FPS、20FPS 或 24FPS 帧速率，则硬件的屏幕刷新率对于视频应用程序开发来说没有任何问题。

设备的默认方向是一个需要考虑的问题。尽管不再存在默认的设备旋转，但是某些平板电脑仍会默认设置为横向操作模式，而智能手机则通常默认使用纵向操作模式。因此，这对于开发人员来说仍然是一个问题和挑战，这也是本章重点讨论这个主题的原因。

最困难、成本最高的问题是视频数据的空间占用量的问题。考虑到视频文件一般都较大，要为每个物理显示分辨率提供特定的视频资产，这需要很大的硬盘空间以及很快的网络传输速度。我们在第 18 章中建议的是确定一个数据"最佳点"，并选择一种既具有很高的压缩率，又具有良好分辨率（质量）的资产，以便能够将其按比例放大或缩小，从而获得最优化的播放体验。如第 18 章所述，这个最佳点很可能是 1024 或 1280 像素分辨率。如果以 iTV 为目标，则使用 1920 像素的视频资源会很好，但是将其下采样到低分辨率可能会代价很高。

如果你不必考虑成本问题，想要在应用程序中（或通过媒体服务器）提供适于各种分辨率的一系列数字视频资产，然后轮询用户的设备硬件以找出其物理像素特征，再根据该特征选择播放视频，则有必要了解一下 DisplayMetrics 类，这样你就可以像本章示例一样，通过 switch 循环或 if-then 循环结构执行选择视频操作。

19.16　关于 Android DisplayMetrics 类

Android 操作系统有一个 DisplayMetrics 实用类，允许开发人员从其用户的 Android 设备获取所有与显示相关的信息。该类是 java.lang.Object 主类的另一个直接子类。

Android DisplayMetrics 类的层次结构如下：

```
java.lang.Object
  > android.util.DisplayMetrics
```

DisplayMetrics 类属于 android.util 包，因为它是用于确定硬件环境的 Android 操作系统实用工具。在应用程序中使用 DisplayMetrics 类时，其 import 语句将引用 android.util. DisplayMetrics 包路径。

Android DisplayMetrics 类是一个公共类，包含以下 8 个屏幕密度常量：

- ❑　DENSITY_DEFAULT
- ❑　DENSITY_LOW
- ❑　DENSITY_MEDIUM
- ❑　DENSITY_TV
- ❑　DENSITY_HIGH
- ❑　DENSITY_XHIGH
- ❑　DENSITY_XXHIGH
- ❑　DENSITY_XXXHIGH

在 Android 4.3（API Level 18）中添加了 DENSITY_XXXHIGH 常量，以适应新的 4K UHD iTV 产品，并具有超高 4096×2160 像素物理分辨率。

DisplayMetrics 对象将为开发人员提供一个数据结构，该数据结构包含一些字段，这些字段描述有关显示硬件以及 Android 操作系统如何缩放其字体以适合该硬件的常规信息。此信息包括以像素为单位的物理显示大小、像素密度以及 Android 当前用于显示的字体缩放因子等。

要访问 DisplayMetrics 对象数据，请按以下方式初始化对象：

```
DisplayMetrics displayMetricsObject = new DisplayMetrics();
getWindowManager().getDefaultDisplay().getMetrics(displayMetricsObject);
```

由上述 Java 代码构造返回的 DisplayMetrics 对象中的数据字段将包含 7 个关键信息值，具体如下所示：

- ❑　density：浮点值，显示器的逻辑屏幕密度。
- ❑　densityDPI：整数值，显示器每英寸的点数。
- ❑　heightPixels：整数值，当前显示器物理分辨率的像素高度。
- ❑　widthPixels：整数值，当前显示器物理分辨率的像素宽度。
- ❑　xdpi：整数值，为开发人员提供 X 维度的每英寸物理像素值。
- ❑　ydpi：整数值，为开发人员提供 Y 维度的每英寸物理像素值。
- ❑　scaledDensity：浮点值，指示 Android 操作系统当前应用于字体的缩放因子。

Android 图形设计人员在其图形处理管线 Java 代码中有时会需要这些值。

19.17　小　　结

本章详细介绍了如何使用媒体服务器流式传输视频。我们介绍了如何实现

ProgressDialog 对象，以便为用户提供动态的下载进度指示器。有些用户不想在线边传输边播放，而是先进行下载，然后直接从系统内存中更流畅地进行播放，提供进度指示器可以防止用户误认为程序无反应或已经挂起。

本章仔细研究了如何使用 Android 中的 Display、DisplayManager、WindowManager 和 Surface 类确定屏幕方向。我们阐释了这些类各自的功能以及它们如何协同工作，以使代码能够确定最终用户当前 Android 设备屏幕的各种显示特性。

我们介绍了如何在 Android Manifest XML 文件中定义 INTERNET 权限，以便可以从远程视频媒体服务器流传输视频。然后，使用 URI 中的 HTTP://URL 实现了视频流传输，并使用 ProgressDialog 类实现了视频资产下载进度动画指示。

我们还演示了在正确设置 VideoView 对象时遇到的问题，如何查看红色日志，以及如何确定代码的哪一行可能包含错误，介绍了如何在不使用 final 访问修饰符的情况下设置 VideoView 对象，以及为什么程序员有时需要有自己的坚持。

我们创建了 WSVGA 数字视频资产的 WebM 版本，以使该分辨率具有横向版本。然后，我们研究了屏幕方向，并了解了所有与显示相关的类，以及它们如何协同工作，从而使开发人员可以将用户设备中使用的硬件与图形设计代码连接在一起。

我们通过实例演示了 Android Display 类、DisplayManager 类和 WindowManager 类的实现，以确定用户的 Android 设备的旋转方式，从而在 splashScreenUri Uri 对象中设置正确的 URI 值，通过 switch 循环语句将正确版本的数字视频资产发送给用户。

最后，我们还介绍了 Android DisplayMetrics 类。在图形处理管线 Java 代码中，有时会用到 DisplayMetrics 对象中的数据字段。

感谢你阅读本书，诚挚地希望本书提供的示例和经验能对你的 Android 图形图像开发有所启发和帮助。